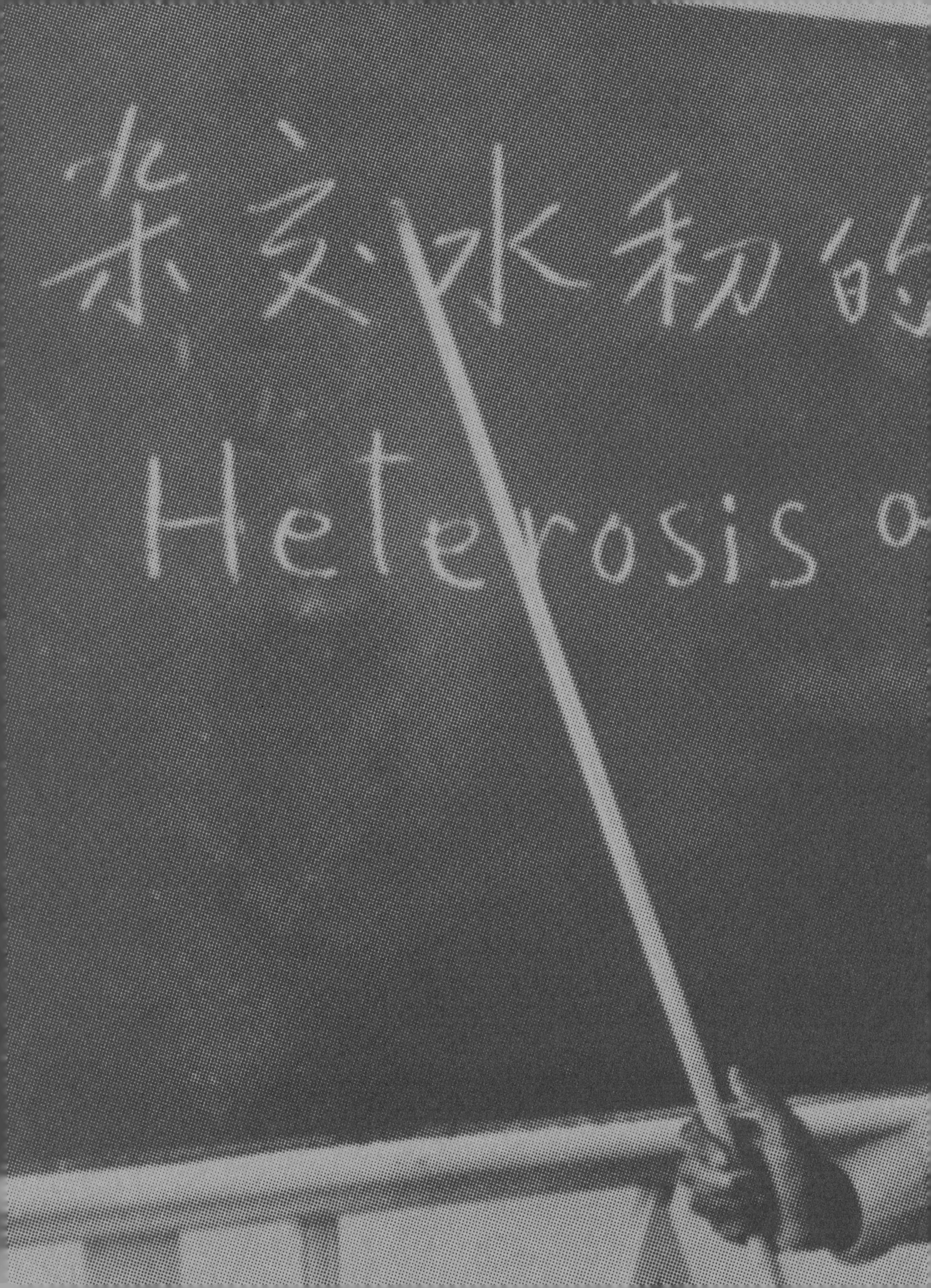
Heterosis

前环衬图片：1980 年，袁隆平给首届国际杂交水稻育种培训班学员讲课

袁隆平全集

Volume 10

Yuan Longping Collection

第十卷 教案

作物栽培学讲稿

Volume 10 Course Plan

Lecture Notes on Crop Cultivation

主　编——柏连阳

执行主编——袁定阳　辛业芸

『十四五』国家重点图书出版规划

湖南科学技术出版社·长沙

本卷编著人员

主　编　辛业芸　谢长江

出版说明

袁隆平先生是我国研究与发展杂交水稻的开创者，也是世界上第一个成功利用水稻杂种优势的科学家，被誉为“杂交水稻之父”。他一生致力于杂交水稻技术的研究、应用与推广，发明“三系法”籼型杂交水稻，成功研究出“两系法”杂交水稻，创建了超级杂交稻技术体系，为我国粮食安全、农业科学发展和世界粮食供给做出杰出贡献。2019年，袁隆平荣获“共和国勋章”荣誉称号。中共中央总书记、国家主席、中央军委主席习近平高度肯定袁隆平同志为我国粮食安全、农业科技创新、世界粮食发展做出的重大贡献，并要求广大党员、干部和科技工作者向袁隆平同志学习。

为了弘扬袁隆平先生的科学思想、崇高品德和高尚情操，为了传播袁隆平的科学家精神、积累我国现代科学史的珍贵史料，我社策划、组织出版《袁隆平全集》(以下简称《全集》)。《全集》是袁隆平先生留给我们的巨大科学成果和宝贵精神财富，是他为祖国和世界人民的粮食安全不懈奋斗的历史见证。《全集》出版，有助于读者学习、传承一代科学家胸怀人民、献身科学的精神，具有重要的科学价值和史料价值。

《全集》收录了20世纪60年代初期至2021年5月逝世前袁隆平院士出版或发表的学术著作、学术论文，以及许多首次公开整理出版的教案、书信、科研日记等，共分12卷。第一卷至第六卷为学术著作，第七卷、第八卷为学术论文，第九卷、第十卷为教案手稿，第十一卷为书信手稿，第十二卷为科研日记手稿（附大事年表）。学术著作按出版时间的先后为序分卷，学术论文在分类编入各卷之后均按发表时间先后编排；教案手稿按照内容分育种讲稿和作物栽培学讲稿两卷，书信手稿和科研日记手稿分别按写信日期和记录日期先后编排（日记手稿中没有注明记录日期的统一排在末尾）。教案手稿、书信手稿、科研日记手稿三部分，实行原件扫描与电脑录入图文对照并列排版，逐一对应，方便阅读。因时间紧迫、任务繁重，《全集》收入的资料可能不完全，如有遗漏，我们将在机会成熟之时出版续集。

《全集》时间跨度大，各时期的文章在写作形式、编辑出版规范、行政事业机构名称、社会流行语言、学术名词术语以及外文译法等方面都存在差异和变迁，这些都真实反映了不同时代的文化背景和变化轨迹，具有重要史料价值。我们编辑时以保持文稿原貌为基本原则，对作者文章中的观点、表达方式一般都不做改动，只在必要时加注说明。

《全集》第九卷至第十二卷为袁隆平先生珍贵手稿，其中绝大部分是首次与读者见面。第七卷至第八卷为袁隆平先生发表于各期刊的学术论文。第一卷至第六卷收录的学术著作在编入前均已公开出版，第一卷收入的《杂交水稻简明教程（中英对照）》《杂交水稻育种栽培学》由湖南科学技术出版社分别于1985年、1988年出版，第二卷收入的《杂交水稻学》由中国农业出版社于2002年出版，第三卷收入的《耐盐碱水稻育种技术》《盐碱地稻作改良》、第四卷收入的《第三代杂交水稻育种技术》《稻米食味品质研究》由山东科学技术出版社于2019年出版，第五卷收入的《中国杂交水稻发展简史》由天津科学技术出版社于2020年出版，第六卷收入的《超级杂交水稻育种栽培学》由湖南科学技术出版社于2020年出版。谨对兄弟单位在《全集》编写、出版过程中给予的大力支持表示衷心的感谢。湖南杂交水稻研究中心和袁隆平先生的家属，出版前辈熊穆葛、彭少富等对《全集》的编写给予了指导和帮助，在此一并向他们表示诚挚的谢意。

湖南科学技术出版社

总　序

一粒种子，改变世界

一粒种子让“世无饥馑、岁晏余粮”。这是世人对杂交水稻最朴素也是最崇高的褒奖，袁隆平先生领衔培育的杂交水稻不仅填补了中国水稻产量的巨大缺口，也为世界各国提供了重要的粮食支持，使数以亿计的人摆脱了饥饿的威胁，由此，袁隆平被授予“共和国勋章”，他在国际上还被誉为“杂交水稻之父”。

从杂交水稻三系配套成功，到两系法杂交水稻，再到第三代杂交水稻、耐盐碱水稻，袁隆平先生及其团队不断改良“这粒种子”，直至改变世界。走过 91 年光辉岁月的袁隆平先生虽然已经离开了我们，但他留下的学术著作、学术论文、科研日记和教案、书信都是宝贵的财富。1988 年 4 月，袁隆平先生第一本学术著作《杂交水稻育种栽培学》由湖南科学技术出版社出版，近几十年来，先生在湖南科学技术出版社陆续出版了多部学术专著。这次该社将袁隆平先生的毕生累累硕果分门别类，结集出版十二卷本《袁隆平全集》，完整归纳与总结袁隆平先生的科研成果，为我们展现出一位院士立体的、丰富的科研人生，同时，这套书也能为杂交水稻科研道路上的后来者们提供不竭动力源泉，激励青年一代奋发有为，为实现中华民族伟大复兴的中国梦不懈奋斗。

袁隆平先生的人生故事见证时代沧桑巨变。先生出生于20世纪30年代。青少年时期，历经战乱，颠沛流离。在很长一段时期，饥饿像乌云一样笼罩在这片土地上，他胸怀“国之大者”，毅然投身农业，立志与饥饿做斗争，通过农业科技创新，提高粮食产量，让人们吃饱饭。

在改革开放刚刚开始的1978年，我国粮食总产量为3.04亿吨，到1990年就达4.46亿吨，增长率高达46.7%。如此惊人的增长率，杂交水稻功莫大焉。袁隆平先生曾说：“我是搞育种的，我觉得人就像一粒种子。要做一粒好的种子，身体、精神、情感都要健康。种子健康了，事业才能够根深叶茂，枝粗果硕。”每一粒种子的成长，都承载着时代的力量，也见证着时代的变迁。袁隆平先生凭借卓越的智慧和毅力，带领团队成功培育出世界上第一代杂交水稻，并将杂交水稻科研水平推向一个又一个不可逾越的高度。1950年我国水稻平均亩产只有141千克，2000年我国超级杂交稻攻关第一期亩产达到700千克，2018年突破1 100千克，大幅增长的数据是我们国家年复一年粮食丰收的产量，让中国人的“饭碗”牢牢端在自己手中，“神农”袁隆平也在人们心中矗立成新时代的中国脊梁。

袁隆平先生的科研精神激励我们勇攀高峰。马克思有句名言：“在科学的道路上没有平坦的大道，只有不畏劳苦沿着陡峭山路攀登的人，才有希望达到光辉的顶点。”袁隆平先生的杂交水稻研究同样历经波折、千难万难。我国种植水稻的历史已经持续了六千多年，水稻的育种和种植都已经相对成熟和固化，想要突破谈何容易。在经历了无数的失败与挫折、争议与不解、彷徨与等待之后，终于一步一步育种成功，一次一次突破新的记录，面对排山倒海的赞誉和掌声，他却把成功看得云淡风轻。“有人问我，你成功的秘诀是什么？我想我没有什么秘诀，我的体会是在禾田道路上，我有八个字：知识、汗水、灵感、机遇。”

“书本上种不出水稻，电脑上面也种不出水稻”，实践出真知，将论文写在大地上，袁隆平先生的杰出成就不仅仅是科技领域的突破，更是一种精神的象征。他的坚持和毅力，以及对科学事业的无私奉献，都激励着我们每个人追求卓越、追求梦想。他的精神也激励我们每个人继续努力奋斗，为实现中国梦、实现中华民族伟大复兴贡献自己的力量。

袁隆平先生的伟大贡献解决世界粮食危机。世界粮食基金会曾于2004年授予袁隆平先生年度“世界粮食奖”，这是他所获得的众多国际荣誉中的一项。2021年5月

22 日，先生去世的消息牵动着全世界无数人的心，许多国际机构和外国媒体纷纷赞颂袁隆平先生对世界粮食安全的卓越贡献，赞扬他的壮举“成功养活了世界近五分之一人口”。这也是他生前两大梦想“禾下乘凉梦”“杂交水稻覆盖全球梦”其中的一个。

一粒种子，改变世界。袁隆平先生和他的科研团队自 1979 年起，在亚洲、非洲、美洲、大洋洲近 70 个国家研究和推广杂交水稻技术，种子出口 50 多个国家和地区，累计为 80 多个发展中国家培训 1.4 万多名专业人才，帮助贫困国家提高粮食产量，改善当地人民的生活条件。目前，杂交水稻已在印度、越南、菲律宾、孟加拉国、巴基斯坦、美国、印度尼西亚、缅甸、巴西、马达加斯加等国家大面积推广，种植超 800 万公顷，年增产粮食 1 600 万吨，可以多养活 4 000 万至 5 000 万人，杂交水稻为世界农业科学发展、为全球粮食供给、为人类解决粮食安全问题做出了杰出贡献，袁隆平先生的壮举，让世界各国看到了中国人的智慧与担当。

喜看稻菽千重浪，遍地英雄下夕烟。2023 年是中国攻克杂交水稻难关五十周年。五十年来，以袁隆平先生为代表的中国科学家群体用他们的集体智慧、个人才华为中国也为世界科技发展做出了卓越贡献。在这一年，我们出版《袁隆平全集》，这套书呈现了中国杂交水稻的求索与发展之路，记录了中国杂交水稻的成长与进步之途，是中国科学家探索创新的一座丰碑，也是中国科研成果的巨大收获，更是中国科学家精神的伟大结晶，总结了中国经验，回顾了中国道路，彰显了中国力量。我们相信，这套书必将给中国读者带来心灵震撼和精神洗礼，也能够给世界读者带去中国文化和情感共鸣。

预祝《袁隆平全集》在全球一纸风行。

刘旭

刘旭，著名作物种质资源学家，主要从事作物种质资源研究。2009 年当选中国工程院院士，十三届全国政协常务委员，曾任中国工程院党组成员、副院长，中国农业科学院党组成员、副院长。

凡　例

1.《袁隆平全集》收录袁隆平20世纪60年代初到2021年5月出版或发表的学术著作、学术论文，以及首次公开整理出版的教案、书信、科研日记等，共分12卷。本书具有文献价值，文字内容尽量照原样录入。

2.学术著作按出版时间先后顺序分卷；学术论文按发表时间先后编排；书信按落款时间先后编排；科研日记按记录日期先后编排，不能确定记录日期的4篇日记排在末尾。

3.第七卷、第八卷收录的论文，发表时间跨度大，发表的期刊不同，当时编辑处理体例也不统一，编入本《全集》时体例、层次、图表及参考文献等均遵照论文发表的原刊排录，不作改动。

4.第十一卷目录，由编者按照“×年×月×日写给××的信”的格式编写；第十二卷目录，由编者根据日记内容概括其要点编写。

5.文稿中原有注释均照旧排印。编者对文稿某处作说明，一般采用页下注形式。作者原有页下注以“※”形式标注，编者所加页下注以带圈数字形式标注。

7.第七卷、第八卷收录的学术论文，作者名上标有“#”者表示该作者对该论文有同等贡献，标有“*”者表示该作者为该论文的通讯作者。对于已经废止的非法定计量单位如亩、平方寸、寸、厘、斤等，在每卷第一次出现时以页下注的形式标注。

8.第一卷至第八卷中的数字用法一般按中华人民共和国国家标准《出版物上数字

用法的规定》执行，第九卷至第十二卷为手稿，数字用法按手稿原样照录。第九卷至第十二卷手稿中个别标题序号的错误，按手稿原样照录，不做修改。日期统一修改为“××××年××月××日”格式，如“85—88年”改为“1985—1988年”“12.26”改为“12月26日”。

9.第九卷至第十二卷的教案、书信、科研日记均有手稿，编者将手稿扫描处理为图片排入，并对应录入文字，对手稿中一些不规范的文字和符号，酌情修改或保留。如“弗”在表示费用时直接修改为“费”；如“∴”表示“所以”，予以保留。

10.原稿错别字用〔 〕在相应文字后标出正解，如“付信件”改为“付〔附〕信件”；同一错别字多次出现，第一次之后直接修改，不一一注明，避免影响阅读。

11.有的教案或日记有残缺，编者加注说明。有缺字漏字，在相应位置使用〔 〕补充，如“无融生殖”修改为“无融〔合〕生殖”；无法识别的文字以“□”代替。

12.某些病句，某些不规范的文字使用，只要不影响阅读，均照原稿排录。如“其它”“机率”“2百90”“三～四年内”“过P酸Ca”及“做”“作”的使用，等等。

13.第十一卷中，英文书信翻译成中文，以便阅读。部分书信手稿为袁隆平所拟初稿，并非最终寄出的书信。

14.第十二卷中，手稿上有许多下划线。标题下划线在录入时删除，其余下划线均照录，有利于版式悦目。

目录

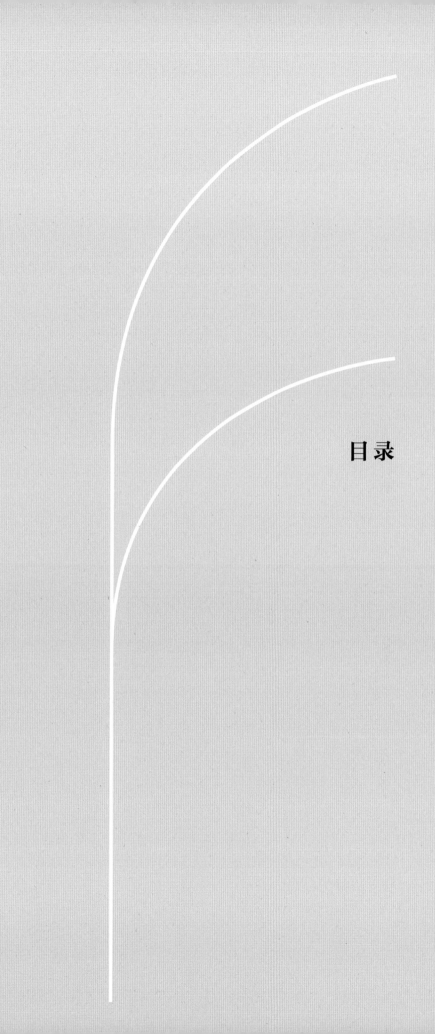

第一讲　作物栽培学 1

103
3
LianXiBu
教务科
練習簿
作物栽培
讲稿
No. 1.

绪论

第一章

农业是国民经济的基础。以农业为基础，以工业为主导，使发展重工业和迅速发展农业相结合。这是毛主席提出的一条建设我国社会主义的根本方针。

农业包括植物生产和动物生产二大部门，（如通常农、林、牧、副、渔五业）而植物生产又占主要地位。在植物生产中又可分为作物栽培、蔬菜、果树栽培及林业等。但人类需要最大的粮食、棉花、油料等都是作物栽培的生产对象，所以，作物栽培是农业生产的中心部门。

在国民经济中的地位：

1. 它是人民衣食之源、生存之本。粮食和棉花发展了，才能使人民丰衣足食，生活水平得到进一步提高。

2. 它是发展工业的根本保证。为轻工业提供原料，轻工业发展了，就能为

（原稿第 1 面）

绪　论

第一节

农业是国民经济的基础，以农业为基础，以工业为主导，优先发展重工业和迅速发展农业相结合。这是毛主席提出的一条建设我国社会主义的根本方针。

农业包括植物生产和动物生产二大部门（亦即农、林、牧、付〔副〕、渔五业），而植物生产又占主要地位。在植物生产中又可分作物栽培、蔬菜、果树栽培及林业等。但人类需要最大的粮食、棉花、油料等都是作物栽培的生产对象，所以，作物栽培是农业生产的中心部门。

在国民经济的重要地位：

1．它是人民衣食之源、生存之本。粮食和棉花发展了，才能使人民丰衣足食，生活水平得到进一步提高。

2．它是发展工业的根本保证，为轻工业提供原料，轻工业发展了，就能为

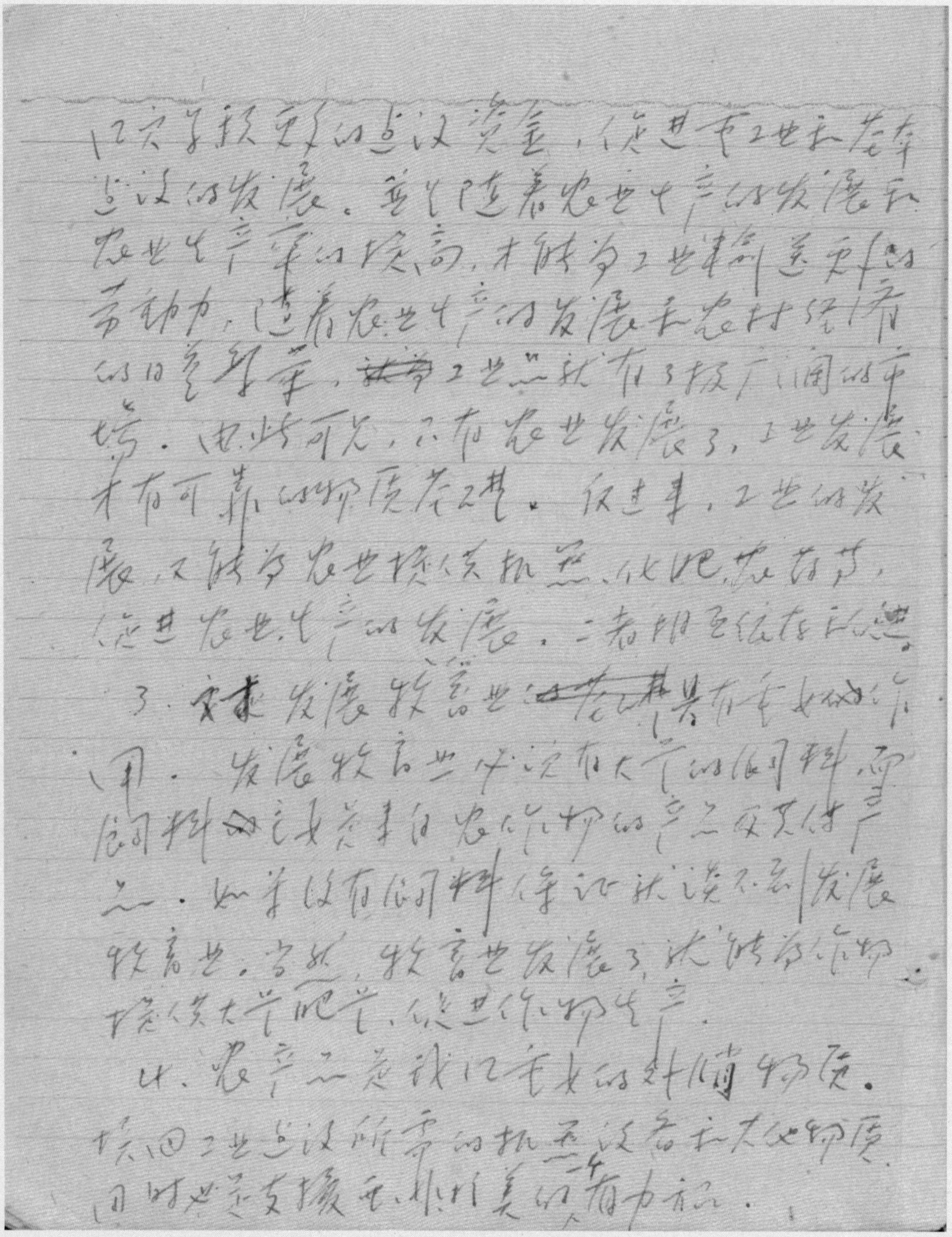

以交了扩大的建设资金，促进了工业和基本建设的发展。并且随着农业生产的发展和农业生产率的提高，才能为工业输送更多的劳动力。随着农业生产的发展和农村经济的日益繁荣，工业品就有了扩广阔的市场。由此可见，只有农业发展了，工业发展才有可靠的物质基础。反过来，工业的发展，又能为农业提供机器、化肥、农药，促进农业生产的发展。二者相互依存的关系。

3. 发展牧畜业具有重要的作用。发展牧畜业必须有大量的饲料，而饲料主要来自农作物的产品及其付产品。如果没有饲料保证就谈不到发展牧畜业。当然，牧畜业发展了，就能为农作物提供大量肥料，促进作物生产。

4、农产品是我们重要的外贸物质。换回工业建设所需的机器设备和大批物质，同时也是支援亚非拉美的有力武器。

（原稿第 2 面）

国家累积更多的建设资金，促进重工业和基本建设的发展。并且随着农业生产的发展和农业生产率的提高，才能为工业输送更多的劳动力。随着农业生产的发展和农村经济的日益繁荣，工业品就有了极广阔的市场。由此可见，只有农业发展了，工业发展才有可靠的物质基础。反过来，工业的发展，又能为农业提供机器、化肥、农药等，促进农业生产的发展，二者相互依存和促进。

3. 对发展畜牧业具有重要作用。发展牧畜业必须有大量的饲料，而饲料主要是来自农作物的产品及其付〔副〕产品。如果没有饲料保证就谈不到发展牧畜业。当然，牧畜业发展了，就能为作物提供大量肥量〔料〕，促进作物生产。

4. 农产品是我国重要的外销物质，换回工业建设所需的机器设备和其他物质，同时也是支援亚、非、拉美的一个有力方面。

第二节

作物栽培学是研究作物提高作物产量和品质的科学。是直接为大力发展农业、大力为粮食和其他作物服务的。

研究对象：广义——人类栽培的一切植物，如作物、蔬菜、花卉、林木、药材等，但一般仅以大田作物为研究对象。包括：粮食——稻、麦、玉米；经济——棉、油、麻、蔗、茶；绿肥——紫云英、苕子等。

但无绝然界限，如马铃薯、蚕豆，作粮食用时应归于粮食作物，用作蔬菜时又可列入蔬菜作物。故其研究对象也随各地栽培目的和经营方针来划分。

内容：这包括(1)作物如何完成国家经济计划——即明确国家在经济发展计划中对作物产量和品质的要求，这是栽培作物

（原稿第 3 面）

第二节　作物栽培学的任务内容和学习方法

作物栽培学是一门综合性的生产科学，研究作物生长发育规律及其栽培并提高作物产量和品质的科学，是直接为大办农业、大办粮食方针服务的。

研究对象：广义——人类栽培的一切植物，大田作物、果蔬、花卉、林木、药材等，但一般仅以大田作物为研究对象。包括：粮食——稻、麦、薯、玉米；经济——棉、油、麻、蔗、茶；绿肥——紫云英、苕子等。

但无绝然界限，如马铃薯、豌豆等作粮食用时应归于粮食作物，用作蔬菜时又可列入蔬菜作物。故其研究对对象一般不能以栽培目的和经营方式来划分。

内容：主要包括（1）作物的国民经济意义——即明确国家在经济发展计划中对作物产量和品质上的要求，这是栽培任何作物的根据。(2) 作物的特征特性，以及品种设计，并找出生长的各生育特征与栽培技术与高产的关系——(如叶龄模型)。除了外部特征外，更重要是研究作物生长发育的过程及其对外界条件的要求，以便运用适当的栽培技术以满足它的要求，使作物能充分表现其潜在的对人类有利的性状，从而提高产量和质量。(3) 栽培技术，指作物及它本身的土壤耕作、播种、施肥、田间管理和收获等方法。

研究方法：作物栽培是为社会主义建设服务的，因此在研究作物栽培时必须：

1. 遵循党的社会主义建设总路线和党对于发展农业的方针政策。

2. 以无产阶级世界观辩证唯物主义为指导，来分析和研究农业生产中的矛盾，发挥主观能动性，充分利用有利的因素，克服不利的因素。

（原稿第 4 面）

作物的根据。（2）作物的特征特性，以鉴别品种，并找出重要的形态特征与栽培技术及高产的关系——（如稻之株型）。除了外部特征外，更重要是研究作物生长发育的过程及其对外界条件的要求，以便运用适当的栽培技术以满足它的要求，使作物能充分表现其潜在的对人类有利的性状，从而提高产量和质量。（3）栽培技术，轮作及它要求的土壤耕作、播种、施肥、田间管理和收获等方法。

研究和学习方法：作物栽培是为社会主义建设服务的，因此在研究作物栽培时必须：

1. 遵循党的社会主义建设总路线和党对于发展农业的方针政策。

2. 以无产阶级世界观和毛主席思想为指导，来分析和研究农业生产中的问题。发挥主观能动性，充分利用有利的因素，克服不利的因素。

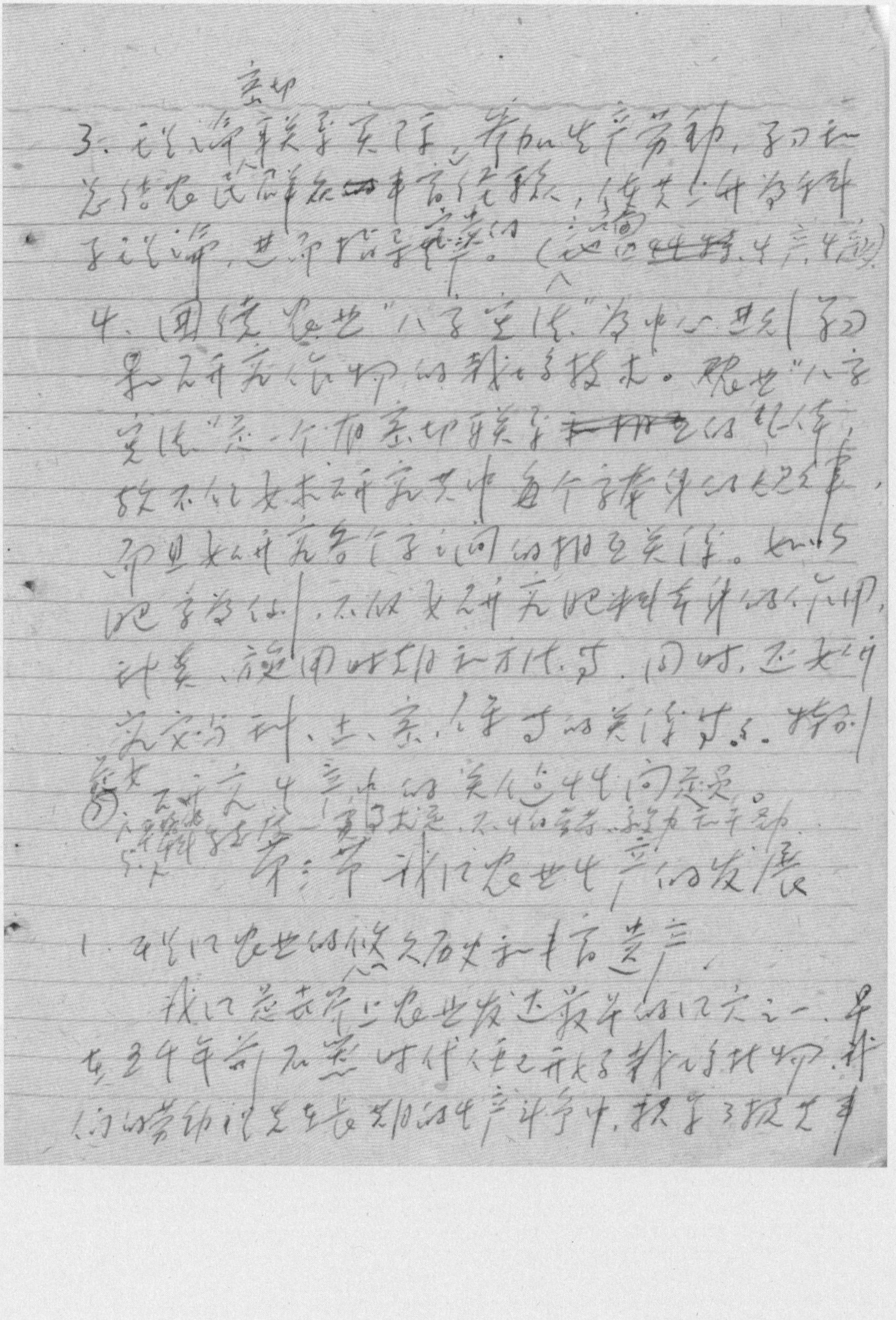

3. 理论联系实际，参加生产劳动，学习和总结农民群众丰富经验，使农业科学研究密切联系理论，并能指导生产实践。

4. 围绕农业"八字宪法"为中心，学习和研究作物的栽培技术。农业"八字宪法"是一个相互密切联系的整体，故不但要研究其中每个字本身的内容，而且要研究各个字之间的相互关系。如以肥字为例，不仅要研究肥料本身的作用，计算、施用时期和方法等。同时，还要研究它与水、土、种、密等的关系等等。特别要研究其中主要的关键性问题。

第二节 我国农业生产的发展

1. 我国农业的悠久历史和丰富遗产

我国是世界上农业发达最早的国家之一。早在五千年前石器时代便已开始栽培作物。我们的劳动祖先在长期的生产斗争中，积累了极其丰

（原稿第 5 面）

3. 理论密切联系实际，参加生产劳动，学习和总结农民群众丰富宝贵的经验，使其上升为科学理论，进而指导生产（三面向：地区、生产和生产化）。

4. 围绕农业“八字宪法”为中心进行学习和研究作物的栽培技术。农业“八字宪法”是一个有密切联系的整体，故不但要求研究其中每个字本身的规律，而且要研究各个字之间的相互关系。如以肥字为例，不仅要研究肥料本身的作用、种类、施用时期和方法等等，同时，还要研究它与种、土、密、保等的关系等，特别是要研究生产中的关键性问题。

5. 严格的科学态度——实事求是，不怕劳苦、毅力和干劲。

第三节　我国农业生产的发展

1. 祖国农业的悠久历史和丰富遗产

我国是世界上农业发达最早的国家之一，早在五千年前石器时代，便已开始栽培植物。我们的劳动祖先在长期的生产斗争中，积累了极其丰的耕作方法的传统。直到现在仍然保存着农业技术发达的宝库——所谓东方园艺式的耕作。

如绿肥在欧洲不过是近几百年的事，我们的祖先在二千年前对绿肥就有很好的认识。单以肥料种类来说，就有人粪、厩肥、羊粪、泥粪、灰粪、饼肥、骨肥、绿肥等等。

~~24节~~总结出中国的24节气，也远在纪元之前已经确定了。

现在世界上一种作物的栽培知识中，起源于我们的就有一部分。其中首先像稻的育秧、大豆等，二千年前已经记载了移栽方法和发明了嫁接法。

此外，如土壤耕作、施肥方法及农业工具、防治病虫害等方面都有不少的宝贵传统。

2、解放前旧中国农业生产的衰落

……我们是一个半封建半殖民地的国家，由于三座大山的压迫，广大农民生活于饥寒交迫之中，没有扩大再生产的能力，所~~以农业生产对二~~严重地影响了我们农业生产的

（原稿第 6 面）

富和宝贵的经验，直到现在在栽培技术仍是最发达的国家——所谓东方园艺式的耕作。

如施肥在欧洲不过是近几百年的事，我们祖先在二千年前对施肥就有很多知识，单以肥料种类来说，就有人粪、厩肥、羊粪、泥粪、灰粪、饼肥、药肥、绿肥等等。

至今应用的 24 节气，也是早在纪元前已经确定。

现在世界上一千多种的栽培作物中，起源于我国的就有一百多种，其中重要的大田作〔物〕有稻、大豆等。二千年前已经记载了穗选留种法和发明了嫁接法。

此外，如禾谷轮作，灌溉方法、农业工具及防治病虫害等方面都有不少的宝贵经验。

2. 解放前旧中国农业生产的衰落

解放前，我国是一个半封建半殖民地的国家。由于三座大山的压迫，广大农民生活于饥寒交迫之中，没有扩大再生产的能力，严重地影响了我国农业生产的发展。（70-80%的土地~~被~~为地主、富农、官僚资本家所占有，美帝国主义侵略以后更剥削全农产品出口，依赖侵略者。）尤其日本帝国主义的侵略战争及国民党反动派的内战影响，我国农业生产更遭到严重破坏。至解放时农作物产量一般比战前低减了1/4-1/2，如粮食减少了1/5，棉花1/2，茶叶和蚕丝不足抗日战争前最高年产量的1/5。

3. 解放后我国农业生产的蓬勃发展

①国民经济恢复时期：49-52年，胜利的完成土改，解放了在封建主义束缚下的生产力，使几亿农民得到了自己的土地和生产资料，因而迅速的恢复和发展了农业生产。

到52年粮食总产量比49年增加43%（3088亿斤），棉花增加190%，超过解放前最高水平53.6%。

在发展生产同时，党对发展农业给予极大重视，广泛地进行农民组织起来互助合作，大大促进了农业生产。

（原稿第 7 面）

发展（70～80% 土地地主、富农，官僚资本家所占有，美帝国主义倾销其剩余农产品进行经济侵略等），尤其日本帝国主义地侵略战争及国民党反动派内战期间，我国农业生产更遭到严重破坏。临解放时，农作物产量一般比战争前缩减了 1/4～1/2，如粮食减少了 1/5，棉花 1/2，茶叶和蚕丝不足抗日战争前最高年产量的 1/5 等。

3. 解放后新中国农业生产的蓬勃发展

①国民经济恢复时期：1949—1952 年，胜利的完成土改，解放了在封建主义束缚下的生产力，使三亿多农民分得了 7 亿多亩土地和其他生产资料，因而迅速的恢复和发展了农业生产。

到 1952 年粮食总产量比 1949 年增加 43%，3 085 亿斤。棉花增加 190%，超过战前最高水平 53.6%。

在发展生产同时，党对发展农业科学极为重视，广泛地总结农民经验和培养劳模，大大促进了农业生产。

②第一个五年计划时期，[illegible] 53—57年我们实现了农业合作化，完成和超额完成了第一个五年计划的增产任务。56年1月党中央提出了56—67年全国农业发展纲要，对农业生产高潮起了巨大的作用。到57年粮食总产量达到3700亿斤，比52年增长19.8%。棉花达到32800万担，增长25.8%。

③第二个5年计划时期，从58年起，在党的总路线伟大红旗照耀下，出现了一个大跃进的时期，亿万农民在党的领导下迅速实现了人民公社化，掀起了声势浩大的生产高潮。

由于在58年我们在农业生产上获得了巨大成就，粮食总产量达到5000亿斤，比上年增产35%。棉花总产4200万担，比上年增产近30%。多种经营生产得较大的发展。水利建设也取得了空前的成就。

（原稿第 8 面）

②第一个五年计划时期：1953—1957 年，我国提前实现了农业合作化，由小农经济过渡到集体经营，完成和超额完成了第一个五年计划的增产任务，1956 年 1 月党中央提出 1956—1967 年全国农业发展纲要，对农业生产高潮起了巨大的作用，到 1957 年粮食总产量达到 3 700 亿斤，比 1952 年增长 19.8%，棉花达到了 2 800 万担，增长 25.8%。

③第二个五年计划时期：从 1958 年起，在党的总路线光辉照耀下出现了一个大跃进的时期，五亿农民在党的领导下迅速实〔现〕了人民公社化，掀起了声势浩大的生产高潮。

因而在 1958 年我国在农业生产上获得了巨大成就，粮食总产量达到 5 000 亿斤，比上年增产 35%，棉花总产 4 200 万担，比上年增产近 30%，成为世界上产棉最大的国家。水利建设也取得了空前的成就。

58年我国农业生产大跃进的第一次大成就是农业八字宪法的产生。这是毛主席对我国农民生产经验的高度总结和概括。它对农业生产具有很大的指导和推动作用。

59-62年由于连续3年的特大自然灾害，使我们农业生产受到了很大损失，加上苏修背信弃义撕毁合同，……从62年以后……人民公社已有了很大好转。从今年起又出现了一个新的更大的跃进局势。根据目前情况估计，农业生产将有一个大幅度的增长。

第四节 今后农业生产的发展方针

1. 我国农业发展的道路——即实现农业现代化——水利化、机械化、电气化、化学化。

水利化——是保证丰产、稳产高产的基础。

机械化、电气化——解决劳动生产率，解决劳力不足的矛盾，将逐步把劳动力转移到其他行业。

化学化——保证高产。

2. 今后农业生产的方针。

为了保证农业生产的持续跃进，实

（原稿第 9 面）

1958 年我国农业生产大跃进的另一巨大成就是农业八字宪法的产生，这是毛主席对我国农民生产经验的高度总结和概括，它对农业生产具有伟大的指导和推动作用。

1959—1962 年由于连续 3 年自然灾害，加上主观和修正主义的政思，使我国农业生产遭受到很大损失，未完成预定的计划，但经过 1962 年的整治、恢复、展开贯彻二个十条后，人民生活已基本上好转。从今年起又出现了一个新的更大的跃进形势。根据目前情况估计，农业生产将有大幅度的增长。

第四节　今后农业生产的发展方向和方针

1. 我国农业发展的道路，即实现农业现代化——水利化、机械化、电气化、化学化。

水利化——确保稳产；

机械化、电气化——提高劳动生产率，农业商品率也就提高了；解决劳力不足的矛盾，输送大批劳力到工业战线；

化学化——提高产量。

2. 今后农业生产的方针

为了保证农业生产的持续跃进，实

谈农业现代化的任务，我认为：

1、贯彻执行以农业为基础，以工业为主导，按农轻重工业和比来发展农业和国民经济的方针。这是毛主席根据我们建设经验，所总结出的建设社会主义的根本方针。

这是反映了工业和农业相互依存、相互促进的辩证关系。因为没有农业高速度发展，便没有工业的高速度发展。同时，农业高速度发展，又要工业提供大量的机器、化肥、农药和其他农产品。

2、发展农业必须贯彻"以粮为纲，统筹、全面发展"的方针。

所谓以粮为纲，就是要把粮食生产放在首要地位，因为它是基础的基础。所谓统筹就是要在保证粮食增产的前提下，适当发展棉、油、麻、糖等经济作物和林、牧、副、渔业

（原稿第 10 面）

现农业现代化的任务，就必须：

①贯彻执行以农业为基础，以工业为主导，优先发展重工业和迅速发展农业相结合的方针。国民经济以农业为基础，实行工农业同时并举，这是毛主席根据我国建设经验所提出的建议社会主义的根本方针。这充分反映了工业和农业相互依存、相互促进的辩证关系。因为没有农业高速度发展。便没有工业的高速度发展。同时，农业高速度发展，要求工业提供大量的机器、化肥、农药和其他农产品。

②发展农业必须贯彻“以粮为纲，多种经营，全面发展”的方针。所谓以粮为纲，就是要把粮食生产放在首要地位。因为它是基础的基础。所谓多种经营，就是要在保证粮食增产的前提下，适当发展棉、油，发展麻、果、药、杂等等经济作物，此外多种经营还包括林、牧、副、渔，实行种植业

与牧畜业并举。因为农业和畜牧业是互相支援和互相促进的。"六畜兴旺，五谷丰登"这八个字，反映了农牧业的这种关系。

3、增加农作物产量的主要途径是坚决贯彻执行"广种多收和高产多收并举的方针。

广种多种，就是要开垦荒地，扩大耕地面积，增加复种指数和充分利用耕地寸土不闲。

高产多收，即是提高单位面积产量。特别是要总结好与什么农作物在田——水旱灾害，高产（800斤）稳收。一般年这可以。

4、在农业技术方面，必须因地制宜，不违农时的贯彻"八字宪法"。在推广先进经验和增产时，须先通过试验示范，让群众认识和接受时，才予以推广。并在推广时，要遵守自愿的原则，不能强迫命令。

（原稿第 11 面）

与牧畜业并举。因为农业和畜牧业也是相互依存和促进的。“六畜兴旺、五谷丰登”正深刻反映了农牧业的这种关系。

③增加农作物产量的主要途径是要坚决贯彻执行“多种多收和高产多收”并举的方针。

多种多收，就是要开垦荒地、扩大耕地面积、增加复种指数和见缝插针、寸土不闲。

高产多收，即是提高单位面积产量，特别是要建设好 5 亿亩基本农田——水旱无忧，高产（800 斤）稳收——70 年完成。

④在农业技术方面，必须因地制宜、不违农时的贯彻“八字宪法”，在推广先进经验和增产时，须先通过试验示范，证明确实有效时，才予以推广。并在推广时，要遵守自愿的原则，不能强迫命令。

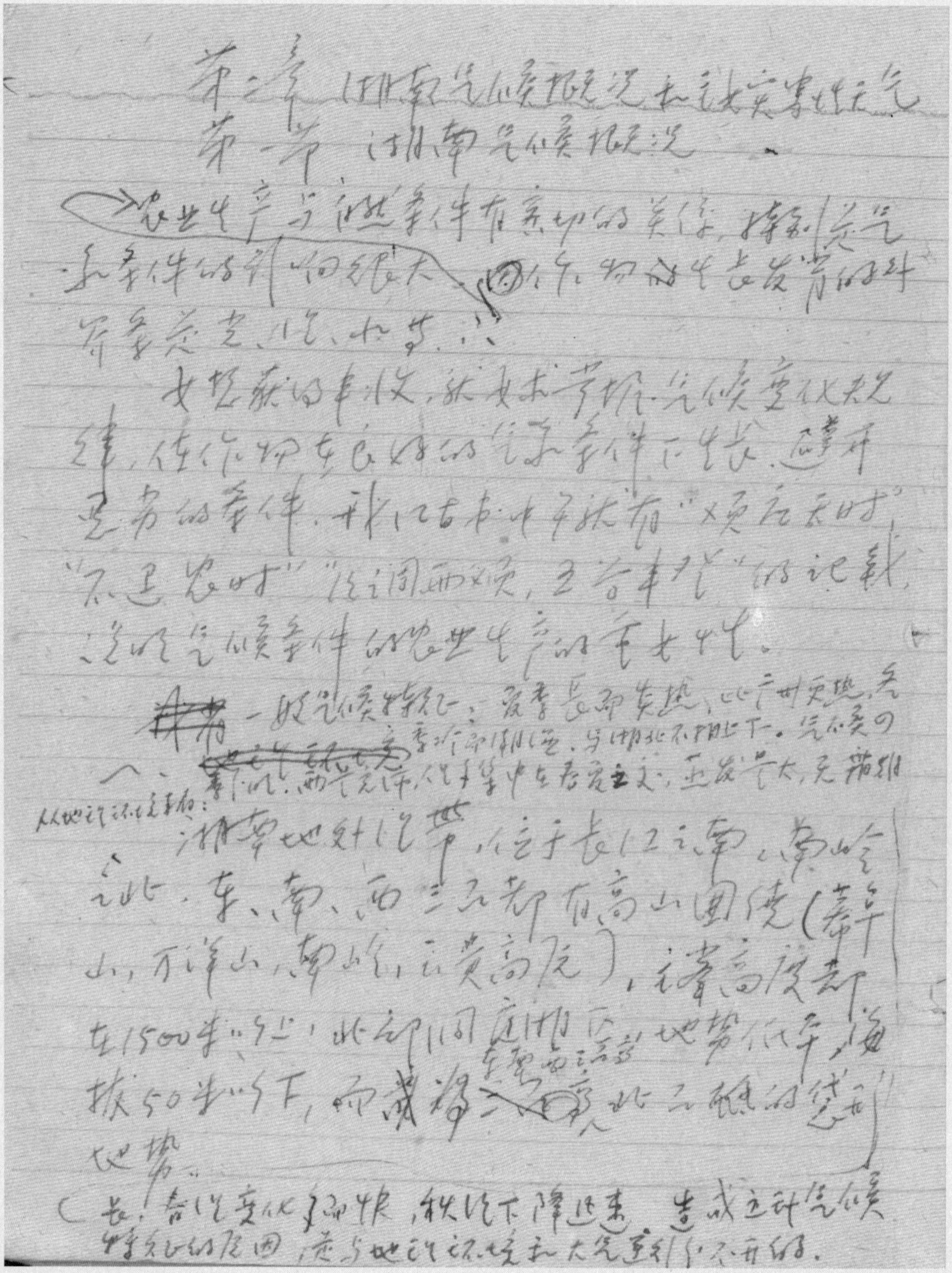

第二章 湖南气候概况和主要灾害性天气

第一节 湖南气候概况

农业生产与自然条件有密切的关系，特别是气象条件的影响很大。①作物的生长发育所需要光、温、水等。

要想获得丰收，就要掌握气候变化规律，使作物在良好的气象条件下生长，避开不良的条件。我们古书中早就有"顺应天时""不违农时""风调雨顺，五谷丰登"的记载，说明气候条件对农业生产的重大作用。

一、一般气候特征：夏季长而炎热，比广州更热，冬季冷如湖北，与湖北不相上下。气候的季风明显，雨量充沛，集中在春夏之交，垂直差异大，灾害频繁。

从地理环境看：湖南地处江南，位于长江之南，南岭之北，东、南、西三面都有高山围绕（幕阜山、雪峰山、南岭、云贵高原），一般高度都在1500米以上，北部洞庭湖区地势低平，海拔50米以下，而成为东南西三面环山向北敞开的马蹄形地势。

（春）秋：春季变化剧烈，秋季下降迅速，造成这种气候特征的原因，是与地理环境和大气环流分不开的。

（原稿第 12 面）

第二章　湖南气候概况和主要灾害性天气

第一节　湖南气候概括

作物的生长发育的外界条件是光、温、水等。∴农业生产与自然条件有密切的关系，特别是气象条件的影响很大。

要想获得丰收，就要求掌握气候变化规律，使作物在良好的气象条件下生长，避开恶劣的条件，我国古书中早就有“顺应天时，不违农时”“风调雨顺、五谷丰登”的记载，说明气候条件的〔对〕农业生产的重要性。

一、一般气候特征

夏季长而炎热，比广州更热，冬季冷而潮湿，与湖北不相上下。气候四季分明，雨量充沛，但多集中在春夏之交，蒸发量大，无霜期长，春温变化多而快，秋温下降迅速，造成这种气候特征的原因，是与地理环境和大气运行分不开的。

从地理环境来看：湖南地处温带，位于长江之南，南岭之北，东、南、西三面都有高山围绕（幕阜山、万洋山、南岭、云贵高原），主峰高度都在 1 500 米以上，北部洞庭湖区，地势低平，海拔 50 米以下，而成为东南西三面高，北面低的袋形地势。

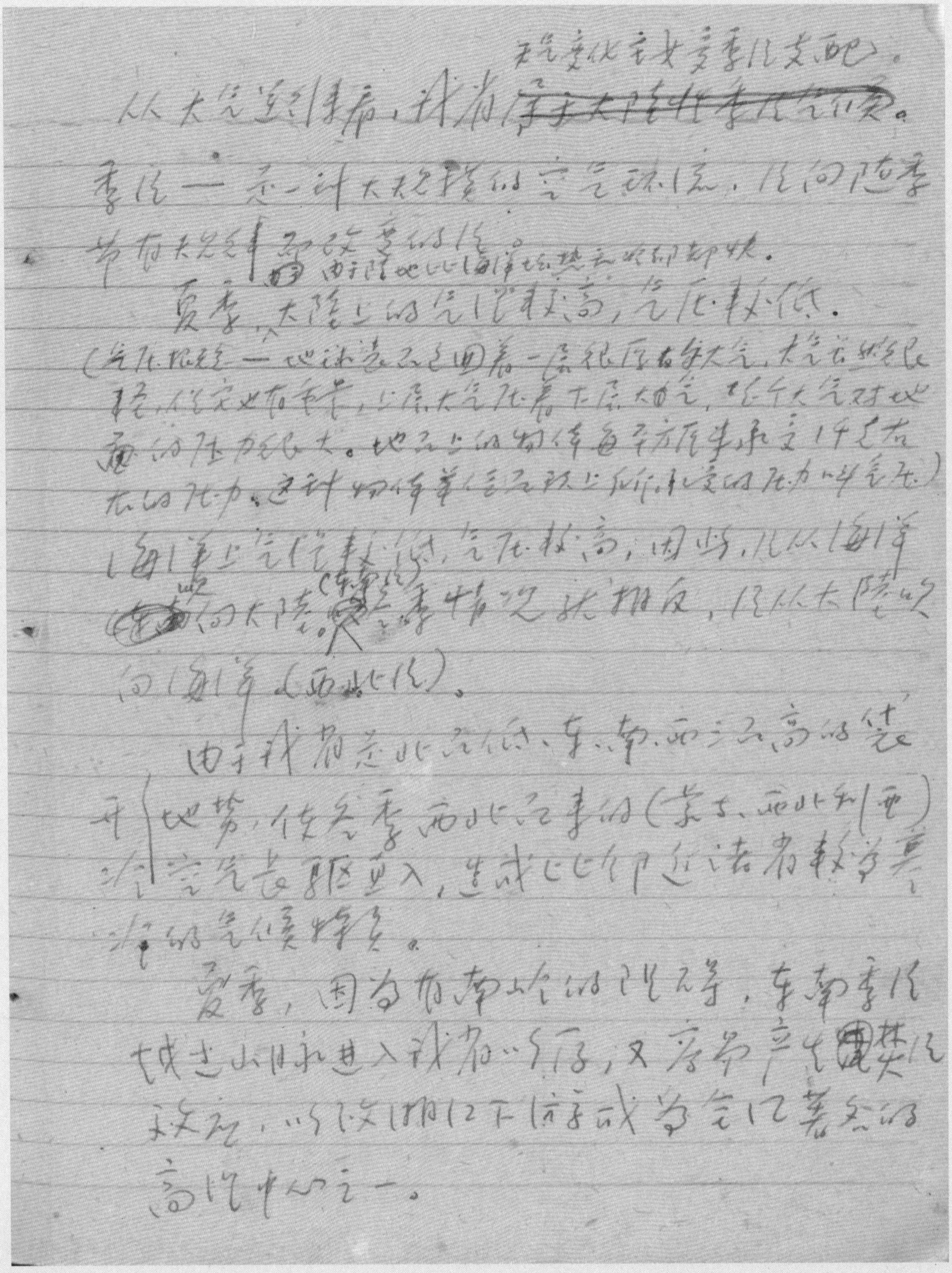

从大气到降雨，我省~~属于大陆性季风气候~~气候变化主要受季风支配。

季风——是一种大范围的空气环流，风向随季节有规律地改变的风。由于海陆之比海洋热容量大的缘故。

夏季，大陆上的气温较高，气压较低。

（气压即是——地球表面上包围着一层很厚的大气，大气虽然很轻，但它也有重量，上层大气压着下层大气，整个大气对地面的压力很大。地面上的物体每平方厘米承受1公斤左右的压力。这种物体单位面积上所承受的压力叫做气压）

海洋上气温较低，气压较高，因此，风从海洋吹向大陆（东南风）。冬季情况就相反，风从大陆吹向海洋（西北风）。

干冷 由于我省北低、东、南、西三面高的地势，使冬季西北风寒冷的（蒙古、西伯利亚）空气长驱直入，造成比同纬度诸省较为寒冷的气候特点。

夏季，因为有南岭的阻挡，东南季风越过山脉进入我省以后，又容易产生焚风效应，所以湘江下游就成为全国著名的高温中心之一。

（原稿第 13 面）

从大气运行来看，我省天气变化主要受季风支配。季风——是一种大规模的空气环流，风向随季节有规律而改变的风。

夏季，由于陆地比海洋增热和冷却都快，大陆上的气温较高，气压较低。（气压概念——地球表面包围着一层很厚的大气，大气虽然很轻，但它也有重量，上层大气压着下层大气，整个大气对地面的压力很大。地面上的物体每平方厘米承受 1 千克左右的压力，这种物体单位面积上所承受的压力叫气压。）海洋上气温较低，气压较高，因此，风从海洋吹向大陆（东南风）。冬季情况就相反，风从大陆吹向海洋（西北风）。

由于我省是北面低，东、南、西三面高的袋形地势，使冬季西北面来的（蒙古、西伯利亚）冷空气长驱直入，造成比邻近诸省较为寒冷的气候特点。

夏季，因为有南岭的阻碍，东南季风越过山脉进入我省以后，又容易产生焚风效应，以致湘江下游成为全国著名的高温中心之一。

（焚风一般发生在高大山脉的背风面。当向风面的空气沿山坡上升时，发生冷却，每升高100米降低1°C。当达到相当高度，则水汽凝结而降雨，放出热量，因此在凝结高度以上空气继续上升时，则每100米只降0.5°C。当此气流越过山顶后，空气沿着山坡的背风侧下沉时，则产生增温，每下降100米升温1°C。由于下降时的升温比上升时的降温快，所以从大山顶下降的空气到达山脚时，便变成很热很干燥的焚风。

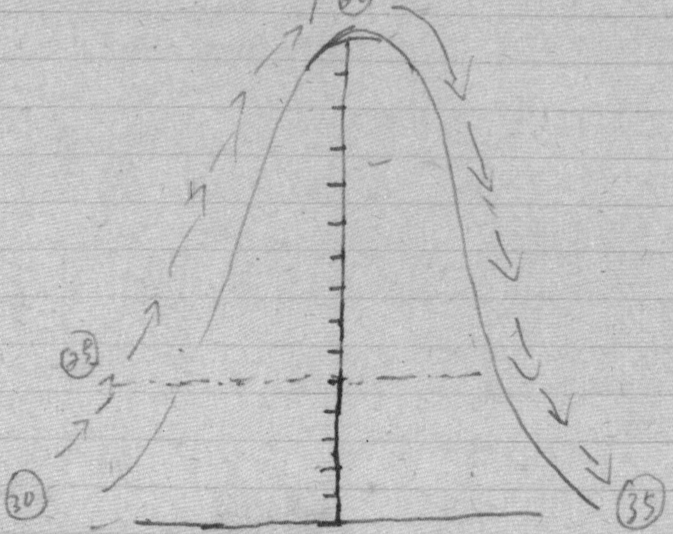

（原稿第 14 面）

焚风——往往发生在高大山脉的背风面，当向风面的空气沿山坡上升时，发生冷却，每升高 100 米降温 1 ℃，当达到相当高后，部分水汽凝结降雨，放出热量，因此在凝结高度以上空气继续上升时，则每 100 米只降 0.5 ℃。当上升气流越过山顶后，空气沿着山坡的背风侧下沉时，则产生增温。每下降 100 米，升温 1 ℃，由于下降时的升温比上升时的降温多，所以从大山顶下降的空气到达山脚时，便变成很热而干燥的焚风。

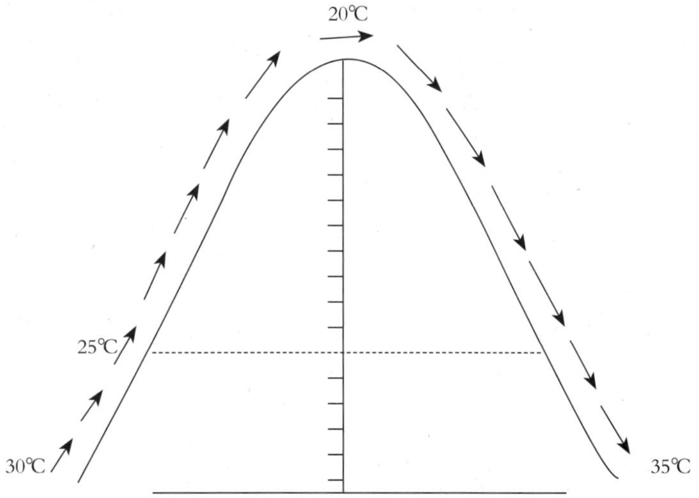

二、季节气候四季的变化情况

1. 气温

前节已讲到，我省是一个季节最分明的地方。冬冷夏热，春和秋爽，四季变化非常有规律。

候平均气温在10°C以下者为冬季，始于11月末，终于3月中旬，全长约95—110天，北长南短。

候平均温度在22°C以上者为夏季，始于5月下旬，止于10月初，全长约120—150天，南长北短。

在10—22°C之间的时期为春或秋季。春季自3月中旬到5月下旬，全长70天左右，南短、西、北长。秋季自10月初到11月下旬，全长55—65天，湘西最长。

本省气候总的情况是：夏季最长，冬季次之，而春暖花开和秋高气爽的时期都是比较短的。

（原稿第 15 面）

二、主要气候因素的变化情况

1. 气温

前节已讲到，我省是一个季节最为明显的地方。冬寒夏热，春和秋爽，四季的变化非常有规律。

候平均气温在 10 ℃以下者为冬季，我省始于 11〔月〕末，止于 3 月中旬，全长为 95～110 天，北长南短。

候平均温度在 22 ℃以上者为夏季，始于 5 月下旬，止于 10 月初，全长约 120～150 天，南长北短。

在 10 ℃～22 ℃之间的时期为春或秋季。春季自 3 月中旬到 5 月下旬，全长 70 天左右，南短，西、北长。秋季自 10 月初到 11 月下旬，全长 55～65 天，湘西最长。

本省气温总的情况是：夏季最长，冬季次之，而春暖花开和秋高气爽的时光都是比较短的。

2 霜期：湘南有一个较短的霜冻期，这对作物的生长期有重大的影响，即霜期愈长，生长期愈短。本省霜期为70—90天，无霜期为260—300天，始于11月下旬，终于2月中下旬。个别也有例外，所以应注意防止。

本省各月平均温度，以冬季的1月份最低，在3—7°C之间（约为4.8°C），7月为最热月，在27—30°C之间（约为28.6），其次为8月。

~~按记录最高温可能达40°C，如53年8月曾达40.6°C~~，按记录最低温，可能降到-10°C以下，56年1月23日曾达-11.8°C。由此看来，我省冬季严寒期虽然不长，但低温冻害亦常会发生，因此必须注意防范。

低于或等于0°C者全年一般仅约10天左右，但

本省6°C以上的日数（即6°C以上可以维持一般作物的生长）：自湘西北的330天至湘南的360天。~~约为~~18°C以上的日数（是一般作物生长发育最适宜的温度），自湘西北约170天至湘南增至220天。这样长的作物生长期，是湘南发展农业生产的优良条件，若采取先进的农业技术措施，利用这种气候条件，完全可以保证一年双收或双季稻丰收。

（原稿第 16 面）

本省各月平均温度以冬季的 1 月份最低，在 3～7 ℃之间（邵阳 4.8 ℃），其次是 12 月，7 月为最热月，在 27～30 ℃之间（邵阳 28.6 ℃），其次为 8 月。

2. 霜期

湖南有一个较长的霜冻期，这对作物的生长期有直接的影响，即霜期愈长，生长期愈短。本省霜期为 70～90 天，无霜期为 260～300 天，起于 11 月下旬，终于 2 月中下旬，但也有例外，所谓清明断霜。

低于或等于 0 ℃者一般地区全年约 10 天左右，但极端最低温可能降到 -10 ℃以下，1956 年 1 月 23 日岳阳达 -11.8 ℃。由此看来，我省冬季严寒期虽然不长，但低温冻害亦常会出现，因此必须注意防范。

本省 6 ℃以上的日数（按 6 ℃以上可维持一般作物的生长）：自湘西北的 330 天增至湘南的 360 天。18 ℃以上的日数（是一般作物生长发育最适宜的温度），自湘西北的 170 天到湘南增至 220 天。这样悠长的作物生长期，是湖南发展农业生产的优良条件，若采取先进的农业技术、措施，充分利用这种气候条件，完全可以保证一年双收三收甚至更多收。

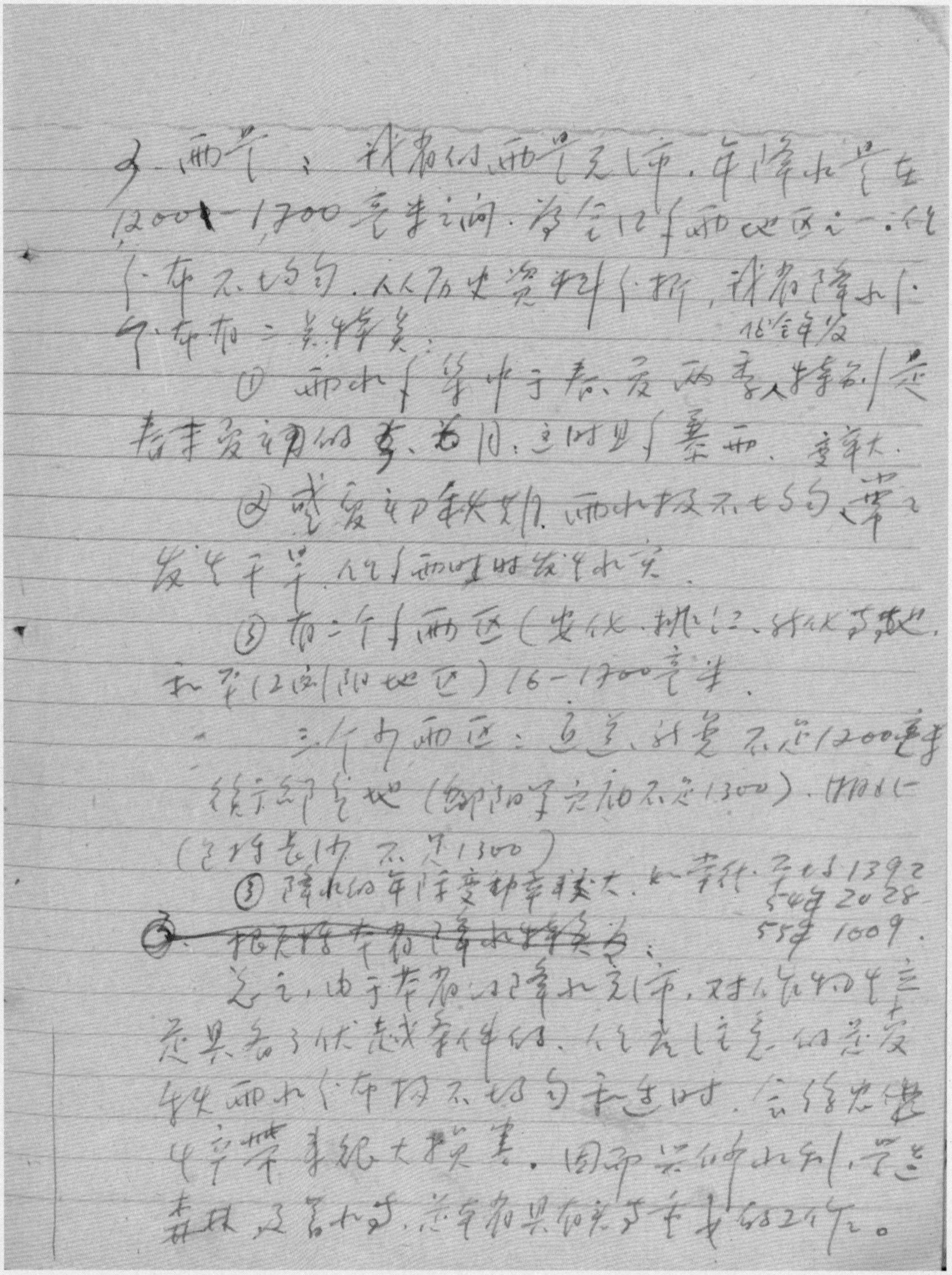

丁、雨量：我省的雨量充沛，年降水量在1200—1700毫米之间，为全国多雨地区之一。但分布不均匀。从历史资料分析，我省降水分布有三点特点：

①雨水多集中于春、夏两季，特别是春末夏初的梅雨期，这时多暴雨、变率大。

②盛夏初秋期，雨水极不均匀，常发生干旱，但多雨时发生水灾。

③有三个多雨区（安化、桃江、新化等地，和平江浏阳地区）16—1700毫米。

三个少雨区：益阳、衡阳不足1200毫米，新宁等地（邵阳等地不足1300），（……不足1300）

④降水的年际变动率较大，如常德 53年 1392，54年 2028，55年 1009。

总之，由于我省的降水充沛，对作物生产是具有优越条件的，但在特定季节雨水分布极不均匀和过时，会给农业生产带来很大损害，因而兴修水利、保护森林，及营林，这都具有重要的意义。

（原稿第 17 面）

3. 雨量

我省的雨量充沛，年降水量在 1 200～1 700 毫米之间，为全国多雨地区之一，但分布不均匀，从历史资料分析，我省降水分布有二点特点：

①雨水多集中于春、夏两季，占全年 1/2，特别是春末夏初的 5、6 月，这时见多暴雨。

②盛夏初秋期，雨水极不均匀，变率大，常常发生干旱，但多雨时期发生水灾。

③有二个多雨区（安化、桃江、新化等地和平江、浏阳地区），16～1 700 毫米。

三个少雨区：通道、新晃不足 1 200 毫米，衡邵盆地（邵阳罗家庙不足 1 300），湘北（包括长沙，不足 1 300）。

④降水的年际变动率较大，如常德，平均 1 392，1954 年 2 028，1955 年 1 009。

总之，由于本省的降水充沛，对作物生产是具备了优越条件的，但应注意的是夏秋雨水分布极不均匀和适时，会给农业生产带来很大损害。因而兴修水利、营造森林及蓄水等，是本省具有头等重要的工作。

3、日照：我省各地年平均日照时数在1300—1900小时。

据月统计，以7、8月份最多，都达到200小时以上，以1、2、3月最少，大都不足90小时。此外，5月中旬的日照也最少（不足30小时），对早稻育秧和本田分蘖不利。因此，在安排早稻播种计划时，[illegible]应该充分估计到这一点。

据地区分布，以湘北12个县和滨湖地区最多达1800小时以上，以怀化、吉首、安化、新化、绥宁、通道地区较少，都在1500小时以下。（山区，云雾大）

总结：气候温和，雨水充沛，四季分明

（原稿第 18 面）

4. 日照

我省各地年平均日照时数在 1 300~1 900 小时。

按月统计，以 7、8 月为最多，都达到 200 小时以上，以 1、2、3 月最少，大都不足 90 小时。此外，5 月中旬的日照也最少（不足 30 小时），对早稻育秧和禾苗分蘖以〔及〕小麦成熟是不利的。因此，在安排早稻播种期时，应该充分考虑到这一点。

按地区看，以湘江下游和滨湖区最多达 1 800 小时以上，以花垣、吉首、安化、新化、绥宁、通道地区较少，都在 1 500 小时以下（山区、云雾大）。

总结：气候温和，雨水充沛，四季分明。

第三节　湖南主要的灾害性天气

湖南的气候条件，对发展农业生产虽然较为有利，但是也有危害农业的灾害性天气。~~对湖南农业生产是~~（启发提问：1.春季，特别是[illegible]播种育秧期间？2.小麦收获季节、棉花播种时？3.中秋~~[illegible]~~会不会[illegible]？）

1. 春季寒潮：春季寒潮主要发生在每年3—4月份，由于北方冷空气侵入所造成的低温、大风和阴雨天气。24小时内气温突然下降到11°C以下，并有阴雨低温连续日数在5天以上的叫强寒潮，在3—5天之间的叫中等寒潮，在3天以下的叫弱寒潮。（当寒潮[illegible]……一般7—10天即有一次）

春季寒潮出现的规律是：3月份有3—4次（上半月多为强寒潮，下半月多为中等寒潮，有时也会出现弱寒潮），4月份2—3次中或弱寒潮。~~一般是7—10天即有一次~~ 每次寒潮过后，都有一段回暖天气（5—6天），这就是春播[illegible]。抓住这个机会，[illegible]抢晴天播种，仍然可以做到较少烂秧或不烂秧。48

（原稿第 19 面）

第二节　我省主要的灾害性天气

我省的气候条件，对发展农业生产虽然极有利，但是，也有危害农业的灾害性天气。（启发提问：1. 春季，特别是早稻播种育秧期间？2. 小麦等收获季节、棉花播种时？3. 中稻抽穗和现在？）

1. 春季寒潮

春季寒潮主要是指每年 3—4 月份，由于北方冷空气侵入所造成的低温、大风和阴雨天气，24 小时内，使气温突然下降到 11 ℃以下谓之。阴雨低温连续日数在 5 天以上的叫强寒潮，在 3 ~ 5 天之间的叫中等寒潮，在 3 天以下的叫弱寒潮，一般 7 ~ 10 天即有一次（当寒潮持续 3 天以上，最低气温降到 8 ℃，就可发生严重烂秧现象，称为灾害性天气）。

春季寒潮出现的规律是：3 月份有 3 ~ 4 次强或中等寒潮（上半月主要为强寒潮，下半月多为中等但有时也会出现强寒潮），4 月份 2 ~ 3 次中或弱寒潮。但每次寒潮过后，都有一段回暖转晴天气（5 ~ 6 天），适宜春播，故在生产上应抓住这个机会，利用“冷尾暖头”，抢晴天播种，仍然可以使早稻少烂或不烂秧。4 月中、下旬也有寒潮出现，如在寒潮期间锋线形成锋面天气与寒流，就会造成阴雨天气。

春季寒潮较多的原因：是由于北方西伯利亚蒙古一带的空气，因为空气密度大，气压高，当气压达到一定高度时，这团冷空气便向气压比较低的南方吹来。（因为北方气压低，温度下降了。同时，南方把较暖湿的空气往上抬升，使当地气层中的水汽凝结成云雨（因为寒潮侵入时伴随有降雨））。

当寒潮过后，我省上空就受北方冷高压所控制；高压中心上空的气流下沉，产生增温，同时使湿度变小，不利云雨的形成，所以寒流过后在冷高压控制之下，一般是晴朗天气。

（原稿第 20 面）

中、下旬也有寒潮出现，如在寒潮期间插秧或插秧时正遇上寒流，就会造成死蔸现象。

春季寒潮入侵的原因：主要是西伯利亚和蒙古带的气温低（空气密度大），气压高，当气压达到一定高度时，这团冷空气便向气压比较低的南方吹来（因此，刮北风，温度下降）。同时，把南方较暖湿的空气往上抬升，使当地气层中的水汽凝结成雨水（因此寒潮侵入时往往伴随有雨、雪）。

当寒潮过后，我省上空就为北方冷高压所控制。高压中心上空的气流下沉，产生增温，同时，使湿度变小，不利云雨的形成，所以寒流过后在冷高压控制之下，一般出现晴朗天气。

2. 春夏梅雨：从4月中旬到6月中下旬，前后共2个月左右，是我省全年降雨最多的时期，称为雨季或梅雨季节。

这时的天气过程多半是云层较厚，阴雨连绵，有时夹有暴雨和雷雨。

梅雨的特点是：①雨季过长，一定时期的低温，使早稻和作物的秧苗生长不良，前期收成造成困难，及造成病害。②雨季过于集中，而且降雨强度大，经常产生暴雨[illegible]（24小时内，雨量＞50毫米），造成水灾和山洪暴发。

形成梅雨的原因：在我们这里每年4月以后，东南季风开始侵入大陆（这是由于海洋上的空气温度比较高，空气变得潮湿，而海洋的空气比较暖湿，故太平洋空气北上）。给大陆带来较多的暖湿空气。另一方面，此时北方的冷空气仍继续南下，二者在长江中下游相遇。

（原稿第 21 面）

2. 春夏霉雨

从 4 月中旬到 6 月中下旬，前后共 2 个月左右，是我省全年降雨最多的时期，称为雨季或梅雨季节。

这时的天气现象每多密云笼罩、阴雨连绵，有时夹着暴雨和雷雨。

霉雨的为害性是：①雨季过长，缺乏阳光——不利作物生长，使旱地作物的播种、管理、收获造成困难及造成涝害。②雨量过多，而且降雨强度大，往往产生暴雨（24 小时内，雨量 >50 毫米），造成水灾和山洪暴发。衡邵盆地每年平均下 2～3 天的暴雨，是我省最少的地区。

形成霉雨的原因：在我国每年 4 月以后，东南海洋的季风开始侵入大陆（这是由于南方大陆的温度逐渐增温慢，气压逐渐降低，而海洋的增温慢，故其上空的气压高），给大陆带来较多的暖湿空气。另一方面，此时北方的冷空气仍断续南下，二者在长江中、下游相遇，

由于势力的节制

湘东这一带互相冲突，相持不下（来回摆动）。湿热的空气比较轻，爬上冷空气之上，水汽因冷而凝结成云和雨。因而有时候着雨和大暴雨）因而形成或连绵的梅或暴雨。

3、夏秋干旱：我省春、夏降雨甚多，但雨水分布不均匀，夏秋后常发生干旱。据历史资料统计，一般100年内大干旱年份约占15-20年，大水灾年份约占10年。而局部的~~夏秋干旱~~或短时间的持续干旱，几乎每年都有。

旱情露头一般在6月底或7月上、中旬，终止期一般在8月底或9月上中旬。有时长达1-2个月。在重灾年份，旱情可持续半年之久，而终止期还延到9、10月份。

从地域上看，我省干旱发生最多的地区是湘中衡阳盆地（邵阳、衡阳、湘潭、郴州）的西部山地最多，湘西山地降水较多，干旱威胁就比较轻。

（原稿第 22 面）

并在这一带互相冲突，由于势力均等而相持不下（来回摆动）。湿热的空气比较轻，爬上冷空气上面，水汽因冷而凝结成云和雨。因而有时夹着雷雨和暴雨。因而形成著名的梅〔雨〕或霉雨。

3. 夏秋干旱

我省春、夏降雨虽多，但雨水分布不均匀，夏秋容易发生干旱。据历史资料统计，一般 100 年内，大干旱年约占 15～20 年，大水涝年约占 10 年，而局部的或短时间的插花干旱，几乎每年都有。

旱情露头一般在 6 月底或 7 月上、中旬，终止期一般在 8 月底或 9 月上、中旬。为时约 1～2 个月。在重灾年份，旱情可能提早一个月，而终止期延迟到 9、10 月份。

从地域上看，我省干旱发生最多的地区是湘中的衡邵盆地（三部、隆回、洞口、武冈、新宁）以西部山地最少，湖区由于浇溉方便，干旱威胁就比较轻。

产生干旱的主要原因有二，需要针对实际情况进行研究。

① 气候条件：雨季结束后，进入南方海洋上来的暖空气（副热带高压）所控制，我省进入高压控制的晴热天气。由于热带高压的影响，产生"焚风效应"，干热而且风力大，形成高温晴朗干燥的天气。蒸发量突然增大，土壤水分入不敷出。因此，在夏季比较水利条件较差的地区，到了6月底7月上旬，只要十天半月不雨，即会出现干旱苗头甚至旱象。因此，每个农业工作者要对这个严重问题有充分的认识，认真从思想上、组织上做好防旱抗旱的各项工作。

② 水利条件：我省的森林比较缺少，尤其湘中湘南红壤土较多，保水力不强；又由于东、南、西三面高，中间低，夏季突然降雨较多，大雨时雨水很快流入江河。因此，在特别是缺乏水利设施的地区，把雨水大量的白白流失地……

（原稿第 23 面）

产生干旱的主要原因有二：

①气候条件：雨季结束后，到了夏季大陆温度升高，南方海洋上来的暖空气稳定的控制我省（刮南风）。由于越过南岭后产生“焚风效应”，于是雨量减少，形成高温连晴而干燥的天气。蒸发量突然增大，土壤水分入不敷出。因此，在夏季凡是水利条件较差的地区，到了 6 月底 7 月上旬，只要十天半月不雨，即出现干旱露头现象。因此，每个农业工作者对这个严重问题有充分认识，认真从思想上物质上及早作〔做〕好防旱抗旱准备工作。

②水利和地理条件：我省的森林植被较少，尤其湘中湘南红壤土较多，保水力不强，又由于东、南、西三面高，而北部低平，夏季虽然降雨多，但大部分雨水很快流入长江。因此，应特别重视兴修水利，把雨水大量的、分散地积蓄在我省各地。

第三节 二十四节气

24节气是我国古代劳动人民在气候学上的杰出创造，自秦汉时代传流至今已2000年，在农业生产上有很大的指导意义。

一、24节气主要是表示一年中的气候变化，是与农业生产实践紧密结合的物候历。它对人掌握气候变化规律和农业生产作出了很大的贡献，至今在农村仍广泛的应用。

一年365天可分为24节次，因此每15天便是一个节气，每月有二个。

24节气的顺序是：立春、雨水、惊蛰、春分、清明、谷雨、立夏、小满、芒种、夏至、小暑、大暑、立秋、处暑、白露、秋分、寒露、霜降、立冬、小雪、大雪、冬至、小寒和大寒。

~~二、将一年划分为24个节次，因以每~~

现将各节的意义简述如下：

四立：立春、立夏、立秋、立冬——是表示开始的意思，四立是表示春、夏、秋、冬的开始。

二至：夏至、冬至——夏至白昼最长，夜晚最短，古称日长至（即白日最长的时刻）

（原稿第 24 面）

第三节　二十四节气

24 节气是我国古代劳动人民在气候学上的独特创造，自秦汉时代传流至今已 2 000 年，在农业生产上有很大的指导意义。

24 节气主要是表示一年中的气候变化，并与农业生产实践紧密结合的物候。它对掌握气候变化规律和农业生产做出了伟大的贡献，其是我们民族的骄傲。

一年 365 天可分为 24 个节次，因此，每 15 天多便是一个节气，每月有 2 个。24 节气的顺序是：立春、雨水、惊蛰、春分、清明、谷雨、立夏、小满、芒种、夏至、小暑、大暑、立秋、处暑、白露、秋分、寒露、霜降、立冬、小雪、大雪、冬至、小寒和大寒。

现将各节〔气〕的意义简述如下：

四立：立春、立夏、立秋、立冬——立是开始的意思，“四立”表示春、夏、秋、冬的开始。二分、二至：夏至、冬至——夏至白昼最长，夜晚最短，古称日长至（即白最长日子到此止）。

上半年每月5号、21号左右。
下"……"8号、23号"……

冬至白昼最短，夜晚最长，古称日短至。

二分：春分、秋分——"分"古称日夜分，即昼夜等长的节气，在春、秋二季的中间。

雨水——降雨开始逐渐增加。

惊蛰——已经逐渐开始有雷声，开始有雷雨惊醒蛰伏在地下的小动物和冬眠的动物

清明——气候温暖，草木繁生，天气晴朗的意思。

谷雨——降雨增多，对谷类作物很有利，即"雨生百谷"的意思。

小满——夏熟作物的籽粒开始饱满。

芒种——代表麦类(作物)等有芒的作物成熟的季节，正是收获和播种季节。

小暑、大暑——炎热，小暑尚未达到最热，大暑是一年最炎热的节气。

处暑——处的解释，停止的意思，表示炎热即将过去。

（原稿第 25 面）

上半年每月 5 号，21 号左右。

下半年每月 7 号，23 号左右。

冬至——白昼最短，夜晚最长，古称日短至。

二分：春分、秋分——“二分”古称日夜分，即昼夜等长的节气，是春秋二季的中间。

雨水——降雨开始逐渐增加。

惊蛰——温度逐渐升高，开始有雷雨，蛰伏在地下的小动物开始出土活动。

清明——气候温暖、草木繁生、天气晴朗的意思。

谷雨——降雨增多，对谷类作物很有利，即“雨生百谷”的意思。

小满——麦类等夏熟作物的籽粒开始饱满。

芒种——代表麦类等有芒作物成熟的季节和晚稻等的播种季节。

小暑、大暑——炎热，小暑尚未达到最热，大暑是一年最炎热的节气。

处暑——处的躲藏、终止的意思，表示炎热即将过去。

白露——处暑后气温下降较快，因此开始露水较多。

寒露——表示气温已经很低，露很寒。

小雪、大雪——表示开始降雪的时间和降雪的程度。

小寒、大寒——表示寒冷的程度，表示开始冷，小寒为开始到较冷，而大寒是一年中最冷的季节。

从上述指出，~~24节气~~2000年前，我们的祖先生活中心在黄河中下游，因此24节气是根据黄河流域的气候情况和生产情况制订的，除少数节气外，其他节气在全国地区不完全有意义。例如广东南部全年无霜日，因此，霜降节、小、大雪节对当地就没有什么实际意义。这时，我们也未见霜日，而冬季也到立春节。因此24节气有很大的地区性。我们各地农民，历来都是根据本地区的气候特点来安排农事活动的。例如：华北是“清明下、谷满

（原稿第 26 面）

白露——处暑后气温下降较快，因此早晨露水较重。

寒露——表示气温已经很低，露很凉。

小雪、大雪——表示开始降雪的时间和降雪的程度。

小寒、大寒——寒是寒冷的意思，表示低温程度，小寒尚未达到最冷，而大寒是一年中最冷的季节。

必须指出，2 000 年前，我国的科学文化中心在黄河中下游。因此 24 节气是根据黄河中下流域的气候情况和生产情况制定的。除 2 分 2 至外，其他节气在全国地区不免互有出入。例如，广东南部全年无霜雪，因此，霜降节、小、大雪节对当地就没有什么积极意义。这时，我省也未见霜雪，而东北则更早等。因此 24 节气有强烈的地区性。我国各地农民，历来都是根据本地区的气候特点来按〔安〕排农事活动的。例如：华北是“清明早、小满

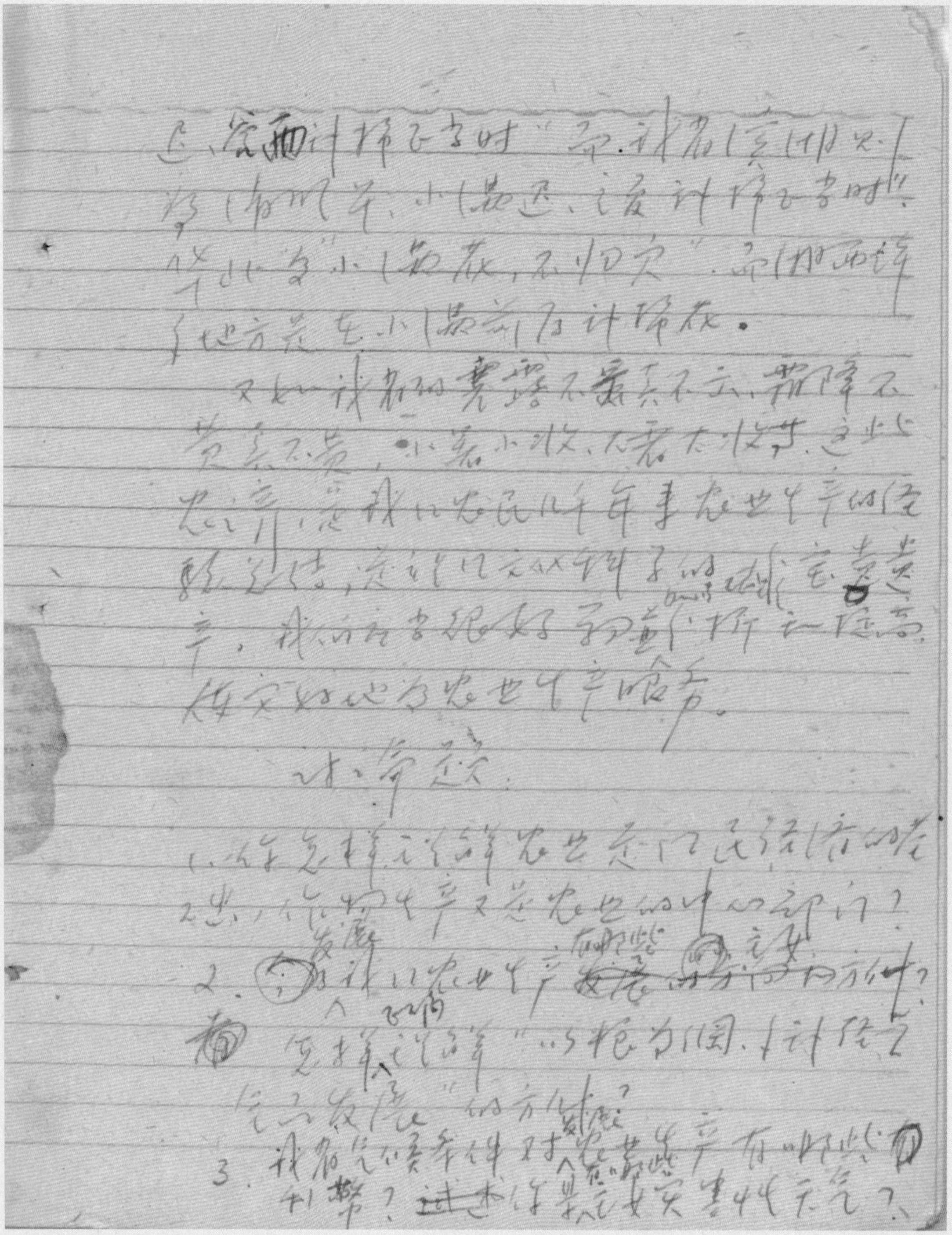
[illegible]

又如我们常说[illegible]，这些虽然是我们农民几千年来在生产中的经验总结，[illegible]

讨论题：

1、为什么说农业是国民经济的基础？为什么说粮食生产又是农业的中心部门？

2. 结合我县农业生产的实际，谈谈怎样贯彻"以粮为纲，全面发展"的方针？

3. 我省气候条件对农业生产有哪些有利和不利？[illegible]

（原稿第 27 面）

迟，谷雨种棉正当时”，而我省滨湖则为“清明早、小满迟，立夏种棉正当时”。华北为“小满花，不归家”，而湘西许多地方是在小满前后种棉花。

又如我省的“寒露不出真不出，霜降不黄真不黄”“小暑小收，大暑大收”等，这些农谚，是我国农民几千年来农业生产的经验总结，是祖国文化科学的一份宝贵遗产，我们应当很好学习并加以分析和提高。使它〔更〕好地为农业生产服务。

讨论题：

1. 你怎样理解农业是国民经济的基础，作物生产又是农业的中心部门？

2. 发展我国农业生产有哪些主要方针？怎样正确理解“以粮为纲，多种经营全面发展”的方针？

3. 我省气候条件对发展农业生产有哪些利弊？你县有哪些主要灾害性天气？

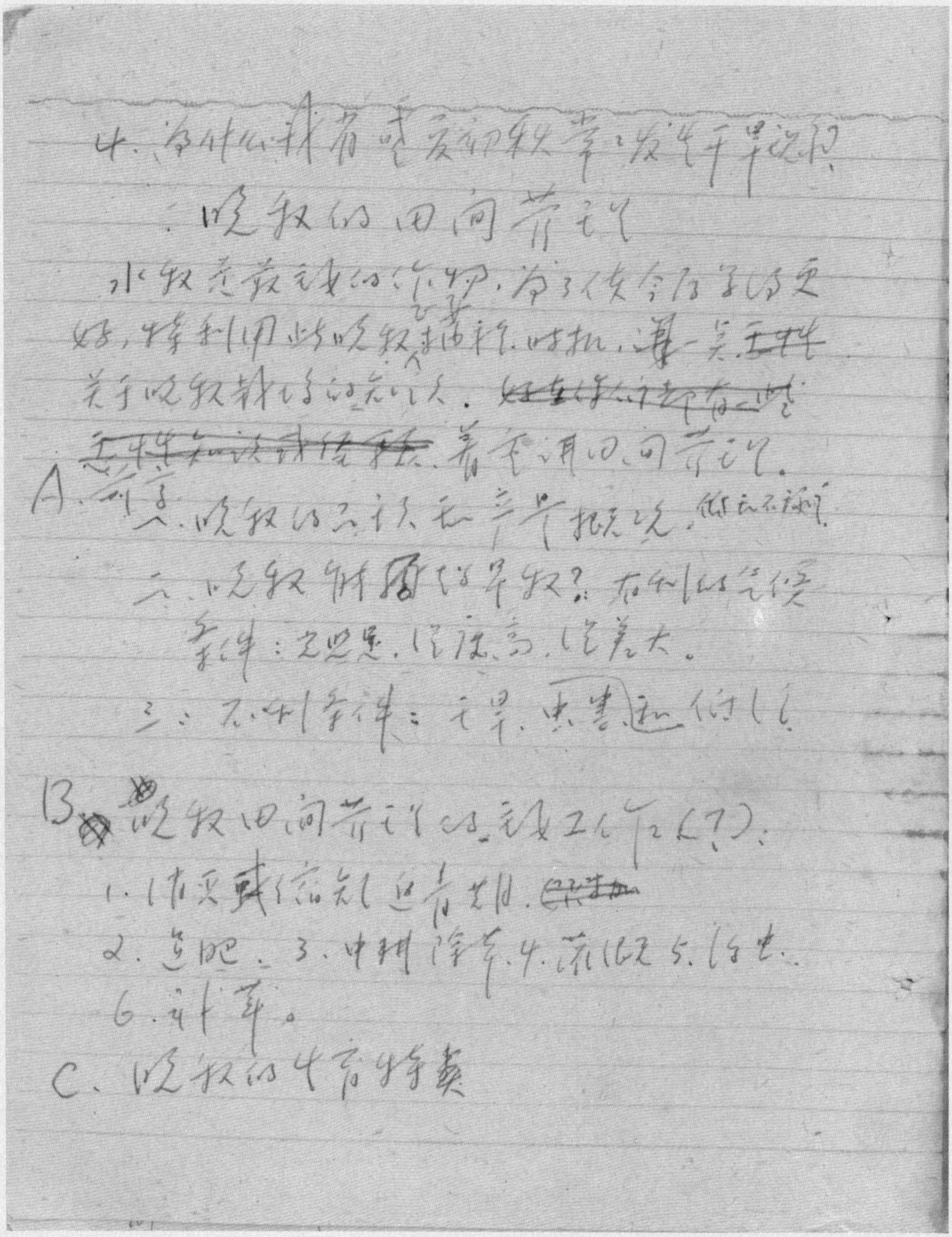

4、为什么我省晚稻初秋季收获早迟

晚稻的田间管理

水稻是最主要的作物，为了使今后收得更好，特利用此晚稻插秧时机，讲一点关于晚稻栽培的知识。着重讲田间管理。

A、一、晚稻的生长和产量概况。

二、晚稻能否增产？有利的气候条件：光照足，温度高，温差大。

三、不利条件：干旱、虫害和倒伏。

B、晚稻田间管理的主要工作（7）：

1.防虫害防治返青期。

2.追肥。3.中耕除草。4.灌溉 5.治虫。

6.计算。

C、晚稻的生育特点

（原稿第 28 面）

4. 为什么我省盛夏初秋常常发生干旱现象？

晚稻的田间管理

水稻是最主要的作物，为了使今后学得更好，特利用此晚稻正要抽穗时机，讲一点关于晚稻栽培的知识。着重讲田间管理。

A. 前言

一、晚稻的面积和产量概况，低和不稳定。

二、晚稻能否超早稻？有利的气候条件：光照足、温度高、温差大。

三、不利条件：干旱和虫害、低温。

B. 晚稻田间管理的主要工作

1. 消灭或缩短返青期

2. 追肥

3. 中耕除草

4. 灌溉

5. 治虫

6. 补蔸

C. 晚稻的生育特点

八、晚秋生产期间的有利条件和不利条件因素

1. 温度高。（总积温比早秋多1/3左右）温度较高，有利于秋蚕的生长，又能促使肥料迅速分解，因此桑树生长快。

2. 日照时间较长，光合作用旺盛，制造的营养物质多。

3. 温差大，夜晚呼吸作用弱，消耗的物质少。

不利因素

1. 雨量少，容易发生干旱。

2. 虫害多。特别是第三、四代三化螟（以前称为秋螟）虫害发展，一年之内，一代比一代大。据武进县植保站的记载，十年平均三化螟诱蛾数字：总数3万09尾，一代占2%，二代——8%，三代——26，四代——64%。

3. 寒潮，九月中、下旬常有来自东北的冷空气侵入我省。对秋晚蚕影响（低于20°C的）

（原稿第 29 面）

一、晚稻生育期间的有利条件和不利因素

1. 温度高（总积温比早稻多 1/3 左右）。既能充分满足水稻生长的需要，又能促使肥料迅速分解。因此，禾苗生长快。

2. 晴天多，日照足。光合作用旺盛，制造的营养物质多。

3. 温差大，夜晚呼吸作用弱，营养物质消耗少。

不利因素：

1. 雨量少，容易发生干旱。

2. 虫害多，特别是第三、四代三化螟。以及第三代二化螟虫害发展，一年之内，一代比一代多。根〔据〕醴陵虫情测报站的记载，三化螟十年平均诱蛾量：全年 3 万零 9 百多只，一代——2%，二代——8%，三代——26%，四代——64%。

3. 寒潮，九月中、下旬常有规律性的低于 20 ℃的冷空气侵入我省。值晚稻抽

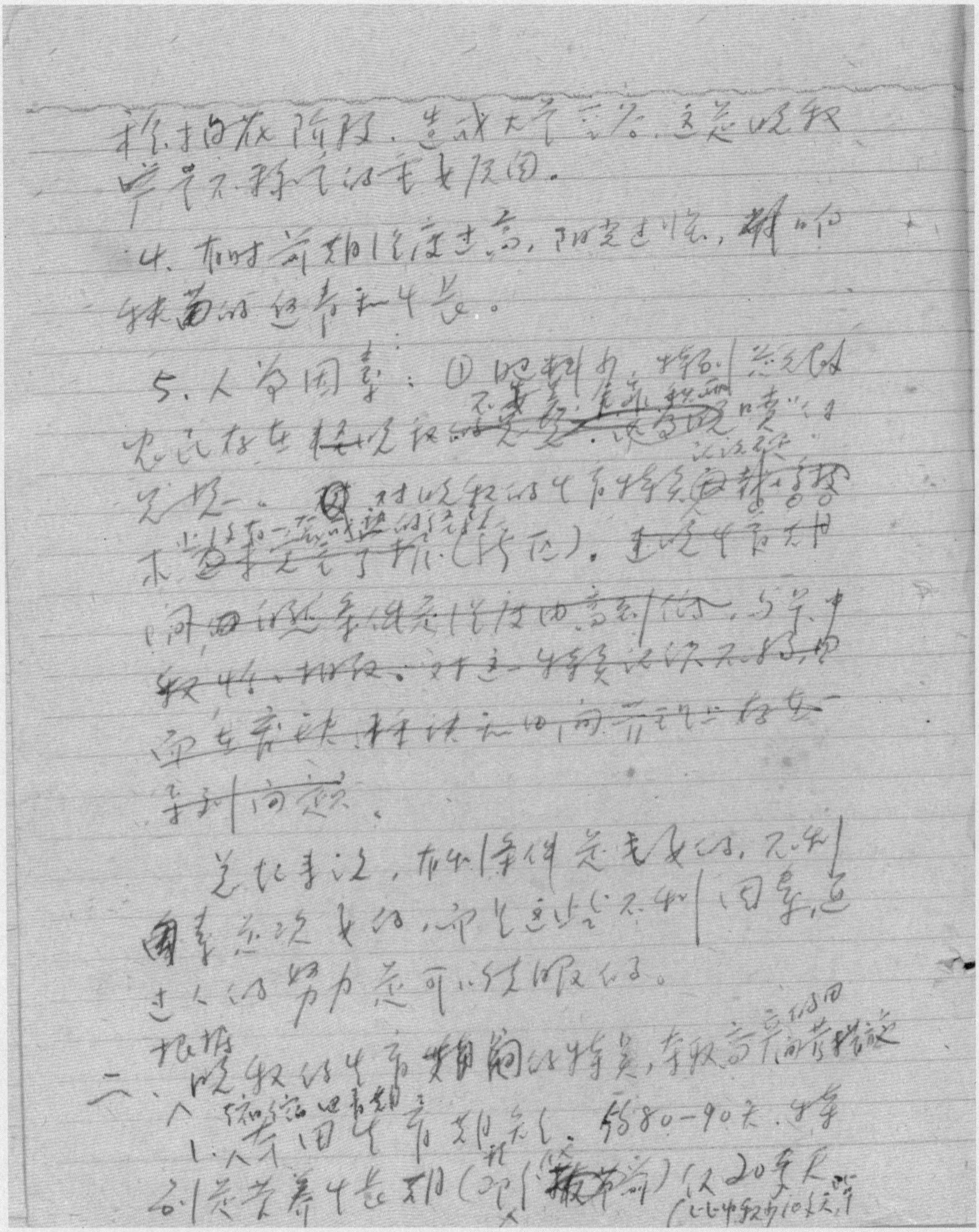

（原稿第 30 面）

穗扬花阶段，造成大量空谷，这是晚稻产量不稳定的重要原因。

4. 有时前期温度过高，阳光过强，影响秧苗的返青和生长。

5. 人为因素：①肥料少，特别是很多农民存在“晚稻不要粪，全靠秋雨喷”的思想。②对晚稻的生育特点认识不足，栽培技术上没有一套成熟的经验（新区）。

总起来说，有利条件是主要的，不利因素是次要的，而且这些不利因素通过人的努力是可以克服的。

二、根据晚稻的生育期间的特点，夺取高产的田间管理措施

1. 缩短返青期：本田生育期短，约 80～90 天，特别是营养生长期（即穗分化前）仅 20 多天（比中稻少 10 多天，比早稻少 70 多天）。

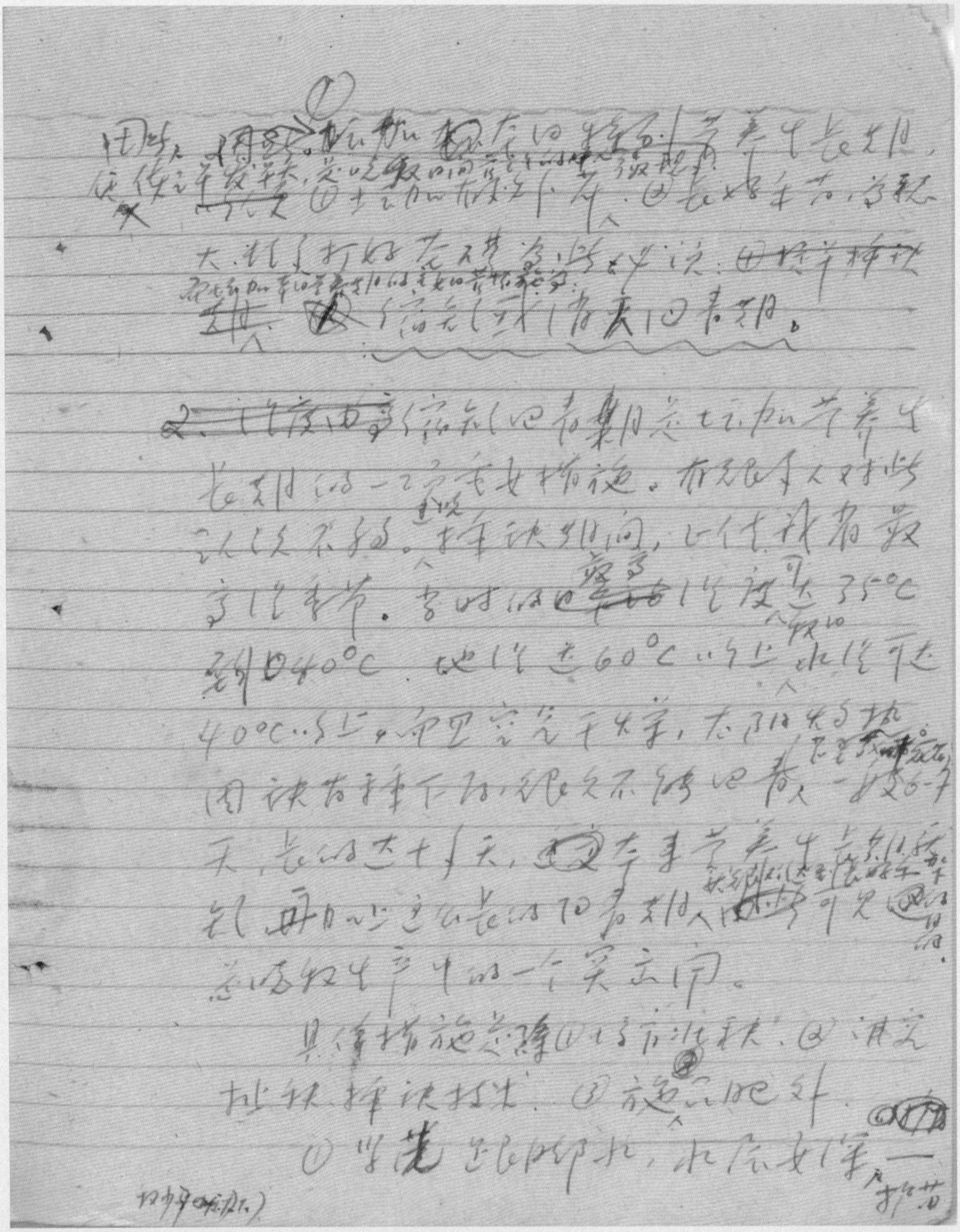

①……缩短回青期。

2. 缩短回青期是增加有效生长期的一项重要措施。本地群众对此认识不够。插秧期间，正值我省最高温季节。当时的气温一般可达35°C到40°C，地温达60°C以上，水温可达40°C以上，加上空气干燥，太阳光强，因此插秧下去，秧苗不能回青，一般6-7天，长的达十多天。……缩短回青期……可见……生产中的一个重要环节。

具体措施是：①……；②……；③施足肥料。

①……

（原稿第 31 面）

因此，①增加本田特别营养生长期，促使之早发早大，是晚稻田间管理的中心，增加有效分蘖有效穗。②长好禾苗，为穗大、粒多打好基础。为此必须而增加本田营养期的主要管理措施为：缩短或消灭回青期。

缩短回青期是增加营养生长期的一项重要措施。有很多人对此认识不够。过晚插秧期间，正值我省最高温季节。当时的最高温度可达 35 ℃到 40 ℃。地温达 60 ℃以上，稻田水温可达 40 ℃以上，而且空气干燥，太阳灼热。因秧苗插下后，很久不能回青（甚至成干死苗），一般 6～7 天，长的达十多天，本来营养生长期就短，再加上这么长的回青期，就很难达到长好禾架的目的，是晚稻生产中的一个突出问题。

具体措施是 3 条：①培育壮秧，②讲究扯秧、插秧技术，③施面肥外。

①紧灌跟脚水，水层要深——护苗。

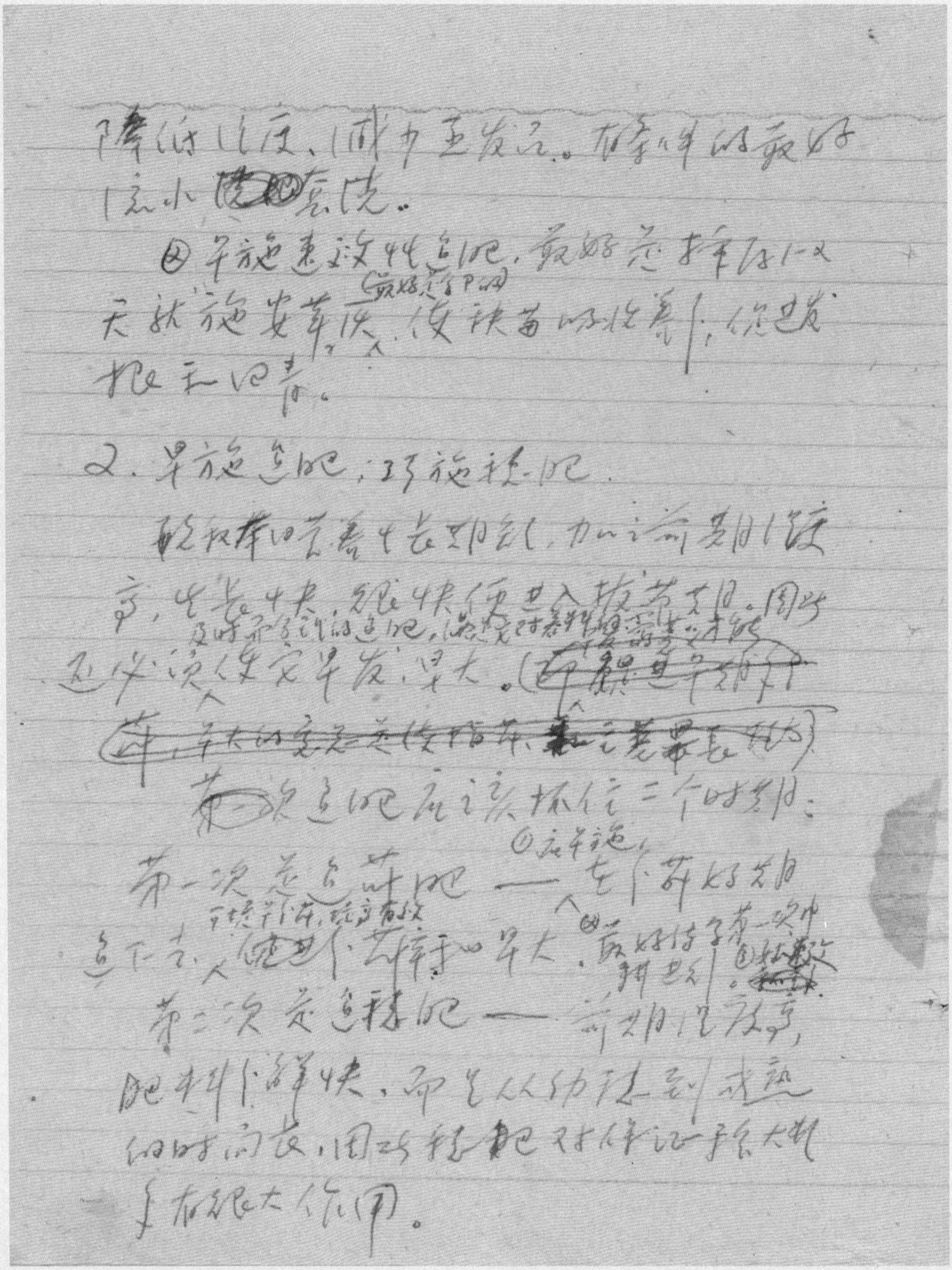

降低温度，减少蒸发。有条件的最好浇小水灌溉。

③早施速效性氮肥，最好在栽后1-2天就施[illegible]（最好在下雨），使秧苗快发新根，促进根系生长。

2．早施追肥，巧施穗肥。

[illegible]营养生长期短，加之前期缓苗返青，生长快，很快便进入拔节期。因此及时分次施追肥，保证对营养生长的需要，必须促使早发、早长。

施追肥应该抓住二个时期：

第一次是追苗肥——①在早施，在分蘖期追下去，[illegible]，促使分蘖和早大，最好结合第一次中耕进行。

第二次是追穗肥——前期促成，肥料下得快，而且从幼穗分化到成熟的时间长，因此穗肥对保证穗大粒多有很大作用。

（原稿第 32 面）

降低温度，减少蒸发面。有条件的最好流水套灌。

②早施速效性追肥，最好是插后 1～2 天就施安莼灰（最好是含 P 的），使秧苗吸收养分，促进发根和回青。

2. 早施追肥，巧施穗肥

晚稻本田营养生长期短，加之前期温度高，生长快，很快便进入拔节期。因此，还必须及时而合理的追肥，满足它对养料的需要，才能使它早发、早大。

追肥应该抓住二个时期：

第一次是追蘖肥——①应早施，在分蘖始期追下去，可提早分蘖，提高有效分蘖率和早大。②最好结合第一次中耕进行。③要求速效。

第二次是追穗肥——前期温度高，肥料分解快，而且从幼穗到成熟的时间长，因此穗肥对保证穗大粒多有很大作用。

所谓巧施肥：①掌握正确的时期，以孕穗时（抽穗前25天左右）最适当，过早、过迟皆不好。②速效，用量不宜过大，以硫铵（或尿素）肥料，以免贪青倒伏。（5-10斤硫铵）③如水利条件好，可结合排水晒田。

好处是，较易控制叶色落黄，使茎秆粗壮，又可使有机养料迅速运入幼穗，供其发育。

3、合理密植

宽一窄一（宽一窄排）——有条件的地方。

①宽一 排秧过来（最好顺东西向）。

②窄一 促进分蘖、早发、穗大。

③宽一 有利于通风透光良好，抑制纹枯病。

④窄（三排）一 有利于增大禾苗密度。

人工如要保住的话，可以抽穗扬花时以宽窄水保住。

无条件的地方则以宽窄插为宜。

4. 中耕除草

（原稿第 33 面）

所谓巧施是：①掌握正确的时期，以拔节时（抽穗前 25 天左右）最适，过早、过晚皆不利。②速效。③用量不宜过多，应看苗追肥，特别是 N 素肥料，以免贪青倒伏（5～10 斤硫铵），③如水利条件好，可结合排水晒田。好处是，稻苗及时落黄，使茎干〔秆〕粗壮，又可使有机养料迅速流入幼穗，供其发育。

3. 合理灌溉

深—浅—深—浅排——有条件的地方。

①深——护秧返青（最好为流水套灌）。

②浅——促进分蘖、早发、早大。

③深——保证幼穗发育良好，抑制无效分蘖。

④浅和排——有利灌浆和早熟防倒。

但如寒流来得早，正值抽穗扬花时，须深水保温。

无条件的地方则以深灌蓄水为主。

4. 中耕除草

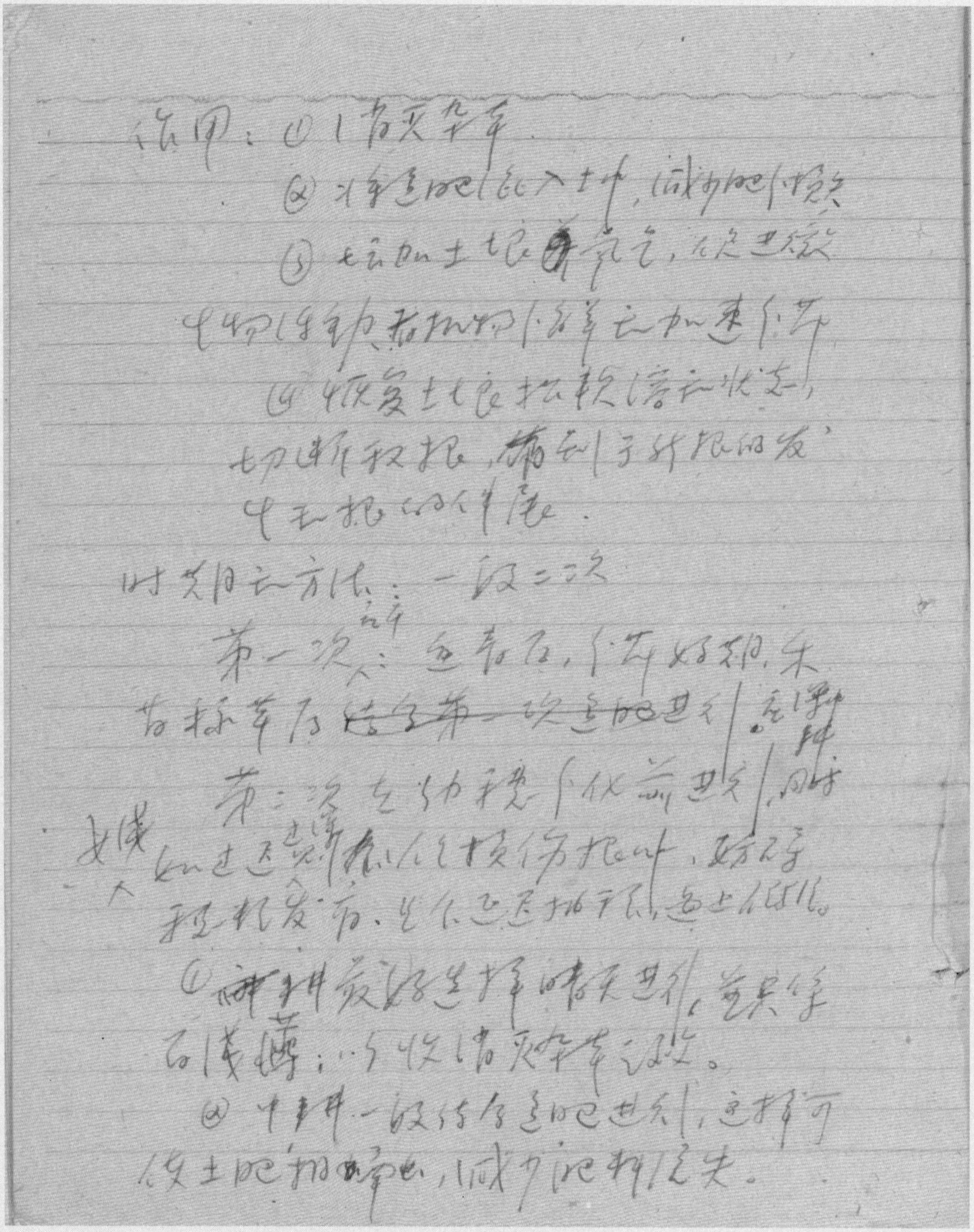

作用：①消灭杂草
②将追肥混入土中，减少肥料损失
③增加土壤空气，促进微
生物活动，有机物分解之加速作用
④恢复土壤松软[illegible]之状态，
切断老根，刺激了新根的发
生和根的伸展。
时期和方法：一般二次
第一次：在返青后，分蘖始期，[illegible]
中耕除草后~~结合第一次追肥进行~~
第二次在幼穗分化前进行，[illegible]
如过迟[illegible]则会伤根叶，[illegible]
稻株发育，[illegible]
①中耕前[illegible]选择晴天进行，并[illegible]
[illegible]：[illegible]。
②中耕一般结合追肥进行，这样可
使土肥相融合，减少肥料流失。

（原稿第 34 面）

作用：①消灭杂草。

②将追肥混入土中，减少肥分损失。

③增加土壤氧气，促进微生物活动、有机物分解和加速分蘖。

④恢复土壤松软溶和状态，切断稻根，有利于新根的发生和根的伸展。

时期和方法：一般二次

第一次较早：返青后，分蘖始期，禾苗稳蔸后进行，应深中耕。

第二次在幼穗分化前进行，同时要浅，如过迟过深则不但损伤根叶，妨碍穗粒发育，且会延迟抽穗，遇上低温。

①中耕最好选择晴天进行，并只保留浅薅，以收消灭杂草之效。

②中耕一般结合追肥进行，这样可使土肥相融，减少肥料流失。

5、防治好二、三代棉铃虫等中心的“双保”。

今年前期二代棉铃虫、第三代红铃虫为害，往往造成大面积落花、大批棉桃被害，落蕾落铃；第四代红铃虫造成大量白絮。

二、三代红蜘蛛在棉花落蕾期，造成大面积红叶，造成落叶、落铃。

棉铃虫防治时期是在二代成虫产卵盛期(8月上、中旬)。喷药1-2次，666(粉)稀释一百倍，再喷洒棉花叶面，防治2-3次。

红蜘蛛防治主要是抓好在早期打药，减少虫源。打药后，若虫发生期，用DDT及时防治。

三、钻心虫、菜青虫、小地老虎

防治方法。

（原稿第 35 面）

5. 防治以三化螟为中心的“两虫”

分蘖期三化螟第三代幼虫为害，往往造成大量枯心，尤以早插者前孕穗末至抽穗期，第四代幼虫造成大量白穗。

浮尘子主要是为害苗期，造成大量白叶，甚至枯叶、死叶。

药剂防治：①保苗——分蘖或分蘖盛期（8 月上、中旬），点蘖 1～2 次 666。

②保穗——孕穗末至抽穗期，防治 1～3 次。

防治浮尘子主要抓双抢时进行，田塍打药，减少虫病。插秧后，若虫盛发期，用 DDT 及时防治。

此外，尚有补蔸、打冲苞灰等工作。

讨论题：

1. 从自然条件来看，晚秋能否培早秋？晚秋的产量与早秋之间有什么？

3. 你地晚秋常年产量有多少？在田间管理工作上，有哪些主要经验和教训？

2. 晚秋田间管理有哪几项主要工作？为什么说其中心任务是定苗发苗大？（争取）

× × ×

第三编 作物栽培各论

第一章 红薯

第一节 概述

一、红薯在国民经济中的意义

“ ”是我们也是我省一种主要的杂粮作物。由于它的产量高，适应性强，因此在我们都北各省栽培甚为普遍。在不少地区，用它作主要粮食，有“红薯半年粮”的说法，由此可见红薯在人民生活中的~~重要性~~地位。人们常说，~~楚~~红薯仅次于小麦，在我省则第二位。

（原稿第 36 面）

讨论题

1. 从自然条件来看，晚稻能否超早稻？晚稻低产的主要原因是什么？

2. 晚稻田间管理有哪几项主要工作？为什么说其中心任务是争取早发早大？

3. 你地晚稻常年产量有多少？在田间管理工作上，有哪些主要经验和教训？

第三篇　作物栽培各论

第一章　红薯

第一节　概述

一、红薯在国民经济中的意义

红薯是我国也是我省一种主要的杂粮作物。由于它的产量高，适应性强，因此，在我国南北各省栽培甚为普遍。有不少地区，用它作主要粮食，有“红薯半年粮”的说法，由此可见，红薯在人民生活中的重要性。从全国来说，其地位仅次于水稻和小麦。在我省则为第二位。

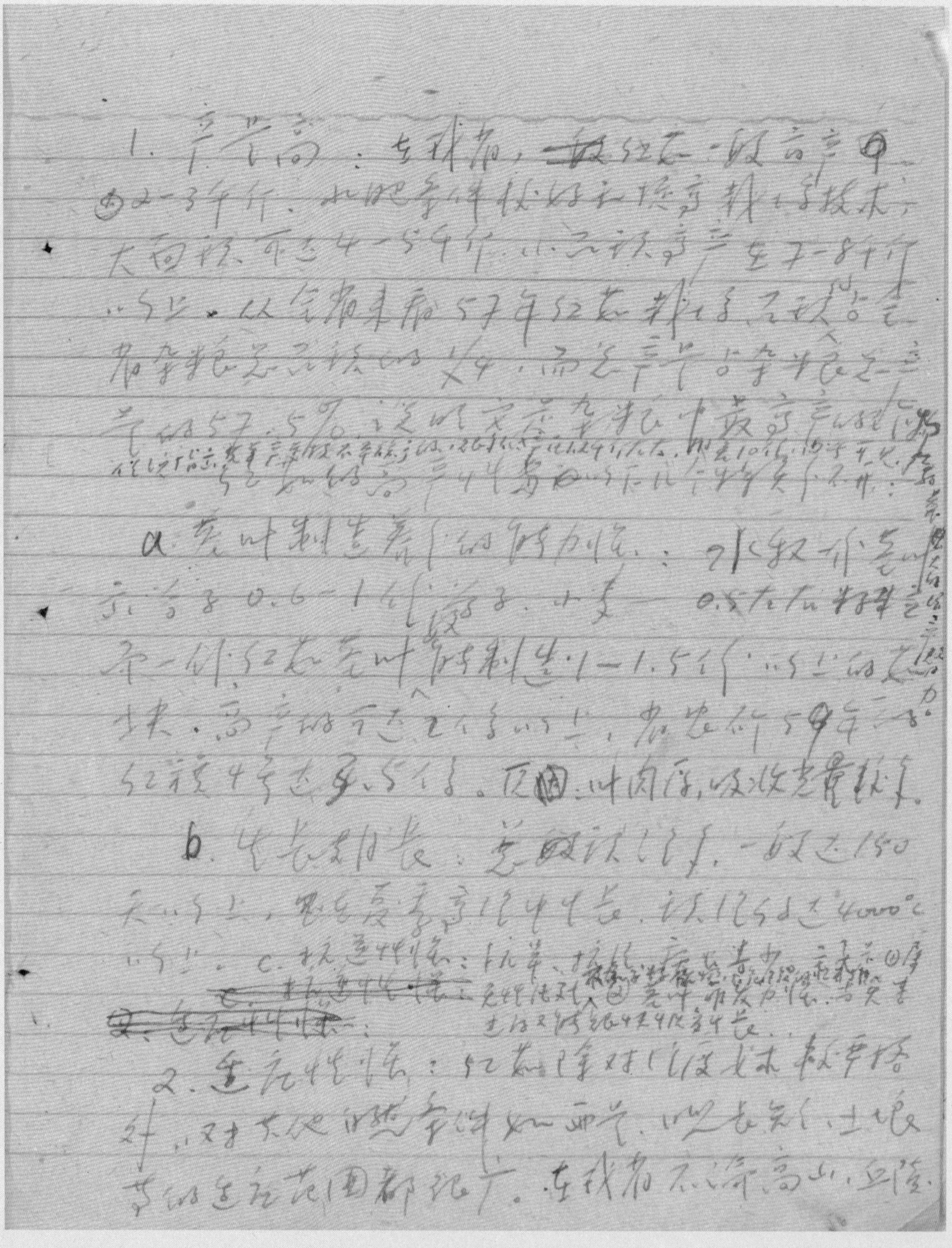

1. 产量高：在我省，~~一般~~红萍一般亩产鲜萍2—3千斤，如肥条件较好和改进栽培技术，大面积可达4—5千斤，小面积亩产达7—8千斤以上。从省农科所57年红萍排比试验，[illegible]

[illegible]

a. 萍叶制造养分的能力强：[illegible]

b. 生长期长：[illegible]，一般达150天以上，[illegible]4000°C以上。c. 抗逆性强：抗旱、[illegible]

2. 适应性强：红萍除对[illegible]条件如[illegible]，以及[illegible]土壤[illegible]的适应范围都很广。在我省不论高山、丘陵、

（原稿第 37 面）

1. 产量高

在我省，红薯一般亩产 2～3 千斤。水肥条件较好和提高栽培技术，大面积可达 4～5 千斤。小面积高产在 7～8 千斤以上。从全省来看，1957 年红薯栽培面积约占全省杂粮总面积的 1/4，而总产量占杂粮总产量的 57.5%，说明它是杂粮中最高产的作物。但须指出，现单产是极不平衡的，很多低产在 1、2 千斤左右，相差 10 倍，由此可见，红薯具有很大的增产潜力。

红薯的高产性与以下几个特点分不开：

a. 茎叶制造养分的能力强：水稻一份茎叶出谷子 0.6～1 份，谷子、小麦——0.5 左右籽粒，而一份红薯茎叶数能制造 1～1.5 份以上的薯块，高产的可达 2 份以上，省农所 1959 年的红旗 4 号达 3.5 倍。原因：叶肉厚，吸收光量较多。

b. 生长期长：总积温多，一般达 150 天以上，在夏季高温中生长，积温约达 4 000 ℃以上。

c. 抗逆性强：抗旱、抗风、病虫害少。主要是①属无性繁殖，□□□□□□□□□□□□□□②茎叶萌发力强，当灾害过后又能很快恢复生长。

2. 适应性强

红薯除对温度要求较严格外，对其他自然条件如雨量、日照长短、土壤等的适应范围都很广。在我省不论高山、丘陵、平地、肥田、瘦土都能种植，而且只要掌握了它的栽培技术就能丰产。此外，从地区来说，南自海南岛，北至东北，东自台湾，西至~~甘肃~~西北都能栽培。其适应面的同一品种的适应性也很大，如胜利百号在全国，多达30个省都表现良好，这是其他作物少见的。

3. 用途广

(14-22%)

(1) 食用：营养价值比较高，据研究，5斤鲜薯放出的热量比大米多502卡（2,395：1893），比小麦多460卡，可见其热量大。

此外，还有大量的维生素等营养，而维生素恰恰是稻米所缺乏的（蔬菜、水果等不放进去）。此外，如维生素乙2和钙质也多于大米。

人体蛋白质、脂肪含量（分别比大米的1/4和2/5（2:8，0.2:0.5（克））。因此，红薯要和大米、特别是大豆等搭配食用，才更有利于健康。

此外，吃法多种多样（如煮、蒸、烤、干、粉、粉丝等）。可见红薯对丰富人民的生活，具有重大意义。

（原稿第 38 面）

平地、肥田、瘦土都能种植，而且只要掌握了它的栽培技术就能丰产。就全国来说，南自海南岛北至东北，东自台湾西至西北都能栽培。而且就是红薯的同一品种的适应性也很大，如胜利百号在全国，宁远 30 早在全省都表现良好，这是其他作物少见的。

3. 用途广

①食用：主要含淀粉和糖（14～22%）。据研究，5 斤鲜薯放出的热量比大米多 502 卡（2 395：1 893），比小麦多 460 卡，可见其热量大。

此外，还有大量的维生〔素〕甲前体和维生素丙。而这是水稻所缺乏的（蔬菜、水果等才较丰富）。此外，如维生素乙和钙质也多于大米。

但蛋白质、脂肪含量分别只有大米的 1/4 和 2/5［2：8，0.2：0.5（克）］。因此，红薯要与大米、特别是大豆等搭配食用，才更有利于健康。

此外，吃法多种多样（生、煮、蒸、烤、干、粉、糕点等），可见红薯对丰富人民的生活，具有重要意义。

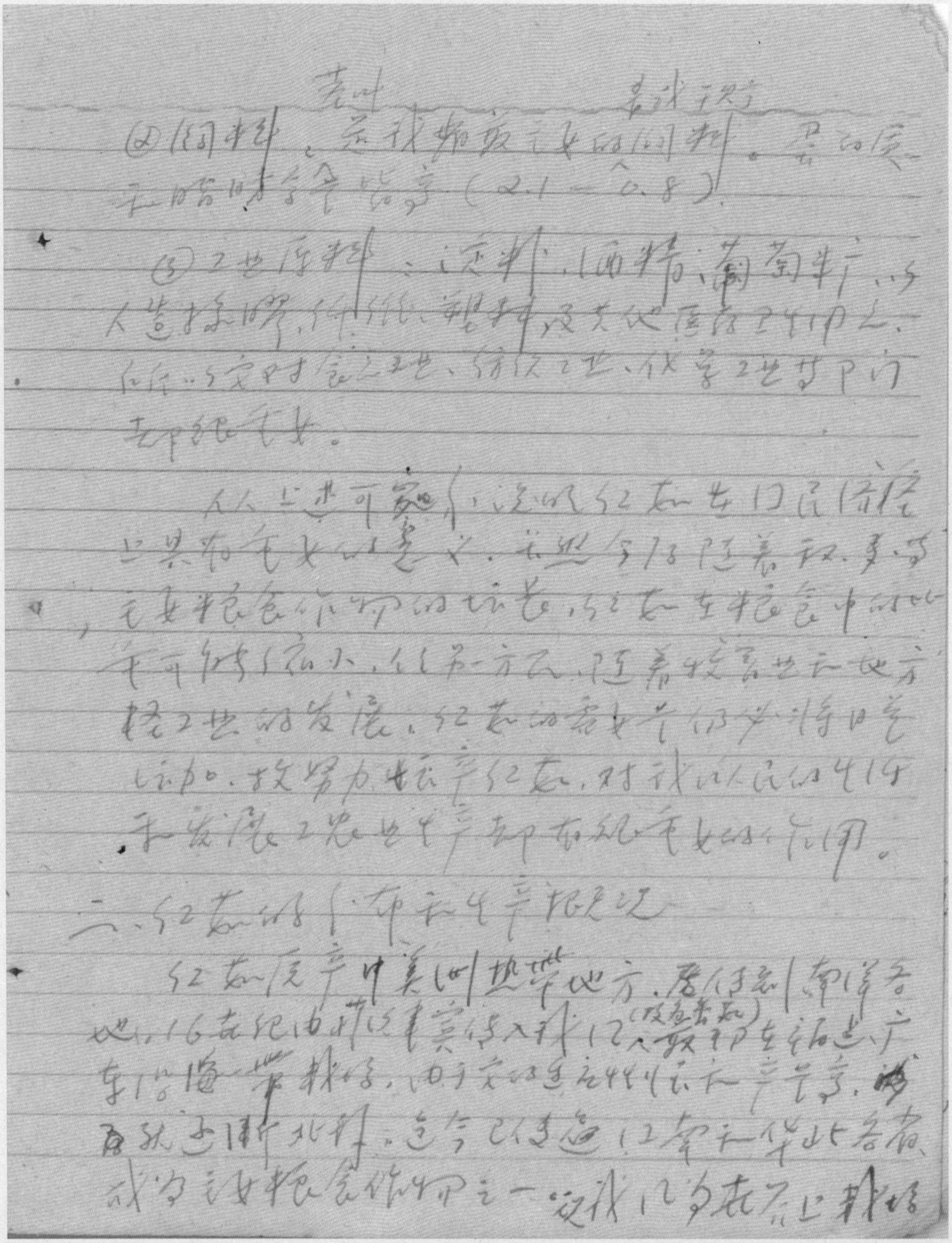

②饲料：是我畜牧业主要的饲料。蛋白质于鲜叶中含量（2.1～0.8）。

③工业原料：淀粉、酒精、葡萄糖、人造棉、胶纸、塑料及其他原料工业之所以要依靠它的，以及食品工业、纺织工业、化学工业等部门都需要。

从上述可见，这说明红苕在目前情况上是我国很重要的作物。其照今后随着群众主要粮食作物的地位，红苕在粮食中的比重可能缩小，但另一方面，随着轻重工业和地方工业的发展，红苕的需要量将日益增加。故努力增产红苕，对我国人民的生活和发展工农业生产都有很重要的作用。

二、红苕的分布和生产概况

红苕原产中美洲热带地方，后传到南洋各地，16世纪由菲律宾传入我国（从福建），最初是在福建、广东沿海一带栽培，由于它的适应性很强、产量高，逐渐向北推广。至今已传遍全国，成为主要粮食作物之一。我国多数省区都栽培

（原稿第 39 面）

②饲料：茎叶是我省最主要的青或干贮饲料。蛋白质和脂肪含量皆高（2.1~0.8）。

③工业原料：淀粉、酒精、葡萄糖以及人造橡胶，纤维、塑料及其他医疗卫生用途，所以它对食品工业，纺织工业、化学工业等部门都很重要。

从上述可充分说明红薯在国民经济上具有重要的意义。虽然今后随着稻、麦等主要粮食作物的增长，红薯在粮食中的比重可能缩小，但另一方面，随着畜牧业和地方轻工业的发展，红薯的需要量仍必将日益增加。故努力增产红薯，对我国人民的生活和发展工农业生产都有很重要的作用。

二、红薯的分布和生产概况

红薯原产中美洲热带地方，后传到南洋各地。16 世纪由菲律宾传入我国（改名番薯），最初在福建、广东沿海一带栽培，由于它的适应性强和产量高，就逐渐北移。迄今已传遍江南和华北各省，成为主要粮食作物之一。现我国为世界上栽培红薯最多的国家，占全世界种植面积80%以上。其次是印尼、印度及西非的一些国家。在我国，除西北、东北黑龙江及内蒙、青藏高原等寒冷地区外，其它各省都有较大面积的栽培，尤以四川、山东、河南、广东、安徽等省面积较大。1957年达1.8亿亩，以后种植面积有所减少，而59年达1.6亿亩。

除川贵以外

红薯是我省的主要粮食作物，[illegible]稻麦之后，在全省都是栽培面积最广的作物之一。各县各地都有种植，常年栽培面积约556—700万亩。以徐州、[illegible]、[illegible]等地区最多。但[illegible]、[illegible]等地区较少。在20万亩以上的有新沂、东海等[illegible]县，10—20万亩的有睢宁、邳县等15个县。

（原稿第 40 面）

红薯最多的国家，占全世界播种面积 80% 以上，其次是为日本、印度尼西亚和印度。在我国，除西北、东北黑龙江及内蒙〔古〕、青藏高原等栽培极少外，其它各省都有较大的栽培面积，尤以四川、山东、两河、广东、台湾等省较大。1957 年达 1.18 亿亩，为解放前 3 倍多，而 1959 年达 1.6 亿亩。

红薯是我省除水稻以外最主要的杂粮作物，栽培面积和产量在全国都是较多的省份之一。全省各地都有种植，常年栽培面积约 6～700 万亩，以湘潭、邵阳、衡阳、郴县四个专区最多。自治州、黔阳专区较少，在 20 万亩以上的有新化等 4 个县。10～20 万亩的有涟源、邵东等 18 个县。

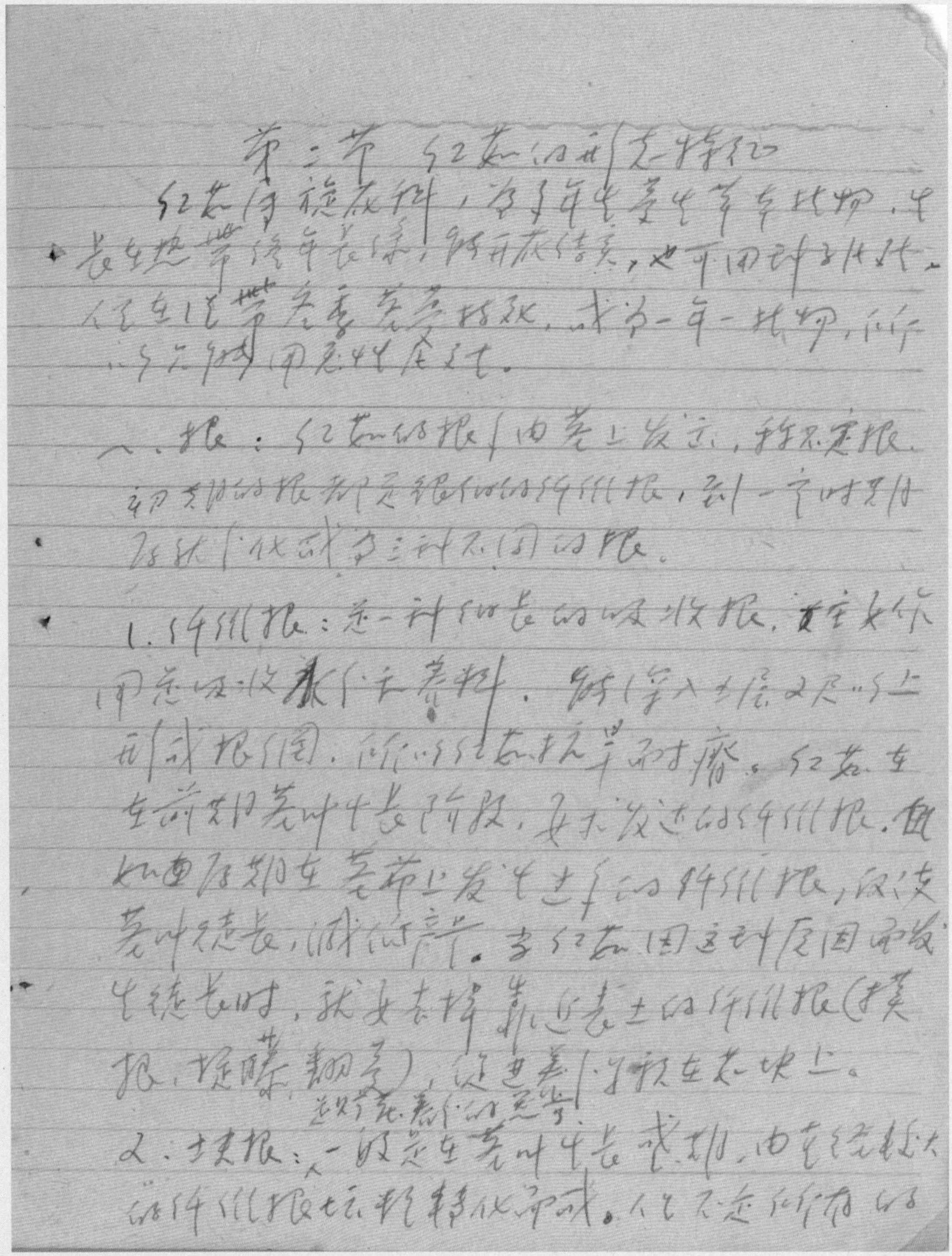

第三节 红苕的形态特征

红苕属旋花科，为多年生蔓生草本植物。生长在热带终年长绿，能开花结实，也可用种子繁殖。但在温带冬季茎叶枯死，成为一年生植物，所以只能用薯块繁殖。

一、根：红苕的根是由茎上发出，称不定根。初期的根都是很细的纤维根，到一定时期后就分化成为三种不同的根。

1. 纤维根：是一种细长的吸收根，主要作用是吸收水分和养料。能深入土层二尺以上而成根网，所以红苕抗旱耐瘠。红苕在生前期茎叶生长阶段，要求发达的纤维根。但如后期在茎节上发生过多的纤维根，则使茎叶徒长，减低产量。当红苕因这种原因而发生徒长时，就要去掉靠近表土的纤维根（摸根、提藤、翻蔓），使养分积在块上。[illegible]

2. 块根：一般是在茎叶生长盛期，由较粗大的纤维根加粗转化而成。但不是所有的

（原稿第 41 面）

第二节　红薯的形态特征

红薯属旋花科，为多年生蔓生草本植物，生长在热带终年常绿，能开花结实，也可用种子繁殖，但在温带冬季茎蔓枯死，成为一年生植物，所以只能用无性繁殖。

一、根

红薯的根多由茎上发出，称不定根，初期的根都是很细的纤维根，到一定时期后就分化成为三种不同的根。

1. 纤维根：是一种细长的吸收根，主要作用是吸收水分和养料，能深入土层 2 尺以上形成根网，所以红薯抗旱耐瘠。红薯在前期茎叶生长阶段，要求发达的纤维根，如后期在茎节上发生过多的纤维根，反使茎叶徒长，减低产量。当红薯因这种原因而发生徒长时，就要去掉靠近表土的纤维根（摸根，提藤，翻蔓），促进养分累积在薯块上。

2. 块根：是贮藏养分的器官，一般是在茎叶生长盛期，由直径较大的纤维根增粗转化而成，但不是所有的纤维根都能形成块根。只有那些生长在具适宜的土壤条件和一定养分条件的纤维根，才能形成块根。一般在含土温较高、土壤疏松、通气条件良好、干燥、离表土3—5寸的地方发育成块根。

块根的解剖构造，由外到内可分为周皮、韧皮部、形成层、木质部四部。木质部是贮藏养分的处所，占整个块根的绝大部分，其中含有大量淀粉、蛋白质的细胞。块根的增大主要是木质部中的次生形成层活动的结果。

块根的形状、大小、皮色因品种和栽培条件而不同。一般有纺锤形、圆筒形、块形、球形等。皮色有白、黄、红、紫等。肉色也有白、黄、杏黄等。其中以红、黄色的品质较好，含糖分多，白色的则宜作工业用。

块根上能发生不定芽，芽多集中在上部，下部则多生须根。根据这一特点，故在块根贮藏期间要注意保护好块根顶部，可用来繁殖秧苗。

（原稿第 42 面）

纤维根都能形成块根。只有那些在位置上具适宜的土壤条件和营养条件的纤维根，才能形成块根。一般是在土温较高、土壤疏松、通气条件良好，干爽，离表土 3～5 寸的地方，最容易形成块根。

块根的解剖构造，由内到外可分为周皮、韧皮部、形成层、木质部四部，木质部为贮藏养分的处所，占整个块根的绝大部分，其中含有大量充满淀粉粒的细胞，块根的膨大主要是木质部中的次生形成层活动的结果。

块根的形状、大小和颜色因品种和栽培条件而不同。一般有纺锤形、圆球形、块形、圆球形等，以球、纺者为佳，并有薯沟和皮孔。皮色有白、黄、红、紫等。肉也有白、黄、橙等，其中以红、黄色的品质较好，含维生素较多，白色的则适合工业用。

块根上能发生不定芽，芽多集中在上部，下部则多生根。因有这一特点，故薯块既是贮藏器官，又是无性繁殖器官，可用来做种进行无性繁殖。

3、牛蒡根：是一种粗如手指长达1-2尺的畸形根。这种根有时是可以形成块根的，但在此时大部分都是由于不良环境条件，如干旱、低温、或氮肥过多而PK肥不足等原因，使根中途停止肥大，细胞组织木质化，因而形成牛蒡根。牛蒡根没有什么利用价值，耕作上应加以抑制。——这种根是否由不定根发育而成——如何可以形成块根？根据不利条件。

二、茎：蔓生，内部充实，含有白色乳汁。此乳汁含糖，茎蔓肥壮，生根力强。为了此茎利用这一点，应用扦插繁殖方法。茎的长短因品种和生长环境条件而不同。一般1.5米以下的称短蔓，1.5-2.5米为中蔓，2.5米以上为长蔓。节间之长短与茎蔓长短有相关。（从茎蔓顶部上来说，分枝的方向有斜生、直立、匍匐、半匍匐等，不分枝长）。

在茎基部的腋芽能长成侧枝（分枝），分枝的多少与品种有关系：（[illegible]）。

（原稿第 43 面）

3. 牛蒡根：是一种粗如手指长达 1～2 尺的畸形根。这种根原来是可以形成块根的，但在膨大初期遭遇了不良环境条件，如多雨、低温或氮肥过多而 P、K 肥不足等原因，致使中途停止肥大，细胞组织木质化，因而形成牛蒡根。牛蒡根没有什么利用价值，栽培上应加以抑制。三种根都是由不定根发育而成。——如何多形成块根?（与）壮苗和栽培条件。

二、茎

蔓生，内部充实，含有白色乳汁，凡乳汁愈多，茎蔓愈粗壮，生根力愈强。大多数茎匍匐在地面，少数呈半直立丛生状态。茎的长短因品种和生长环境而不同。一般 1.5 米以下则为短蔓，1.5～2.5 米——中蔓，2.5 米以上——长蔓，节间的长短与茎蔓长短呈正相关（从育种上来说，今后的方向为短蔓型。适合密植，不翻蔓，节省劳力，不易徒长，增产潜力大）。在茎基部的腋芽能生出侧枝，分枝多少及出现时期与产量有关系（要求早而多）。

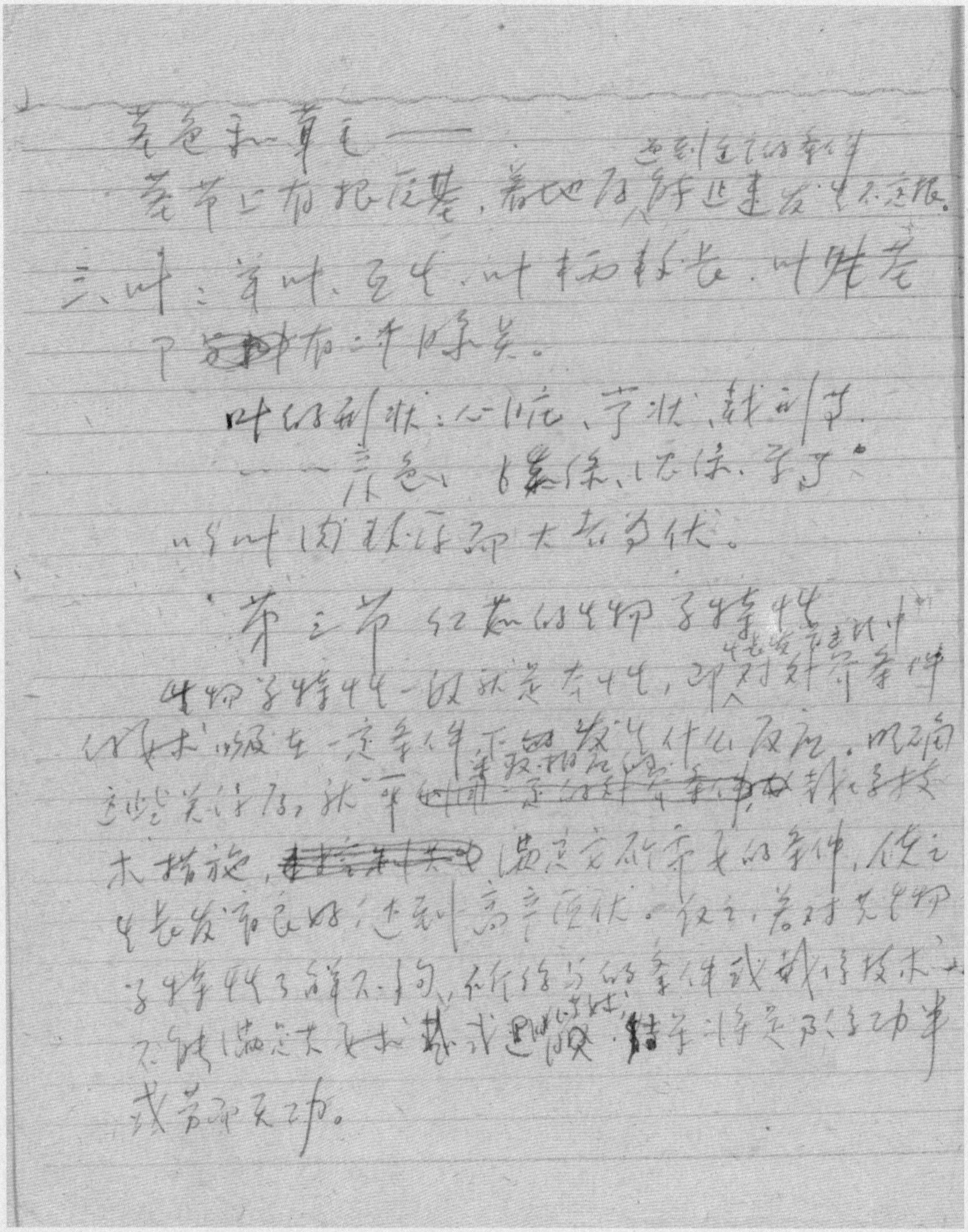
茎色和茸毛——
茎节上有根原基，若地下遇到适宜的条件，能迅速发生不定根。
三、叶：单叶、互生、叶柄较长，叶片基部下面有二个腺点。
叶的形状：心脏形、掌状、戟形等。
——颜色：绿色、紫色、褐色等。
叶的形状与产量关系不大。
第三节 红苕的生物学特性
生物学特性一般就是本性，即生长发育过程中对外界条件的要求或它在一定条件下会发生什么反应。明确这些关系后，就可以采取相应的栽培技术措施，满足它所需要的条件，使之生长发育良好，达到高产丰收。反之，若对其生物学特性了解不够，所给予的条件或栽培技术不能满足其要求或遇到灾害，结果必定减产或颗粒无收。

（原稿第 44 面）

茎色和茸毛——

茎节上有根原基，着地后遇到适宜的条件能迅速发生不定根。

三、叶

单叶、互生、叶柄较长，叶片基部有二个腺点。

叶的形状：心脏、掌状、戟形等。

叶的颜色：浅绿、浓绿、紫等。

以叶肉较厚而大者为优。

第三节　红薯的生物学特性

生物学特性一般就是本性，即生长发育过程中对外界条件的要求以及在一定条件下发生什么反应。明确这些关系后，就可采取相应的栽培技术措施，满足它所需要的条件，使之生长发育良好，达到高产质优。反之，若对其生物学特性了解不够，所给与的条件或栽培技术不能满足其要求或违背其要求，结果将是事倍功半或劳而无功。

一、红麻的生育过程。

（一）生长期：红麻本是多年生植物，在我省莱阳等春季播种后就会成为一年生的。因此要掌握好温度。在我省实有一定的生长期，只要气候条件适宜，它就不会停止生长。而它又是一种短日照作物，也只有在日照的减短期，它才会在一定光照下开花结荚。所以延长红麻的生长期，就能提高它的产量。这是红麻与其他作物不同的最大特点之一。

总之，由于品种不同，结麻期的早晚都差异很大，早熟品种播种后60—70天便可收获，而一般品种要120—150天以上才能收获。

二、红麻的生育过程 发根

……………… 出苗、现叶、生长、现蕾等等的生长发育（或营养生长）。大致可分为5个时期。

1. 幼苗期：红麻幼苗是从种子发芽以后到出苗到真叶发育长成阶段称之为幼苗期（36—50天）的时期。

（原稿第 45 面）

一、红薯的生育过程

生长期：红薯本是多年生植物，在我省是因为冬季低温而被迫成为一年生的。因此严格的说，在我省它并无一定的生长期，只要气候条件适合，它就不会结束生长。而其块根又是一种无性繁殖器官，也没有明显的成熟期，且具有一种无限膨大的趋势。所以延长红薯的生长期，就能显著的增产。这是红薯与其他作物不同的最大特点之一。

不过，由于品种不同，结薯期的早晚却差异很大，早熟品种扦插后 60～70 天便可收获，而一般品种要 120～150 天以上才能收获。

二、红薯的生育过程

红薯的生育过程包括发根、出苗，形及茎叶、块根等器官的生长和发育。大致可分为 5 个时期。

1. 幼苗期（或苗床期）：红薯幼苗是从种薯上发出的，种薯发芽长苗阶段称之。30～50 天为苗的质量决定时期。

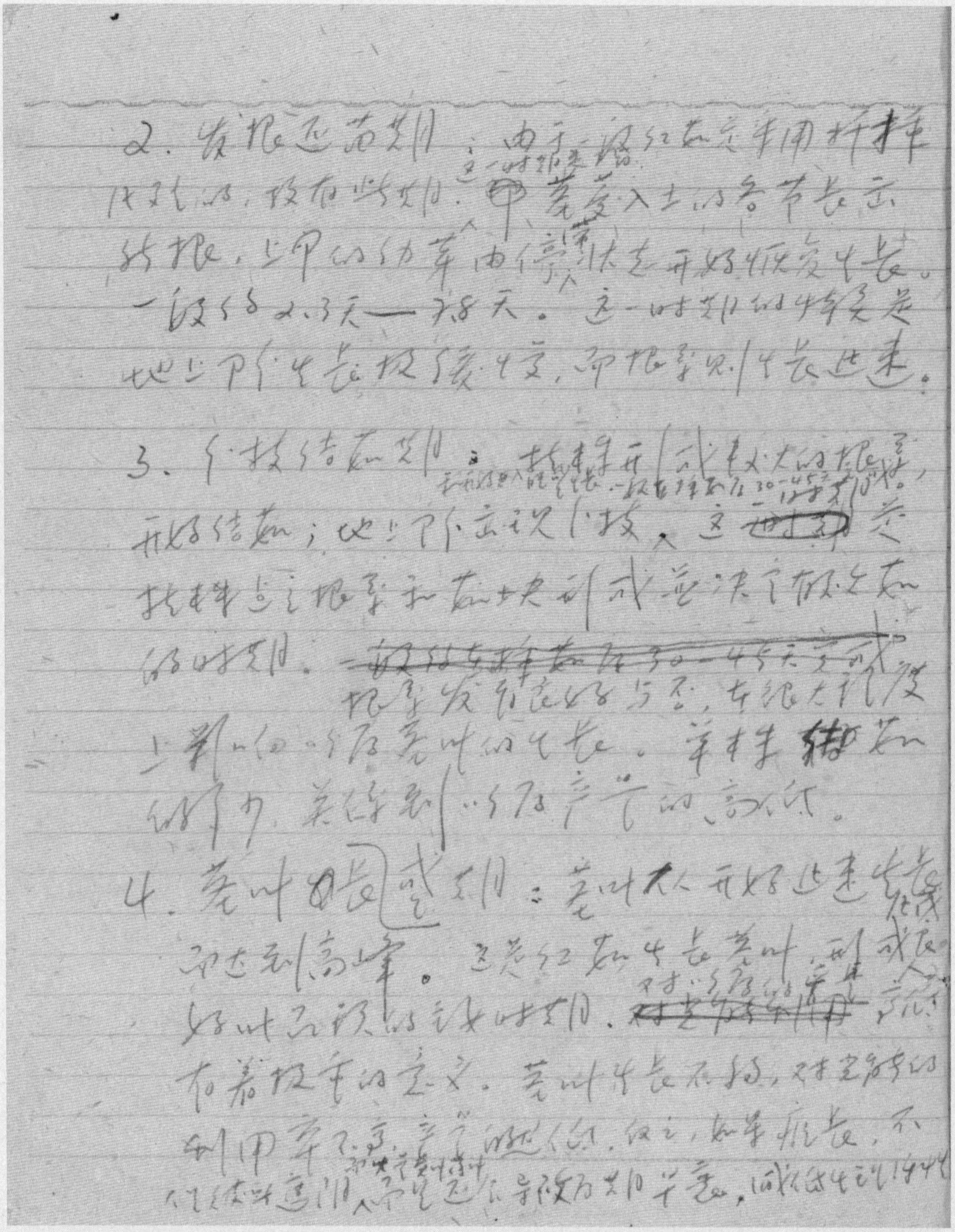

2. 发根还苗期：由于红苕采用扦插法栽的，故在此期，茎蔓入土的各节长出新根，上部的幼芽由停滞状态开始恢复生长。一般约2、3天—7、8天。这一时期的特点是地上部分生长极缓慢，而根系则生长迅速。

3. 分枝结薯期：茎蔓开始形成较大的根系，开始结薯；地上部分出现分枝。这是茎蔓与根系和薯块形成并决定薯块数目的时期。根系发育良好与否，在很大程度上影响以后茎叶的生长。[illegible]能力，关系到以后产量的高低。

4. 茎叶旺盛期：茎叶大量开始迅速生长，而达到高峰。这是红苕生长茎叶，形成良好叶面积的重要时期。[illegible]有着极重要的意义。茎叶生长不好，对它制造的[illegible]，[illegible]，不[illegible]

（原稿第 46 面）

2. 发根还苗期：由于一般红薯是采用扦插繁殖的，故有此期。这一时期是指茎蔓入土的各节长出新根，上部的幼芽由停滞状态开始恢复生长。一般约 2、3 天 ~ 7、8 天。这一时期的特点是地上部分生长极缓慢，而根系则生长迅速。

3. 分枝结薯期：植株形成较大的根系，开始结薯；地上部分出现分枝，红薯开始进入旺盛生长，一般在插薯后 30 ~ 45 天完成。这一时期是植株建立根系和薯块形成并决定有效薯的时期。根系发育良好与否，在很大程度上影响以后茎叶的生长。单株结薯的多少，关系到以后产量的高低。

4. 茎叶盛长期：茎叶从开始迅速生长繁茂而达到高峰，这是红薯生长茎叶，形成繁茂良好叶面积的主要时期。对以后的产量高低有着极重的意义。茎叶生长不够，对光能的利用率不高，产量自然低。反之，如果疯长，不但彼此遮阴而大量黄叶、落叶，而且还会导致后期早衰，减低生理活性。

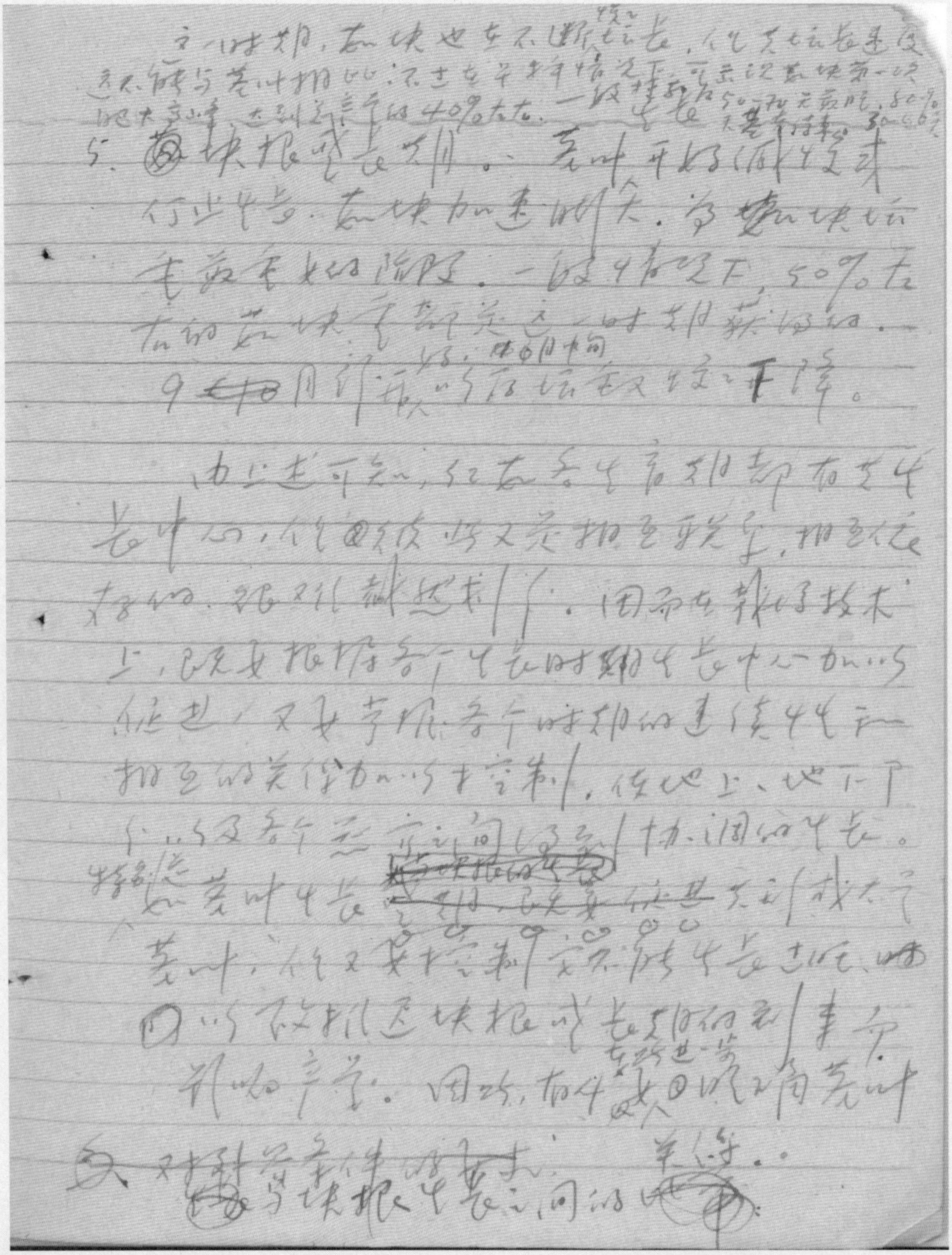

……时期，块根也在不断继续生长，但生长速度远不能与茎叶相比。[illegible]……40%左右。一般[illegible]……50%……

5. 块根盛长期。茎叶开始减慢生长或停止生长，块根加速膨大，为块根增长最快的阶段。一般4月中下旬，50%左右的块根重都是在这一时期获得的。

9月下旬……[illegible]……下降。

由上述可知，红苕各个生育时期都有茎叶和块根的生长，但各阶段又各有侧重，相互联系，相互依存，相互制约。因而在栽培技术上，既要根据各个生育时期生长中心加以促进，又要掌握各个时期的生长特点和相互的关系加以控制，使地上、地下部分及各个器官之间协调地生长。

特别是茎叶生长……[illegible]……茎叶，但又要控制它不徒长……因此……块根……[illegible]……

[illegible]……块根生长之间的……[illegible]

（原稿第 47 面）

这一时期，薯块也在不断慢慢增长，但其增长速度远不能与茎叶相比，不过在早插情况下，可出现薯块第一次肥大高峰，达到总产量的 40% 左右。一般插后在 50～70 天最旺，80～90 天基本结束。

5. 块根盛长期。茎叶生长开始减慢或停止生长，薯块加速膨大，为薯块增重最重要的阶段。一般情况下，50% 左右的薯块重都是这一时期获得的，9 月份开始，10 月中旬以后增重又慢慢下降。

由上述可知，红薯各生育期都有其生长中心，但彼此又是相互联系、相互依存的，很难截然划分。因而在栽培技术上，既要根据各个生长时期生长中心加以促进，又要掌握各个时期的连续性和相互的关系加以控制，使地上、地下部分以及各个器官之间得到协调的生长。特别是薯茎叶生长盛期，既要促进其形成大量茎叶，但又要控制它不能生长过旺，以致推迟块根盛长期的到来而影响产量。因此，有必要在此进一步明确茎叶与块根生长之间的关系。

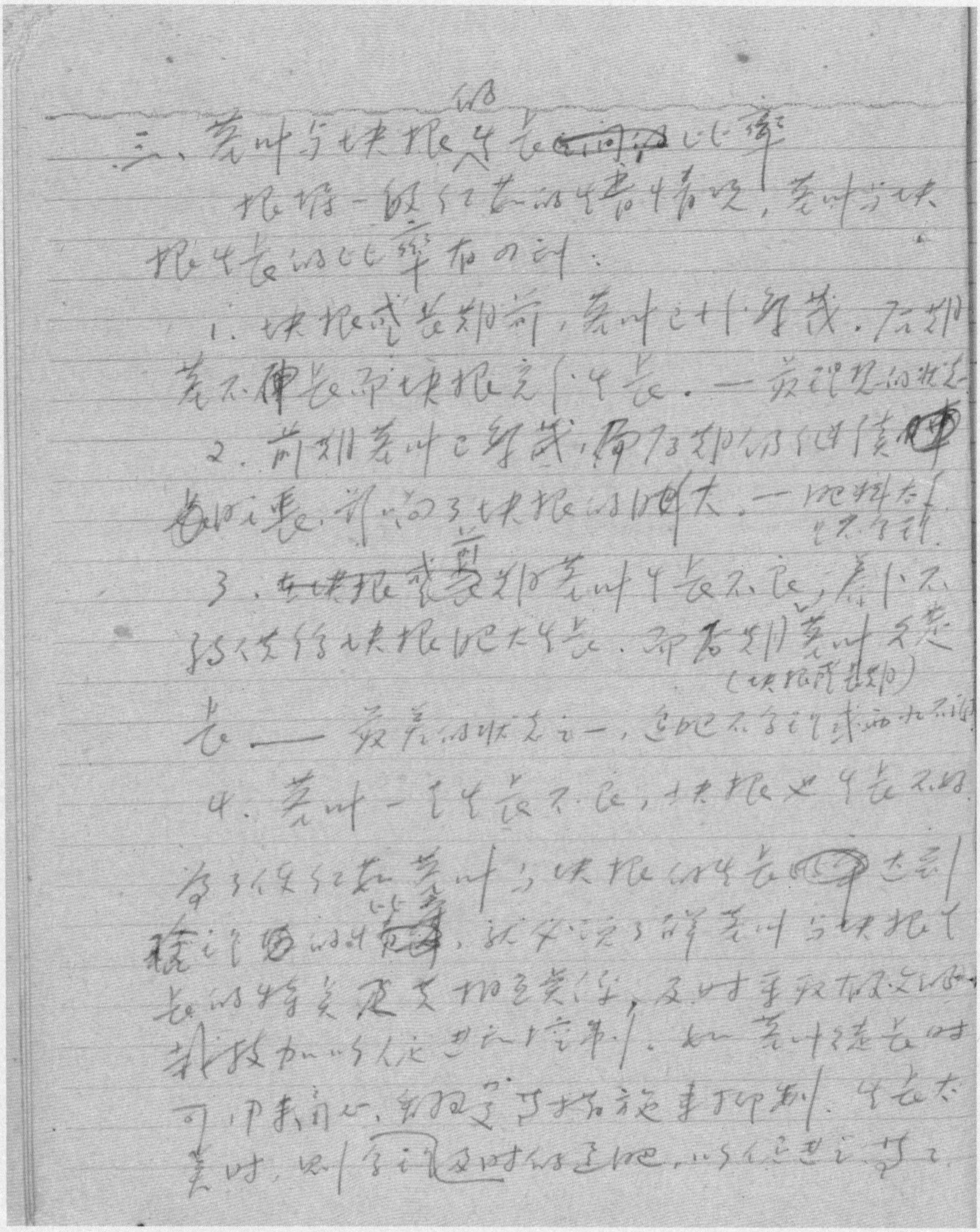

三、茎叶与块根生长的比率

根据一般红苕的生长情况，茎叶与块根生长的比率有四种：

1. 块根形成期前，茎叶已十分繁茂，后期茎不伸长而块根完全生长——最理想的状态。

2. 前期茎叶已繁茂，而后期仍继续徒长，影响了块根的肥大——施肥太多也不合理。

3. 前期茎叶生长不良，后期不能使块根肥大生长，而后期茎叶又徒长（块根形成期）——最差的状态之一，这施肥不合理或而水不调。

4. 茎叶一直生长不良，块根也生长不好。

为了使红苕茎叶与块根的生长比率达到合理的要求，就必须了解茎叶与块根生长的特点及其相互关系，及时采取栽培技术加以促进和控制。如茎叶徒长时可以采用翻蔓、摘心等措施来抑制；生长太差时，则须及时追肥，以促进生长。

（原稿第 48 面）

三、茎叶与块根的生长比率

根据一般红薯的生育情况，茎叶与块根生长的比率有四种：

1. 块根盛长期前，茎叶已十分繁茂。后期茎不伸长而块根充分生长——最理想的状态。

2. 前期茎叶已繁茂，而后期仍继续旺长，影响了块根的膨大——肥料太多且不合理。

3. 前期茎叶生长不良，养分不够供给块根肥大生长，而后期（块根旺盛期）茎叶徒长——最差的状态之一，追肥不合理或雨水不够。

4. 茎叶一直生长不良，块根也生长不好。

为了使红薯茎叶与块根的生长达到合理的比率，就必须了解茎叶与块根生长的特点及其相互关系，及时采取有效的栽技加以促进和控制。如茎叶徒长时可用摘心、翻蔓等措施来抑制。生长太差时，则及时合理的追肥以促进之，等等。

9、对外界条件的要求：说如下

红苕原产热带，经过长期驯化，适应了温带的日照~~……~~气候条件，它就也有适应温带的特性。同时由于它是块根作物，对土壤要求以疏松的土壤。并就各生育期对外界条件的要求进一步说明如下：

1. 温度：（关于育苗时的温度，如下节说明）。

红苕扦插生根的最低温度为15°C，生发根时间长（甚或就不能生根会腐烂），易腐烂。如低于15°C则不生根（因此不能过早扦插）。20°C左右开始加快，24°C以上一般2—3天即可发根。

扦插后要求逐渐升高的温度，以30°C左右最有利于茎叶的生长，35°C以上则受影响（抑制）。据研究，茎叶生长与昼夜间温度有密切关系，在白天20°C以上时，生长迅速，并且昼夜温差愈小，生长愈快。（以在较高温度的情况下）

块根形成与膨大期的适宜温度为20—24°C。与茎叶生长相反，昼夜温差大最有利

（原稿第 49 面）

四、对外界条件的要求

红薯原产热带，故总起来说要求，高温和充足的日照气候条件，当然也需适当的水分。同时，它由于是块根作物，故喜欢较为疏松的土壤。兹就各生育相对 t°[1] 和水分的要求进一步说明如下：

1. 温度（关于育苗时的温度，如下节说明）

红薯扦插生根的最低温度为 15 ℃，但发根时间长、伸展慢。如低于 15 ℃，则不生根，造成死苗、缺苗现象（因此不能盲目提早）。20 ℃左右开始加快，24 ℃以上一般 2 ~ 3 天即可发根。

扦插后要求逐渐升高的温度，以 30 ℃左右最利于茎叶的生长。35 ℃以上则受到抑制。根据研究，茎叶生长期与夜间温度有密切关系，夜晚在 20 ℃以上时，生长迅速，并且昼夜温差愈小，生长愈快（即在平均温度高的情况下）。

块根形成与膨大期的适宜温度为 20 ~ 24 ℃，与茎叶生长相反，昼夜温差大最有利

① t°：表示温度。下同。

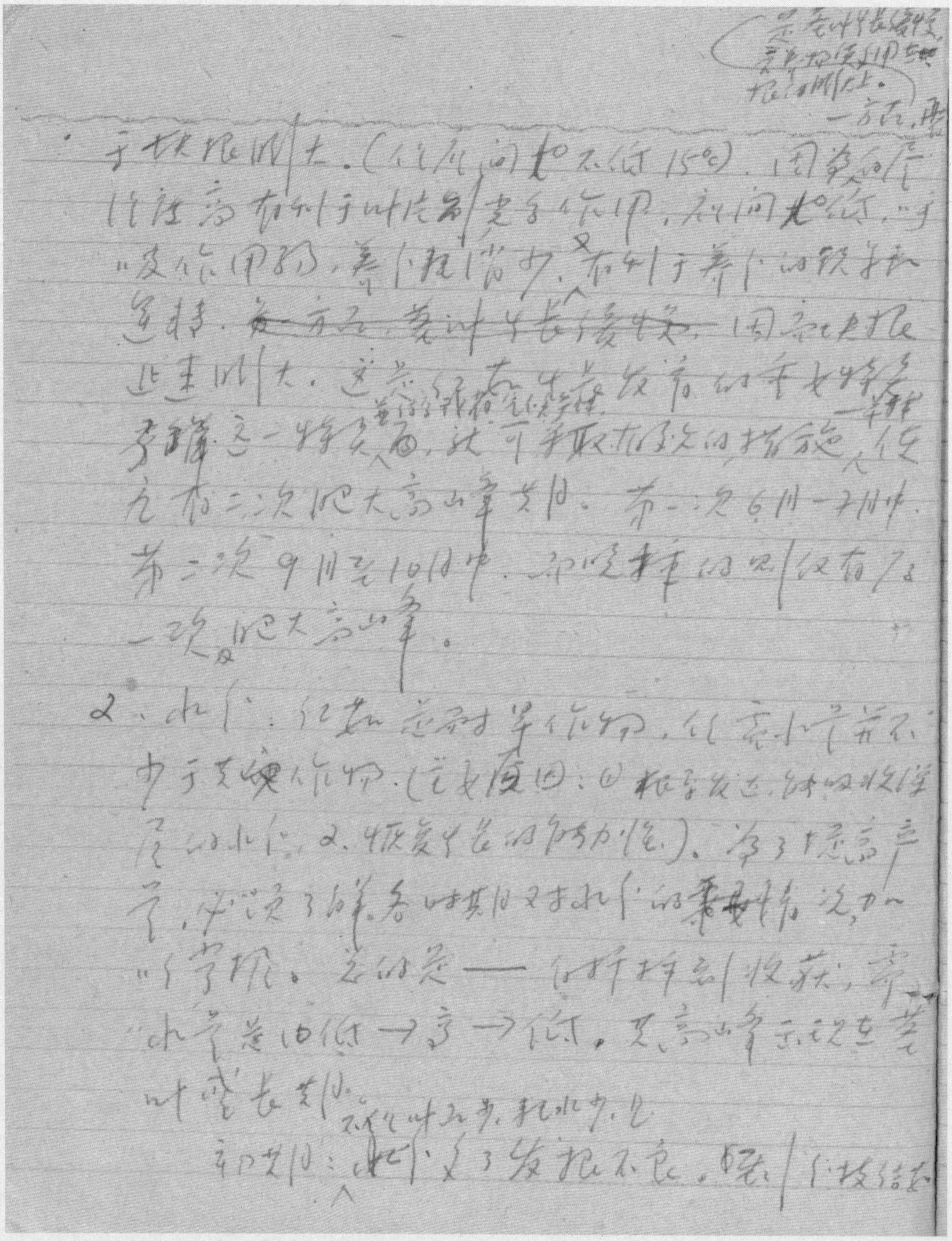

于块根膨大。(但夜间也不低于15℃)。因为白天温度高有利于叶片光合作用，夜间也低，呼吸作用弱，养分积累多，有利于养分的积累和运转。~~[illegible]~~ 因而块根迅速膨大。这点[illegible]发育的[illegible]考虑这一特点，就可采取相应的措施，使它有二次膨大高峰期。第一次6月—7月中，第二次9月至10月中。而嫁接的则仅有[illegible]一次膨大高峰。

2、水分：[illegible]

[illegible]

叶[illegible]长期。

初期：[illegible]发根不良。[illegible]

（原稿第 50 面）

于块根膨大（但夜间 t° 和水分的要求进一步说明如下：

不低于 15 ℃。因为一方面，是茎叶生长缓慢，营养物质多用在块根的膨大上，再有白昼温度高有利于叶片光合作用，夜间 t° 和水分的要求进一步说明如下：

低，呼吸作用弱，养分消耗少，又有利于养分的积累运转，因而块根迅速膨大。这是红薯生长发育的重要特点。了解这一特点并结合我省气候条件，就可采取有效的措施——早插，使之有二次肥大高峰期。第一次 6 月~7 月中，第二次 9 月至 10 月中，而晚插的则仅有后一次肥大高峰。

2. 水分

红薯是耐旱作物，但需水量并不少于其他作物（主要原因：①根系发达，能吸收深层的水分；②恢复生长的能力强）。为了提高产量，必须了解各时期对水分的需要情况，加以掌握。总的是——自扦插到收获，需水量是由低→高→低，其高峰出现在茎叶盛长期。

初期：不但叶面少，耗水少，且水分多了发根不良，到分枝结薯

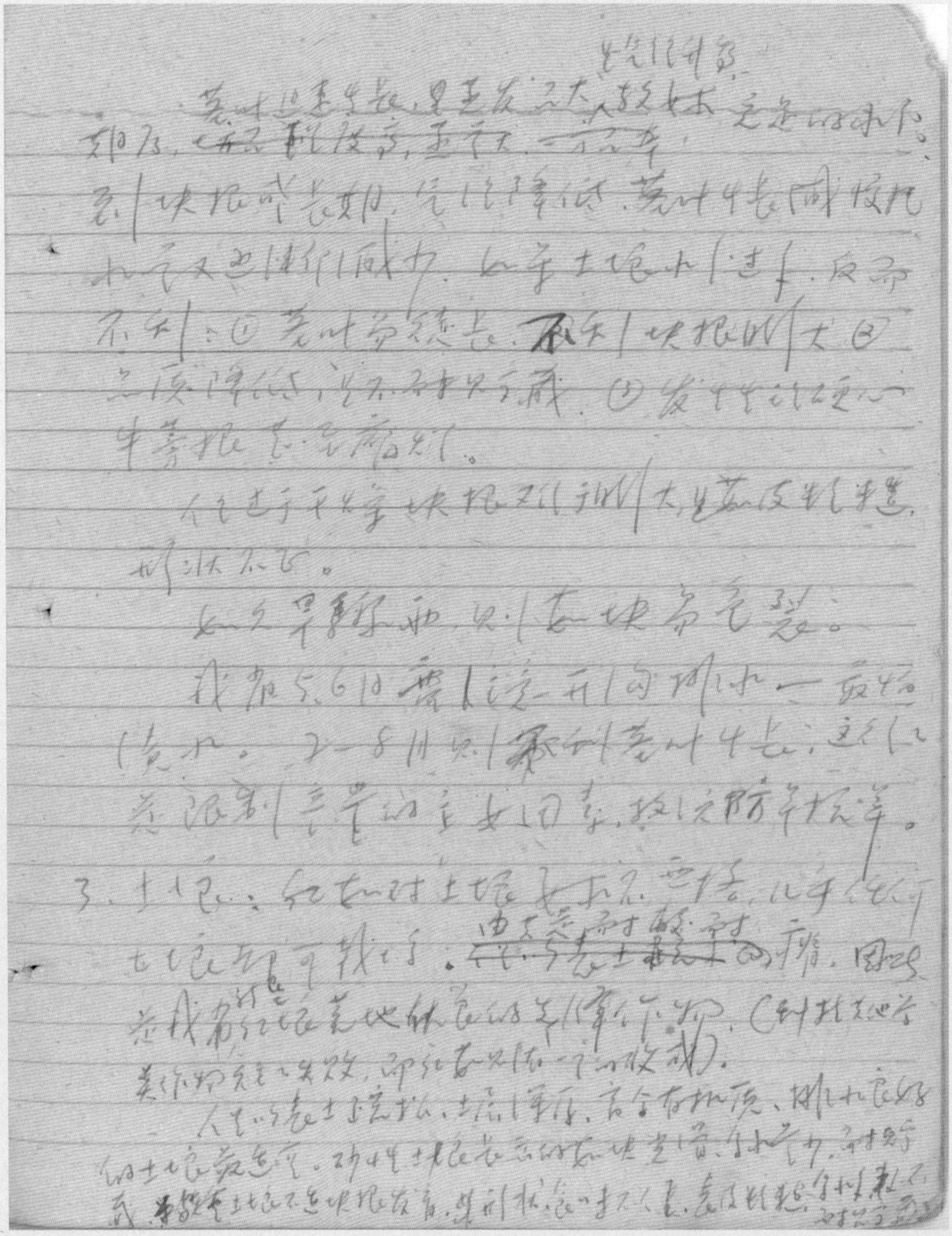

（原稿第 51 面）

期后，茎叶迅速生长，蒸发面大，且气温升高，故要求充足的水分。到块根盛长期，气温降低，茎叶生长减慢耗水量又逐渐减少。如果土壤水分过多，反而不利：①茎叶易徒长，不利块根膨大。②品质降低，且不耐贮藏。③发生生理硬心、牛蒡根，甚至腐烂。

但过于干燥，块根难于膨大且薯皮粗糙，形状不正。

如久旱骤雨，则薯块易龟裂。

我省 5、6 月需注意开沟排水——最怕渍水。7～8 月则不利茎叶生长，这往往是限制产量的主要因素，故须防旱抗旱。

3. 土壤

红薯对土壤要求不严格，几乎任何土壤都可栽培。由〔尤〕其是耐酸耐瘠，因此是我省新垦红壤荒地优良的先锋作物（种植其他谷类作物往往失败，而红薯则有一定的收成）。

但以表土疏松、土层深厚、富含有机质、排水良好的土壤最适宜。砂性土壤长出的薯块光滑、含水量少，耐贮藏。黏重土壤不适块根发育，形状、食味不佳，表皮粗糙，含水多，较不耐贮藏。

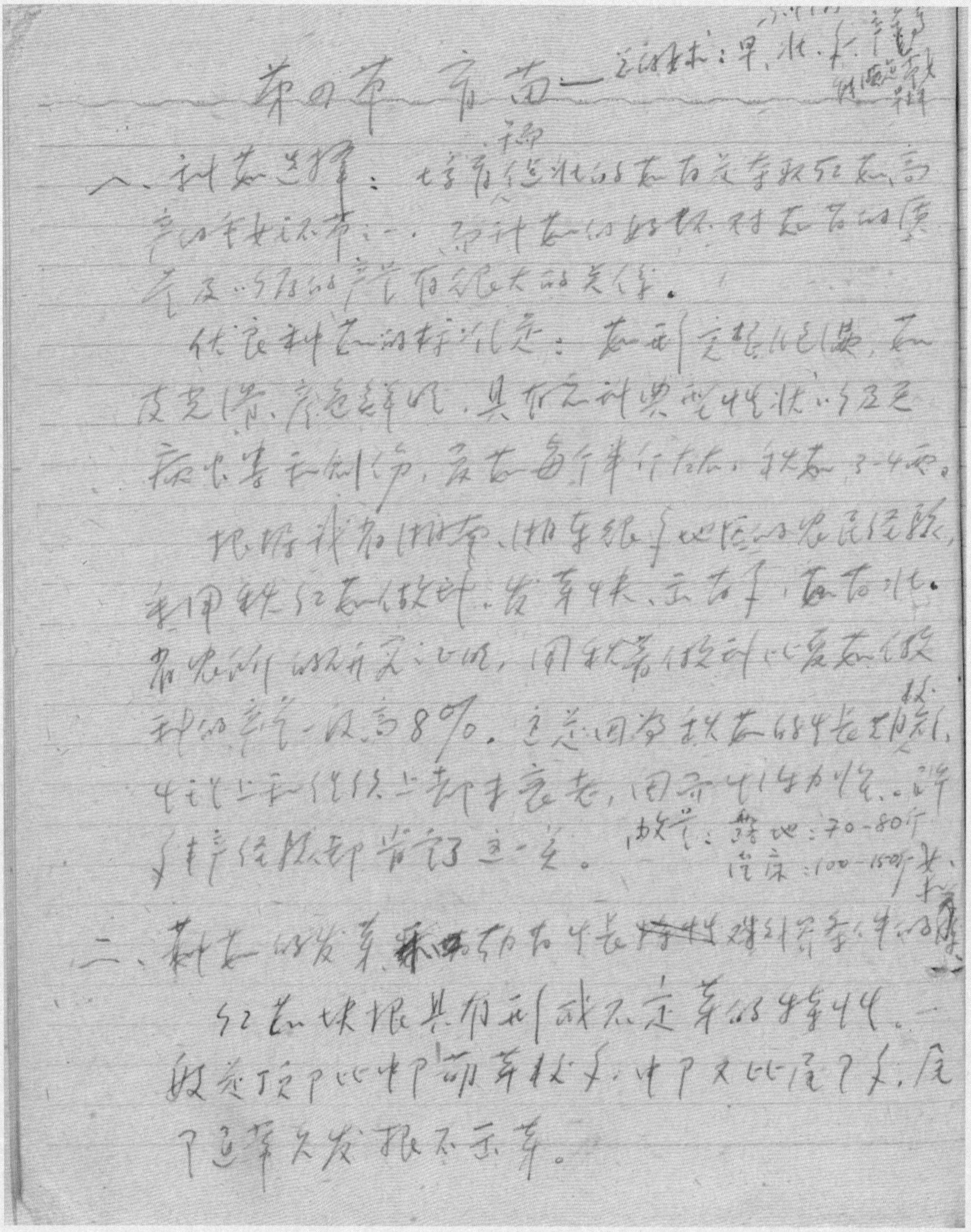

第四章 育苗——三个标准：早、壮、齐、足

一、种苕选择：培育健壮的苕苗首先要选好红苕品种，种苕的好坏对苕苗的质量以及以后的产量有很大的关系。

优良种苕的标准是：薯型完整健康，薯皮光滑，薯色鲜明，具有本品种典型性状，没有病虫害和创伤，春苕每个半斤左右，秋苕3-4两。

根据我省湘南、湘西各级地区的农民经验，采用秋红苕做种，发芽快、出苗多，苗茁壮。省农所的研究证明，用秋苕做种比春苕做种的产量一般高8%。这是因为秋苕的生长期较短，生理上和组织上都未衰老，因而生活力强。许多种苕经验都肯定了这一点。

故：薯地：70-80斤
　　　　：100-150斤

二、种苕的发芽、出苗与生长对环境条件的要求

红苕块根具有到处都能长芽的特性。一般是顶部比中部萌芽快些，中部又比尾部快，尾部多半只发根不出芽。

（原稿第 52 面）

第四节　育苗

总的要求：早——5 月中下旬、壮、多——产量高，能满足需要，早插。

一、种薯选择

培育早而健壮的薯苗是夺取红薯高产的重要环节之一，而种薯的好坏对薯苗的质量及以后的产量有很大的关系。

优良种薯的标准是：薯形完整饱满，薯皮光滑、颜色鲜明，具有品种典型形状以及无病虫害和创伤，夏薯每个半斤左右，秋薯 3～4 两。

根据我省湘南、湘东很多地区的农民经验，采用秋红薯做种，发芽快、出苗多，薯苗壮。省农所的研究证明，用秋薯做种比夏薯做种的产量一般高 8%，这是因为秋薯的生长期较短，生理上和组织上都未衰老，因而生活力强，许多丰产经验都肯定了这一点。数量：露地 70～80 斤，温床 100～150 斤。

二、种薯的发芽和幼苗生长对外界条件的要求

红薯块根具有形成不定芽的特性，一般是顶部比中部萌芽较多，中部又比尾部多，尾部通常只发根不出芽。

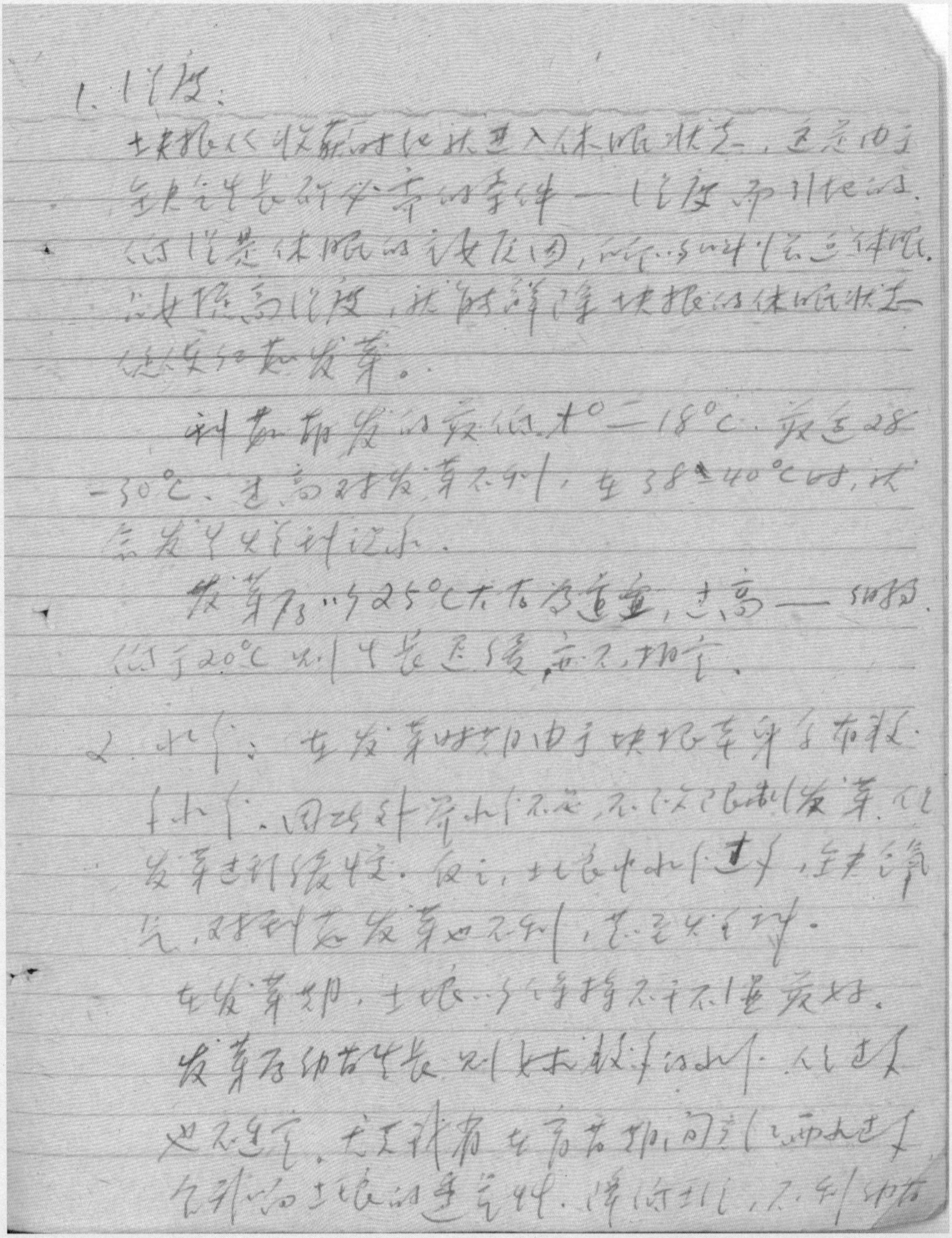

1. 温度：

块根从收获时起就进入休眠状态，这是由于缺乏生长所必需的条件——温度而引起的，低温是休眠的主要原因，所以打破这种休眠，必须提高温度，就能解除块根的休眠状态使其正常发芽。

种薯萌发的最低温16—18°C，最适28—30°C，过高对发芽不利，在38—40°C时，就会发生烂薯现象。

发芽后以25°C左右为适宜，过高——细弱，低于20°C则生长迟缓，而不整齐。

2. 水分：在发芽时期由于块根本身含有较多水分，因此外界水分不足，不会限制发芽，但发芽速度较慢。反之，土壤中水分过多，缺乏空气，对种薯发芽也不利，甚至发生烂薯。

在发芽期，土壤以保持不干不湿为最好。

发芽后幼苗生长则需要较多的水分，但过多也不适宜，尤其在育苗期间，浇水过多会影响土壤的通气性，降低地温，不利幼苗

（原稿第 53 面）

1. 温度

块根从收获时起就进入休眠状态，这是由于缺乏生长所必需的条件——温度而引起的。低温是休眠的主要原因，所以叫强迫休眠。只要提高温度，就能解除块根的休眠状态，促使红薯发芽。

种薯萌发的最低 t°——18 ℃，最适 28～30 ℃，过高对发芽不利，在 38～40 ℃时，就会发生烂种现象。

发芽后以 25 ℃左右为适宜，过高则细弱，低于 20 ℃则生长迟缓，亦不相宜。

2. 水分

在发芽时期由于块根本身含有较多水分，因此外界水分不足，不致限制发芽，但发芽过程缓慢。反之，土壤中水分过多，缺乏氧气，对种薯发芽也不利，甚至烂种。

在发芽期，土壤以保持不干不湿最好。发芽后幼苗生长则要求较多的水分，但过多也不适宜，尤其我省在育苗期间□□雨水过多会影响土壤的透气性，降低土温，不利幼苗

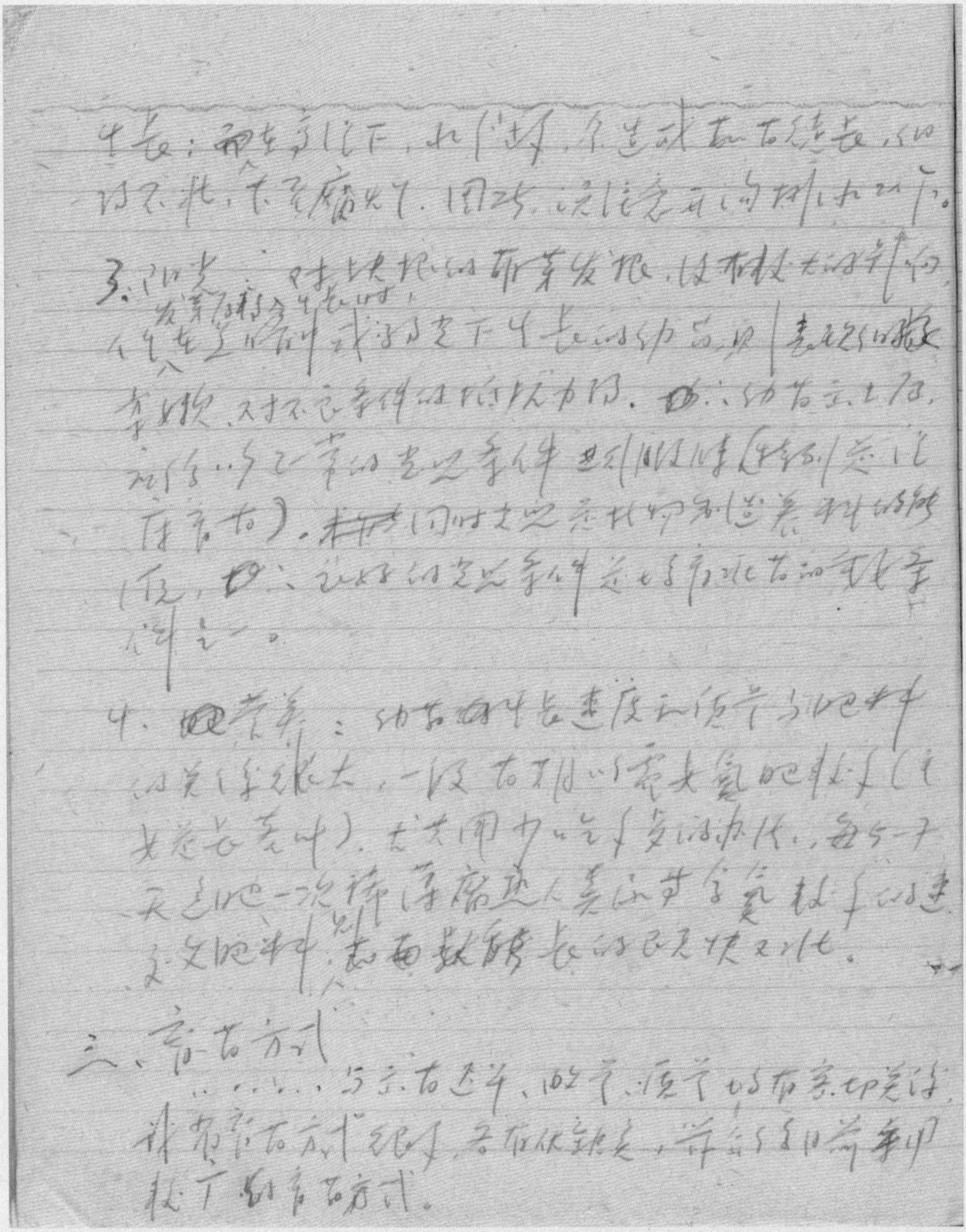

生长：砧木亲和[illegible]，如不好，不能成活或生长不良，细弱不壮，甚至死亡了。因此，选择亲和力强的砧木为好。

3. 砧木：对接穗根的新芽发根，使树枝长得[illegible]，[illegible]生长[illegible]影响下生长的幼苗，[illegible]，对不良条件的抵抗力强。[illegible]：幼苗在土[illegible]，[illegible]条件[illegible]（特别是[illegible]嫁接苗）。同时[illegible]材料的[illegible]。[illegible]：良好的[illegible]条件是[illegible]嫁接苗的[illegible]之一。

4. 营养：幼苗的生长速度和健全与肥料的关系很大，一般苗圃以氮素肥料为[illegible]（[illegible]）。[illegible]，每[illegible]天追肥一次[illegible]，[illegible]速效肥料，[illegible]生长[illegible]快[illegible]。

二、嫁接方式

……与气候条件、砧木、接穗的[illegible]密切关系。嫁接方式很多，各有优缺点，[illegible]下面介绍几种嫁接方式。

（原稿第 54 面）

生长；而在高温下，水分过多，会造成薯苗徒长，细弱不壮，甚至腐烂。因此，须注意开沟排水工作。

3. 阳光

对块根的萌芽发根，没有较大的影响，但发芽后转入生长时，在黑暗中或弱光下生长的幼苗，则表现细弱柔嫩，对不良条件的抵抗力弱。∴幼苗出土后，应给以正常的光照条件进行锻炼（特别是温床育苗）。同时光照是植物制造养料的能源，∴良好的光照条件是培育壮苗的重要条件之一。

4. 营养

幼苗的生长速度和质量与肥料的关系很大，一般苗期以需要氮肥较多（主要是长茎叶），尤其用少吃多餐的办法，每 5 ~ 7 天追肥一次稀薄、腐熟人粪尿等含氮较多的速效肥料，则薯苗就能长的既快又壮。

三、育苗方式

育苗方式与出苗迟早、数量、质量均有密切关系。我省育苗方式很多，各有优缺点，兹介绍目前采用较广的育苗方式。

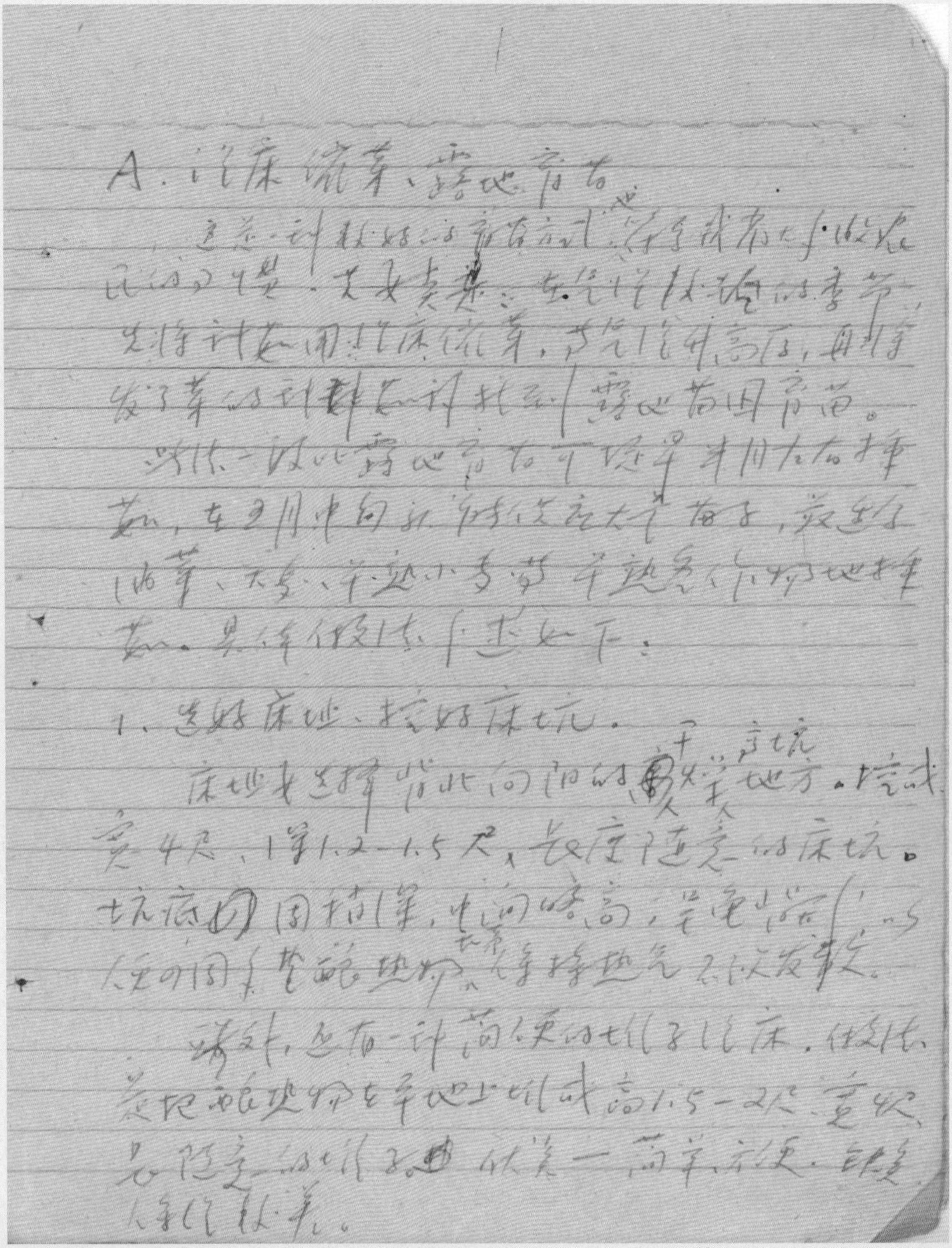

A. 温床播种、露地育苗

过去一种较好的育苗方式，除了冬季或春大小暖窖以外的另一种，其要点是：在气候较冷的季节，先将种子用温床播种，等气候升高后，再将发了芽的种子移栽到露地苗田育苗。

此法一般以露地育苗可随季节相应的更换，在3月中旬就可以把大部分种子，如油菜、大葱、早熟小青菜、早熟[illegible]地移栽。具体做法分述如下：

1、选好床地、挖好床坑。

床地要选择背北向阳的干燥平坦地方，挖成宽4尺、深1.2-1.5尺，长度随意的床坑。坑底四周稍深，中间略高，这是为了使四周多垫酿热物，使其热气不致发散。

此外，还有一种简便的堆子温床，做法是把酿热物在平地上堆成高1.5-2尺，宽和长随意的堆子。此法简单方便，能适合人们的技术。

（原稿第 55 面）

A. 温床催芽、露地育苗

这是一种较好的育苗方式，也符合我省大多数农民的习惯，其要点是：在气温较冷的季节，先将种薯用温床催芽，等气温升高后，再将发了芽的种薯移植到露地苗圃育苗。

此法一般比露地育苗可提早半月左右插薯，在五月中旬就能供应大量苗子，最适合油菜、大麦、早熟小麦等早熟冬作物地插薯。具体做法分述如下：

1. 选好床址，挖好床坑

床址要选择背北向阳的干燥高坑地方。挖成宽 4 尺、深 1.2～1.5 尺、长度随意地床坑。坑底四周稍深，中间略高，呈龟背形，以便四周多垫酿热物和长茅，保持热气不致发散。

此外，还有一种简便的堆子温床。做法是把酿热物在平地上堆成高 1.5～2 尺、宽 4 尺、长随意的堆子。优点——简单、方便，缺点：保温较差。

2. 准备酿热材料。凡是在发酵时能放出热的东西都可以做酿热材料。如猪牛粪草、秋草、玉米秆、高粱秆、小麦秸等都是最好的酿热物。每平方尺约40斤左右。应先平铺等，防止[illegible]

3. 酿热材料的调制与填放。

……有了适宜大量的繁殖，在细菌的作用下，进行发酵分解，就会放出热来。细菌的分解需要三个条件：即湿度、空气和氮素营养。因此，在调制酿热物时须适当加水、和新鲜马粪尿或[illegible]同时，床中的酿热物不能压得太紧，才能使细菌吸收空气活动。

具体作法是：选择晴天将新鲜马粪牛粪（50%的粪，掺进了切碎的稻草发热）一层层的填入床坑内，每填4—5寸厚，浇些新鲜人粪尿，填到1.2—1.5尺止。

如用秋草或玉米秆等作酿热物，须先把它切成3—4寸长的小段，用水浸透（24小时）。

（原稿第 56 面）

2. 准备酿热材料

凡是在发酵霉烂时能放热量的东西都可以做酿热材料。如猪、牛粪草，稻草，玉米，高粱秆，山茅草及马粪等都是很好的酿热物。每平方尺约 40 斤左右。应及〔时〕干收等，防止霉烂。

3. 酿热材料的调制与填放

酿热材料中含有大量的纤维，在细菌的作用下，充分发酵分解，就会放出热来。纤维的分解要三个条件：即潮湿、氧气和氮素营养。因此，在调制酿热时须适当加水和新鲜人粪尿，同时，温床中的酿热物不能压得太紧，才能使细菌旺盛活动。

具体作法是：选择晴天将新鲜猪牛粪草（30% 的粪，腐熟了的已不能发热）一层层的填入坑内，每填 4～5 寸后，泼些新鲜人粪尿，填到 1.2～1.5 尺止。

如用稻草或玉米干〔秆〕等作酿热物，须先把其切成 3～4 寸长的小段，用水浸透（2～4 小时）

拌匀填入坑内，每填2-3寸填后一层人粪尿。填到坑满止。

酿热物不要填得过松或过紧，填时用木板或木块轻轻压平即可，同时也不能使土过干，以免影响透气。

酿热物填好后，上面加2-3寸厚的菜园土，土中最好掺些人粪肥和一些草木灰，以备播种。

（原稿第 57 面）

捞起填入坑内，每填 2～3 寸泼一层人粪尿，填到坑满止。

酿热物不要填压过松或过紧，填时用木机或木板轻轻压平即可，同时也不能浇水过多，以免影响透气。

酿热物填好后，上面加 2～3 寸厚的菜园土，土中最好掺些堆厩肥和老糠灰，准备排种。

第二讲　作物栽培学 2

湖
题
类
分类号/
页
Lian Xi Bu
练習簿
作物
栽培學
1965年

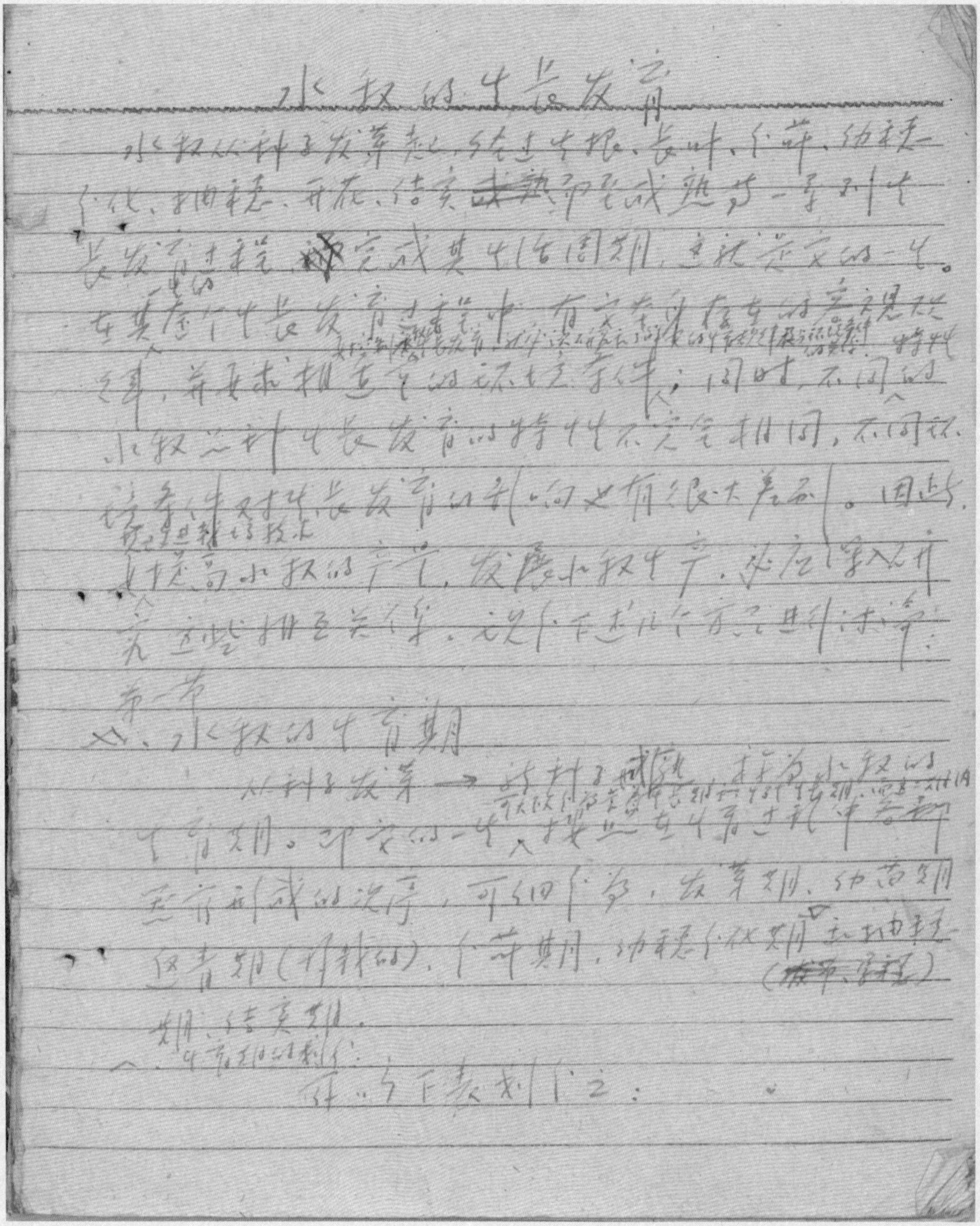

水稻的生长发育

水稻从种子发芽起，经过生根、长叶、分蘖、幼穗分化、抽穗、开花、结实即完成熟为一季水稻生长发育过程，也完成其生活周期，这就是它的一生。

在其整个生长发育过程中，有它本身存在的客观规律特性，并要求相适宜的环境条件；同时，不同的水稻品种生长发育的特性不完全相同，不同环境条件对其生长发育的影响也有很大差别。因此，要提高水稻的产量，发展水稻生产，必须深入研究这些相互关系。现分下述几个方面进行讨论：

第一节

一、水稻的生育期

从种子发芽→新种子成熟，称为水稻的生育期，即它的一生。按照在生育过程中器官形成的次序，可细分为：发芽期、幼苗期、返青期（移栽的）、分蘖期、幼穗分化期（孕穗、抽穗）期、结实期。

水稻生育期的划分：

列为下表划分之：

（原稿第 1 面）

水稻的生长发育

水稻从种子发芽起，经过生根、长叶、分蘖、幼穗分化、抽穗、开花、结实而至成熟等一系列生长发育过程，完成其生活周期，这就是它的一生。在其一生的整个生长发育过程中，有它本身存在的客观规律，并要求相宜的环境条件，要控制水稻的生长发育，就必须研究和了解它的发育规律及与环境条件的关系。同时，不同特性的水稻品种生长发育的特性不完全相同，不同环境条件对生长发育的影响也有很大差别。因此，要想改进栽培技术，提高水稻的产量，发展水稻生产，必应深入研究这些相互关系。现分下述几个方面进行讨论：

第一节　水稻的生育期

从种子发芽→新种子成熟，称为水稻的生育期，即它的一生可大致分为营养生长期和生殖生长期，而这二阶段按照在发育过程中各部器官形成的次序，可细分为发芽期、幼苗期、返青期（移栽的）、分蘖期、幼穗分化期和抽穗期、结实期。

一、发育期的划分

可以下表划分之：

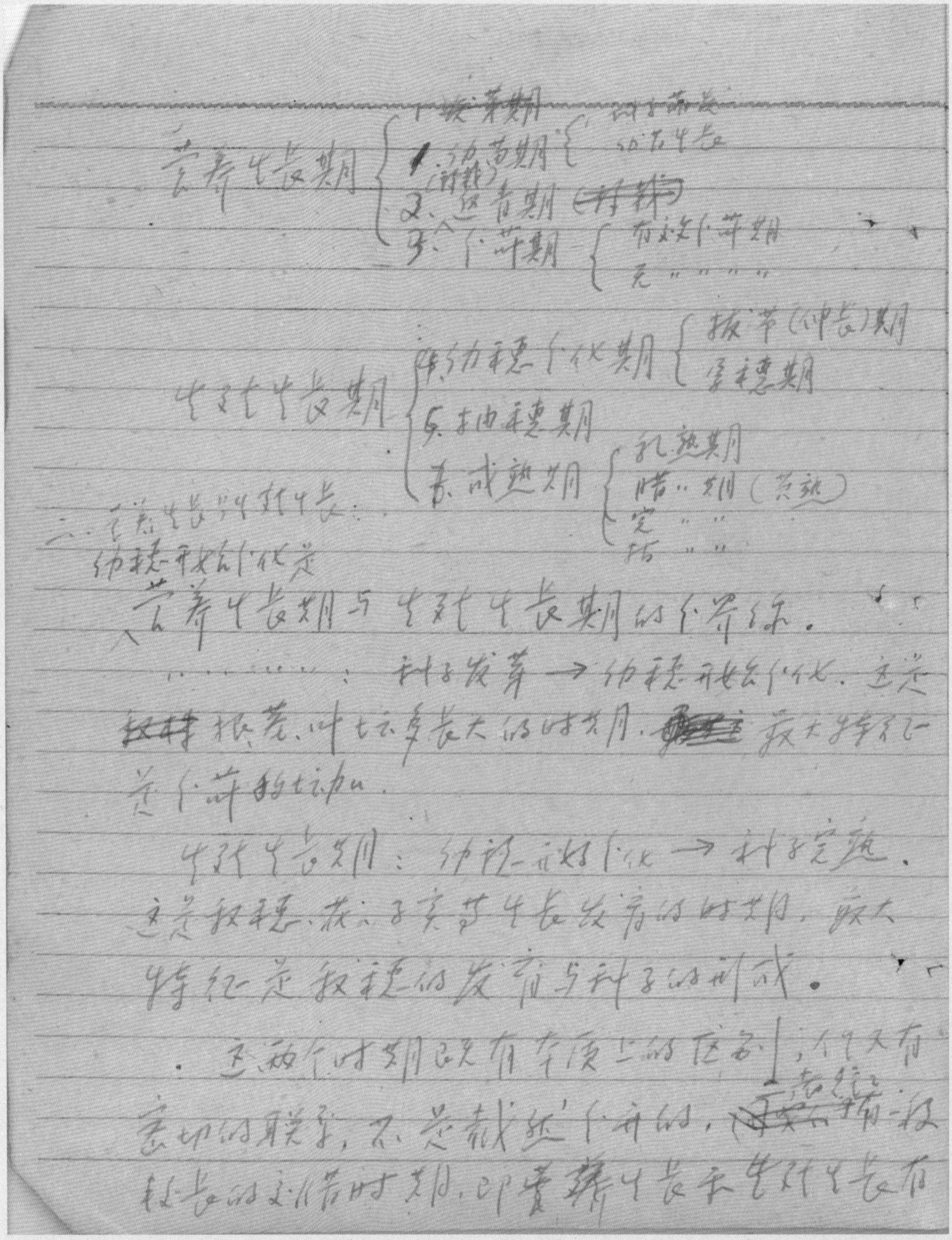
营养生长期 { 1. 幼苗期（分蘖） { 幼苗前期 / 幼苗生长
2. 返青期
3. 分蘖期 { 有效分蘖期 / 无 〃 〃 〃

生殖生长期 { 4. 幼穗分化期 { 拔节（伸长）期 / 孕穗期
5. 抽穗期
6. 成熟期 { 乳熟期 / 蜡 〃 期（黄熟） / 完 〃 〃 / 枯 〃 〃

二、营养生长与生殖生长：幼穗开始分化是营养生长期与生殖生长期的分界。

……：种子发芽→幼穗开始分化。这是根茎、叶片增长大的时期。最大特征是分蘖的增加。

生殖生长期：幼穗开始分化→种子完熟。这是穗粒、花、子实等生长发育的时期，最大特征是穗粒的发育与种子的形成。

这两个时期既有本质上的区分，又有密切的联系，不是截然分开的，有一段相互交错时期，即营养生长和生殖生长有

（原稿第 2 面）

- 、营养生长期
  - 发芽期
  - 1. 幼苗期
    - 种子萌发
    - 幼苗生长
  - 2.（移栽）返青期
  - 3. 分蘖期
    - 有效分蘖期
    - 无效分蘖期
- 生殖生长期
  - 4. 幼穗分化期
    - 拔节（伸长）期
    - 孕穗期
  - 5. 抽穗期
  - 6. 成熟期
    - 乳熟期
    - 腊熟期（黄熟）
    - 完熟期
    - 枯热期

二、营养生长与生殖生长

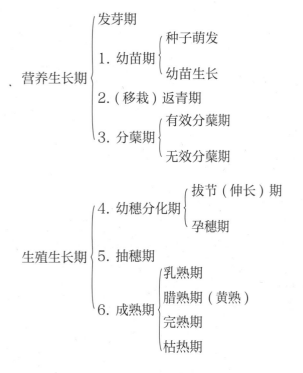

幼穗开始分化是营养生长期与生殖生长期的分界线。

营养生长期：种子发芽→幼穗开始分化。这是根、茎、叶增多长大的时期，最大特征是分蘖的增加。

生殖生长期：幼穗开始分化→种子完熟。这是稻穗、花、子实等生长发育的时期，最大特征是稻穗的发育与种子的形成。

这两个时期既有本质上的区别，但又有密切的联系，不是截然分开的，二者往往有一段较长的交错时期，即营养生长和生殖生长有

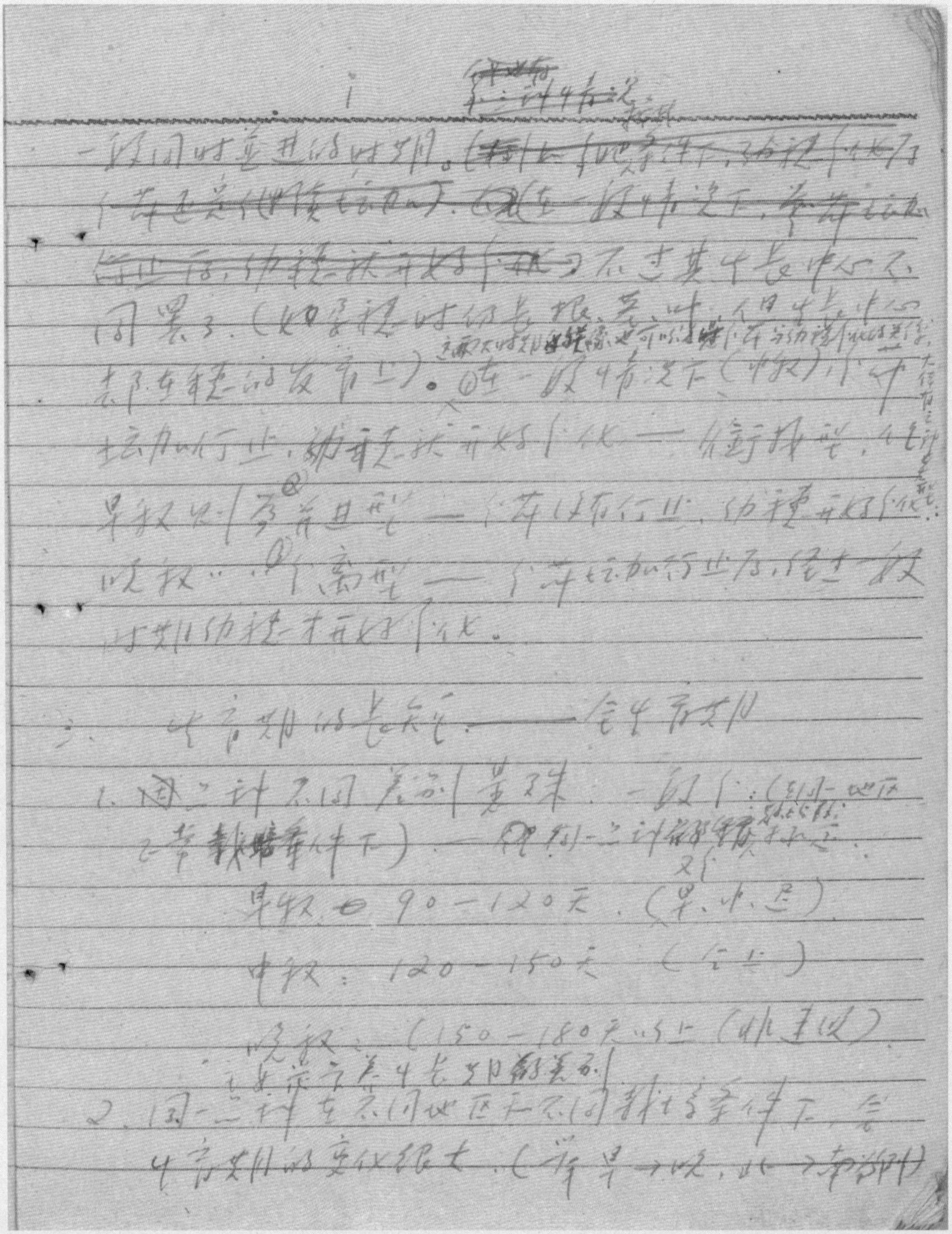

i [illegible]

[illegible]不过其中各个不同罢了。(如分蘖时幼苗根、茎、叶、但生长中心都在分蘖的发育上)。在一般情况下(中稻)分蘖增加行为,幼穗未开始分化——衔接型,如早稻则②重叠型——分蘖增加行为,幼穗开始分化。晚稻:③分离型——分蘖增加行为停止一段时期幼穗才开始分化。

二、生育期的长短——全生育期

1. 同一品种不同季节差异:一般(:(同一地区[illegible]条件下)——同一品种[illegible]

早籼:90—120天。(早、中、晚)

中籼:120—150天 (同上)

晚籼:(150—180天以上(同上)。

2. 同一品种在不同地区不同栽培条件下,全生育期的变化很大。(如早→晚,北→南[illegible])

（原稿第 3 面）

一段同时并进的时期。不过其生长中心不同罢了（如孕穗时仍长根、茎、叶，但生长中心却在穗的发育上）。这两大时期的关系，也可以说是分蘖与幼穗分化的关系，大体有三种类型：①在一般情况下（中稻），分蘖增加停止，幼穗就开始分化——衔接型，但早稻则为②并进型——分蘖没有停止，幼穗开始分化，晚稻则为③分离型——分蘖增加停止后，经过一段时期幼穗才开始分化。

三、生育期的长短——全生育期

1. 品种不同差别悬殊，一般分（在同一地区正常栽培条件下）——同一品种的生育期比较稳定。

早稻：90～120 天（又分早、中、迟）

中稻：120～150 天（同上）

晚稻：150～180 天以上（非连晚）

主要是营养生长时期的差别。

2. 同一品种在不同地区和不同栽培条件下，全生育期的变化很大（举早→晚、北→南为例）。

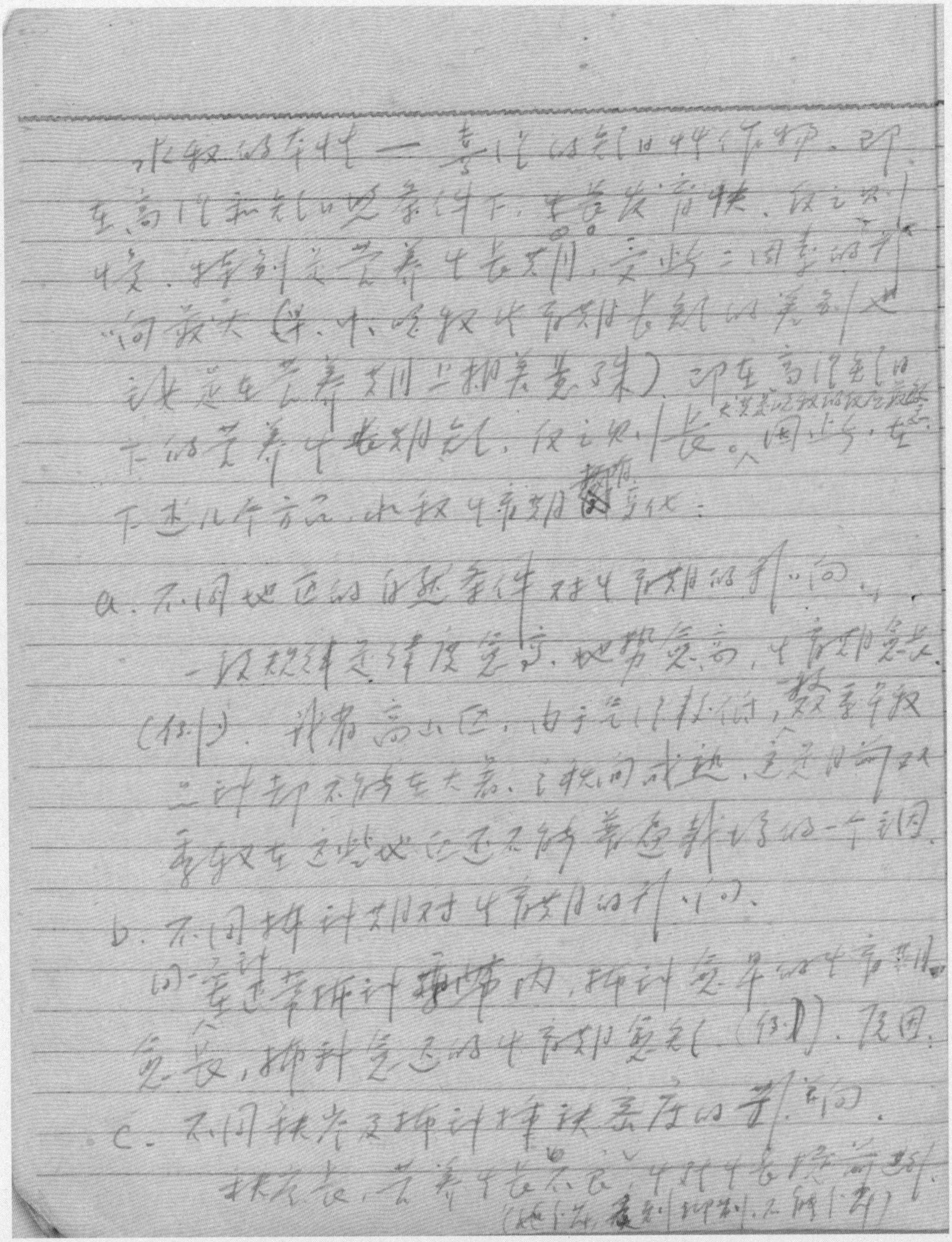
小麦的本性——喜冷凉的长日照作物，即在高温和长日照条件下，生育发育快，反之则慢。播种到营养生长期，受此二因素的影响较大（早、中、晚熟品种生育期长短的差别，主要是在营养期上相差悬殊），即在高温短日下的营养生长期短，反之则长。[illegible]因此，在下述几个方面，小麦生育期[illegible]变化：

a. 不同地区的自然条件对生育期的影响。

一般规律是纬度愈高，地势愈高，生育期愈长。（例）。我省高山区，由于气温较低，[illegible]

b. 不同播种期对生育期的影响。

[illegible]

c. 不同耕作及播种措施等条件的影响。

[illegible]

（原稿第 4 面）

水稻的本性——喜温的短日性作物，即在高温和短日照条件下，生长发育快，反之则慢，特别是营养生长期，受此二因素的影响最大（早、中、晚稻生育期长短的差别也主要是在营养期上相差悬殊），即在高温短日下的营养生长期短，反之则长。尤其是晚稻的反应最敏感。因此，在下述几个方面，水稻生育期都有变化：

a. 不同地区的自然条件对生育期的影响

一般规律是纬度愈高，地势愈高，生育期愈长。

（例）我省高山区，由于气温较低，一般双季早稻品种都不能在大暑、立秋间成熟，这是目前双季稻在这些地区还不能普遍栽培的一个主因。

b. 不同播种期对生育期的影响

同一品种在正常播种季节内，播种愈早的生育期愈长，播种愈迟的生育期愈短。（例）原因：

c. 不同秧龄及播种插秧密度的影响

秧龄长，营养生长不良（影响分蘖，受到抑制，不能分蘖），生殖生长提前进行。

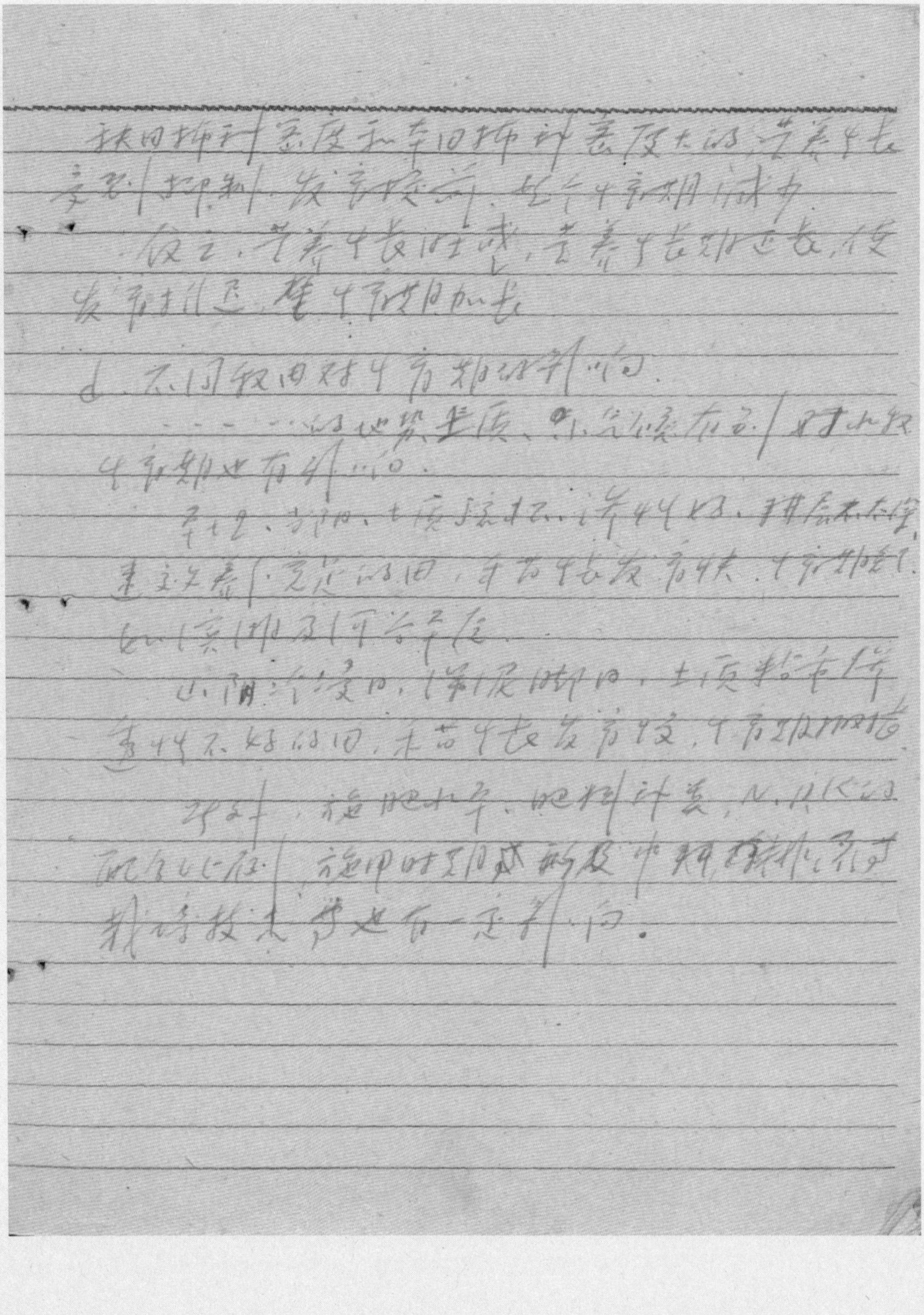

秧田插秧密度和本田插秧密度大的，营养生长受到抑制，发育较前，生育期缩短。

反之，营养生长旺盛，营养生长期延长，使发育推迟，整个生育期加长。

d. 不同整田对生育期的影响。

……的地势土质、肥沃程度不同，对水稻生育期也有影响。

冲积、沙田、土质疏松、透水性好，耕层不太深，[illegible]的田，生长发育快，生育期[illegible]。

山阴冷浸田，深泥脚田，土质粘重，保水性不好的田，生长发育较慢，生育期加长。

此外，施肥水平、肥料种类，N、P、K的配合比例，施用时期及[illegible]等栽培技术等也有一定影响。

（原稿第 5 面）

秧田播种密度和本田播种密度大的，营养生长受到抑制，发育提前，整个生育期减少。

反之，营养生长旺盛，营养生长期延长，使发育推迟，整生育期加长。

d. 不同稻田对生育期的影响

不同稻田的地势、土质、小气候有别，对水稻生育期也有影响。

平坦、向阳、土质疏松、渗性好、耕层不太深、速效养分充足的田，禾苗生长发育快，生育期短，如滨湖及河谷平原。

山阴冷浸田，深泥脚田，土质黏重渗透性不好的田，禾苗生长发育慢，生育期相对长。

此外，施肥水平、肥料种类，N、P、K 的配合比例，施用时期以及中耕排灌等栽培技术等也有一定影响。

第三节

六、水稻各个生育时期的生长发育及其对环境条件的要求

一、幼苗期：指从种子萌发到三片完全叶长成，分种子萌发与幼苗生长二阶段。

1. 种子萌发

成熟后的稻种在干燥状况下贮藏一定时期内，呈休眠状态；发芽就是种子从休眠状态转入新生一代生长的开始。种子贮藏时，处于干燥状态，使呼吸减弱；发芽时，必须吸收适当的水分、温度和空气，使呼吸作用加速。这是发芽所必需的三个条件缺一不可。

a. 水分：稻种发芽，首先从吸收水分开始膨胀，水是从胚的附近吸入的。一般稻种所需的水分，至少为其种子重量的25%，但这只是迟缓的发芽。根据华南农学院研究，含水量相当于种子重量40%左右时，各品种均能很好发芽。其中籼稻需水略低（36%），粳稻略高。

吸收水分的速度，和水温、水量、和稻种类

（原稿第 6 面）

第二节　水稻各个生育时期的生长发育及其对环境条件的要求

一、幼苗期

指从种子萌发到三片完全叶长成，分种子萌发与幼苗生长二个过程。

1. 种子萌发

成熟后的稻种在干燥状况下贮藏的期间内，呈休眠状态；发芽就是种子从休眠状态转入新生一代生长的开始。种子贮藏时，要干燥、低温，使呼吸减少，发芽时，恰恰相反，必须要有适当的水分、温度和空气，使呼吸旺盛起来，这是发芽必备的三个条件，缺一不可。

a. 水分：稻种发芽，首先从吸收水分膨胀开始，水是从胚的附近吸入的。一般稻种所要的水分，至少为其种子重量的 25%，但这只是勉强的发芽。据开渠先生的研究，含水量相当于种子重量 40% 左右时，各品种均能很好发芽。其中籼稻要求略低（36%），粳稻略高（41%），吸收水分的速度，和水温、水量、籼粳类型有关，而以30°时的最大。32°C以下，水温愈高，吸水速度愈快。据日本人测定，在30±2°C的条件下（吸水最快速度），经24小时，吸水量（达22-24%）即达饱和吸水量之35%左右）。而在13-14°C时需48小时才达22-24%，而籼稻需96小时才达到。

因此：早稻比晚稻浸种时间要长1-2天，粳稻比籼稻要长0.5-1天。有时早稻育秧遇冷天时，减少浸种时间，需用温水浸种。

6. 温度：最低10°C，最适30°±2°C，最高40°C

但这只能说是一般的情况，实际上，品种间的差异是很大的。早籼和粳稻品种，在低温，在温度偏低，平均10°左右即可发芽。而大多数晚籼品种，平均要在15°C以上时才能发芽。

在一定温度范围内，温度与发芽速度也有密切关系。在低温下，发芽时间长，发芽率低。据试验，在10°C时，需25天，发芽率仅44%。在12°C时，需11天，发芽率达92%；20°C以上，发芽更快，只需七天时，发芽率达98%-100%。30左右

（原稿第 7 面）

等有关，而以 t° 影响最大。32 ℃以下，水温愈高，吸水速度愈快。据开渠先生测定，在 30 ± 2 ℃的恒温下（吸水最快速度），约 24 小时，吸水量即达 24%（和原种子含水量共达 35% 左右）。而在 13 ~ 14 ℃时需 48 小时才达 22 ~ 24%，而粳稻需 96 小时才达此量。

因此，早稻比稻晚浸种时间要长 1 ~ 2 天，粳稻比籼稻要多浸 0.5 ~ 1 天，有时早稻为了赶天时，减少浸种时间，常用温水浸种。

b. 温度：最低 10 ℃，最适 30 ± 2 ℃，最高 40 ℃。但这只能说是一般的情况，实际上，品种间的差异是很大的，东北有些粳稻品种，昼温高，夜温低，平均 10 ℃左右即可发芽，而广东有些籼稻品种，平均 t° 在 15 ℃以上时才能发芽。

t° 高低与发芽速度也有密切关系，在低温下，发芽时间长，发芽率低。据试验，在 10 ℃时，需 25 天，发芽率仅 44%，在 12 ℃时，需 11 天，发芽率达 92%；20 ℃以上，发芽更快，只要两天多，发芽率达 98% ~ 100%。30 ℃左右

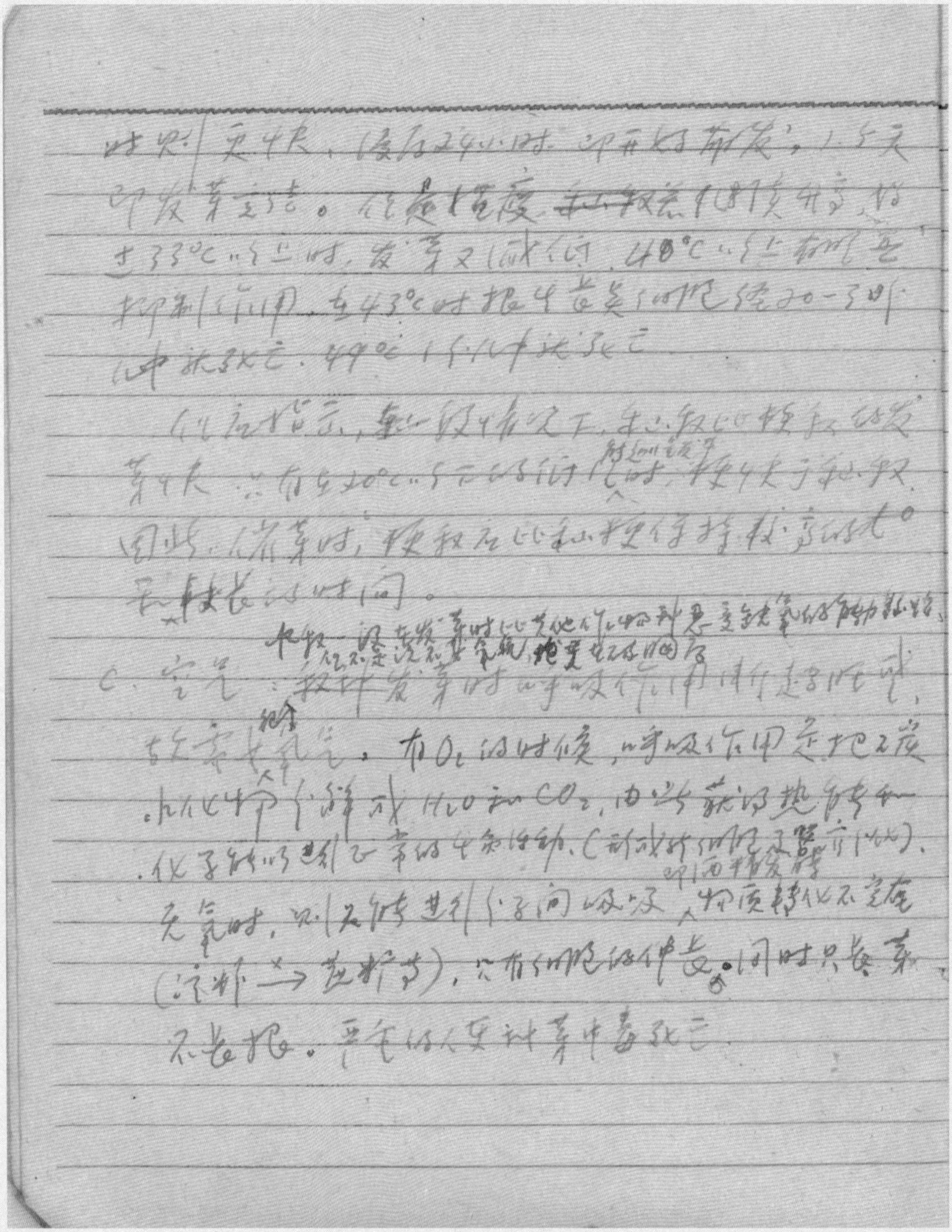

时期：更快，浸后24小时即开始萌发；1.5天即发芽完全。但是温度和种子发芽的关系，当达33°C以上时，发芽又减缓，40°C以上有抑制作用，达43°C时根生长细胞经20—30小时就致死，49°C 1小时就死亡。

试验指出，粳稻种在发芽下，和籼稻比较粳稻的发芽快，但在40°C以下的条件时，粳稻快于籼稻。因此，浸种时，粳稻应比籼稻保持较高的温度和较长的时间。

（种子浸在水中发芽时也能进行呼吸作用，是受缺氧的影响，但不是说不需氧气，也需要有足够的氧气）

C. 空气：稻种发芽时呼吸作用非常强烈，故需大量氧气。有O_2的时候，呼吸作用是把碳水化合物分解成H_2O和CO_2，由此获得热能和化学能以进行正常的生命活动（形成新细胞及器官等）。无氧时，则只能进行分子间呼吸，物质转化不完全（淀粉→蔗糖等），只有细胞的伸长。同时只长芽不长根。无氧的状态对芽中毒致死。

（原稿第 8 面）

时则更快，浸后 24 小时，即开始萌发，1.5 天即发芽完结。但是温度若连续升高，超过 33 ℃以上时，发芽又减低，40 ℃以上有明显抑制作用，在 43 ℃时根生长点细胞经 20～30 分钟就死亡，49 ℃　1 分钟就死亡。

但应指出，在一般情况下，籼稻比粳稻的发芽快，只有在 20 ℃以下的低温能勉强发芽时，粳〔稻〕快于籼稻。因此，催芽时，粳稻应比籼稻保持较高的 t° 和较长的时间。

c. 空气：水稻一般在发芽时比其他作物种忍受缺氧的能力较强，但不是说不要氧气，尤其在破胸后发芽时，呼吸作用渐趋旺盛，故需要饱和氧气，有 O_2 的时候，呼吸作用是把碳水化〔合〕物分解成 H_2O 和 CO_2，由此获得热能和化学能以进行正常的发育活动（形成新细胞即器官分化）。无氧时，则只能进行分子间吸〔呼〕吸，即酒精发酵，物质转化不完全（淀粉$\xrightarrow{\times}$蔗糖等），只有细胞的伸长。同时只长芽不长根，严重的使种芽中毒死亡。

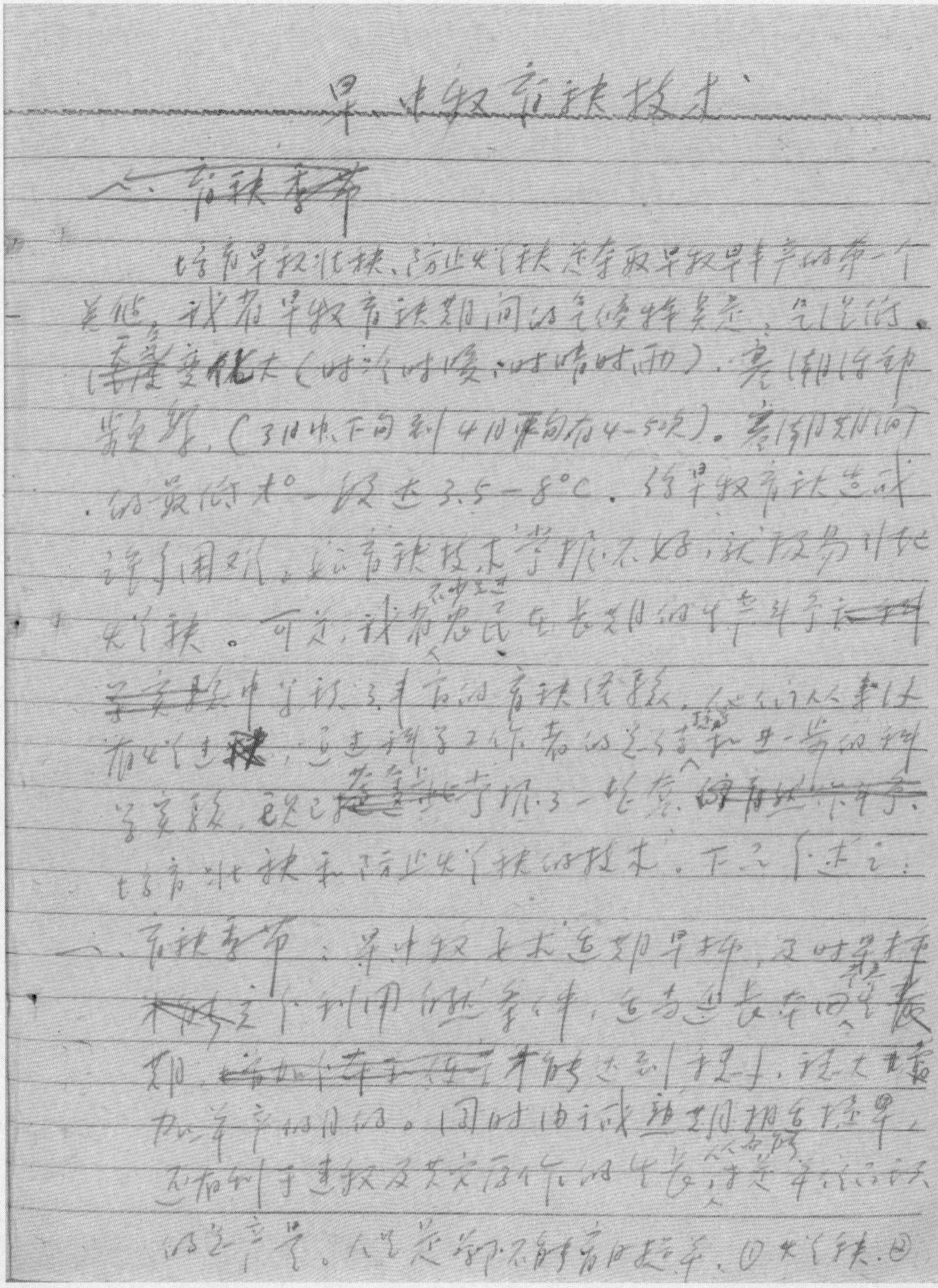

早中籼育秧技术

一、育秧季节

培育早籼壮秧、防止烂秧是夺取早籼早稻丰产的第一个关键。我省早籼育秧期间的气候特点，气温的变化大（时冷时暖、时晴时雨），寒潮次数频繁，（3月中、下旬到4月中旬有4—5次）。寒潮期间的最低气温一般在3.5—8°C，给早籼育秧造成许多困难，如育秧技术掌握不好，就很易引起烂秧。可是，我省农民在长期的生产斗争中总结了丰富的育秧经验，他们认真总结，通过科学工作者的总结和进一步的科学实验，现已掌握了一整套培育壮秧和防止烂秧的技术。下面分述之：

一、育秧季节：早中籼要求适期早播，及时早插，利用自然条件，适当延长本田的营养生长期，达到增加单产的目的。同时由于缩短秧期，相应提早……，有利于早籼及其后作的生长，……的高产。……

（原稿第 9 面）

早、中稻育秧技术

培育早稻壮秧、防止烂秧是夺取早稻早丰产的第一个关键，我省早稻育秧期间的气候特点是：气温低，天气变化大（时冷时暖，时晴时雨），寒潮活动频繁（3 月中、下旬到 4 月下旬有 4～5 次）。寒潮期间的最低 t° 一般达 3.5～8 ℃，给早稻秧造成许多困难。如育秧技术掌握不好，就极易引起烂秧。可是，我省不少先进农民在长期的生产斗争中累积了丰富的育秧经验，他们从来没有烂过，通过科学工作者的总结提高和进一步的科学实验，现已基本上掌握了一整套培育壮秧和防止烂秧的技术。下面分述之：

一、育秧季节

早、中稻要求适期早播，及时早播，充分利用自然条件，适当延长本田营养生长期，才能达到穗多、穗大，增加单产的目的。同时由于成熟期相应提早，还有利于连稻及其它后作的生长，从而能提〔高〕单位面积的总产量。但是却不能盲目提早：①烂秧，②

秧苗 ③ 5月下旬的低温危害，使[illegible]不正常，造成大面积减产[illegible]，如[illegible]

秧田，主要是[illegible]（如[illegible]、[illegible]、[illegible]）。[illegible]的温度条件。

根据研究，秧苗生长最低的温度是11–12℃，正常生长的温度是15℃以上（4–6天出苗），12–15℃要7–10天，若太低，则不生长甚至会大量死秧。

再根据我省的气候规律：3月[illegible]间的日平均气温在10℃以上，[illegible]寒潮的[illegible]一般[illegible]3月上中旬，故大[illegible]也不[illegible]播种。3月下旬日平均气温达12℃以上，[illegible]对温度[illegible]，但一般在[illegible]有一次较强的寒潮[illegible]。因此[illegible]具体的播种日期，[illegible]次寒潮过后的冷尾暖头下[illegible]（即在寒潮[illegible]）抢晴3–5个晴天，到下一次寒潮[illegible]前，即已扎根扶针转青，因而可[illegible]第一个低温难关。[illegible]则抓住寒潮前后的冷尾暖头播种。

“[illegible]”[illegible]气候[illegible]，气象预报、天气[illegible]。

（原稿第 10 面）

死蔸③ 5 月下旬的低温为害，使减数分裂不正常，造成大量空壳。当然，如延迟播种季节也十分不利。确定早中稻适宜的播种时期，要从很多方面来考虑（如气候、品种、栽培制度、育秧方法等），但对早稻来说，最主要的是气候条件。

根据研究，秧苗生长最低的 t° 是 11～12 ℃，正常生长的 t° 是 15 ℃以上（4～6 天出苗），12～15 ℃需要 7～10 天，若更低，则不生长甚至还会烂秧。

再根据我省的历年气候规律：3 月中旬的旬平均气温在 10 ℃以上，还不达到发芽生长的 t°，而且强寒潮一般多出在 3 月上半月，故大部地区还不宜播种。3 月下旬的平均 t° 达 12 ℃以上，基本上能满足发芽生长对 t° 的需要，但一般在春分前后有一次较强的寒潮出现。因此，早稻具体的播种日期，是在春分这次寒流过后的“冷尾暖头”下泥（而在寒流期间浸种催芽）。播后有 3～5 个晴天，到下一次寒潮到来之前，即已扎根扶针转青。因而可顺利渡过第一个烂秧关。第一批中稻则抓住清明前后的冷尾暖头播种。

对具体情况作具体分析，当年气候情况，气象预报，老农经验等。

三、种子处理

选择生长健壮，发芽力强无病虫的种子。

1. 晒种：晾在阳光的照射下，提高吸水力，使其酶的活动和呼吸作用~~加强~~，使养分较迅速转化，因而~~提高种子的~~发芽率、发芽势高、发芽整齐、芽子粗壮。

一般在强烈阳光下抓住好天气晒1-2天。

2. 选种：把混杂草种子、病虫粒、瘪粒、半实（秕粒）等选去，选出充实饱满的种子，保证种子质量和产量。（半实粒是产生弱苗、缺苗的主要原因，同时带来了病菌）

风选、筛选、水选，分别用清水、泥水、石灰水、硫酸铵水等。

3. 消毒

① 西力生浸种：0.1-0.2%，24-48小时。

② 石灰水〃〃：1%浸1-3天。

③ 冷水温汤浸种：先在冷水中浸24小时，然后移入40-45℃温水中浸5分钟，再移入52-54℃温水中浸10分钟。

（原稿第 11 面）

三、种子处理

1. 晒种

效果十分明显，尤其种子含水量较多的种子。

提高细胞的渗透压，增强吸水力，促进酶的活动和呼吸作用，使养分能迅速转化，因而发芽率、发芽势高，发芽整齐、种子粗壮。

一般在 3 月上中旬抓住好天气晒 1～2 天。

2. 选种

清除杂草种子、病虫籽、青米、半实（秕粒）粒，选出充实饱满的种子，提高秧苗质量和产量（半实粒是产生弱苗、脚秧的主要原因，同时易烂秧）。

除风选、筛选外，还必须进行漂选（盐水、泥水、石灰水、硫酸铜水等）。

3. 消毒

①西力生浸种：0.1～0.2%，24～48 小时；

②石灰水浸种：1%，浸 1～3 天，

③冷水温汤浸种：先在冷水中浸 24 小时，然后移入 40～45 ℃温水中浸 5 分钟，再移入 52～54 ℃温水中浸 10 分钟。

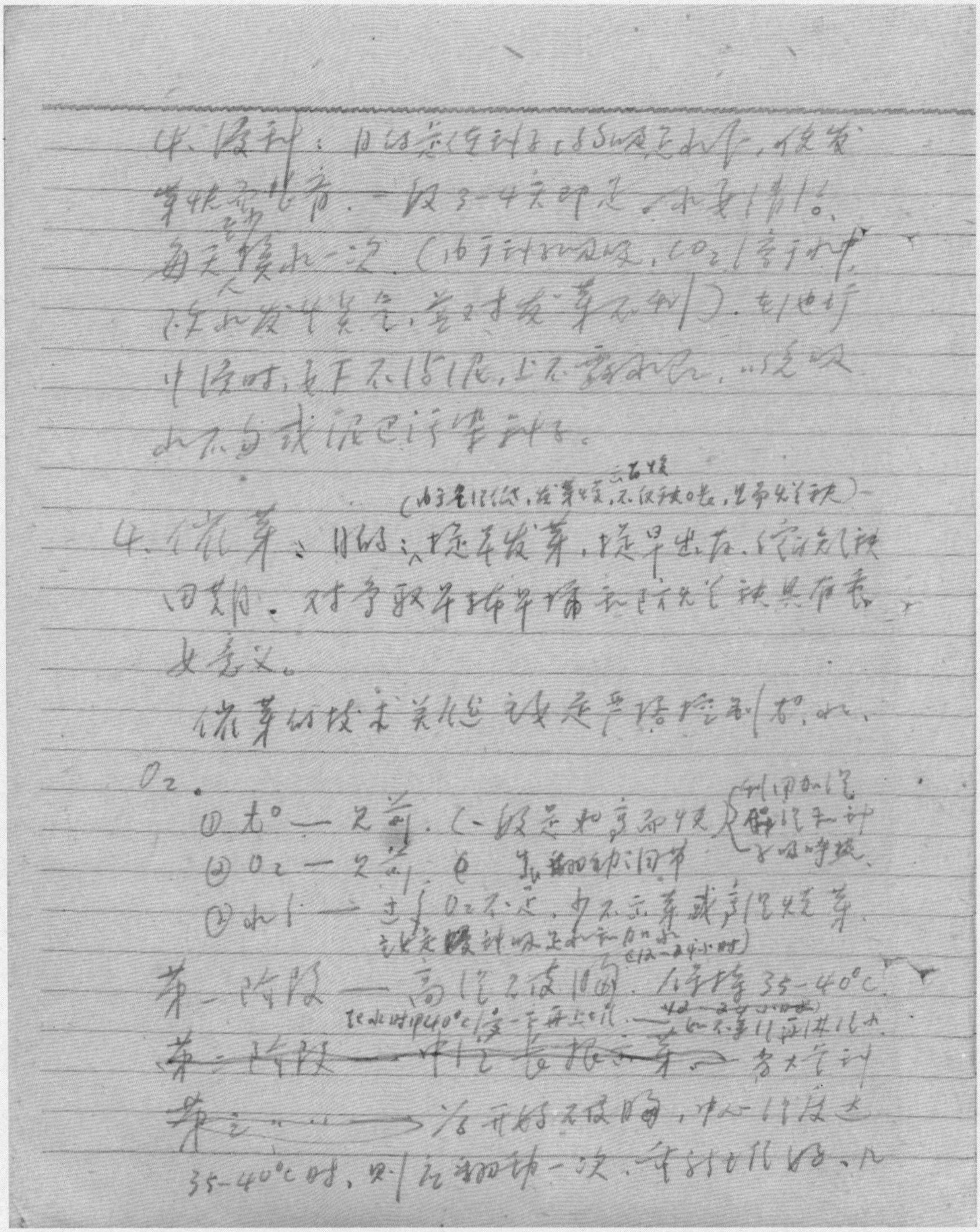

4. 浸种：目的是使种子吸足水分，使发芽快齐生长。一般3-4天即足。水要清洁。每天换水一次（由于种子吸收，CO_2 增加，种子发芽不利，甚至对发芽不利）。当地种子浸时，手下不浮，上不露水面，以免吸水不匀或泥巴污染种子。

（由于是催芽，出芽快，不仅缺氧，且易生长快）

4. 催芽：目的：促使发芽，提早出苗，缩短秧田期。对争取早播早插和培育壮秧具有重要意义。

催芽的技术关键主要是严格控制温、水、O_2。

① 温——关键（一般是加速呼吸）} 利用加温 降低… 呼吸…
② O_2——关键 勤翻动调节
③ 水分——过多 O_2 不足，少不出芽或产生烂芽。

第一阶段——高温破胸，保持35-40°C

~~第二阶段——中温长根长芽~~ —— 看天定计

第三……——冷开始破胸，中心温度达35-40°C时，则应翻动一次…

（原稿第 12 面）

4. 浸种

目的是使种子均匀吸足水分，使发芽快而整齐，一般 3～4 天即足。水要清洁，每天至少换水一次（由于种子呼吸，CO_2 溶于水中，致水发生臭气，并对发芽不利），在池塘中浸时，要下不沾泥，上不露水面，以免吸水不匀或泥巴污染种子。

5. 催芽

目的:（由于气温低、发芽慢、出苗慢，不仅秧龄长，且易烂秧），提早发芽、提早出苗、缩短秧田期，对争取早播早插和防烂秧具有重要意义。

催芽的技术关键主要是严格控制 t°、水、O_2。

① t°——见前（一般是 t° 高而快），利用加温、保温和种子呼吸热。

② O_2——见前。靠翻动调节。

③水分——过多 O_2 不足，少不出芽或高温烧芽，主要是浸种吸足水和加水。

第一阶段——高温破胸（12～24 小时），保持 35～40 ℃，起水时用 40 ℃浸一下再上堆——如不来温再淋温水。当大量种谷开始破胸，中心温度达 35～40 ℃时，则应翻动一次，重新堆好，几

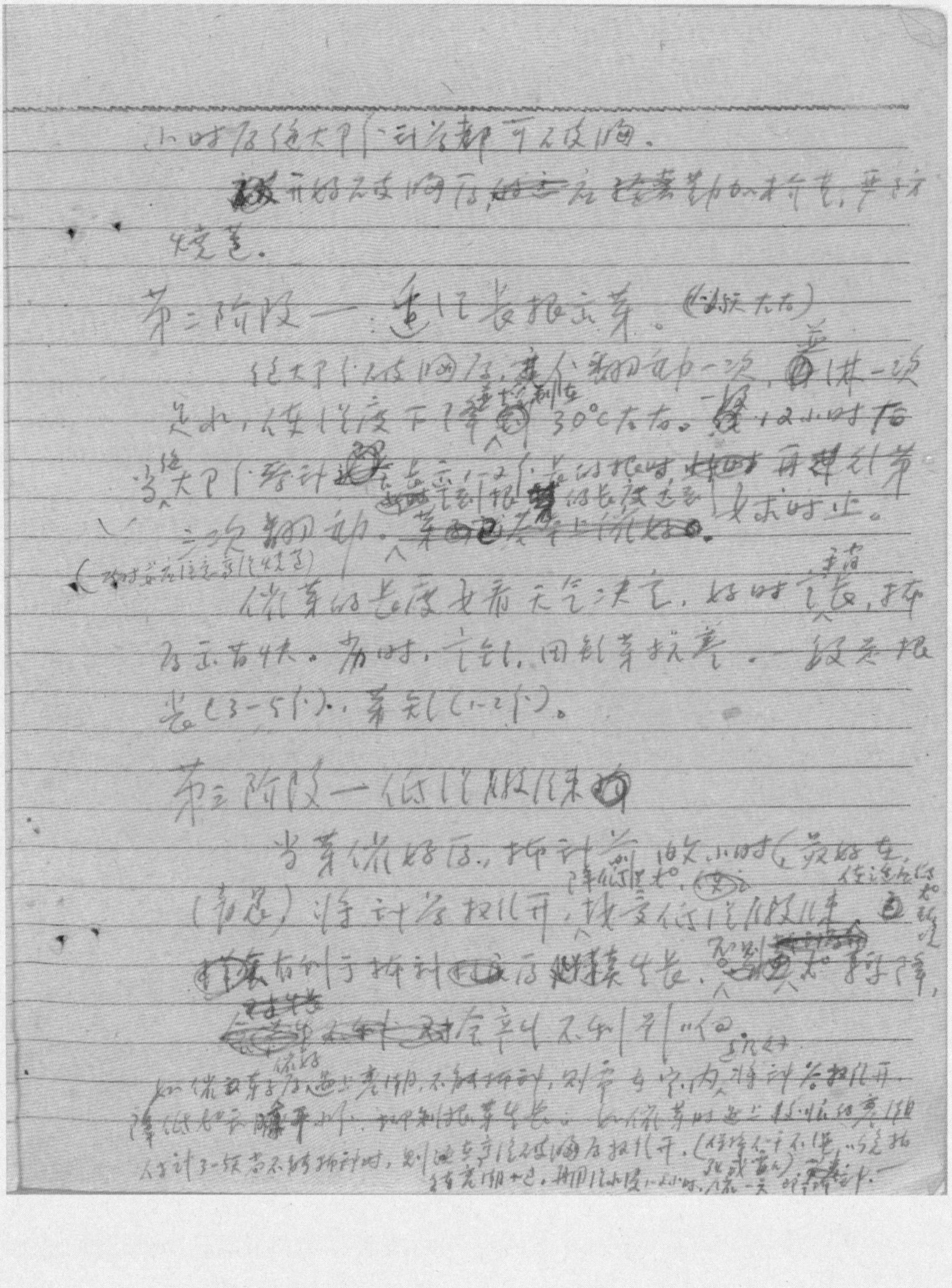
小时后绝大部分种子都可以发芽。

发芽好之后……严防烧芽。

第二阶段——催根长芽。（约×天左右）

绝大部分发芽后，每天翻动一次，淋一次水，使温度下降到30°C左右。一般12小时后当绝大部分种子长出1-2个芽的根时，再进行第二次翻动……至……的长度达到……为止。

催芽的长度要看天气决定，好时短，播后立苗快。坏时，宜长，因为芽较壮。一般是根长（3-5厘）、芽长（1-2厘）。

第三阶段——催后炼芽

当芽催好后，把种子摊放几小时（最好在阴凉处），将种子摊开，使其适应……，有利于播种后的生长。……

……

（原稿第 13 面）

小时后绝大部分种谷都可破胸。

开始破胸后，应勤加检查，严防烧苞。

第二阶段——适温长根出芽（1～1.5 天左右）

绝大部分破胸后，充分翻动一次，并淋一次足水，使温度下降并控制在 30 ℃左右，12 小时后，当绝大部分谷种长出 1～2 分长的根时，再行第三次翻动，直到根芽的长度达到要求时止。（此时亦应注意高温烧苞）

催芽的长度要看天气决定，好时宜稍长，播后出苗快。劣时，宜短，因短芽抗寒。一般是根长（3～5 分），芽短（1～2 分）。

第三阶段——低温锻炼

当芽催好后，播种前数小时（最好在清晨），将种谷摊开，降低 t°，接受低温锻炼，使之适应低 t° 环境。有利于播种后继续生长，否则 t° 骤降，会产生不利影响。

如催芽催好后遇上寒潮，不能播种，则需在室内通风处，将种谷摊开，降低 t° 环境和晾干水分，抑制根芽生长。如催芽时遇上较强的寒潮，估计 3～5 天尚不能播种时，则须在高温破胸后摊开（保持不干不湿，以免枯死或霉变），待寒潮一过，再用温水浸 1～2 小时，催一天，即可播种。

塑料薄膜育秧的秧田管理

由于覆有保温作用的薄膜，膜内的温度、湿度等小气候与露地不同，因此在秧田管理上与露地育秧有很大区别。只有通过揭盖薄膜，合理地调节和控制膜内温度、湿度及空气变化，创造适于秧苗生长的环境条件。但由于秧苗生长阶段不同，对环境条件的要求也不同，而且每一阶段中的气候条件也常常变化很大，所以在管理上也有所不同。

1、第一阶段，播种→出现第一片真叶。

以密封保温为主，称密封保温期。

目的：促进迅速扎根扶针，使出苗齐，出苗壮。

这个时候的大气温还很低，故以密封保温为主（充分利用白天太阳辐射进来的热以及大气辐射进来的热）。一般不揭开薄膜，即使天晴，膜内出现超过35°C高温，也不会妨碍秧苗生长（因气温还低，同时湿度大，秧苗幼小，一般也伤害不大）。

（原稿第 14 面）

三、秧田管理

由于覆有保温力强的薄膜，膜内的 t°、湿度等小气候与露地不同，因此，在秧田管理上与露地育秧有很大区别。其管理特点是通过揭盖膜，合理地调节和控制膜内 t°、湿度、阳光及空气变化，创造适于秧苗生长的环境条件。但由于秧苗生长阶段不同，对外界条件也不同，而且每一阶段的气候条件也常常变化很大，所以在管理上也有所不同。

1. 第一阶段，播种→出现第一片真叶

以密封保温为主，称密封保温期。

目的：促进迅速扎根扶针，使出苗齐，出苗率高。

这个时候的大气 t° 还低，故以密封保温为主（无对流，传导作用也较小，故能保持土壤微生物释出的热以及大气辐射进来的热）。一般不揭开薄膜，即使天晴，膜内出现短暂的 35 ℃高温，也不会妨碍秧苗生长（土壤表面 t° 还低，同时湿度大，秧苗幼小，受地温影响大）。

如果膜内温度35℃以上的气候，则该揭开秧厢两头的薄膜，通气降温，防止徒长和伤苗。

密封保温期，不能揭膜，也不能通气。一般要求到50%秧苗开始第一片真叶时为宜。（过早——徒长秧；过迟——烧秧、生长不齐、降低成苗率和成秧率）。

此外，还应经常检查秧厢温度，并防晴天温度过高，以免在高温中烧死幼芽和造成倒苗、缺苗现象。

2. 第二阶段，第一真叶→第三真叶。

以通风换气为主，结合揭膜适应期。~~[illegible]~~

目的：保持适合温度，以培育壮秧。这是培育壮秧的关键时期，也是秧苗生长~~[illegible]~~

温度的控制：1-2叶时保持膜内25-30度，2-3叶时20-25度。

但这时的天气多变化，膜内温度忽高忽降。应该根据天气变化，掌握揭膜方法，调节温度，适应秧苗生长需要。

（原稿第 15 面）

如果膜内出现 35 ℃以上的气温，则须揭开秧厢两头的薄膜，通气降温，防止徒长和伤苗。

密封保温期，不能过长，也不能过短。以掌握到 50% 秧苗开展第一片真叶时为宜（过长——徒瘦弱，过短——烂秧、生长不齐，降低出苗率和成秧率）。

此外，还应保持秧厢湿润，疏通四周沟道，严防畦面积水，以免在出现高温时烫死幼芽和造成倒苗、死苗现象。

2. 第二阶段，第一真叶→第三真叶

以通风换气为主，称揭膜通风期。目的：保温结合炼苗，以育出壮秧。这是培育壮秧的关键时期，也是使秧苗适应自然环境的过渡时期。

理想的 t°：1～2 叶时，维持膜内 25～30 度，2～3 叶时 20～25 度。

但这时的天气有变化，膜内小气候有升降。故须根据天气变化，用揭盖膜的方法，调剂 t°，适应秧苗生长需要。

①晴天或多云晴天：当上午露地气温达15-16℃时，就可揭开拱棚两头的薄膜，进行通风换气。下午4-5点以前当气温降至15-16℃时，又将两头薄膜盖好。

如果下午5点钟左右气温还在20℃以上时，当晚就不需盖膜，可以夜通气。

如果晴天揭开两头后，正午前后膜内温度达30℃时，则应按情况进一步采取各种降温措施：如浇凉水、喷水、揭半膜甚至全揭。

②阴天：当露地气温在15-16℃以上，又无大北风或西北风，也要揭开首尾两头。如气温在15-16℃以下，风不太大时，则应揭开背风的一头，到下午再盖上。

③低温阴雨天。露地气温低于15℃时，不要揭开。

在定植后缓苗前1-2天，也就是在撤膜前2-3天，采取日夜通风的办法，由揭两端，到逐渐扩大揭口，把膜内温度降到与露地相近，使秧苗逐步适应到低温，为撤膜打下基础。

（原稿第 16 面）

①晴天或多云晴天：当上午露地气温达 15～16 ℃时，就可揭开秧厢两头的薄膜，进行通风换气。下午 4～5 点钟，当气温降至 15～16 ℃时，又将两头薄膜密封。

如果下午 5 点钟左右气温还在 20 ℃以上时，当晚就不需要盖膜，可日夜通气。

如果晴天揭开两头后，正午前后膜内 t° 超过 30 ℃时，则须按情况进一步采取各种降温措施：灌跑马水、套水、揭半膜甚至全揭。

②阴天：当露地气温在 15～16 ℃以上，又无大北风和西北风，也要揭开首尾两头。如气温在 15～16 ℃以上，但有大风时，则只揭开背风的一头，到下午再盖上。

③低温阴雨天：露地气温低于 15 ℃时，一律不揭开。

在出现三片真叶前 1～2 天，也就是在撤膜前 2～3 天，采取日夜通风的办法，由揭两端，到逐渐扩大揭面，把膜内 t° 降到与大气 t° 相近，使秧苗逐步得到锻炼，为撤膜打下基础。

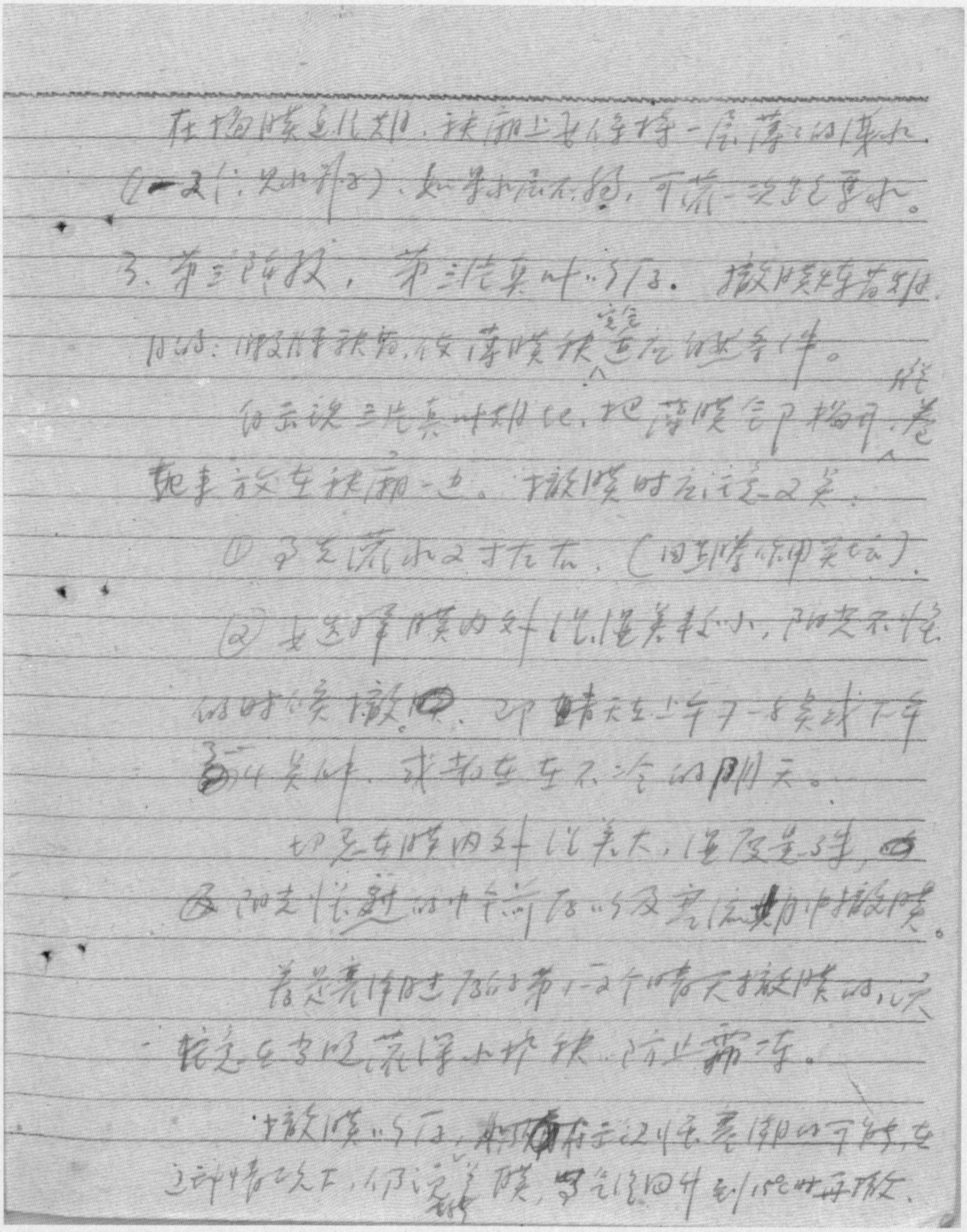
在揭膜前几天，秧厢上要保持一层薄薄的浅水
（一2公分左右），如果水层不够，可灌一次跑马水。
3、第三阶段，第三片真叶以后。揭膜炼苗期
目的：避免秧苗徒长，使薄膜秧苗适应自然条件。
在第三片真叶期后，把薄膜全部揭开，卷起来放在秧厢一边。揭膜时应注意二点：
① 要灌深水2寸左右。（[illegible]）
② 要选择膜内外温差较小，阳光不强
的时候揭膜。即晴天在上午十一点或下午
四点钟，或者在不冷的阴天。
切忌在膜内外温差大，温度变化时，
及阳光强烈的中午前后以及寒流期中揭膜。
若是寒潮时要在第一二个晴天揭膜的，以
较迟在寒潮前将薄膜揭掉，防止霜冻。
揭膜以后，秧苗存在被寒潮的可能，在
这种情况下，仍须盖膜，等气温回升到15℃时再揭。

（原稿第 17 面）

在揭膜通风期，秧厢上要保持一层薄薄的浅水（1～2 分，见水影子），如果水层不够，可灌一次跑马水。

3. 第三阶段，第三片真叶以后，撤膜炼苗期。

目的：锻炼秧苗，使薄膜秧完全适应自然条件。

自出现三片真叶期起，把薄膜全部揭开，膜卷起来放在秧厢一边，撤膜时应注意 2 点：

①事先灌水 2 寸左右（因蒸腾作用突增）。

②要选择膜内外温、湿差较小、阳光不强的时候撤，即晴天在上午 7～8 点或下午 3～4 点钟，或者在不冷的阴天。

切忌在膜内外温差大、湿度悬殊及阳光强烈的中午前后以及寒流期中撤膜。

若是寒潮过后的第 1～2 个晴天撤膜的，须注意在当晚灌深水护秧，防止霜冻。

撤膜以后，如有出现强寒潮的可能，在这种情况下，仍须重新盖膜，等气温回升到 15 ℃时再撤。

如排除春涝，秧苗太密，揭膜时不久，可不盖膜，可采用浅水护秧。

三、炼苗，揭膜时期必须适宜，一般在秧苗长到二叶左右，在气温适宜的条件下有10天左右的炼苗时间，这样秧苗会适应自然环境，不致发生问题（[illegible]）。

第二，如揭膜后秧苗发黄，不能完全缺肥，可酌量追施肥料，并注意防治病虫害。

× × ×

粳籼薄膜育秧的技术措施

一、粳籼薄膜育秧的好处

1. 有效地防止烂秧，节约用种子。

我县早稻育秧期间气候不稳定，常出现寒潮，引起烂秧，不仅浪费种谷，还耽误季节，不能适时栽插，对生产的威胁很大。而薄膜育秧，从各地试验结果来看，能完全防止烂秧，烂秧率由80%降到0~10%的，每亩仅2%。

薄膜育秧的主要好处是成秧率一般达90%以上，比露地育秧提高10~30%以上。

（原稿第 18 面）

如非强寒潮，t° 不太低，持续日子不久，可不盖膜，而采用深水护秧。

此外，撤膜时期必须适宜，要保证秧苗在移植前能在自然条件下有 10 天左右的生长日数，使之得到锻炼，这样才能完全适应自然环境，不致在移栽后发生问题（萎缩、死苗等）。

另如揭膜后秧苗发黄，确实缺肥，可酌追速效肥料，并注意防治病虫害。

塑料薄膜育秧的技术特点

一、塑料薄膜育秧的效果

1. 有效地防止烂秧，节约用种量

我省早稻育秧期间气候不稳定，常造成严重烂秧，不仅损失种谷，还耽误季节，不能完成生产计划。对生产的威胁很大。而薄膜育秧，从各地试验结果来看，能完全有把握地防止烂秧、死苗，0～10% 的占 80%，露地仅 20%。

薄膜育秧地出苗率和成秧率一般达 90% 以上，比露地育秧提高 10～30% 以上。

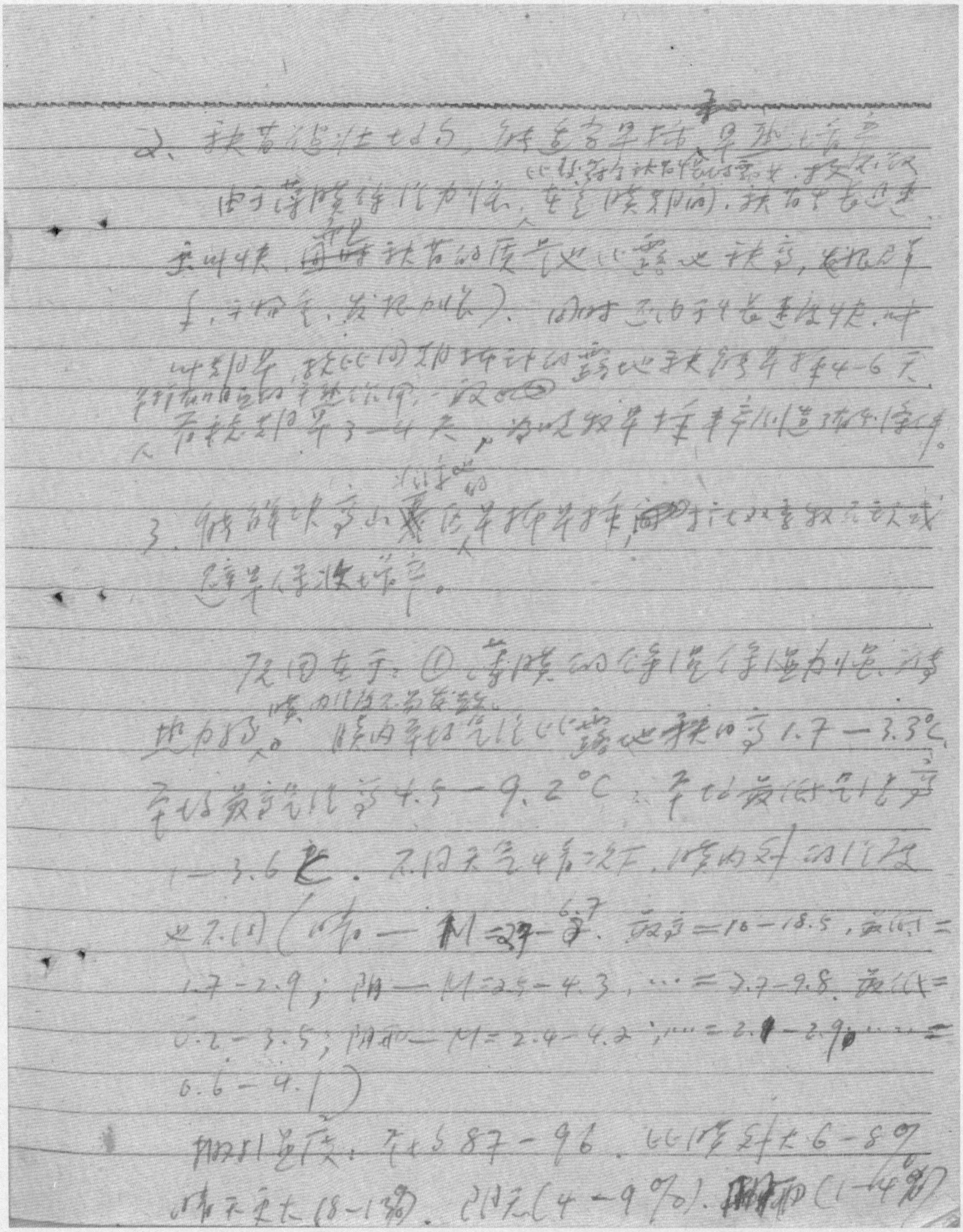

（原稿第 19 面）

2. 秧苗健壮均匀，能适当早插和早熟增产

由于薄膜保温力强，比较符合秧苗生长的需要。故不仅在盖膜期间，秧苗生长迅速，出叶快，而且秧苗的质量也比露地秧高（根群多、干物重、发根力强），同时还由于生长速度快，叶期早，故比同期播种的露地秧能早插 4～6 天。早播有明显的早熟作用，一般齐穗期早 3～4 天，为晚稻早插丰产创造了有利条件。

3. 能解决高山冷凉地区的早播早插，扩大双季稻面积或避旱保收增产。

原因在于：①薄膜的保温保湿力强，传热力弱，膜内温度不易发散。膜内平均气温比露地秧田高 1.7～3.3℃，平均最高气温高 4.5～9.2℃，平均最低气温高 1～3.6℃。不同天气情况下，膜内外的温度也不同（晴——M=2.7～6.7，最高=10～18.5，最低 =1.7～2.9；阴——M=2.5～4.3，最高=7.7～9.8，最低 =0.2～3.5；阴雨——M=2.4～4.2，最高=2.1～2.9，最低 =0.6～4.1）。

相对湿度：平均 87～96%，比膜外大 6～8%，晴天更大（8～13%），阴天（4～9%）、阴雨（1～4%）。

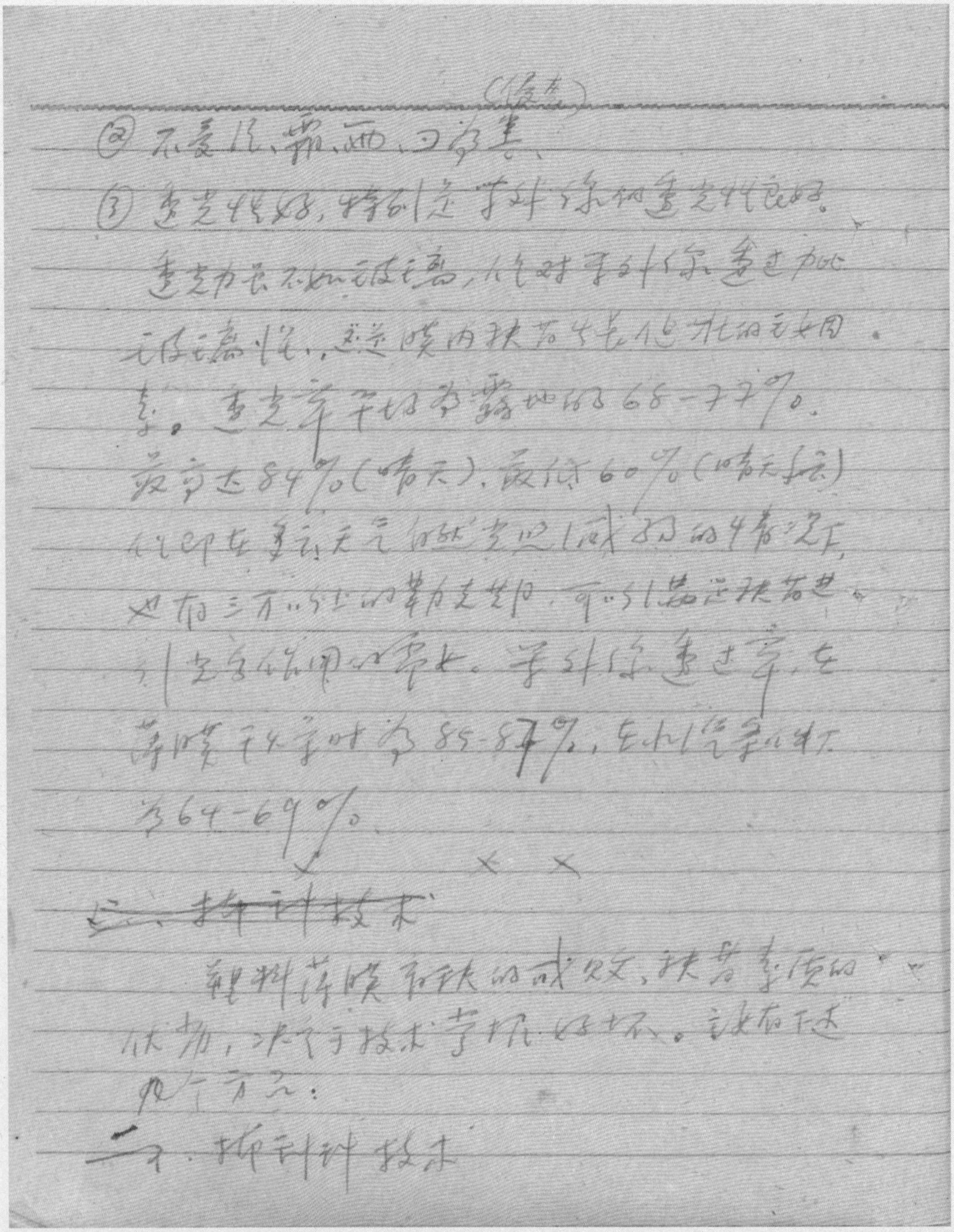

（修改）

② 不受风、霜、雨、雪为害、

③ 透光性好，特别是塑料薄膜的透光性良好。

透光能力虽不如玻璃，但对紫外线透过却比玻璃强，这使膜内秧苗生长健壮和无病害。透光率平均为露地的68-77%。最高达84%（晴天），最低60%（晴天有云）。但即在多云天气和连续阴雨的情况下，也有三分以上的散射光照，可以满足秧苗生长对光合作用的需要。紫外线透过率，在薄膜下秧苗叶为85-87%，在玻璃窗下仅为64-69%。

× ×

~~二、播种技术~~

塑料薄膜育秧的成败，秧苗素质的优劣，决定于技术掌握的好坏。试分下述几个方面：

二、播种技术

（原稿第 20 面）

②不受风、霜、雨、雪为害（侵袭）；

③透光性好，特别是紫外线的透光性良好。透光力虽不如玻璃，但对紫外线透过力比玻璃强，这是膜内秧苗生长健壮的主要因素。透光率平均为露地的 68～77%，最高达 84%（晴天），最低 60%（晴天多云），但即在多云天气自然光照减弱的情况下也有三万以上的勒克期〔斯〕，可以满足秧苗进行光合作用的需要。紫外线透过率在薄膜干燥时为 85%～87%，在水汽条件下为 64～69%。

塑料薄膜育秧的成败，秧苗素质的优劣，决定于技术掌握好坏。主要有下述几个方面：

二、播种技术

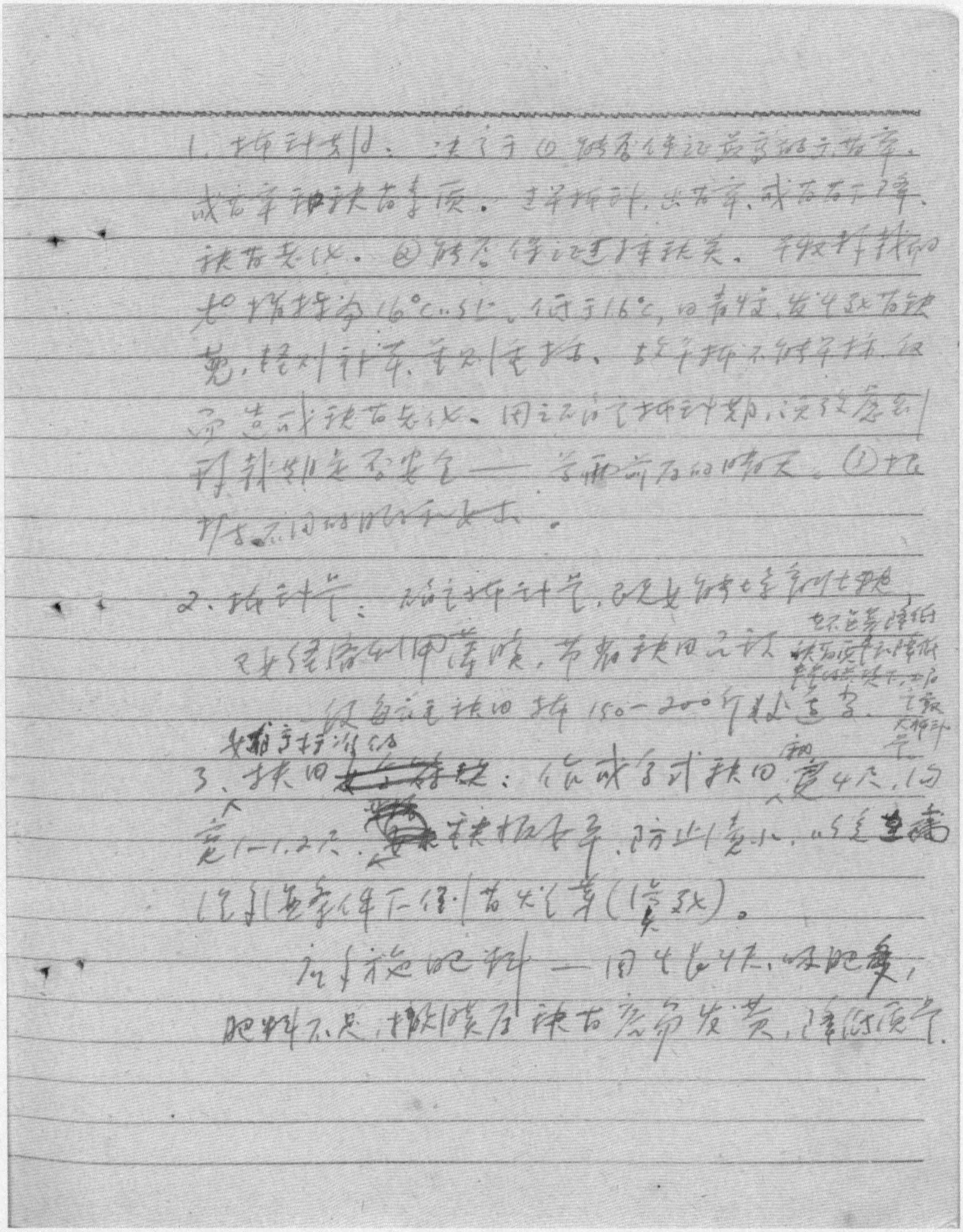

1、播种计划：决定于①能否保证苗齐苗壮，减少秧田烂秧事项。适时播种，出苗齐，减少苗子瘟、烂秧死秧。②能否保证选择秧苗。平均气温和地温稳定在16°C以上，低于16°C，日青枯，发生烂秧死苗，插秧计算，平均日温，过早播种不能早插，反而造成烂秧死秧。用这个来计算播种期，决定[illegible]插秧期是否安全——首先前后的晴天。③七[illegible]不同的[illegible]。

2、播种量：确定播种量，要[illegible]七[illegible]。又要保证秧田[illegible]，节省秧田面积，[illegible]每亩秧田播150—200斤种子适宜。[illegible]

3、秧田[illegible]：做成合式秧田，宽4尺，沟宽1—1.2尺，秧板平整，防止倒伏，以免[illegible]影响秧苗生长（[illegible]）。

施足肥料——同时长好秧，施肥要，肥料不足，[illegible]秧苗发黄，[illegible]。

（原稿第 21 面）

1. 播种期：决定于①能否保证最高的出苗率，成苗率和秧苗素质。过早播种，出苗率、成苗苗〔率〕下降，秧苗老化。②能否保证过插秧关。早稻插栽的 t° 指标为 16 ℃以上。低于 16 ℃，回青慢，发生死苗缺蔸，轻则补蔸，重则重插，故早播不能早插，反而造成秧苗老化，固之确定播种期，须考虑到移栽期是否安全——谷雨前后的晴天。③根据不同的目的和要求。

2. 播种量：确定播种量，既要能培育壮秧，又要经济利用薄膜，节省秧田面积。在不显著降低秧苗质量和降低产量的前提下，确定最大播种量。一般每亩毛秧田播 150～200 斤较适当。

3. 要有高标准的秧田：作成合〔盒〕式秧田厢，宽 4 尺，沟宽 1～1.2 尺，秧板要平，防止渍水，以免在高温多湿条件下倒苗烂芽（烫死）。

应多施肥料——因生长快、吸肥多、肥料不足，撤膜后秧苗容易发黄，降低质量。

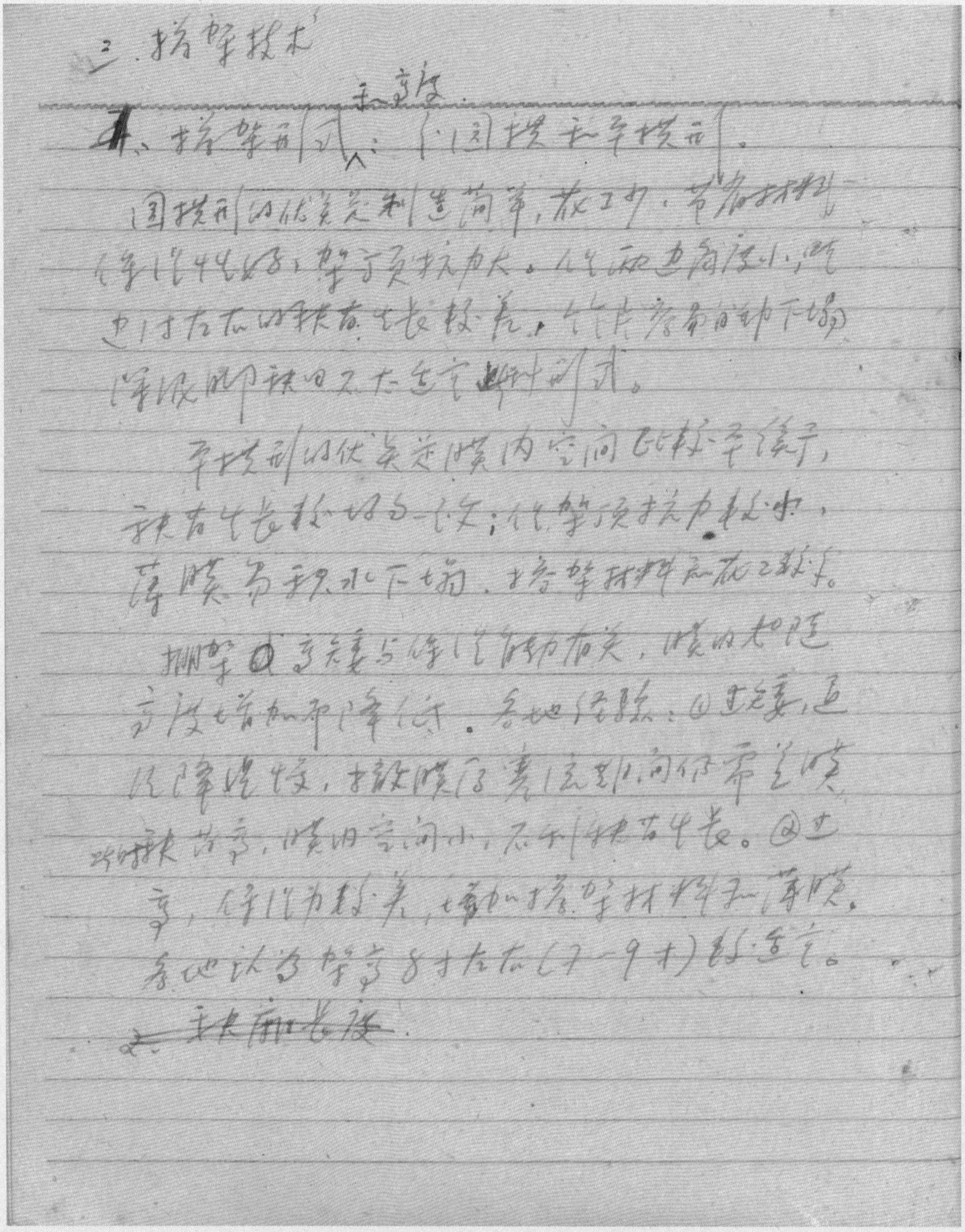

三、搭架技术

一、搭架形式和高度：(1)圆拱和平拱形。

圆拱形的优点是制造简单，省工力，节省材料，保温性能好，棚顶抗力大。缺点是边角低小，距边1寸左右的秧苗生长较差，竹片容易自动下塌，降低[illegible]形式。

平拱形的优点是膜内空间比较平行，秧苗生长较好一致；但棚顶抗力较小，薄膜易积水下塌，搭架材料[illegible]。

棚架高度与保温性能有关，膜内温度随高度增加而降低。各地经验：①过矮，虽保温性较好，但薄膜[illegible]秧苗，膜内空间小，不利秧苗生长。②过高，保温力较差，增加搭架材料和薄膜。各地认为架高8寸左右（7－9寸）较适宜。

二、~~秧畦长度~~

（原稿第 22 面）

三、搭架技术

1. 搭架形式和高度：分圆拱和平拱形。

圆拱形的优点是制造简单，花工少，节省材料，保温性好，架顶抗力大。但两边角度小，畦边 1 寸左右的秧苗生长较差，竹片容易自动下塌，深泥脚秧田不太适宜此种形式。

平拱形的优点是膜内空间比较平衡，秧苗生长较均匀一致，但架顶抗力较小，薄膜易积水下塌，搭架材料和花工较多。

棚架高矮与保温能力有关，膜的 t° 随高度增加而降低。各地经验：①过矮，通风降温慢，撤膜后寒流期间仍需盖膜，此时秧苗高，膜内空间小，不利秧苗生长。②过高，保温力较差，增加搭架材料和薄膜。各地认为架高 8 寸左右（7～9 寸）较适宜

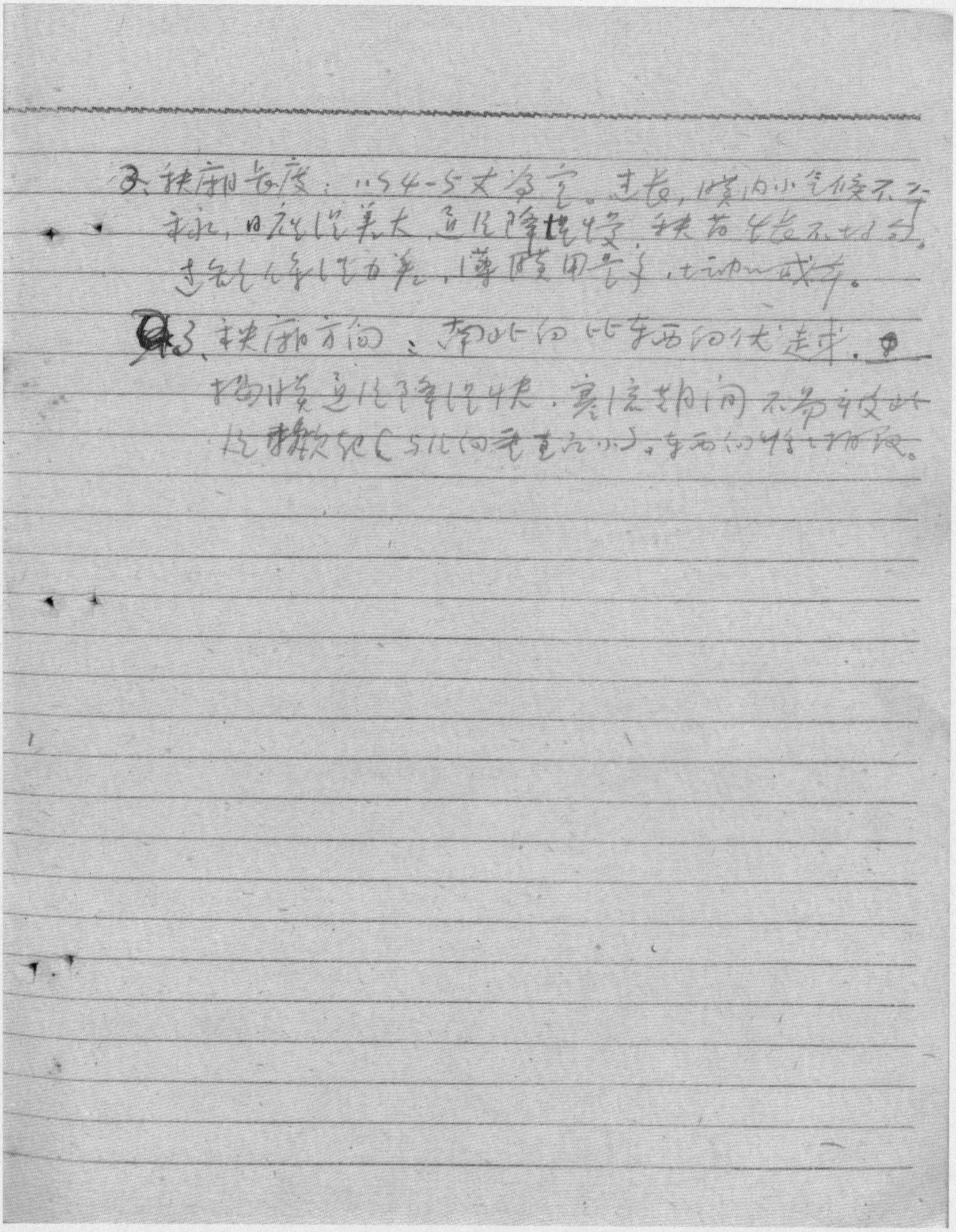

3、扶廊的长度：以54-5丈为宜。过长，暖房小气候不一致，日夜温差大，通风降温快，扶芦生长不好。过短，保温性能差，增加用工，土地浪费。

4、扶廊方向：南北向比东西向优越。因揭膜通风降温快，寒流期间不易被北风吹袭（与北向无直接关系），东西向则情况相反。

（原稿第 23 面）

2. 秧厢长度：以 4～5 丈为宜。过长，膜内小气候不平稳，日夜温差大，通风降温慢，秧苗生长不均匀；过短保湿力差，薄膜用量多，增加成本。

3. 秧厢方向：南北向比东西向优越，揭膜通风降温快，寒流期间不易被北风掀起（与风向垂直面小），东西向恰恰相反。

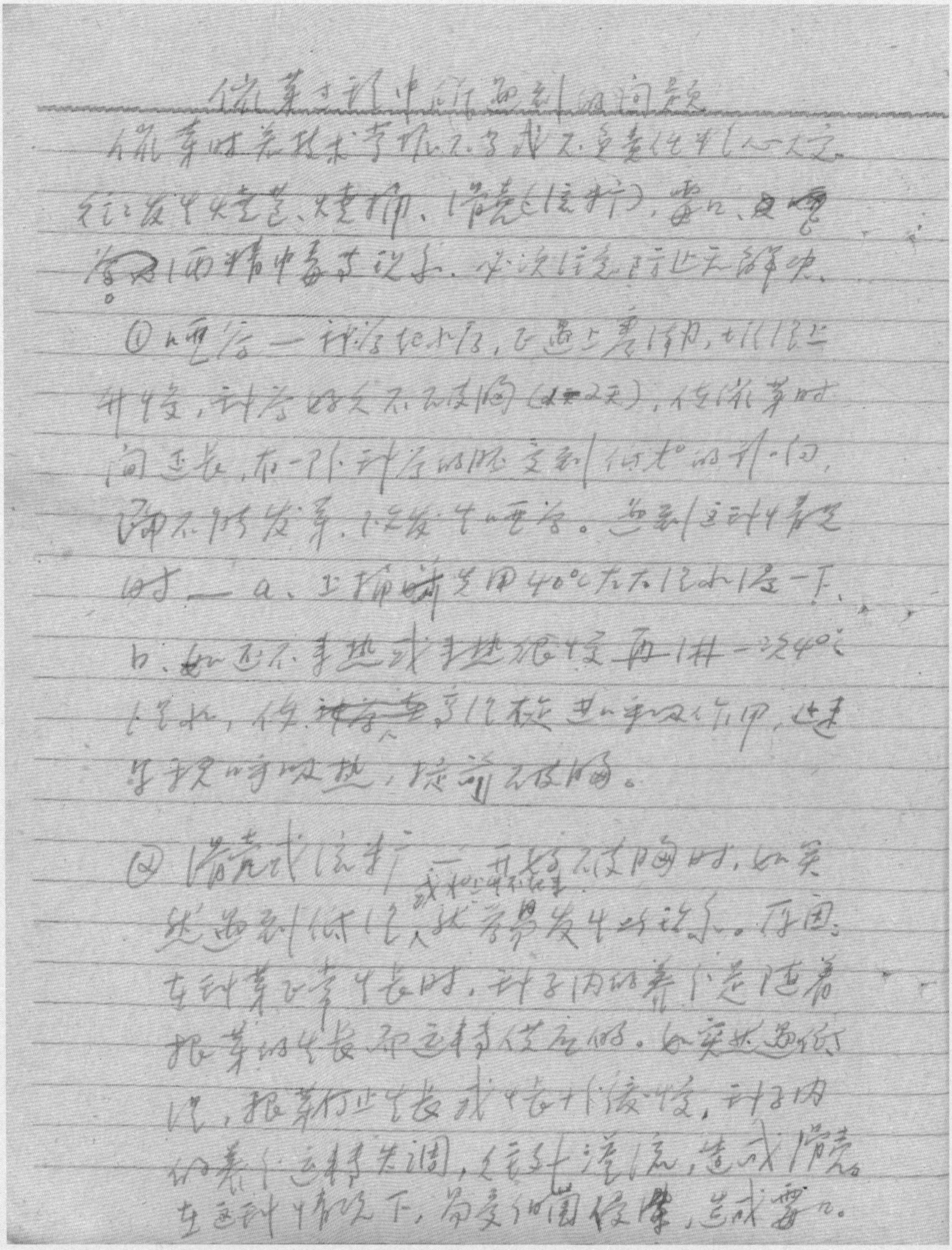

催芽过程中所遇到的问题

催芽时若技术掌握不当或不负责任粗心大意，往往发生烧芽、烧种、滑壳（流籽）、霉烂、臭窝、酒精中毒等现象。必须注意防止和解决。

① 哑谷——种子经浸种后，已达吸足水分，如保温升温，种子始终不破胸（如二天），使催芽时间过长，在一般种子的胚受到伤害的情况，使不能发芽，即发生哑谷。遇到这种情况时——a、立即用40℃左右温水淋一下。b、如还不再发热或未发热破胸，再用一次40℃温水，使种子能在较多水分作用下，迅速呼吸时发热，促使破胸。

② 滑壳或流籽——开始破胸时，如突然遇到低温，就会发生此现象。原因：在种芽正常生长时，种子内的养分是随着根芽的生长而逐步供应的。如突然遇低温，根芽停止生长或生长很缓慢，种子内的养分运转失调，使种子流浆，造成滑壳。在这种情况下，易受细菌侵害，造成霉烂。

（原稿第 24 面）

催芽过程中所遇到的问题

催芽时若技术掌握不当或不负责任粗心大意，往往发生烧苞、烧捅、滑壳（流糖）、霉口、哑谷、酒精中毒等现象，必须注意防止和解决。

①哑谷——种谷起水后，正遇上寒潮，堆温上升慢，种谷好久不破胸（1～2 天），使催芽时间延长，有一部分种谷的胚受到低 t° 的影响，而不能发芽，致发生哑谷。遇到这种情况时——a. 上桶前先用 40 ℃左右温水浸一下，b. 如还不来热或来热很慢，再淋一次 40 ℃温水，使高温促进呼吸作用，迅速累积呼吸热，提前破胸。

②滑壳或流糖——开始破胸时，如突然遇到低温或 t° 上升不起来，就容易发生此现象。原因：在种芽正常生长时，种子内的养分是随着根芽的生长而运转供应的。如突然遇低温，根芽停止生长或生长十分缓慢，种子内的养分运转失调，往外溢流，造成滑壳。在这种情况下，易受细菌侵染，造成霉口。

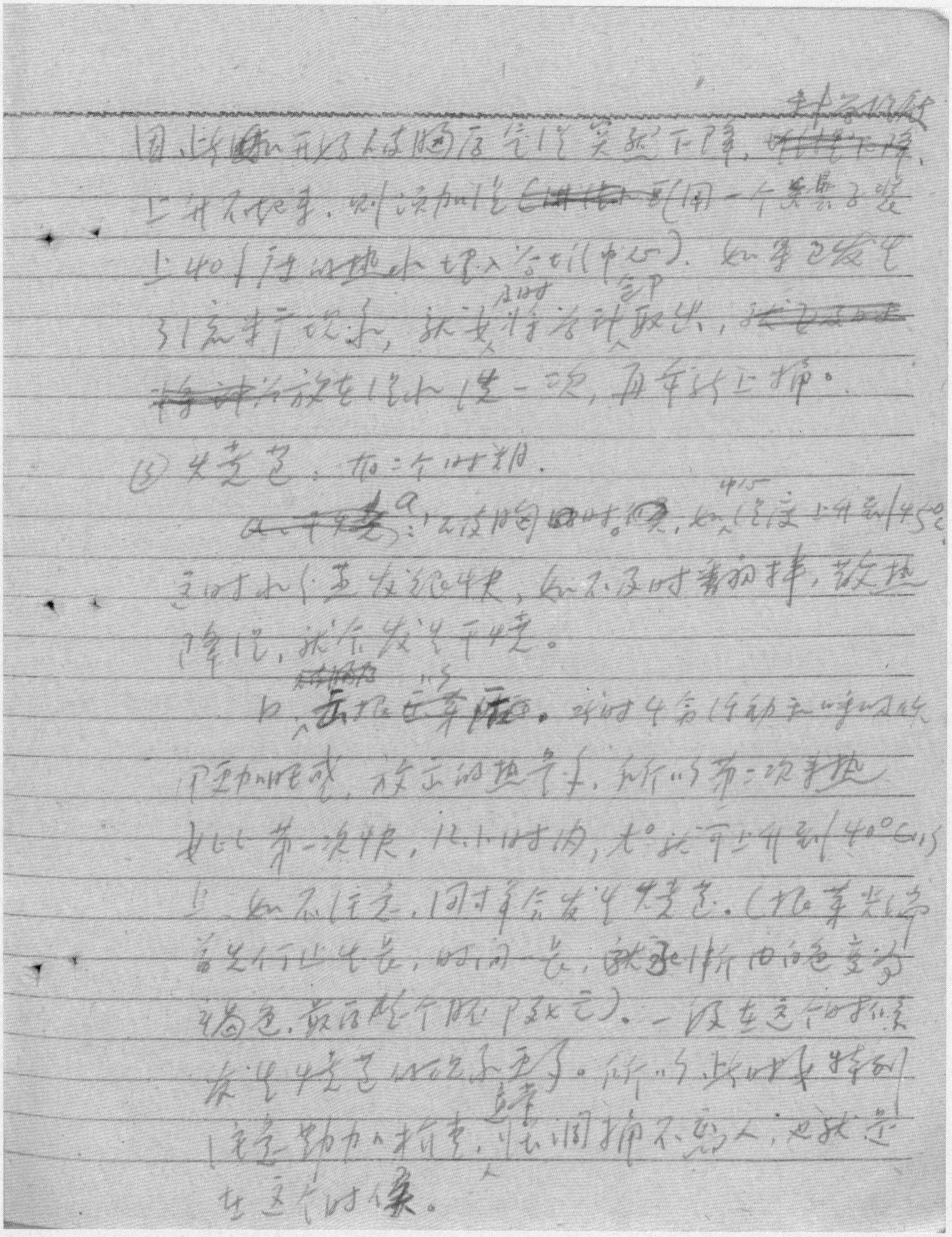

因此断开以后人体胸温会逐渐下降，上升不快时，则该加温（用一个温度计装上40度左右的热水灌入谷堆中心）。如果已发生引起烧坏时，就要将谷草全部取出，放在阴处晾一晾，再重新上堆。

（3）烧芭：有三个时期。

a：放胸时期：如温度上升到45°C，这时如果发热快，如不及时翻堆，散热降温，就会发生干烧。

b、抽芽期：此时生长旺盛呼吸作用加强，放出的热量大，所以第二次升温比第一次快，几小时内，温度就可上升到40°C以上。如不注意，同样会发生烧芭。（根茎先端首先停止生长，时间一长，就逐渐由白色变为褐色，最后整个坏死了）。一般在这个时候发生烧芭的比较多。所以此时要特别注意勤加检查，温度调节不要过大，也就是在这个时候。

（原稿第 25 面）

因此开始破胸后气温突然下降，种谷温度上升不起来，则须加温（用一个罐子装上 40 多度的热水埋入谷堆中心）。如果已发生了流糖现象，就要及时将谷种全部取出，放在温水洗一次，再重新上桶。

③烧苞：有二个时期。

a. 破胸时。如中心温度上升到 45 ℃，这时水分蒸发很快，如不及时翻拌，散热降温，就会发生干烧。

b. 出根以后。此时生命活动和呼吸作用更加旺盛，放出的热量多，所以第二次来热比第一次快，几小时内，t° 就可上升到 40 ℃以上，如不注意，同样会发生烧苞（根芽尖端首先停止生长，时间一长，就逐渐由白色变为褐色，最后整个胚部死亡）。一般在这个时候发生烧苞的现象更多，所以此时要特别注意勤加检查，通常强调桶不离人，也就是在这个时候。

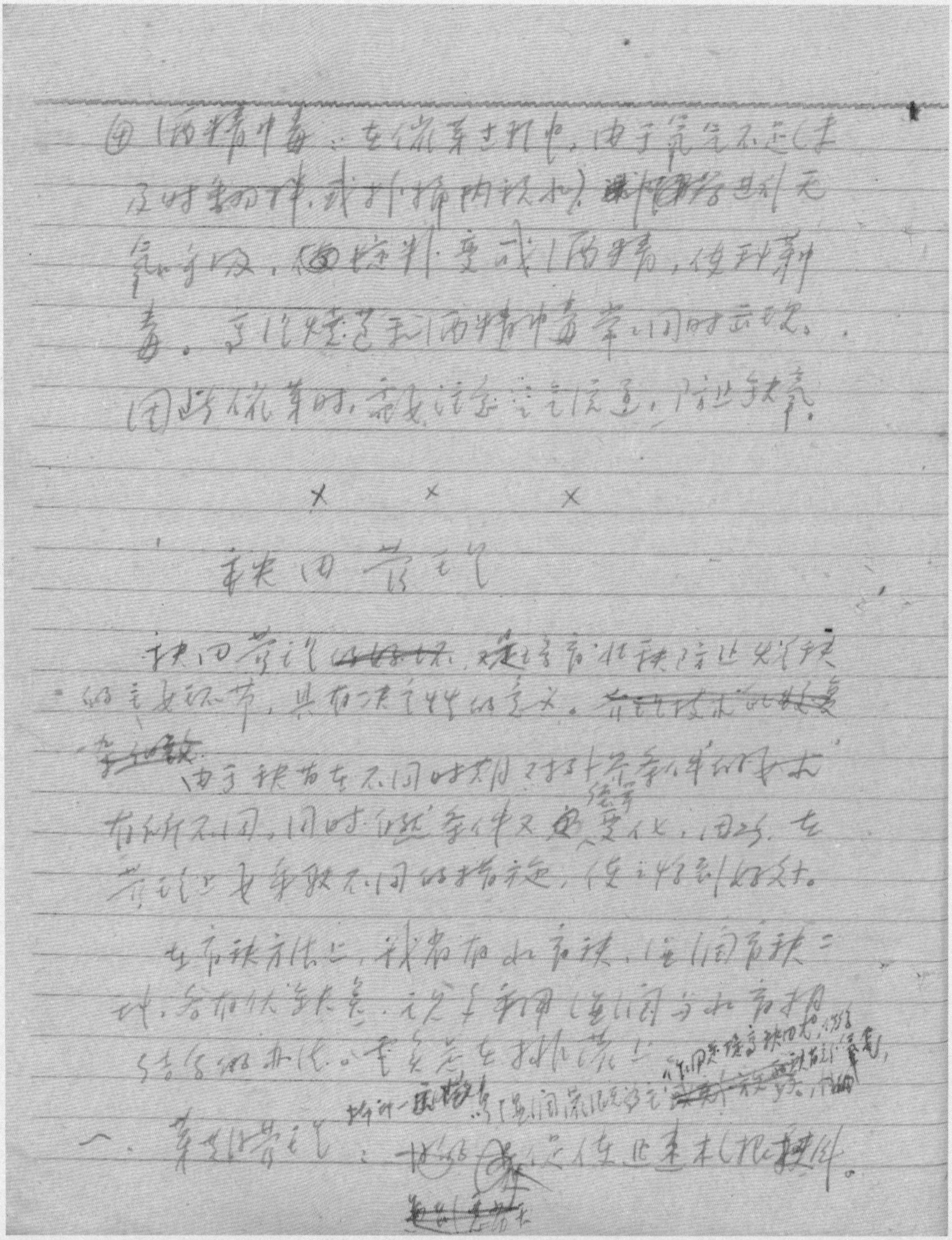

(四) 酒精中毒：在催芽过程中，由于氧气不足（未及时翻堆，或种堆内温太高），种子无氧呼吸，使糖类变成酒精，使种子中毒。为了防止发生酒精中毒常以同时去换。因此催芽时，就要注意空气流通，防止缺氧。

× × ×

秧田管理

秧田管理是培育壮秧防止烂秧的重要环节，具有决定性的意义。

由于秧苗在不同时期对外界条件的要求有所不同，同时自然条件又在经常变化，因此，在管理上要采取不同的措施，使秧苗生长好。

在育秧方法上，秧苗有水育秧、湿润育秧二种，各有优缺点。现多采用湿润育秧与水育秧相结合的办法。主要是在播种后……

一、育秧管理：……

（原稿第 26 面）

④酒精中毒：在催芽过程中，由于氧气不足（未及时翻拌，或扮桶内积水），种谷进行无氧呼吸，淀粉变成酒精，使种芽中毒。高温烧苞和酒精中毒常常同时出现，因此催芽时，需要注意空气流通，防止缺氧。

秧田管理

秧田管理是培育壮秧防止烂秧的主要环节，具有决定性的意义。

由于秧苗在不同时期对外界条件的要求有所不同，同时自然条件又经常变化，因此，在管理上要争取不同的措施，使之恰到好处。

在育秧方法上，我省有水育秧、湿润育秧二种，各有优缺点，现多采用湿润与水育相结合的办法。重点是在排灌上。

一、芽期管理：播种—出苗，以湿润灌溉为主，作用是提高秧田 t°，供给秧苗充分氧气，促使迅速扎根扶针。

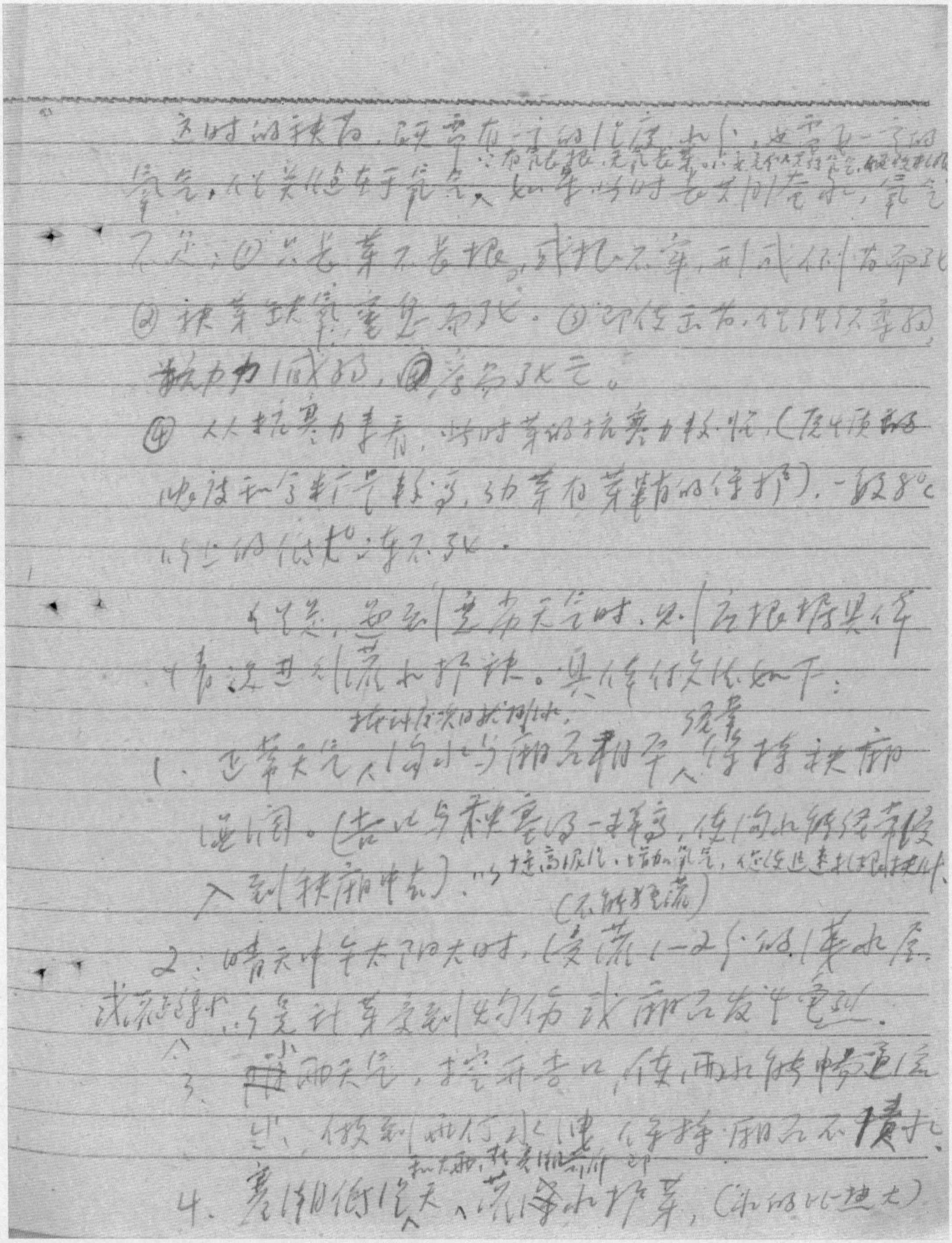

这时的秧苗，既需要一定的保温条件，也需要一定的氧气，以上关键在于氧气，[只有在保温的条件下，才能使秧苗健壮生长，] 如果此时长期闭气不足，氧气不足：①只长芽不长根，或根不牢，引成倒苗死亡。②秧苗缺氧窒息而死。③即使出苗，但秧苗的抵抗力减弱，④容易死亡。

④ 从抗寒力来看，此时芽的抗寒力较低（因为谷粒内的养分已消耗，幼芽不受芽鞘的保护），一般8°C以下的低温就冻死。

总之，要在寒潮天气时，必须根据具体情况进行灌水护秧。具体做法如下：

1. 正常天气［插秧后的几天］，白天与厢面相平，［经常］保持秧厢湿润。（若水与秧齐的一样高，使白天能经常接入到秧厢中去），以提高泥温，增加氧气，促进生根快。（不能灌深）

2. 晴天中午太阳大时，灌深1—2寸的薄水层，或灌跑马水，以免秧苗受到灼伤或厢面发生龟裂。

3. 小雨天气，挖开缺口，使雨水能畅通流出，做到雨停水干，保持厢面不积水。

4. 寒潮侵袭天［如大雨、大风、低温……］气，灌深水护苗，（水的比热大）

（原稿第 27 面）

这时的秧苗，既需有一定的温度、水分，也需要一定的氧气，但关键在于氧气。∵有氧长根，无氧长芽，∴要提供足够氧气，使其扎根。如果此时长期淹水，氧气不足：①只长芽不长根，或根不牢，形成倒苗而死。②秧芽缺氧，窒息而死。③即使出苗，但组织柔弱，抗力减弱，容易死亡。④从抗寒力来看，此时芽的抗寒力较强（原生质的浓度和含糖量较高，幼芽有芽鞘的保护），一般 8 ℃以上的低 t° 冻不死。

但是，遇到恶劣天气时，则应根据具体情况进行灌水护秧。具体做法如下：

1. 正常天气，播种后次日就排水，沟水与厢面相平，经常保持秧厢湿润（窖口与秧塞得一样高，使沟水能经常浸入到秧厢中去），以提高泥温，增加氧气，促使迅速扎根扶针。

2. 晴天中午太阳大时，浸灌 1 ~ 2 分的浅水层（不能猛灌），或灌跑马水，以免种芽受到灼伤或厢面发生龟裂。

3. 小雨天气，挖开窖口，使雨水能畅通流出，做到雨停水泄，保持厢面不积水。

4. 寒潮低温和大雨天，在寒潮前即灌水护芽（水的比热大）

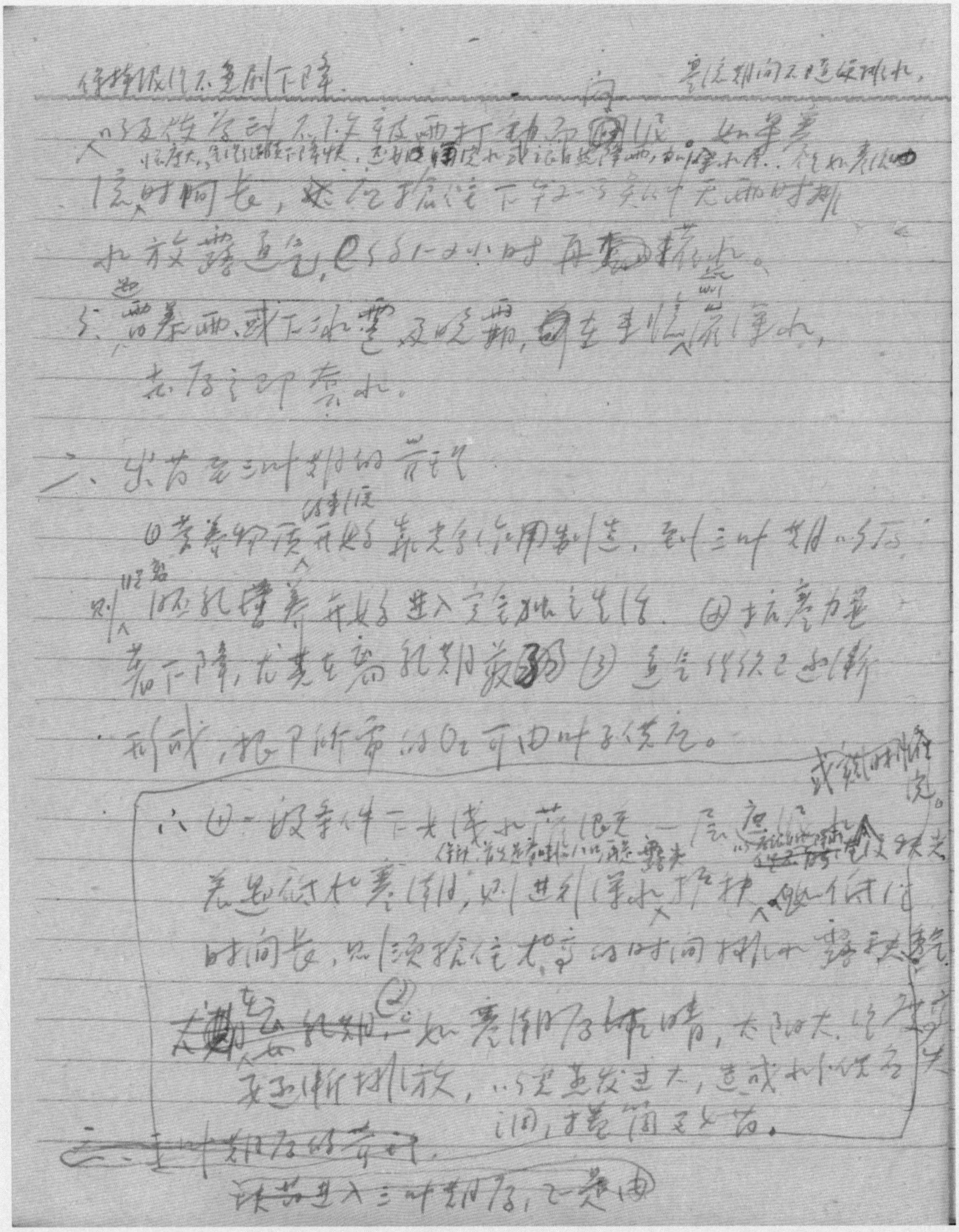

（原稿第 28 面）

保持泥温不急剧下降，以及使谷种不致被雨打动而闷泥。寒潮期间不随便排水，如果寒流强度大，气温骤变下降快，还要再浇水或让自然降雨，加深水层。但如寒流时间长，应抢住下午 2～5 点钟无雨时排水放露通气，约 1～2 小时再灌水。

5. 遇雷暴雨或下冰雹及晚霜，在来临前灌深水，去后立即套水。

二、出苗至三叶期的管理

①营养物质的来源开始靠光合作用制造，到三叶期以后，则脱离胚乳营养开始进入完全独立生活。②抗寒力显著下降，尤其在离乳期最弱。③通气组织已逐渐形成，根部所需的 O_2 可由叶子供应。

∴①一般条件下要浅水灌溉，一层遮泥水，或实行日排夜灌。若遇低 t° 寒潮，则进行深水保秧，首先是齐喇叭口，再是露尖护秧，以后让自然降水淹没秧尖。但如低温时间长，则须抢住 t° 高的时间排水露秧透气。②如寒潮后乍晴，太阳大，温度高，要逐渐排放，以免蒸发过大，造成水分供应失调，捲筒死苗。

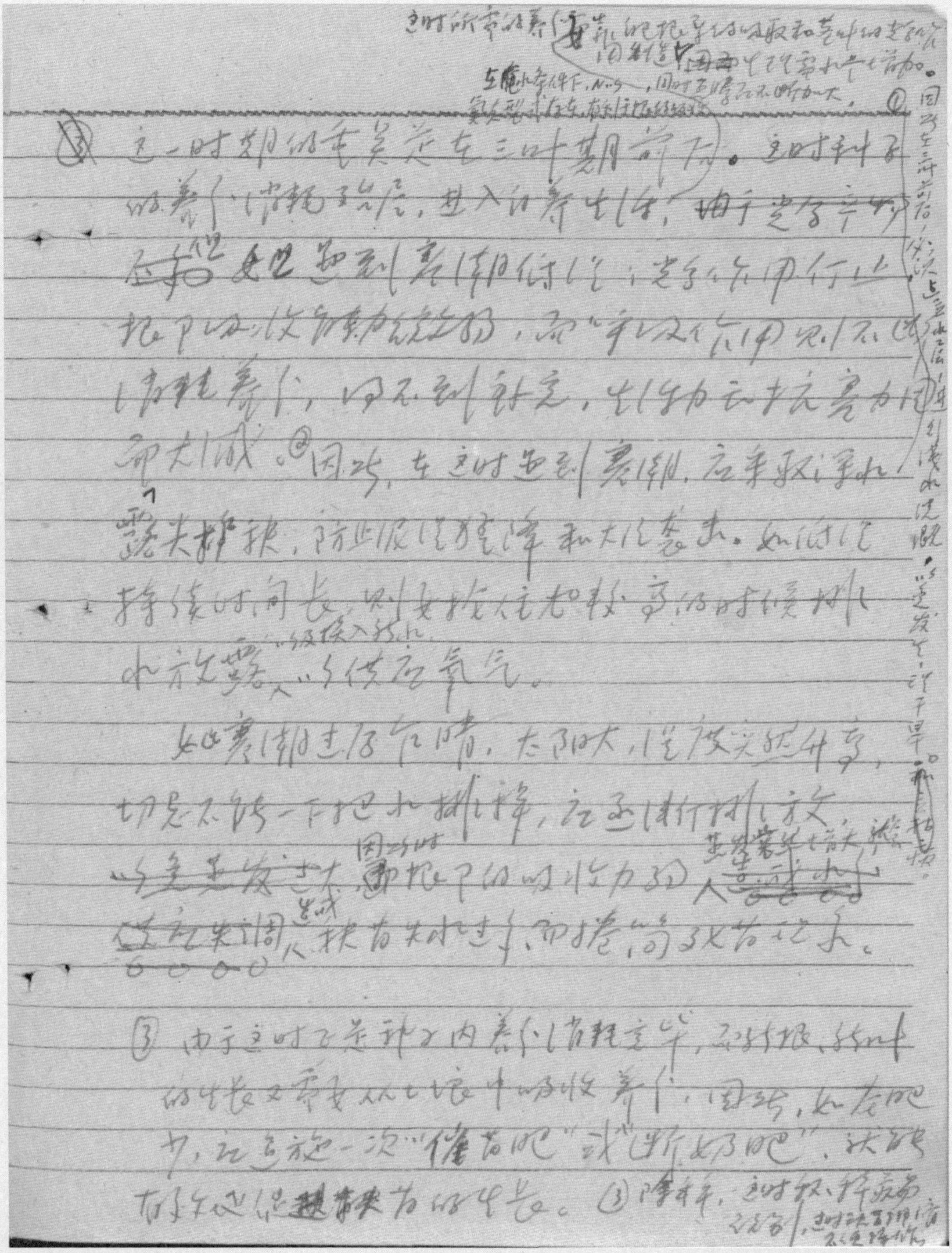
③这一时期的重点是在三叶期前后。这时种子的养分消耗殆尽，进入自养生活，[illegible]如遇到寒潮侵袭，[illegible]消耗养分，得不到补充，生活力和抗寒力大减。②因此，在这时遇到寒潮，应采取深水露尖护秧，防止低温危害和大风袭击。如低温持续时间长，则要[illegible]的时候排水放露，以使[illegible]氧气。

如寒潮过后天晴，太阳大，温度突然升高，切忌不能一下把水排掉，应逐渐排水，[illegible]因为此时根子的吸收力弱，[illegible]造成[illegible]秧苗失水过多，而发生青枯死苗。

③由于这时已差不多内部[illegible]消耗完毕，需要根、叶[illegible]从土壤中吸收养分，因此，应施一次"催苗肥"或"断奶肥"，以保证[illegible]秧苗的生长。③除草，这时[illegible]

（原稿第 29 面）

这一时期的重点是在三叶期前后，这时种子的养分消耗殆尽，进入自养生活，在淹水条件下，N 以氨态型（形）式存在，有利于根的吸收。这时所需的养分要靠自己根系的吸取和茎叶的光合作用制造，生理需水量增加。同时蒸腾面不断加大。①因此在三叶前后，必须适应水层，进行浅水浇溉，以免发生生理干旱。但如遇到寒潮低温，光合作用停止。根部吸收能力微弱，而呼吸作用则不断消耗养分，得不到补充，生活力和抗寒力因而大减。②因此，在这时遇到寒潮，应采取深水露尖护秧，防止泥温猛降和大风袭击。如低温持续时间长，则要抢住 t° 较高的时候排水放露，以及换入新水，以供应氧气。

如寒潮过后乍晴，太阳大，温度突然升高，切忌不能一下把水排掉，应逐渐排放，因此时根部的吸收力弱，蒸发突然增大，就会造成水分供应失调，造成秧苗失水过多，而捲筒死苗现象。

③由于这时正是种子内养分消耗完毕，而新根、新叶的生长又需要从土壤中吸收养分，因此，如基肥少，应追施一次“催苗肥”或“断奶肥”，就能有效促进秧苗的生长。④除稗，这时稻、稗最易识别，过时秧苗拥挤，不便操作。

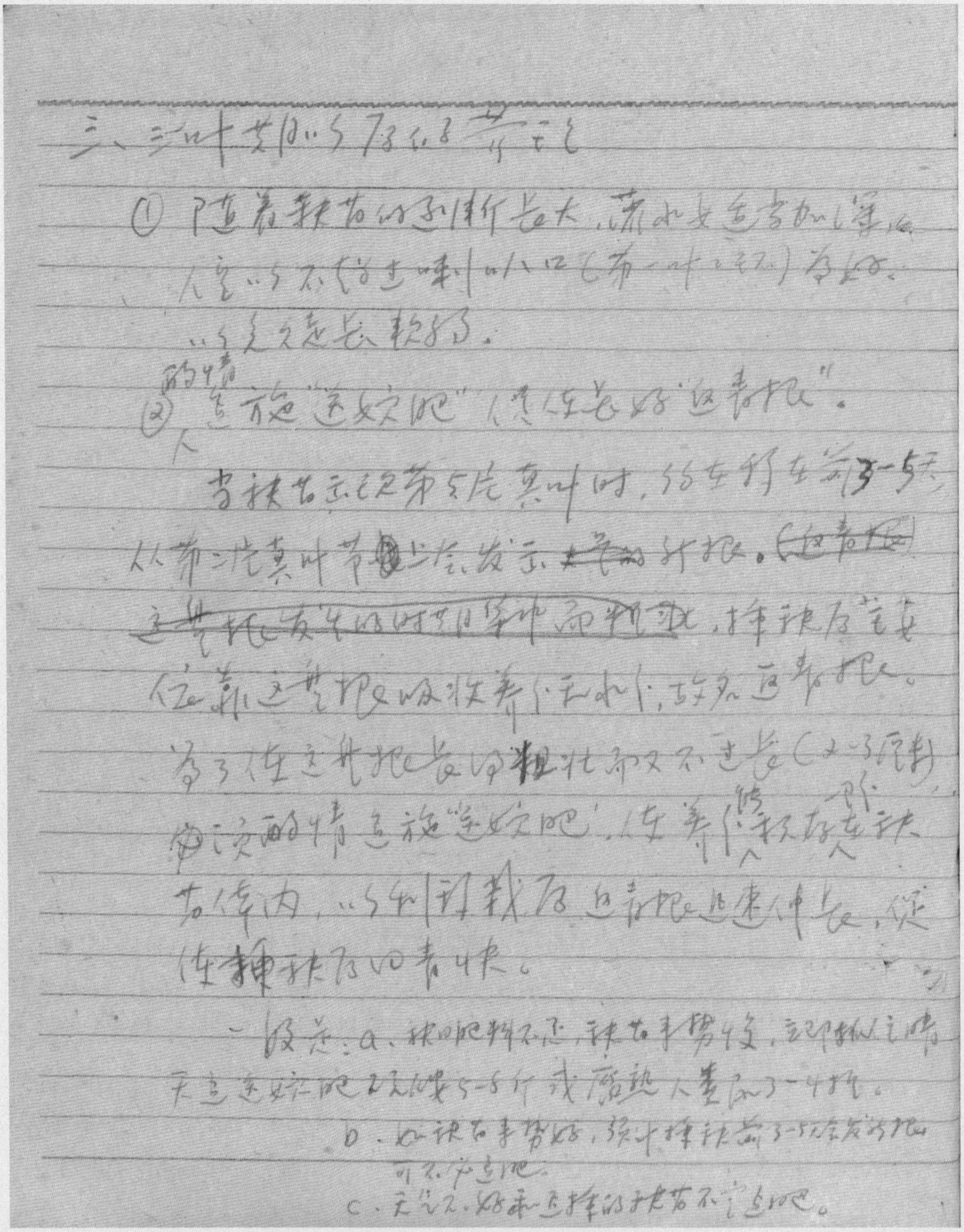

三、三叶期以后的管理

① 随着秧苗的逐渐长大，需水量也逐渐加深，以适[illegible]秧苗[illegible]（第一叶[illegible]）为好，以免[illegible]秧苗[illegible]。

② 适施“送嫁肥”促使长好返青根。

当秧苗长到第5片真叶时，约在移栽前3-5天，从第二片真叶节上会发出~~[illegible]~~新根。~~（返青根）这些根发生的时期[illegible]~~，插秧后主要依靠这些根吸收养分和水分，故叫返青根。为了使这些根长得粗壮而又不过长（又不过长），必须适时适量施“送嫁肥”，使养分积存在秧苗体内，以利于移栽后返青根迅速伸长，促使秧苗返青快。

一般是：a、秧田肥料不足，秧苗素质差，应在插秧前5天左右施送嫁肥，每亩施硫铵5-6斤或腐熟人粪尿3-4担。

b、如秧苗素质好，就在插秧前3-5天施少量肥，或不施送嫁肥。

c、天气不好和迟插的秧苗不宜施送嫁肥。

（原稿第30面）

三、三叶期以后的管理

①随着秧苗的逐渐长大，灌水要适当加深，但以不超过喇叭口（第一叶叶环）为好，以免徒长软弱。

②酌情追施“送嫁肥”，促使长好“返青根”

当秧苗出现第5片真叶时，约在移在〔栽〕前3~5天，从第二片真叶节上会发出新根。插秧后主要依靠这盘根吸收养分和水分，故名返青根。为了使这盘根长得粗壮而又不过长（2~3厘米），必须酌情追施“送嫁肥”，使养分能积存一部分在秧苗体内，以利移栽后返青根迅速伸长，促使插秧后回青快。

一般是：a. 秧田肥料不足，秧苗来势慢，立即抓住晴天追送嫁肥硫铵5~8斤或腐熟人粪尿3~4担。

b. 如秧苗来势好，预计插秧前3~5天会发新根，可不必追肥。

c. 天气不好和迟插的秧苗不宜追肥。

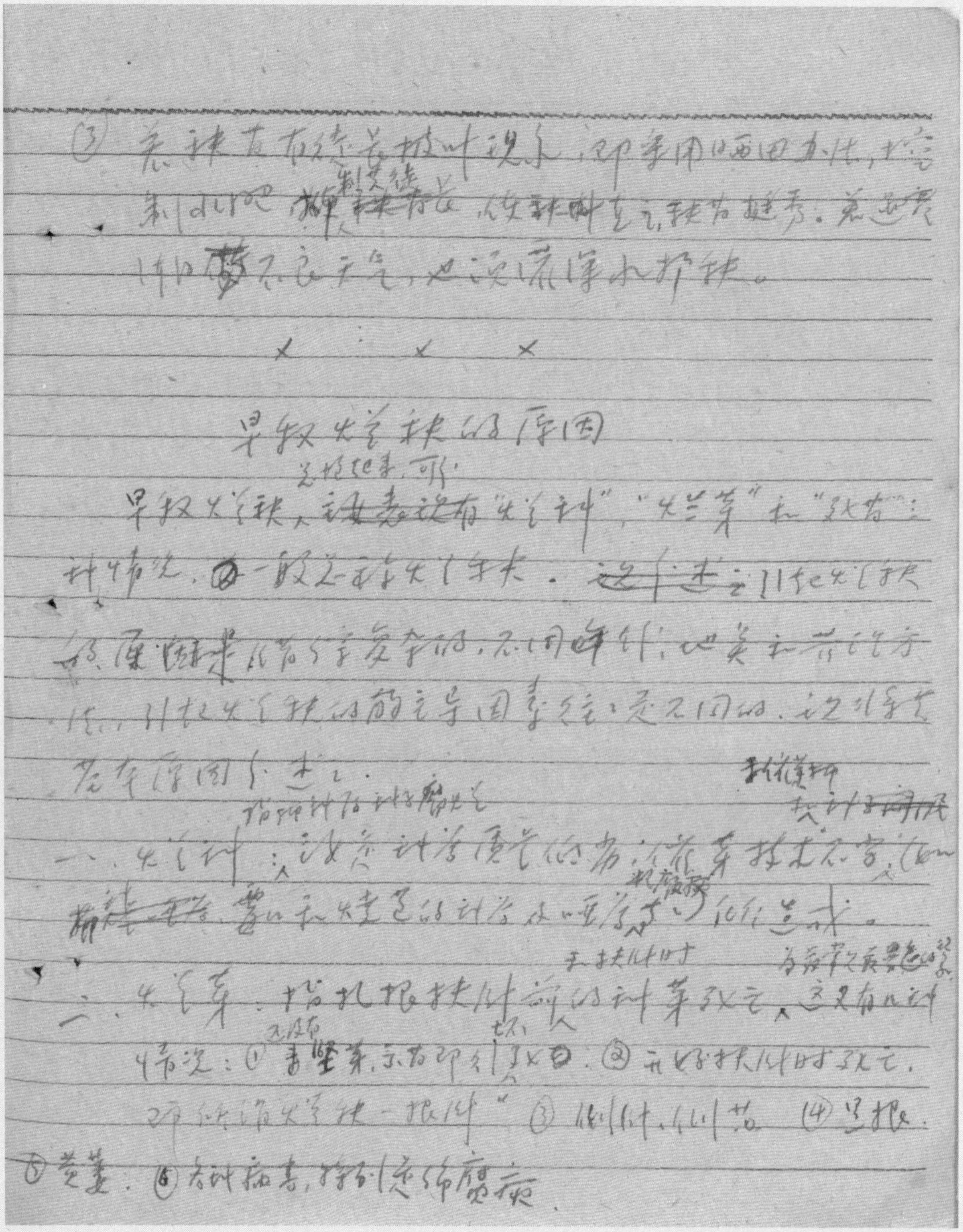

早稻烂秧的原因

一、烂种：

二、烂芽：

（原稿第 31 面）

③若秧苗有徒长披叶现象，即采用晒田办法，控制水肥，控制其徒长，使秧叶直立，秧苗挺秀，若遇寒潮等不良天气，也须灌深水护秧。

早稻烂秧的原因

早稻烂秧总括起来，可分“烂种”“烂芽”和“死苗”三种情况，一般总称烂秧。引起烂秧的原因是错综复杂的，不同年份、地点和管理方法，引起烂秧的主导因素往往是不同的，现将其基本原因分述之。

一、烂种：指播种后种子腐烂，主要是种谷质量低劣，催芽技术和催芽播种不当（如霉口和烧苞的种谷及哑谷、绵腐病等等）所造成。

二、烂芽：指扎根扶针前和扶针时的种芽死亡，为最常见最普遍的现象，这又有几种情况：①还没有竖芽，出苗即行坏死。②开始扶针时死亡，即所谓烂秧一根针。③倒针、倒苗。④黑根。⑤黄萎。⑥各种病害，特别是绵腐病。

关于低温、缺氧、病害和光照不足的综合影响

原因：1、长期低温阴雨：各地农民经验和试验证明，当播种后连续3天，日平均气温低于10°C，最低低于5°C，就会烂芽。如果连续时间长或更低，就会发生严重烂芽。

2、缺氧：在长期淹水或下雨条件下，或陷入泥里，呼吸作用不能正常进行（无氧呼吸），使幼芽受到伤害，特别是淀粉不能转化，不仅不能形成新器官，而且也不能补充幼芽、幼根呼吸所消耗的能量，以致造成这些器官的败坏而死亡。② 在缺氧时，幼芽徒长到伸长，不发不定根，发生倒伏、倒苗和漂秧。③ 在长期缺氧条件下，土壤呈还原状态，会产生硫化氢、有机酸、亚铁类的有毒物质，使幼根中毒死亡，造成黑根腐烂。这种现象尤其在施用较多未腐熟的有机肥和绿肥的秧田，在低温为害后，于温度回升时，发生较为严重。

3、病害：由于低温、阴雨和缺氧，严重削弱了

（原稿第 32 面）

原因是低温、缺氧、病害和光照不足等的综合影响。

1. 长期低温阴雨：各地农民经验和试验证明，当播种后连续 3 天，日平均气温低于 11 ℃，最低 t° 低于 7 ℃，就会烂芽。如果连续时间长或 t° 更低，或有大风，就会发生严重烂芽。

2. 缺氧：在长期淹水没顶条件下，或陷入泥里。这样：①呼吸作用不能正常进行（无氧呼吸），生命活动受到阻碍，特别是淀粉不能转化，不仅不能形成新器官，而且还不能补充幼芽、幼根呼吸所消耗的能量，以致造成这些器官的败坏而死。②在缺氧时，幼芽强烈伸长，不发不定根，发生倒针、倒苗和跛脚。③在长期缺氧条件下，土壤呈还原状态，会产生硫化氢、有机酸之类的有毒物质，幼根中毒死亡，造成黑根现象。这种现象尤其在施用较多未腐熟的有机肥和硫酸铵，并长期关水的秧田，在低温为害后，高温来临时，发生较多而严重。

3. 病害：由于低温、阴雨和缺氧，严重削弱了

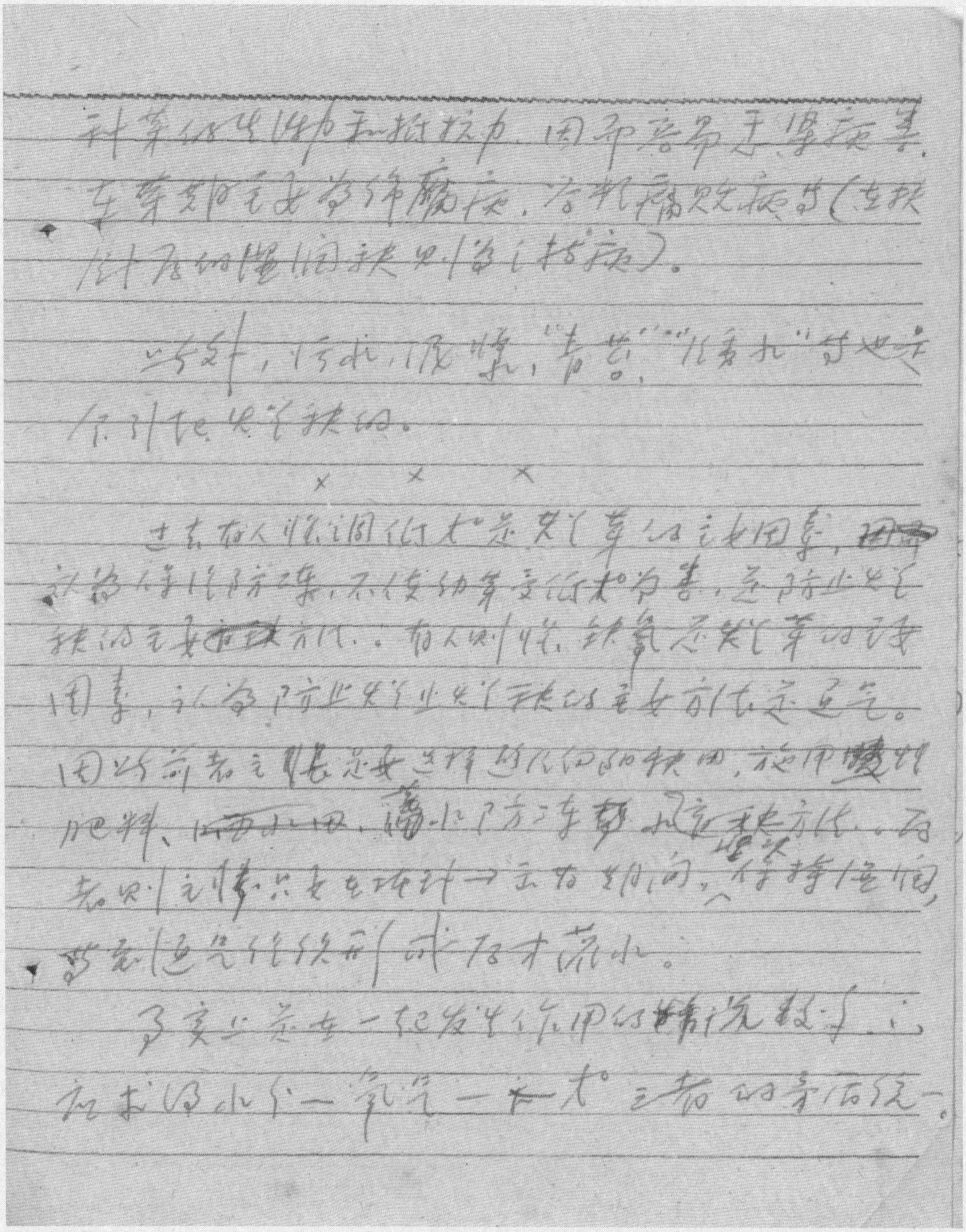

秧苗的生活力和抵抗力，因而容易遭受病害。在苗期主要有绵腐病、立枯病、腐败病等（生理性的烂秧则除外）。

此外，冷水、低温、"寒潮"、"倒春寒"等也会引起烂秧的。

× × ×

过去有人强调保温是防止烂秧的主要因素，认为保温防冻，不使幼芽受低温伤害，是防止烂秧的主要方法。有人则强调缺氧是烂秧的主要因素，认为防止缺氧是防止烂秧的主要方法是通气。因此前者主张要选择避风向阳的秧田，施用暖性肥料、灌水防冻等保温方法。而后者则主张只要在播种后一段期间内，保持湿润，排水通气就可减少烂秧。

两者实际上是在一起发生作用的错误说法：

在我国水稻一季一大……三者的关系。

（原稿第 33 面）

种芽的生活力和抵抗力，因而容易感染病害。在芽期主要为绵腐病、谷粒腐败病等（在扶针后的湿润秧则为立枯病）。

此外，污水、泥浆、“青苔”“锈水”等也是会引起烂秧的。

过去有人强调低 t° 是烂芽的主要因素，认为保温防冻，不使幼芽受低 t° 为害，是防止烂秧的主要方法。有人则强〔调〕缺氧是烂芽的主要因素，认为防止烂芽烂秧的主要方法是通气。因此前者主张是要选择避风向阳秧田，施用热性肥料、蓄水防冻、育水秧方法。后者则主张，只要在播种→出苗期间，坚决保持湿润，等到通气组织形成后才灌水。

事实上是在一起发生作用的情况较多，应求得水分—氧气—t° 三者的矛盾统一。

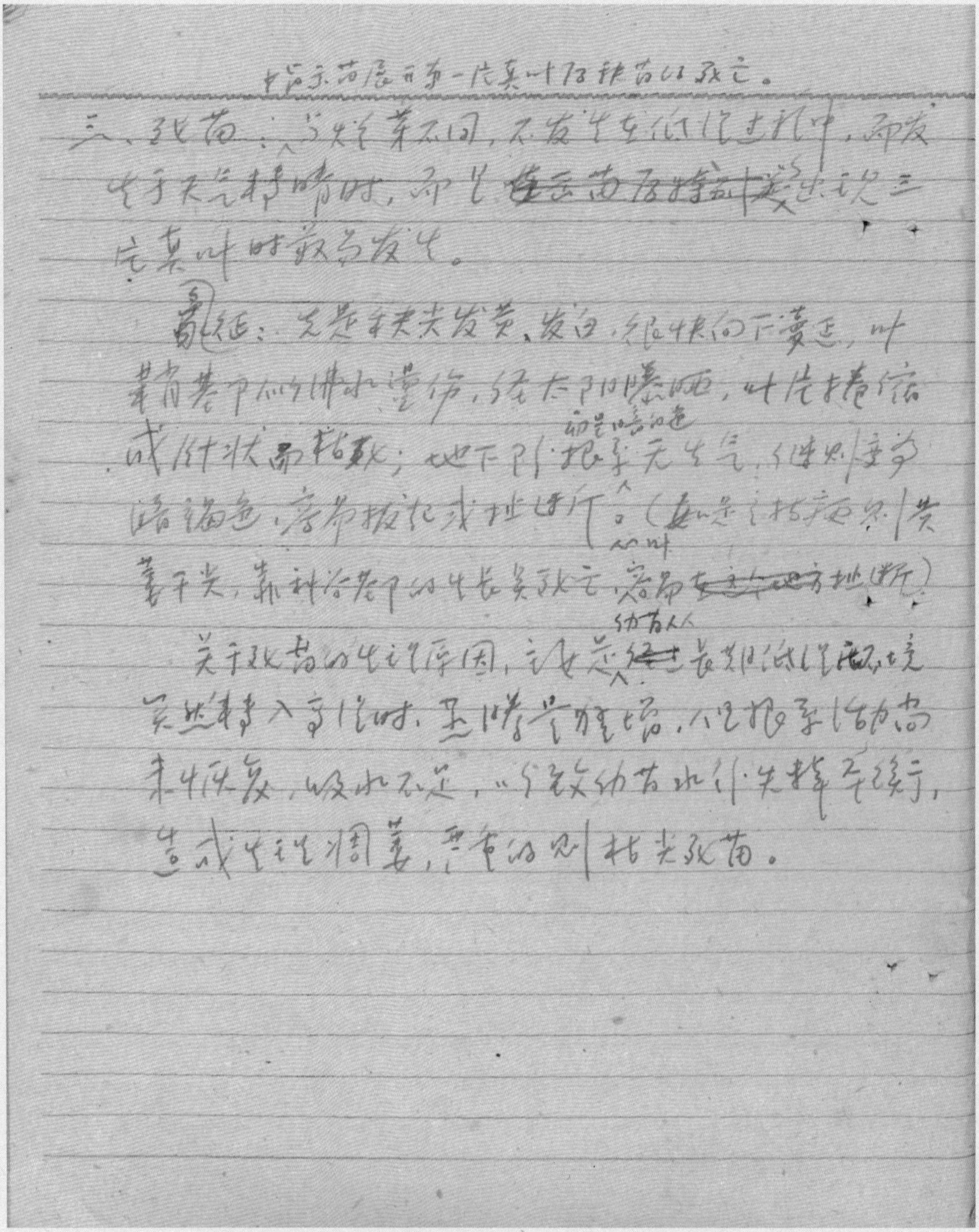

出土后苗后第一片真叶后转黄以死亡。

三、死苗：与烂芽不同，不发生在催芽过程中，而发生于天气转晴时，而且~~在出苗后转而~~发生于出现三片真叶时最为发生。

症征：先是叶尖发黄、发白，组织向下蔓延，叶鞘基部也有水渍状，经太阳暴晒，叶片卷缩成针状而枯萎；地下部根系（初是暗白色）无生气，继则变暗褐色，容易拔起或拉断。（如是已转青则先萎于尖，然后逐渐向下延伸至死亡，容易在~~根部~~地方拉断）

关于死苗的发生原因，认为是幼苗长期处于低温环境突然转入高温时，蒸腾量增加，但根系活动尚未恢复，吸水不足，以致幼苗水分失掉平衡，造成生理凋萎，严重的则枯尖死苗。

（原稿第 34 面）

三、死苗：指出苗展开第一片真叶后秧苗的死亡。与烂芽不同，不发生在低温过程中，而发生于天气转晴时，而且以出现三片真叶时最易发生。

征象：先是秧尖发黄、发白，很快向下蔓延，叶鞘基部似沸水烫伤，经太阳暴晒，叶片蜷缩呈针状而枯死；地下部分根系初呈暗白色无生气，继则变为暗褐色，容易拔起或扯断（如是立枯病则黄萎干尖，靠种谷基部的生长点死亡，心叶容易扯断）。

关于死苗的生理原因，主要是幼苗从长期低温环境突然转入高温时，蒸腾量猛增，但根系活力尚未恢复，吸水不足，以致幼苗水分失掉平衡，造成生理凋萎，严重的则枯尖死苗。

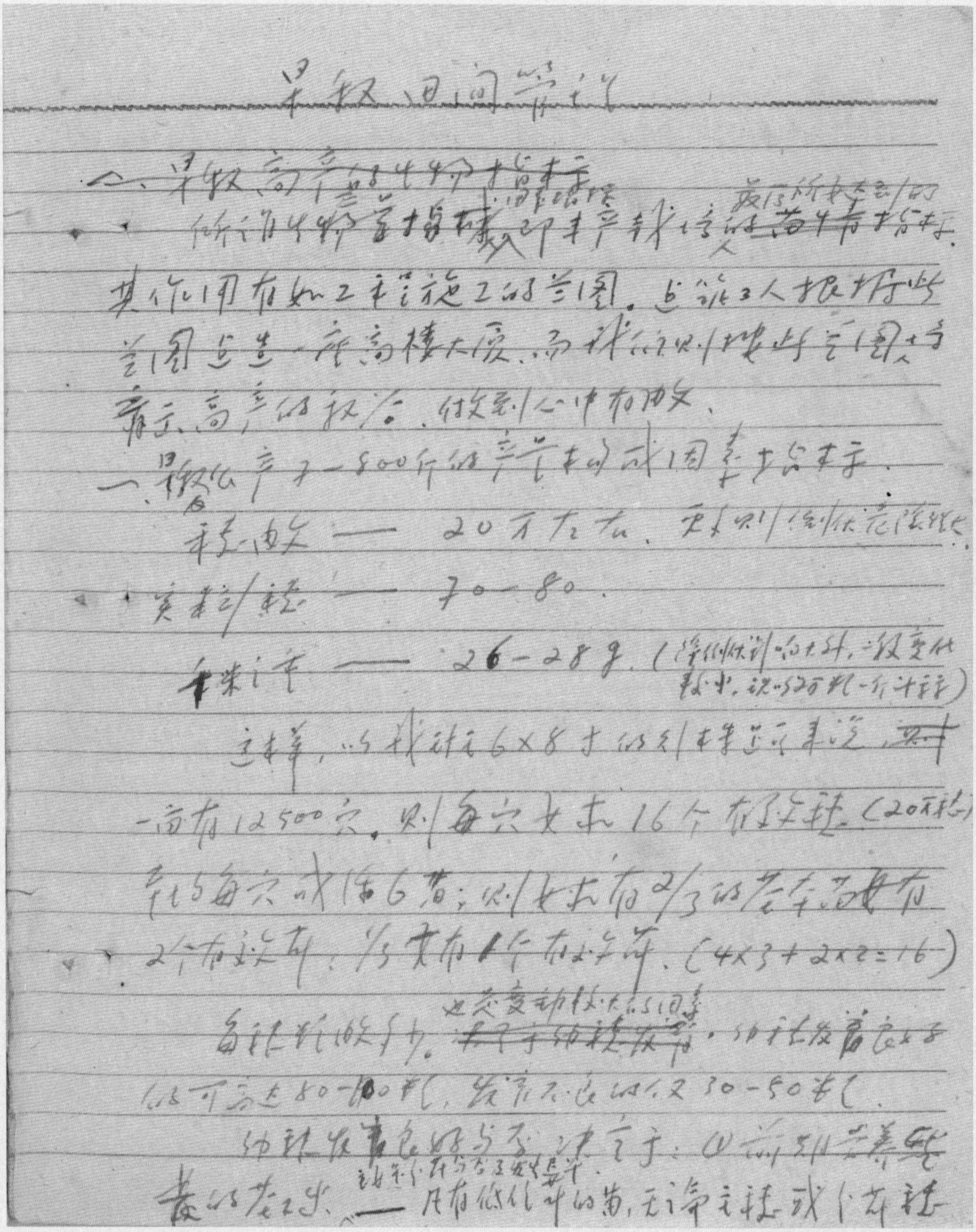

早稻田间管理

一、早稻高产的生物指标

所谓生物学指标，即丰产栽培的苗情指标（最后所要达到的）。其作用有如工程施工的蓝图。总说工人根据此蓝图建造一座高楼大厦，而我们则根据此蓝图来争取高产的获得，做到心中有数。

一、亩产700—800斤的产量构成因素指标。

穗数——20万左右，其中则包括花穗数。

实粒/穗——70—80。

千粒重——26—28g。（浮动幅度约为5升，一般变化较小，以约52万粒一斤计算）

这样，以我们6×8寸的行株距来说，一亩有12500穴，则每穴要求16个有效穗（20万穗）。若每穴成活6苗，则要求有2/3的苗各有2个有效穗，1/3要有1个有效穗。（4×3+2×2=16）

每穗粒数多少，也决定于幼穗分化期间。幼穗发育良好的可达80—100粒，发育不良的仅30—50粒。

幼穗发育良好与否决定于：①前期营养的好坏。——凡有低位分蘖的苗，无论主穗或分蘖穗

（原稿第 35 面）

早稻田间管理

所谓生物产量构成因素指标，即丰产栽培最后所要达到的指标。其作用有如工程施工的蓝图，建筑工人根据此蓝图建造一座高楼大厦，而我们则按此蓝图培育出高产的稻谷，做到心中有数。

一、早稻亩产 7～800 斤的产量构成因素指标

穗数——20 万左右，更多则倒伏危险性大。

实粒 / 穗——70～80

千粒重——26～28g（除倒伏影响大外。一般变化较小，现以 2 万粒一斤计算）

这样，以栽插 6×8 寸的行株距来说，一亩有 12 500 穴，则每穴要求 16 个有效穗（20 万穗），平均每穴成活 6 苗，则要求有 2/3 的基本苗要有 2 个有效蘖，1/3 要有 1 个有效蘖（4×3+2×2=16）。

每穗粒数多少也是变动较大的因素，幼穗发育良好的可高达 80～100 粒，发育不良的仅 30～50 粒。

幼穗发育良好与否决定于：①前期营养生长的基础主要是分蘖与否及发生迟早——凡有低位蘖的苗，无论主穗或分蘖穗

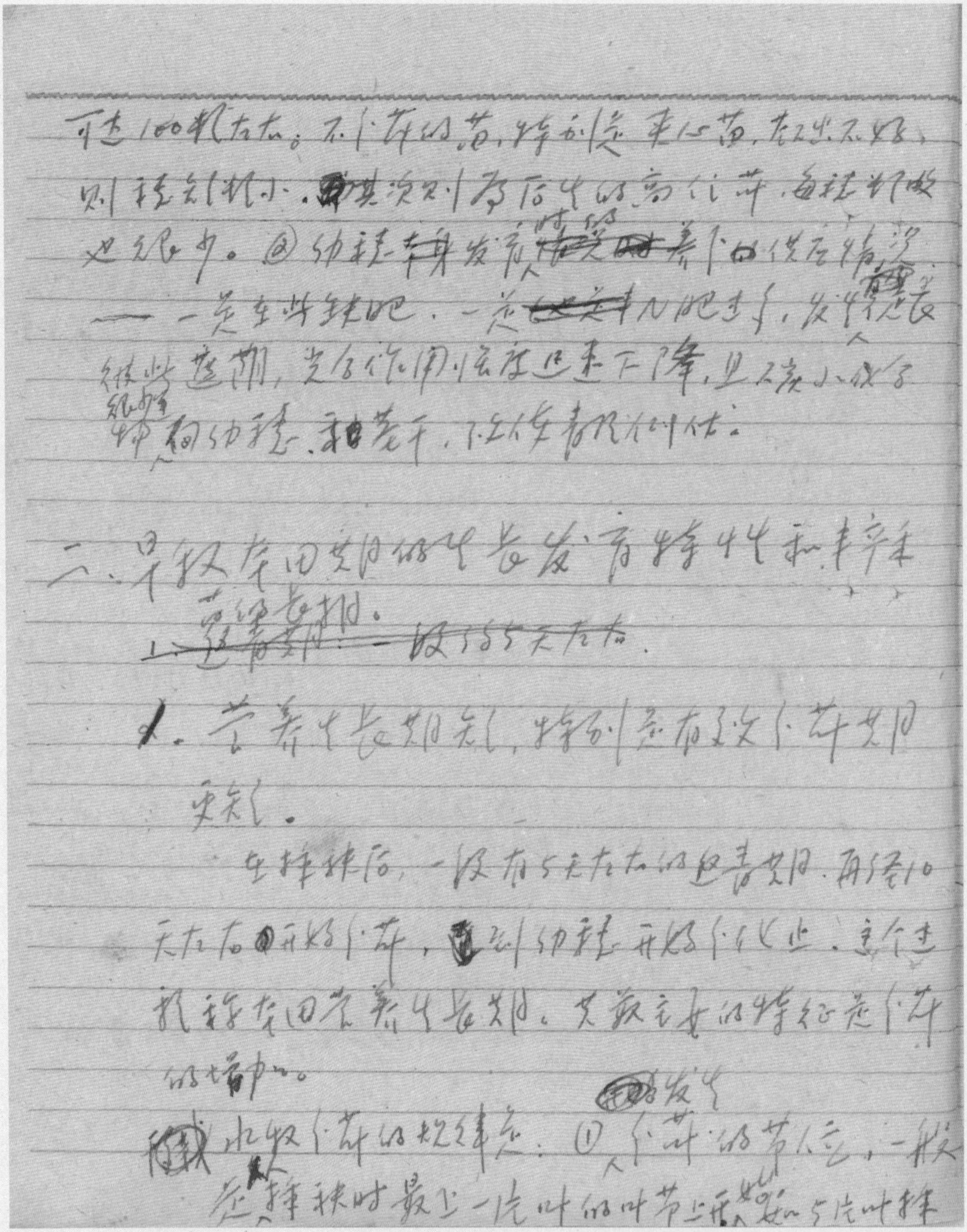
可达100粒左右。不分蘖的苗，特别是主心苗，长得不好，则穗头粒小。其次则为后生的高位分蘖，每穗粒数也很少。②幼穗发育时期养分供应情况——一是否缺肥，一是有无肥害，发生干旱时期，光合作用会迅速下降，且会减小成穗的幼穗、颖花，形成青秕粒。

二、早籼本田期的生长发育特性和栽培要点。

1. 营养生长期，特别是有效分蘖期管理。

在插秧后，一般有5天左右的返青期，再经10天左右开始分蘖，到幼穗开始分化止。这个时期称本田营养生长期，其最主要的特征是分蘖的增加。

(1)水稻分蘖的规律是：①分蘖发生的节位，一般是插秧时最上一片叶的叶节上开始发生，如5片叶插

（原稿第 36 面）

可达粒 100 粒左右。不分蘖的苗，特别是夹心苗，基础不好，则穗短粒小。其次则为后生的高位蘖，每穗粒数也很少。②幼穗发育时的养分供应情况——一是在此缺肥，一是 N 肥过多，发生徒长，彼此遮阴，光合作用强度迅速下降，且碳水化合物很少运向幼穗和茎干，致使青风倒伏。

二、早稻本田期的生长发育特性和丰产禾苗的长相

1. 营养生长期短，特别是有效分蘖期更短。

在插秧后，一般有 5 天左右的返青期，再经 10 天左右开始分蘖，到幼穗开始分化止，这个过程称本田营养生长期，其最主要的特征是分蘖的增加。

水稻分蘖的规律是：①发生分蘖的节位，一般是从插秧时最上一片叶的叶节上开始，如 5 片叶株

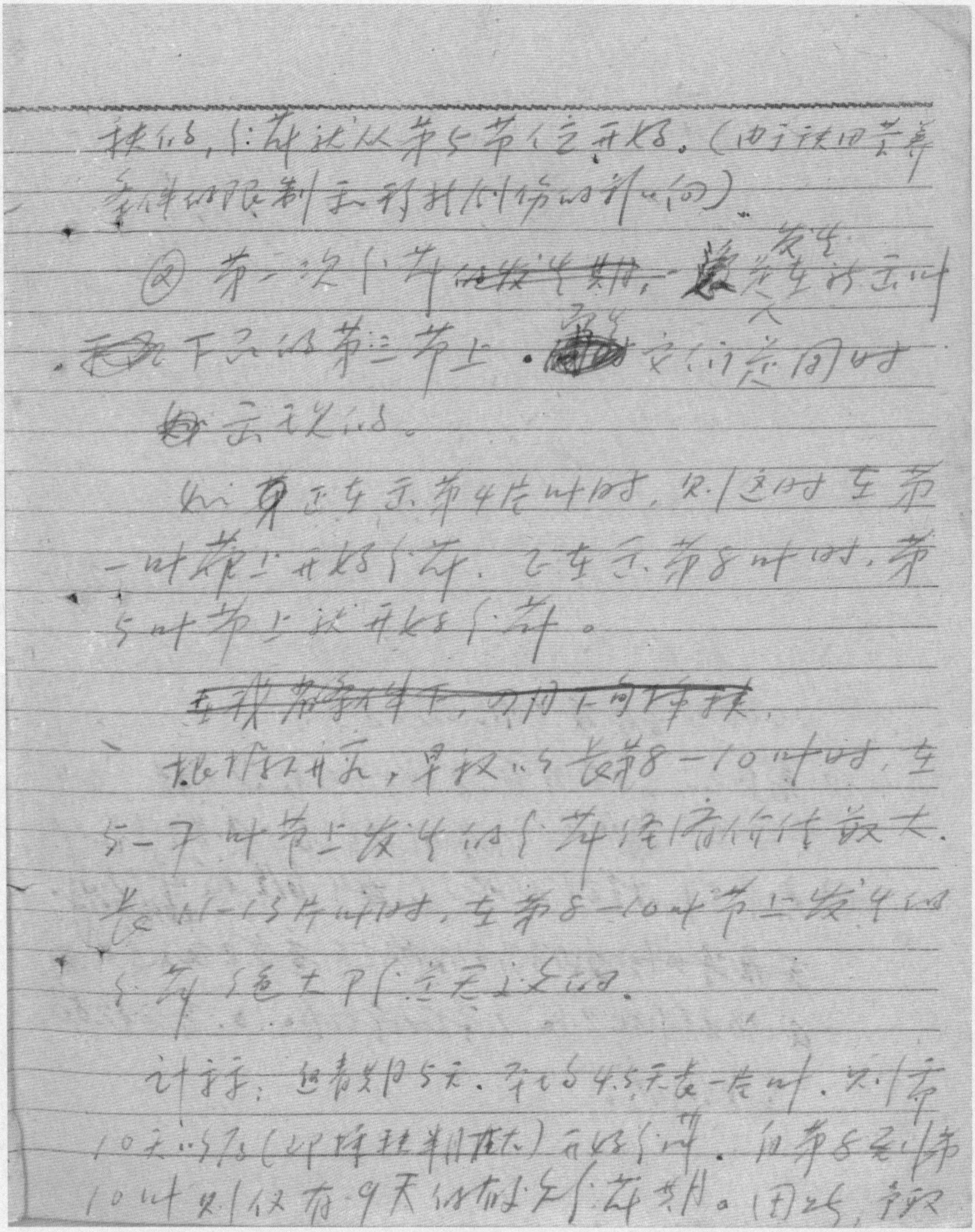
株的，花芽就从第5节位开始。（由于株间荫蔽条件的限制而转为叶枝的倾向）。

② 第二次花芽发生，发生的在叶下面的第三节上。发生的时间同时云说的。

如：当在长第4片叶时，则这时在第一叶节上开始分化，在长第8叶时，第5叶节上就开始分化。

根据研究，早期以长第8—10叶时，在第5—7叶节上发生的花芽淘汰价值最大。长11—13片叶时，在第8—10叶节上发生的花芽绝大部分是无效的。

计算：出叶期5天，平均4.5天长一片叶，则第10天以后（即棉株刚出苗）开始分化。自第8至第10叶则仅有9天的分化期。因此，

（原稿第 37 面）

秧的，分蘖就从第 5 节位开始（由于秧田营养条件的限制和移植创伤的影响）。

②第一次分蘖总是发生在新出叶下面的第三节上，而且它们是同时出现的。

如正在出第 4 片叶时，则这时在第一叶节上开始分蘖，正在出第 8 叶时，第 5 叶节上就开始分蘖。

根据研究，早稻以长第 8～10 叶时，在 5～7 叶节上发生的分蘖经济价值最大，长 11～13 片叶时，在第 8～10 叶节上发生的分蘖绝大部分是无效的。

计算：返青期 5 天，平均 4.5 天长一片叶，则需 10 天以后（即插秧半月左右）开始分蘖。自第 8 到第 10 叶则仅有 9 天的有效分蘖期。因此，争取

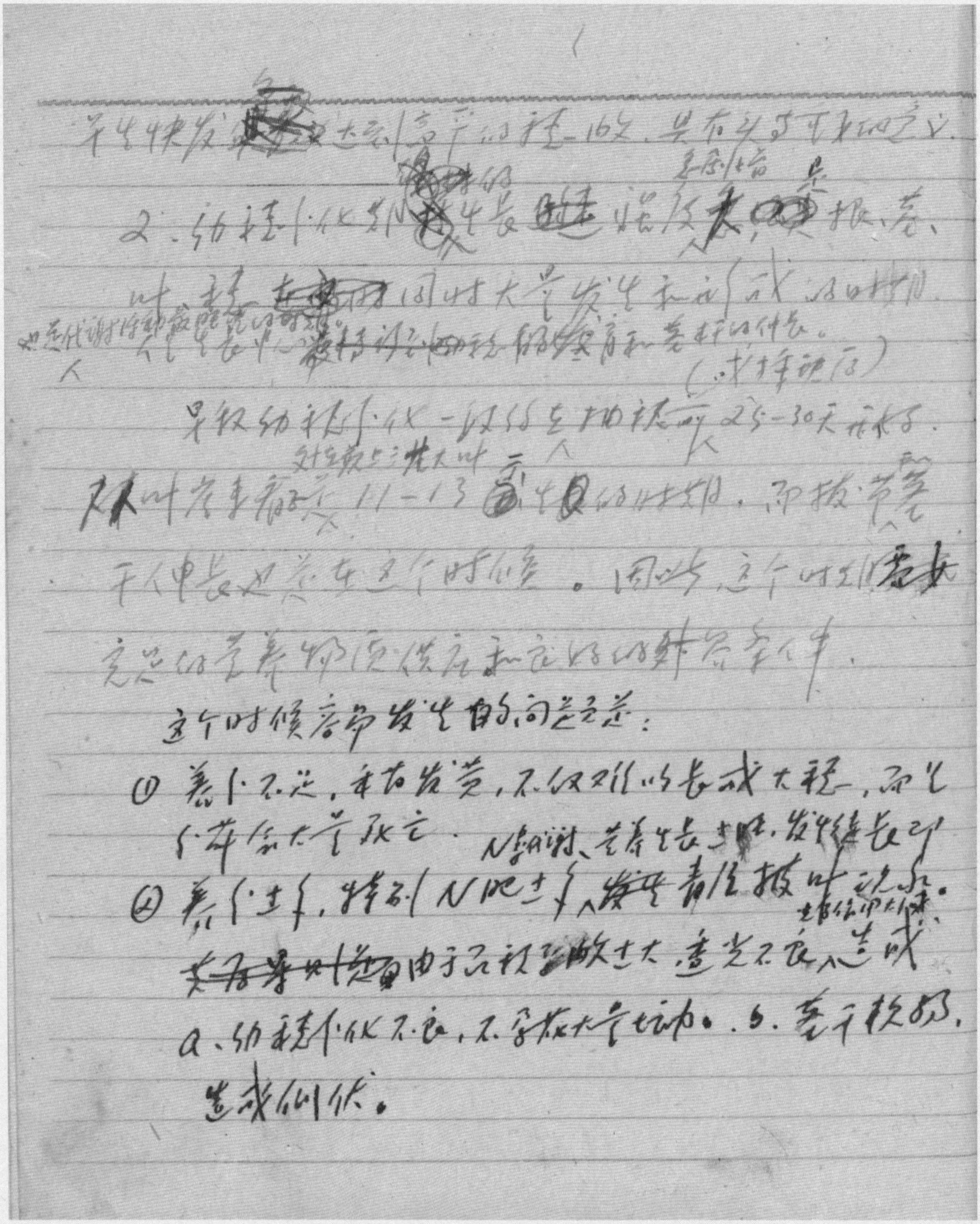

2、幼穗分化期……根、茎、叶、穗……同时大量发生和形成的时期。

早稻幼穗分化一般约在抽穗前25–30天开始。

……11–13……的时期，即拔节……这个时候。因此，这个时期要……充足的营养物质供应和良好的环境条件。

这个时候容易发生的问题是：

① 养分不足，……不仅难以长成大穗，而且……

② 养分过多，特别是氮肥过多，……由于……过大，透光不良，造成

a、幼穗分化不良，……。b. 茎干软弱，

造成倒伏。

（原稿第 38 面）

早生快发达到高产的穗数，具有头等重要的意义。

2. 幼穗分化期的生长强度急剧增大，是根、茎、叶、穗同时大量发生和形成的时期，也是代谢活动最旺盛的时期，但生长中心穗的发育和茎秆的伸长。

早稻幼穗分化一般约在抽穗前 25 ~ 30 天开始，从叶龄来看正是处在最上三片大叶 11 ~ 13 出生的时期，而拔节和茎秆伸长也是在这个时候。因此，这个时期需要充足的营养物质供应和良好的外界条件。

这个时候容易发生的问题是：

①养分不足，禾苗发黄，不仅难以长成大穗，而且分蘖会大量死亡。

②养分过多，特别 N 肥过多、N 素代谢、营养生长过旺，发生徒长即青风披叶现象，由于面积数过大，透光不良，光合作用大减，造成：

a. 幼穗分化不良，不孕花大量增加。b. 茎干软弱，造成倒伏。

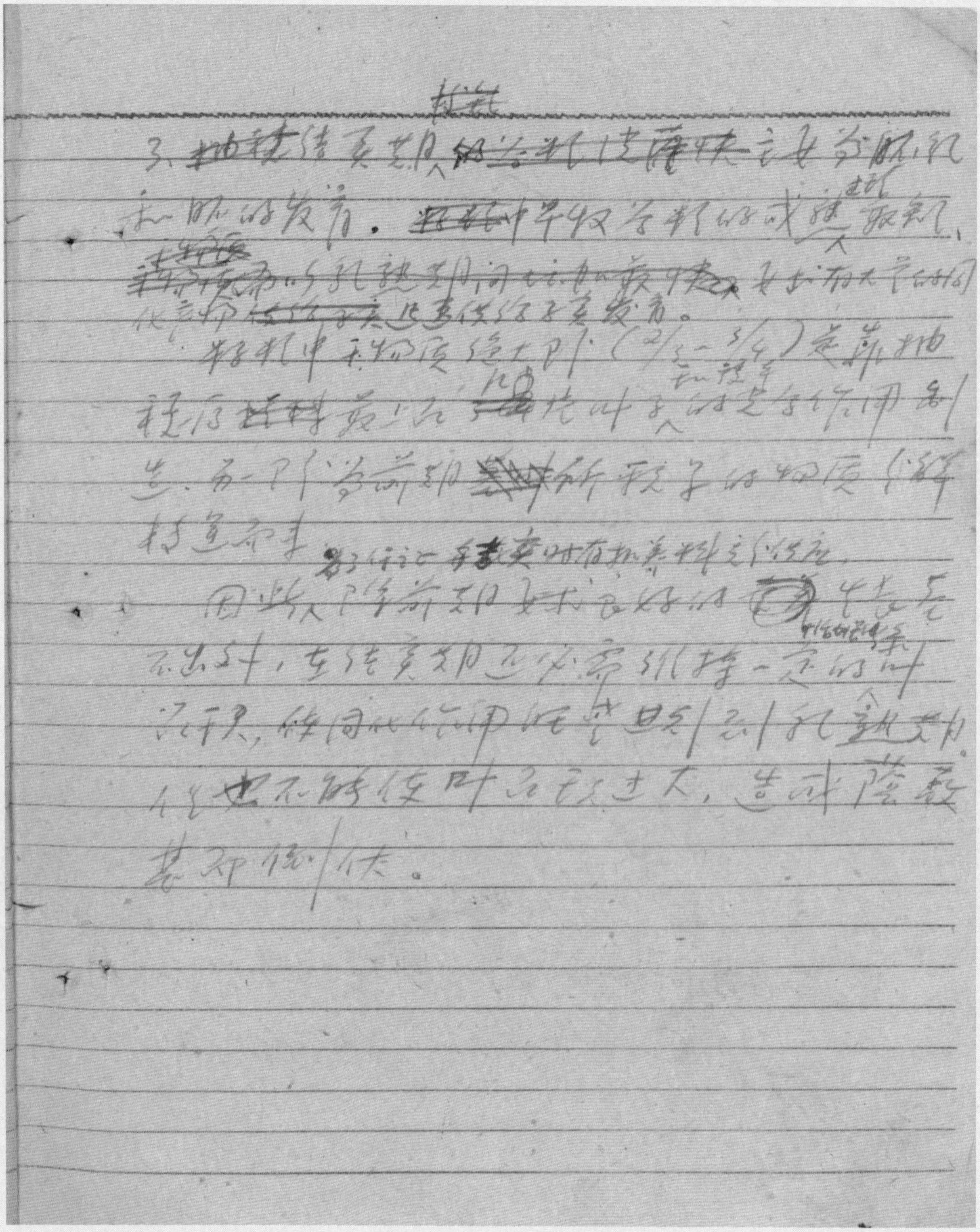
3. 抽穗结实期[illegible]主要为[illegible]和穗的发育。[illegible]谷类籽粒的[illegible]
[illegible]
[illegible]发育。
籽粒中干物质绝大部分（2/3—3/4）是在抽穗后[illegible]叶子[illegible]的光合作用制造，每一个[illegible]前期[illegible]所积累的物质[illegible]
[illegible]
因此，除前期要求良好的[illegible]生长条件外，在结实期还必须维持一定的叶面积，使同化作用旺盛，防止早衰，但也不能使叶面积过大，造成荫蔽，甚至倒伏。

（原稿第 39 面）

3. 结实期主要为胚乳和胚的发育。早稻谷粒的成熟过程较短，要求有大量的同化产物迅速供给子实发育。

籽粒中干物质绝大部分（2/3～3/4）是靠抽穗后最上面几片叶子和穗子的光合作用制造，另一部分为前期所积累的物质分解转运而来。

因此，为了保证结实时有机养料充分供应，除前期要求良好的生长基础外，在结实期还必需维持一定的生活力增加绿叶面积。使同化作用旺盛进行到乳熟期，但也不能使叶面积过大，造成荫蔽甚而倒伏。

三、早稻丰产禾苗的长相

所谓长相，总指禾苗的叶色、叶片的形态和姿态的形态。看禾苗生长的好坏，就是根据长相来判断。所谓看苗诊断，就是看禾苗的长相。这是近几年来总结劳模丰产经验的主要成果。

1. 分蘖期：长好苗架，促进根系和分蘖早发生，为争取高产的足穗打下基础。

劳模们在这一阶段对长相的要求是：

分蘖始期：上色快（浅绿到嫩绿），新叶出的快，叶片薄而大。

分蘖盛期：上色快（绿到青绿），叶尖稍散开，叶鞘较扁，象"水仙花"，呈扇状竖起来，象"一把香"或"一把葱"，苗形不散开，是不好的长相。

分蘖终止期：叶色由青到浓绿，可说第一黑。叶片向外弯形成"闭开来"，单株呈

（原稿第 40 面）

三、早稻丰产禾苗的长相

所谓长相，是指禾苗的叶色、叶片的形态和茎的形态。看禾苗生长的好坏，就是根据长相来判断。所谓看苗诊断，看苗就是看禾苗的长相，这是近几年来总结劳模丰产经验的重要成果。

1．分蘖期：长好苗架，促进有效分蘖及早发生，为以后高产足穗数打下基础。

劳模们在这一阶段对长相的要求是：

分蘖始期：上色快（浅绿到绿），新叶出的快。

分蘖盛期：上色快（绿到稍浓绿），叶尖稍软，叶鞘像“水仙花”，呈扁蒲状，丛型，要散开来，如叶片挺直竖起来，像“一柱香”或“一枝笔”，丛形不散开是不好的长相。

有效分蘖终止期：叶色达到浓绿，出现第一黑，叶尖向外呈弧形“甩开来”，单株呈

三、股叉，丛型似的喇叭筒（即上大下小）或扇把状。如果丛型较瘦小，"撒地来"时一穴秧苗少，是营养不足，是不好的长相。

2、幼穗形成期：中心叶的是四周倒外伸，但其群体和较大。

拔节期的禾苗叶色要"打倒"，要红褐变黄一次。（从绿→绿或浅）。在这以后抽出的叶（10-12片）要转青长叶（即比前一片叶要更长）。孕穗中后期要叶姿竖立，硬而有弹性，是"茂盛叶子"（叶色对青绿。）

如果叶片过软下垂，是"披叶"了，生长过旺，是不好的长相。

三、剑叶要宽而短，是"扛旗式"。

老牌要粗壮，茎口要大，象"蛇肚皮"一样，即又长又大。

丛型：株脚清爽无拔，枯叶少，不早衰，上粗下细呈"鼓槌状"。

（原稿第 41 面）

三股叉，丛型似喇叭筒（即上大下小）或刷把状。如果丛型较瘦小，“拢起来”时，一穴分蘖少，总茎数不多，是不好的长相。

2. 幼穗形成期：中心目的是巩固有效分蘖，促进秆强和穗大。

拔节期的禾苗叶色要“打倒”，短暂返黄一次（浓绿→绿或浅）。在这以后抽出的叶（10～12%）要表现拉长叶（即比前一片叶要显著长）。孕穗中后期要叶姿竖立，硬而有弹性，像“芦苇叶子”（贴竿式），叶色又转绿，如果叶身过软下垂，无效分蘖多，生育过旺，是不好的长相。

剑叶要宽而短，呈“扛枪式”。

茎秆粗壮，苞口要大，像“蛇肚皮”一样，即又长又大。

丛型：稻脚清爽无病，枯叶少，不毛蔸。上粗下细，呈“鼓棒状”。

“捻头叶”“卷尖叶”是中期看苗诊断的重要指标。黄的时期，上部三叶叶尖直立，称“卷尖叶”，施肥后，叶绿色转深，新叶出生常有不同程度“卷尖叶”。

~~[illegible]~~

3. 抽穗结实期：

生育期特点：根健、秆壮、禾叶挺直不早衰，保证根系活力，促进灌浆，促使粒饱粒重，早熟高产。

生长期主要求抽穗整齐，抽穗期间单株主茎保持3-4片绿叶，以利灌浆快。（即同化产物多，灌浆快）。

黄熟期要求粒株黄熟亮秆，叶黄粒黄，白米大粒饱满（呈棕褐状 半绿 状）。如果叶黄粒不黄，为贪青迟熟，说明N素过多，茎叶养分未能正常向籽粒运输；叶黄粒不黄，为早衰迟熟，说明肥料不足，叶片功能过早失去作用。

（原稿第 42 面）

“枪头叶”“平头叶”是中期看苗诊断的重要指标。黄的时期，上部二片叶叶尖距小，称“平头叶”，施肥后，叶的长势增强，新叶出生参差不齐，称“枪头叶”。一般要求第一叶像枪头叶高出下面一片 3～4 寸为最好，否则说明肥力不足或过多。

3. 抽穗结实期：

在前期穗多、穗大、秆强和叶挺的基础上，保证日常开花授粉，减少空壳，促使灌浆快、籽粒饱满，早熟高产。

在长相上要求抽穗整齐，乳熟期间单株宜保持 3～4 张青秀的绿叶，叶片直立，以利灌浆快（即同化产物多，且运转快）。

黄熟期要求植株黄丝亮秆，叶黄籽黄，勾头撒籽（哈腰状，倾斜半倒状）。如果叶黄籽不黄，为贪青现象，说明后期 N 素过多，茎叶养分未能正常向籽粒运输；叶黄籽不黄，为早衰现象，说明肥料不足，叶片功能过早失去作用。

三、达到高产的具体措施

早稻各个生育期要进行补苗、排灌、中耕除草、追肥、防治病虫害等一系列的管理工作。由于各个不同生育期的生长中心不同，对环境条件的要求也不完全一样。因此，必须针对不同生育时期的生长中心，综合运用各项技术措施，积极创造有利于水稻生长发育的条件，达到穗大、粒多、粒重、早熟高产的目的。

1、返青期间的管理：中心任务——是促进新根迅速萌发，促使早生快发，保证全苗齐苗。

秧苗在拔秧移栽时受到创伤，一般经过5—7天才能恢复生长，这段时间叫返青期，一般约5—7天。

早稻的本田营养生长期仅25—30天，如果返青期拖长，就会缩短了营养生长期，结果茎叶生长减少，分蘖不足，穗子短小，造成穗小粒少。因此，缩短返青期，是促进早稻早生快发的一个关键。

（原稿第 43 面）

三、达到高产的具体措施

整个本田生育期要进行补蔸、排灌、中耕除草、追肥、防治病虫害等一系列的管理工作。由于各个不同生育期的生长中心不同，对环境条件的要求也不完全一样，因此，必须针对不同生育时期的生长中心，综合运用上述管理措施，采取积极促进和适当控制的原则，达到穗多、粒多、粒重、早熟、高产的目的。

1. 返青期间的管理：中心任务——尽量缩短返青期，促使早生快发，保证苗全苗匀。

秧苗在扯秧移植时受到创伤，一般约有 5 ~ 7 天才能恢复生长，这段时间叫返青期，一般约 5 ~ 7 天。

早稻的平均营养生长期仅 25 ~ 30 天，如果返青期拖长，就会缩短营养生长期。结果是叶片数减少，分蘖迟，禾苗矮小，造成穗小粒少，因此尽量缩短回青期，是促进禾苗早生快发的一个主要手段。

示范栽培的措施

① 施起身肥，提高秧苗体内的含N量。

促进秧苗返青快的主要因素，是本身能迅速发生新根。而秧苗的发根力决定于秧苗的质量和体内的含N量。根据试验，含N量高的秧苗，插秧后4日内发生十条新根，而含N量少的仅4条。因此起身肥应以N为主。

施用期和施用量：以拔秧前5天左右施用为好，施用5-10斤硫酸铵或……这样可促使秧苗发生一些1-2cm的白根，这些根紧靠秧苗茎部，拔秧时不会拔断，栽后能迅速生长。如起身肥施得过早，新根发得太长，拔秧时容易损伤和拔掉。

② 施送嫁肥，加快幼根营养和诱发新根。

拔秧前要施一些速效肥料，对培育壮秧有相当显著的效果。因为此时气温、水温低，但秧苗根系较弱，而根群又小，吸收力不强。为了让秧苗能吸收到足够的养分，促进生长，必须施送嫁肥，供应秧苗足够的营养。

（原稿第 44 面）

①施起身肥，提高秧苗体内的含 N 量和发根的潜力。

促进秧苗返青快的主要因素，是要早发和多发新根，而秧苗的发根力又决定秧苗的质量和体内的含 N 量。根据水稻观察试验，含 N 量多的秧苗，4 日后发出十条新根，而含 N 量少的仅 4 条。因此，起身肥应以 N 为主。

施用期和施用量：以移植前 5 天左右施用 5 ~ 10〔斤〕硫铵或 3 ~ 5 担腐熟人粪尿的效果最好，这样可促使秧苗发出一盘 1 ~ 2 分长的翠根，这些根紧靠秧苗基部，扯秧时不会扯断，插后能迅速生长。如起身肥施得过早，新根发的太长，扯秧时容易损伤和扯掉。

②施迎亲肥，加强幼根营养和诱发新根。

移栽前本田施一些速效肥料，对缩短回青期有显著效果。因为此时气温、泥温低，底肥分解慢，而根群又小，吸收面不广。为了让秧苗很快吸收到较多的养分，恢复生长，故须施迎亲肥，使表层有充足的速效养分。

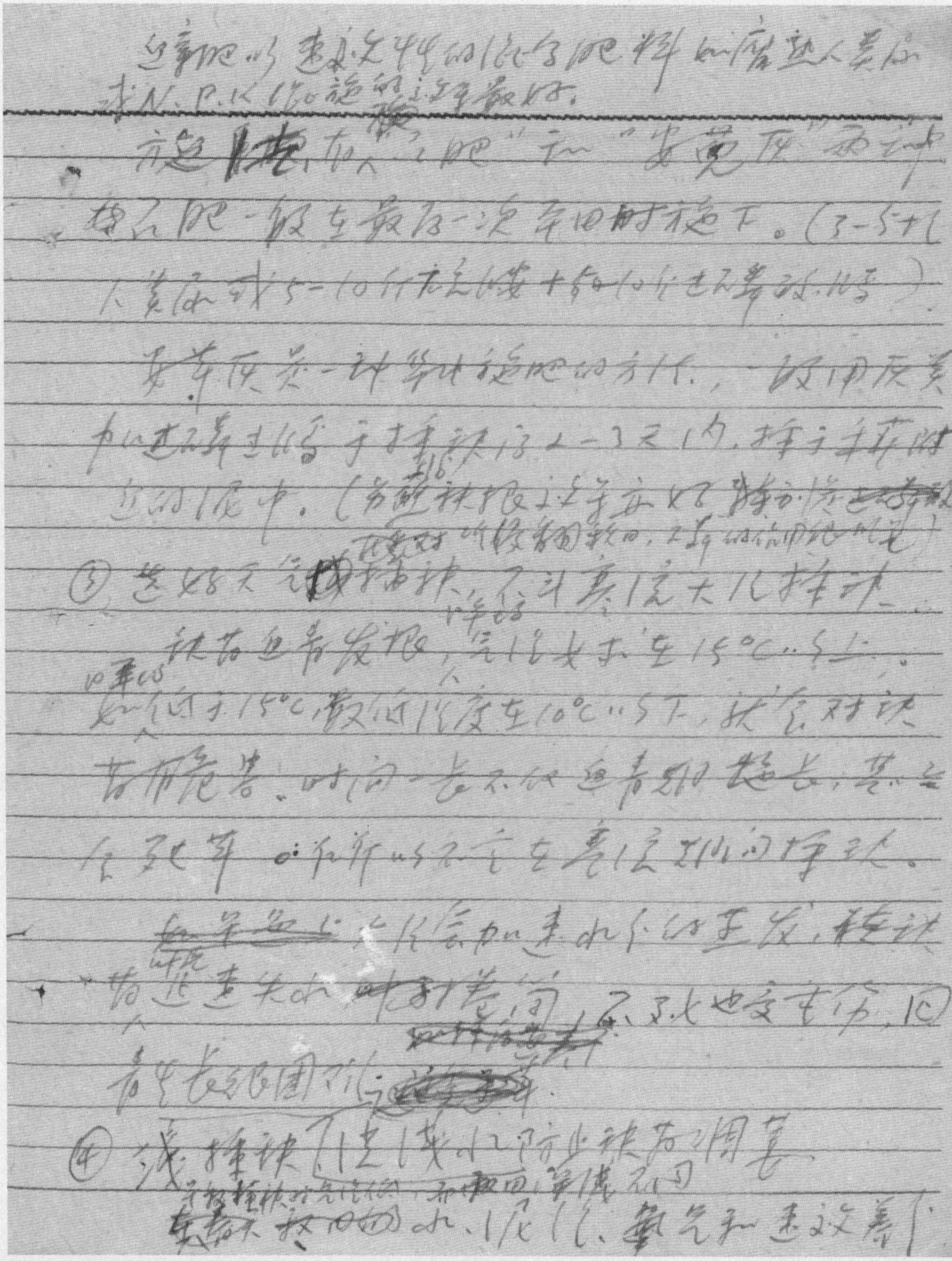
这章肥的速效性的化学肥料如[illegible]人员应
求N.P.K.作旋追肥[illegible]最好。

旋追肥：在"入泥"和"发黄反"两种
情况下，一般在最后一次耙田时施下。(3-5斤
尿素或5-10斤硫酸铵+5-10斤过磷酸钙)。

发黄反是一种特殊施肥的方法，一般用尿素
加过磷酸钙于插秧后2-3天内，撒于秧苗附
近的泥中。(有助秧根[illegible]
[illegible])

③选好天气插秧，不要在寒潮大风插秧。
秧苗返青发根，气温要求在15°C以上。
如低于15°C，最低温度在10°C以下，就会对秧
苗形成危害，时间一长，不但返青期推长，甚至会
发生死苗[illegible]
[illegible]加速水分的蒸发，使秧
苗迅速失水[illegible]
苗生长细弱[illegible]

④浅插秧[illegible]防止秧苗调萎
[illegible]
[illegible]、泥温、氧气和速效养[illegible]

（原稿第 45 面）

迎亲肥以速效性的混合肥料如腐熟人粪尿或 N、P、K 混施的效果最好。

施法有“面肥”和“安蔸灰”两种。面肥一般在最后一次平田时施下（3～5 担人粪尿或 5～10 斤硫铵 +5～10 斤过磷酸钙）。

安蔸灰是一种集中施肥的方法，一般用灰类加过磷酸钙于插秧后 2～3 天内，插于禾蔸附近的泥中（另蘸秧根效果亦好，特别是冷浸翻秧田，磷的作用很明显）。

③选好天气插秧，不斗寒流大风插秧

秧苗返青发根，日平均气温要求在 15 ℃以上，如日平均低于 15 ℃，最低温度在 10 ℃以下，就会对秧苗有危害。时间一长不仅返青期拖长，甚至会死蔸。所以不宜在寒流期间插秧。

大风会加速水分的蒸发，使秧苗叶片迅速失水捲筒，不死也变重伤，回青生长很困难。

④灌浅水，浅插秧防止秧苗凋萎

早稻插秧时气温低，而稻田深浅不同，水、泥温、氧气和速效养分

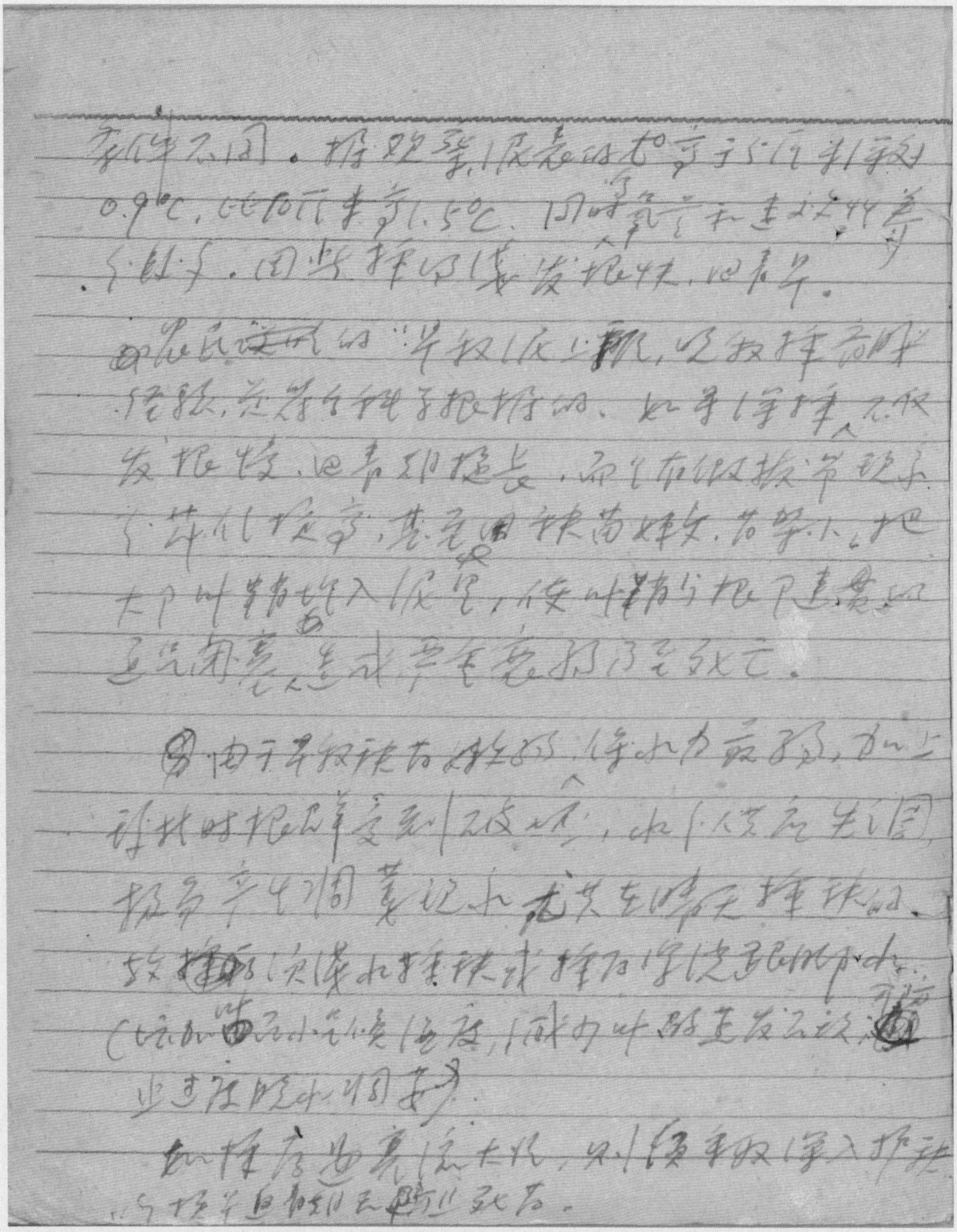
[illegible]不同。据观察，[illegible]
0.9℃，比[illegible]1.5℃。同时[illegible]
[illegible]。因此[illegible]发根快，[illegible]。

④[illegible]
[illegible]。如果[illegible]
发根[illegible]
[illegible]
[illegible]入假植，使[illegible]
[illegible]。

⑤由于[illegible]，加上
[illegible]，水分[illegible]
[illegible]
[illegible]
[illegible]
[illegible]。

如[illegible]
[illegible]。

（原稿第 46 面）

条件不同。据观察，泥表的 t° 高于 5 厘米深处 0.9 ℃，比 10 厘米高 1.5 ℃。同时含氧量和速效性养分较多，因此插得浅发根快，回青早。

农民的“早稻泥上漂，晚稻插齐腰”经验，是符合科学根据的，如果深插，不仅发根慢，回青期拖长，而且有假拔节现象。分蘖位提高，甚至因秧苗嫩、苗架小，把大部叶鞘埋入泥里，使叶鞘与根部连贯的通气闭塞，造成严重衰弱乃至死亡。

由于早稻秧苗嫩弱，保水力最弱，加上移植时根群受到破坏，水分供应失调，极易产生凋萎现象，尤其在晴天插秧的，故须浅水插秧或插后深灌跟脚水（增加叶面小气候温度，减少叶的蒸发面积，可防止过度脱水凋萎）。

如插后遇寒流大风，则须采取深水护秧以提早返青期和防止死苗。

⑤及时补苗匀苗。

由于害虫原因——缺苗（很多、大片、整地），以及苗子补栽的也很不易活。

为了保证苗全苗匀，应及时补苗匀苗。时间——但青苗期间过了来不上。最好结合下次中耕除草时进行，采取边除边补苗的办法。及时补苗结合中耕除草，使它们能很快赶上。

摘自·补注。

（原稿第 47 面）

⑤及时补蔸匀苗

由于各种原因——浮苗（低温、大风、烧根），死苗等而缺蔸，另外还有插得粗细不均匀等。

为了保证苗全苗匀，应及时青苗补蔸匀苗。时间——返青期间，迟了赶不上。最好结合下安蔸灰时进行，采取边强补弱，边多补缺的办法，必要时边补边插安蔸灰，使它们的生长很快赶上来。

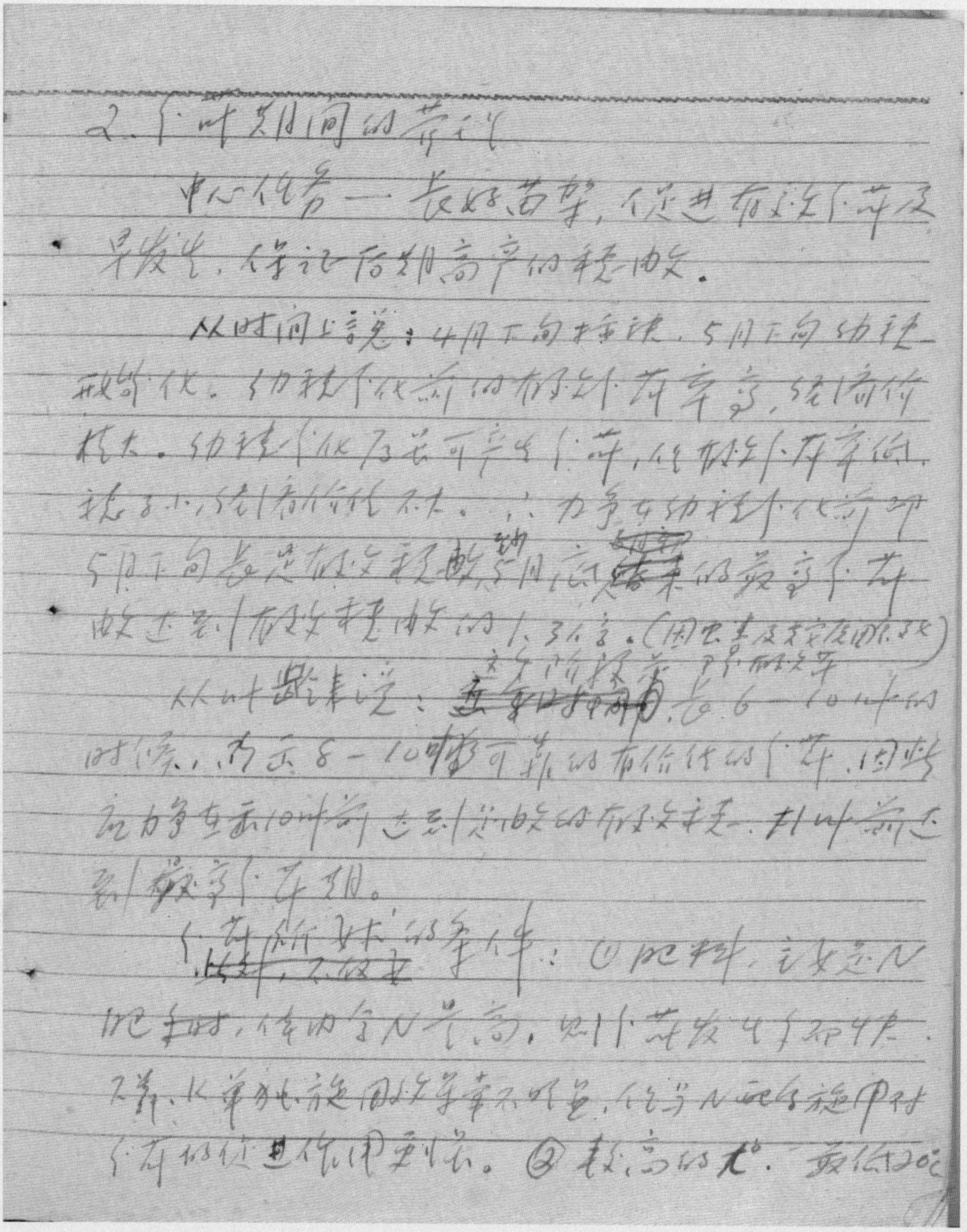
2. [illegible]叶期间的[illegible]

中心任务——长好苗架，[illegible]

从时间上说：4月下旬[illegible]，5月下旬[illegible]

[illegible]

从叶数上说：[illegible]6—10叶的时候，[illegible]8—10[illegible]

[illegible]

[illegible]的条件：①肥料，[illegible]

[illegible] ②[illegible]

（原稿第 48 面）

2. 分蘖期间的管理

中心任务——长好苗架，促进有效分蘖及早发生，保证后期高产的穗数。

从时间上说：4 月下旬插秧，5 月下旬幼穗开始分化，幼穗分化前的有效分蘖率高，经济价值大。幼穗分化后虽可产生分蘖，但有效分蘖率低，穗子小，经济价值不大。∴力争在幼穗分化前即 5 月下旬长足有效穗数，至少 5 月底的最高分蘖数达到有效穗数的 1.3 倍（因虫害及其它原因会死部分有效蔸）。

从叶龄来说：这个阶段是长 6 ~ 10 叶的时候，长出 8 ~ 10 叶为可靠的有价值的分蘖。因此应力争在出 10 叶前达到足数的有效穗，11 叶前达到最高分蘖期。

分蘖所要求的条件：①肥料，主要是 N 肥，体内含 N 量高，则分蘖发生多而快，磷、K 单独施用效果常不明显，但与 N 配合施用时分蘖的促进作用更强。②较高的 t°，最低 20 ℃。

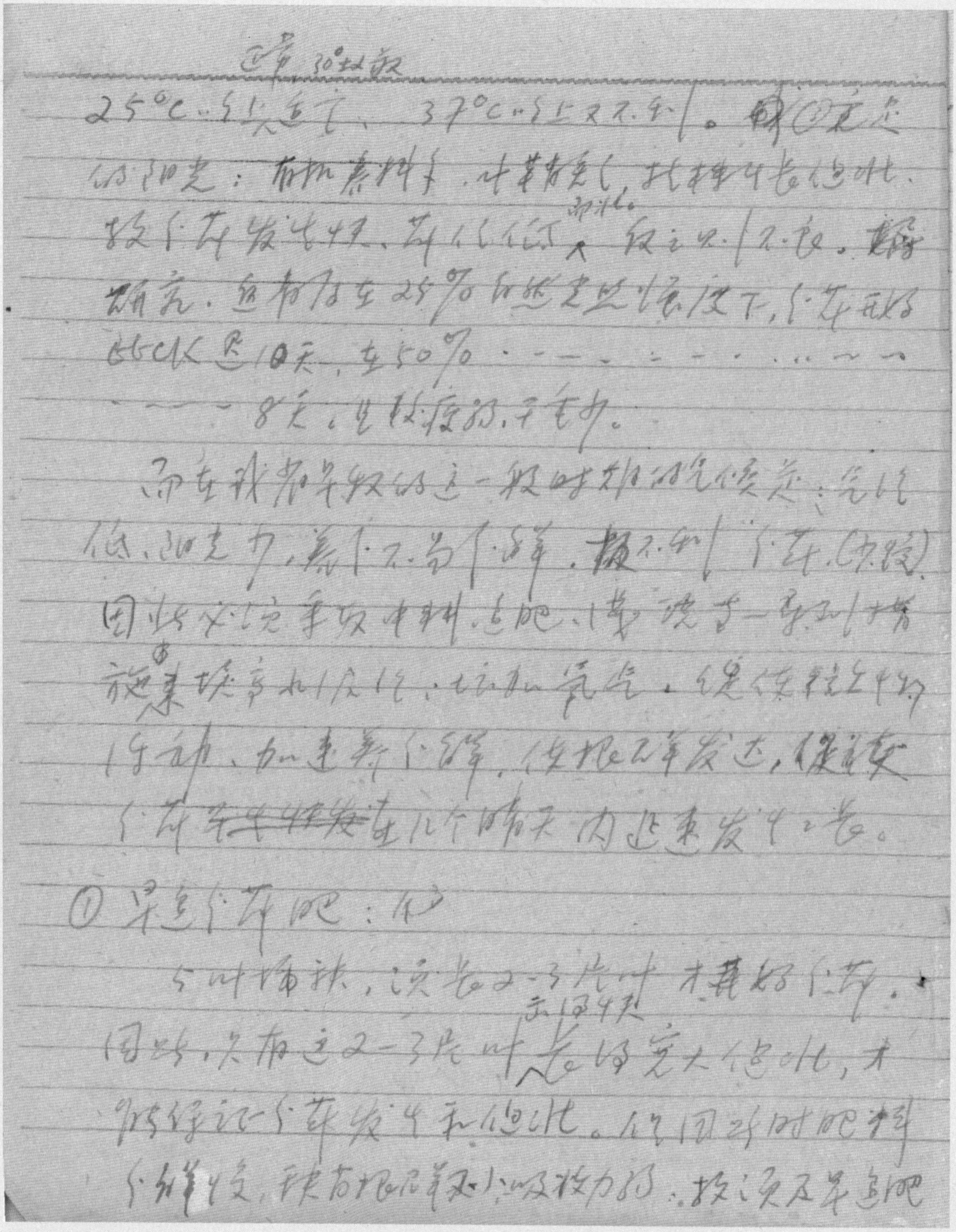

（原稿第 49 面）

25 ℃以上正常，30 ℃ ± 2 ℃最适宜。37 ℃以上又不利。③充足的阳光：有机养料多，叶鞘短，植株生长健壮，故分蘖发生快、蘖位低而壮。反之则不良。研究，返青后在 25% 自然光照强度下，分蘖开始比 CK 迟 10 天，在 50% 自然光照强度下，分蘖开始比 CK 迟 8 天，且较瘦弱，干重少。

而在我省早稻的这一段时期的气候是：气温低，阳光少，养分不易分解，极不利分蘖（少、慢），因此必须采取中耕、追肥、浅灌等一系列措施来提高水泥温度，增加氧气，促使微生物活动，加速养分〔分〕解，使根群发达，促使分蘖在几个晴天内迅速发生生长。

①早追分蘖肥：

5 叶插秧，须长 2 ~ 3 片叶才开始分蘖。因此，只有这 2 ~ 3 片叶出得快、长得宽大健壮，才能保证分蘖发生和健壮。但因此时肥料分解慢，秧苗根群又小、吸收力弱，故须及早追肥才能促进分叶快、分蘖早。如果未施分蘖肥或底肥施肥不足，到了分蘖盛期以后，由于苗数较少，进入交叉分蘖的第一个高峰期，则会因为分蘖不足，营养条件不良行影响，秆细过早，以致引起后期苗株早衰亡。因此施分蘖肥的目的是：促使禾苗早生快发，以利早分蘖，增加有效穗数。

方法：要早施和勤施：

时期：插秧后3—5日（返青后），或分蘖始期（第一次分蘖时）后施追肥（长根、长芽），一二次或不追。

② 浅灌、勤灌 0.5—1寸。

肥与水的关系是密切结合的。保持

③ 水层的作用是：① 使土壤松软，有利根系的发展和生长。② 有利于养分的吸收，更好地发挥肥效——扩散作用快，养分

（原稿第 50 面）

才能促进出叶快、分蘖早。如果未施分蘖肥或原来底肥不足，到分蘖盛期以后，由于苗数增多，进入需要养分的第一个高峰期，则会因养分不足，常使禾苗生长停滞，打倒过早，以致引起后期分蘖大量死亡。因追施分蘖肥的目的是：促使禾苗早生快发，巩固分蘖，增加有效蘖数。

方法：安莼灰和散施。

时期：插秧后 3～5 日（迎亲肥）或分蘖始期第一次中耕时，看苗追肥（长相、长势）1～2 次或不追。

②浅灌、勤灌　0.5～1 寸

肥与水的管理要密切结合起来。保持水层的作用是：①使土壤松软，有利根系的发展和薅田。②有利于养分的吸收，更好的发挥肥效——扩散作用强，养分

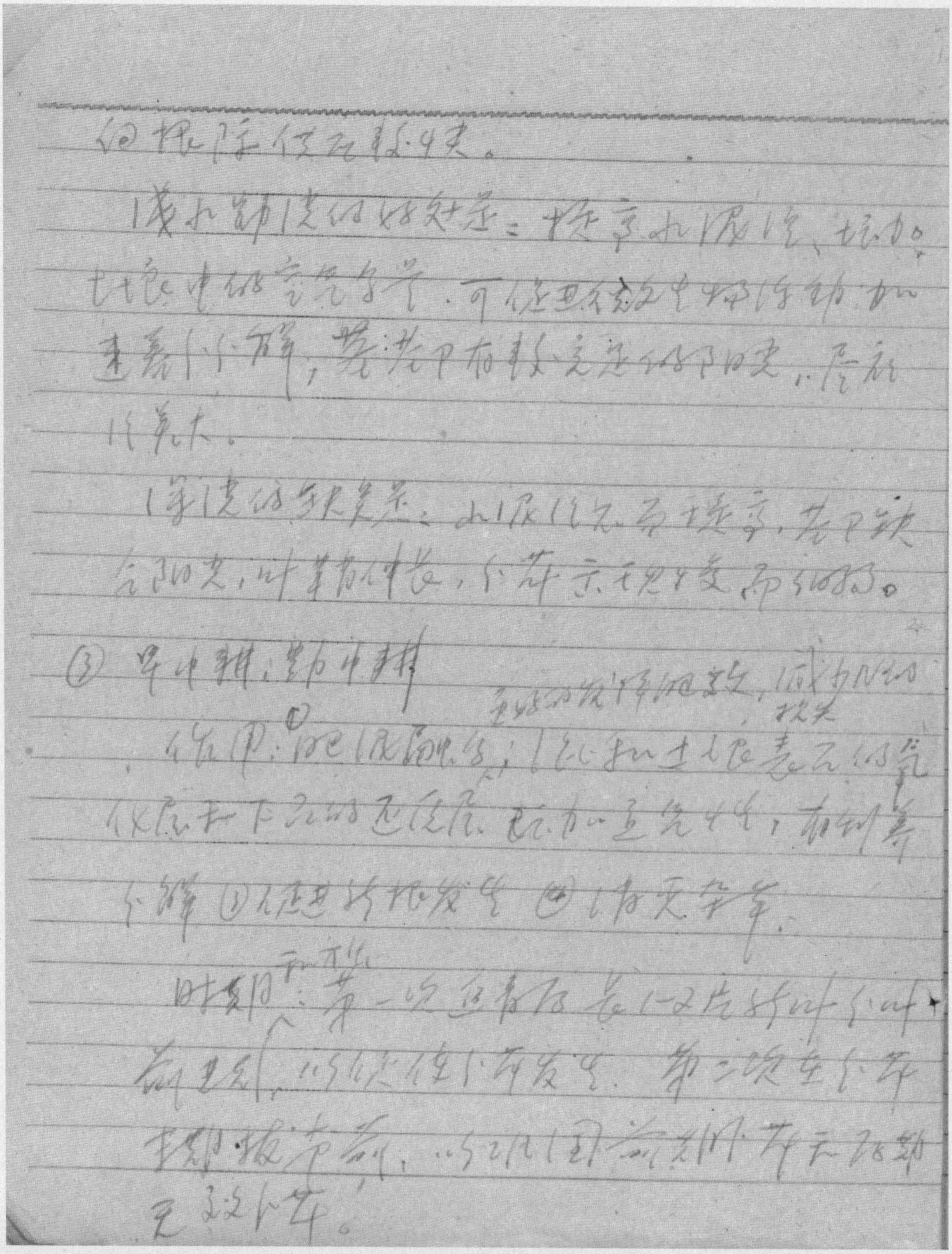

的根系仍在较快。

浅中耕的好处：接近小根系、增加土壤中的空气含量，可促进微生物活动加速分解，并[illegible]较充足的水分，促进作物生长。

深中耕的缺点：小根系易受损伤，易干旱，缺乏水分，叶片枯黄，不能正常生长而死掉。

③ 早中耕、勤中耕

作用：①[illegible]；②[illegible]土壤表面的空气[illegible]下层的交换，加速[illegible]，[illegible] ①促进幼根发生 ②防止杂草。

时期：第一次在出苗后2-3片真叶时[illegible]，以促使根系发生。第二次在[illegible]，以[illegible]。

（原稿第 51 面）

向根际供应较快。

浅水勤灌的好处是：提高水、泥温度，增加土壤中的空气含量，可促进微生物活动，加速养分分解，茎基部有较充足的阳光，昼夜温差大。

深灌的缺点是：水泥温不易提高，基部缺乏阳光，叶鞘伸长，分蘖出现慢，而细弱。

③早中耕，勤中耕

作用：①肥泥融合，更好的发挥肥效、减少 N 的损失，②混合土壤表面的氧化层和下面的还原层，增加通气性，有利氧分分解。③促进新根发生，④消灭杂草。

时期和方法：第一次返青后长 1～2 片新叶分叶前进行，以促使分蘖发生，第二次在分蘖末期拔节前，以巩固前期分蘖和后期无效分蘖。

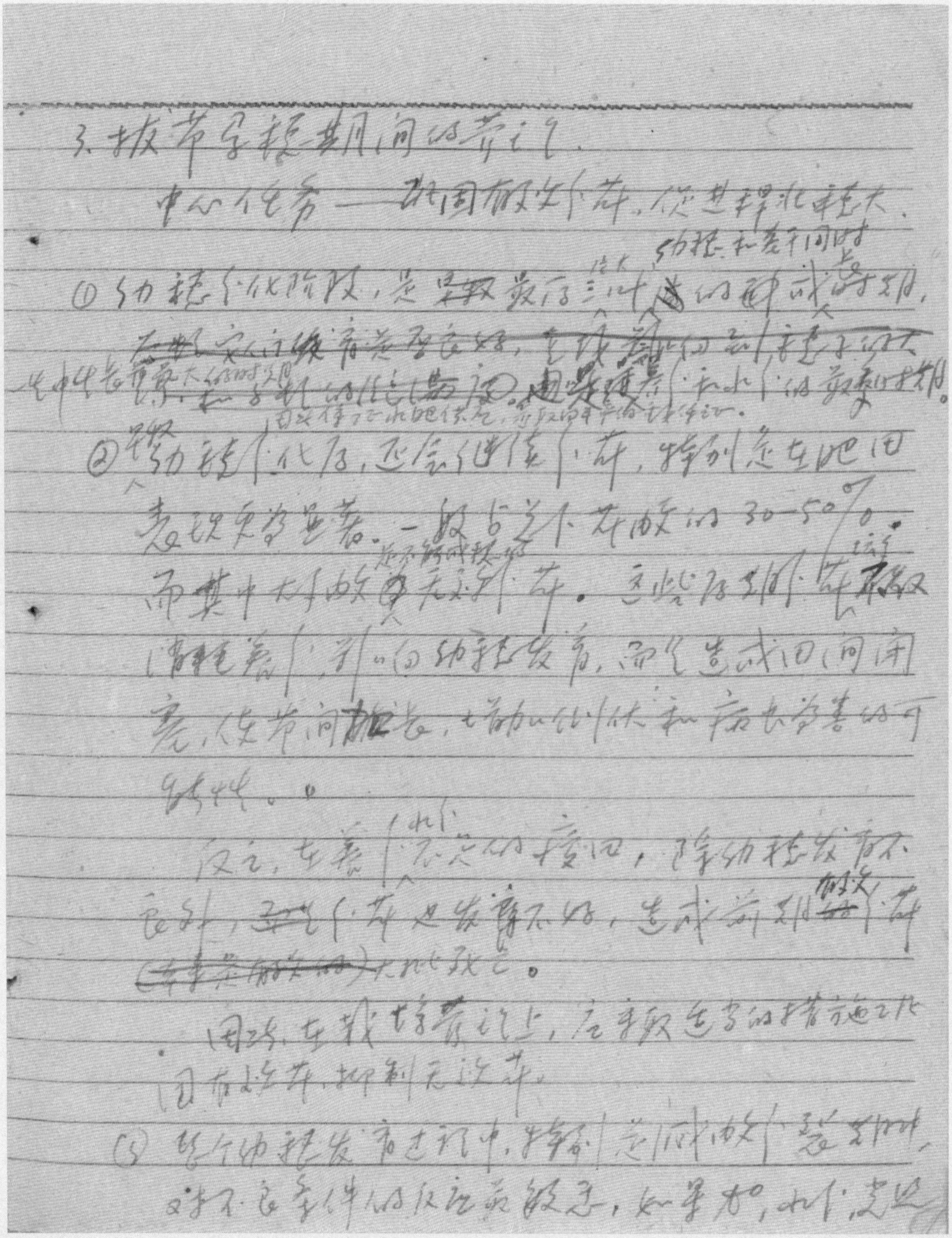

3. 拔节孕穗期间的管理.

中心任务——巩固成穗分蘖，促进秆壮穗大.

①幼穗分化阶段，是决定[illegible]最后总粒数[illegible]的关键时期，[illegible]

②幼穗分化后，还会继续分蘖，特别是在肥田表现更为显著。一般占总分蘖数的30-50%。而其中大部分是无效分蘖。这些后生的分蘖，消耗养分，影响幼穗发育，而且造成田间荫蔽，使节间伸长，增加倒伏和病虫危害的可能性。

反之，如果后期脱肥的[illegible]，除幼穗发育不良外，[illegible]分蘖也发育不好，造成前期有效分蘖大批死亡。

因此，在栽培管理上，应采取适当的措施，巩固有效分蘖，抑制无效分蘖。

(3) 整个幼穗发育过程中，特别是减数分裂期，对不良条件的反应最敏感，如旱、[illegible]

（原稿第52面）

3. 拔节孕穗期间的管理

中心任务——巩固有效分蘖，促进秆壮穗大。

①幼穗分化阶段，是最后三片大叶、幼根和茎干同时的成长时期，一生中生长量最大的时期。因此保证水肥供应，是取得丰产的主要保证，也是需要养分和水分的最多时期。

②早稻幼穗分化后，还会继续分蘖，特别是在肥田表现更为显著。一般占总分蘖数的30%~50%。而其中大多数是不能成穗的无效分蘖。这些后期分蘖增多不仅消耗养分，影响幼穗发育，而且造成田间闭塞，使节间加长，增加倒伏和病虫为害的可能性。

反之，在养分水分不足的瘦田，除幼穗发育不良外，分蘖也发育不好，造成前期有效分蘖大批死亡。

因此，在栽培管理上，应采取适当的措施巩固有效蘖，抑制无效蘖。

③整个幼穗发育过程中，特别是减数分裂期时，对不良条件的反应最敏感，如果t°、水分、光照、

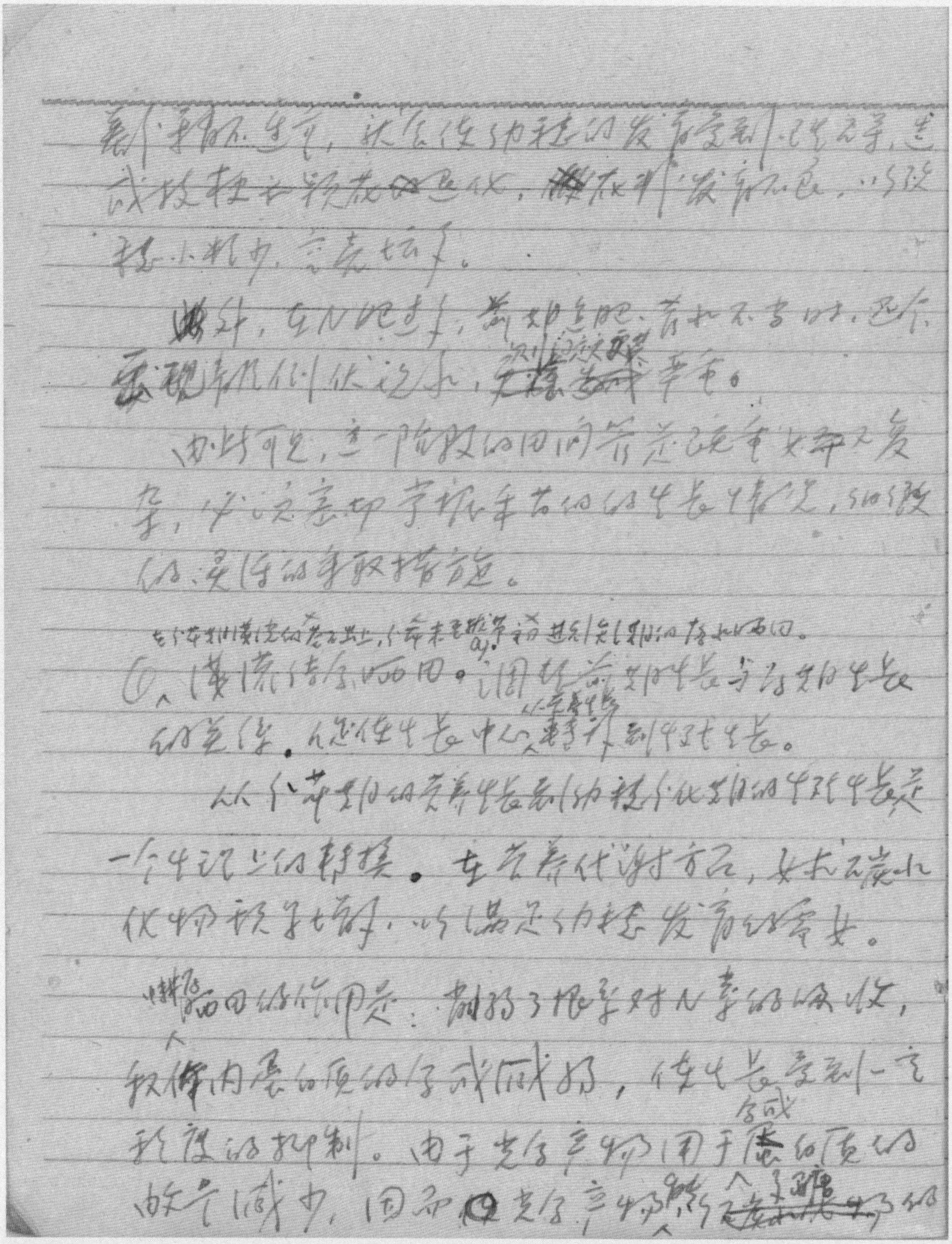

影响较小，从而使幼穗的发育受到影响，造
成枝梗和颖花的退化，在非发育阶段，以致
穗小粒少，产量低下。
此外，在N肥过多，尤其是后期，田间不当时，过分
茂盛而造成荫蔽，等问题。
由此可见，这一阶段的田间管理既重要又复
杂，必须密切掌握群体的生长情况，采取
针对性的有效措施。
在水稻栽培学的基础上，介绍本阶段常出现的几个田间管理问题。
(1) 晒田。调节营养生长与生殖生长
的关系，使生长中心从营养生长转移到生殖生长。
从营养生长为主到生殖生长为主是
一个生理上的转换。在营养代谢方面，要求碳水
化合物积累增加，以满足幼穗发育的需要。
晒田的作用是：削弱了根系对N素的吸收，
致使体内蛋白质的合成减弱，使生长受到一定
程度的抑制。由于光合产物用于蛋白质合成的
部分减少，因而光合产物能……的

（原稿第 53 面）

养分稍不适宜，就会使幼穗的发育受到阻碍，造成枝梗和颖花退化，花粉发育不良，以致穗小粒少，空壳增多。

此外，在 N 肥过多，前期追肥、管水不当时，还会出现青风倒伏现象，则问题更严重。

由此可见，这一阶段的田间管〔理〕是既重要又复杂，必须密切掌握禾苗的生长情况，细微的、灵活的采取措施。

①在分蘖期浅灌的基础上，分蘖末至拔节初进行短期的落水晒田。浅灌结合晒田，调整前期生长与后期生长的关系，促使生长中心从营养生长转移到生殖生长。

从分蘖期的营养生长到幼穗分化期的生殖生长是一个生理上的转换。在营养代谢方面，要求碳水化物积累增多，以满足幼穗发育的需要。

中耕后晒田的作用是：削弱了根系对 N 素的吸收，稻体内蛋白质的合成减弱，使生长受到一定程度的抑制。由于光合产物用于合成蛋白质的数量减少，因而光合产物能以多糖的

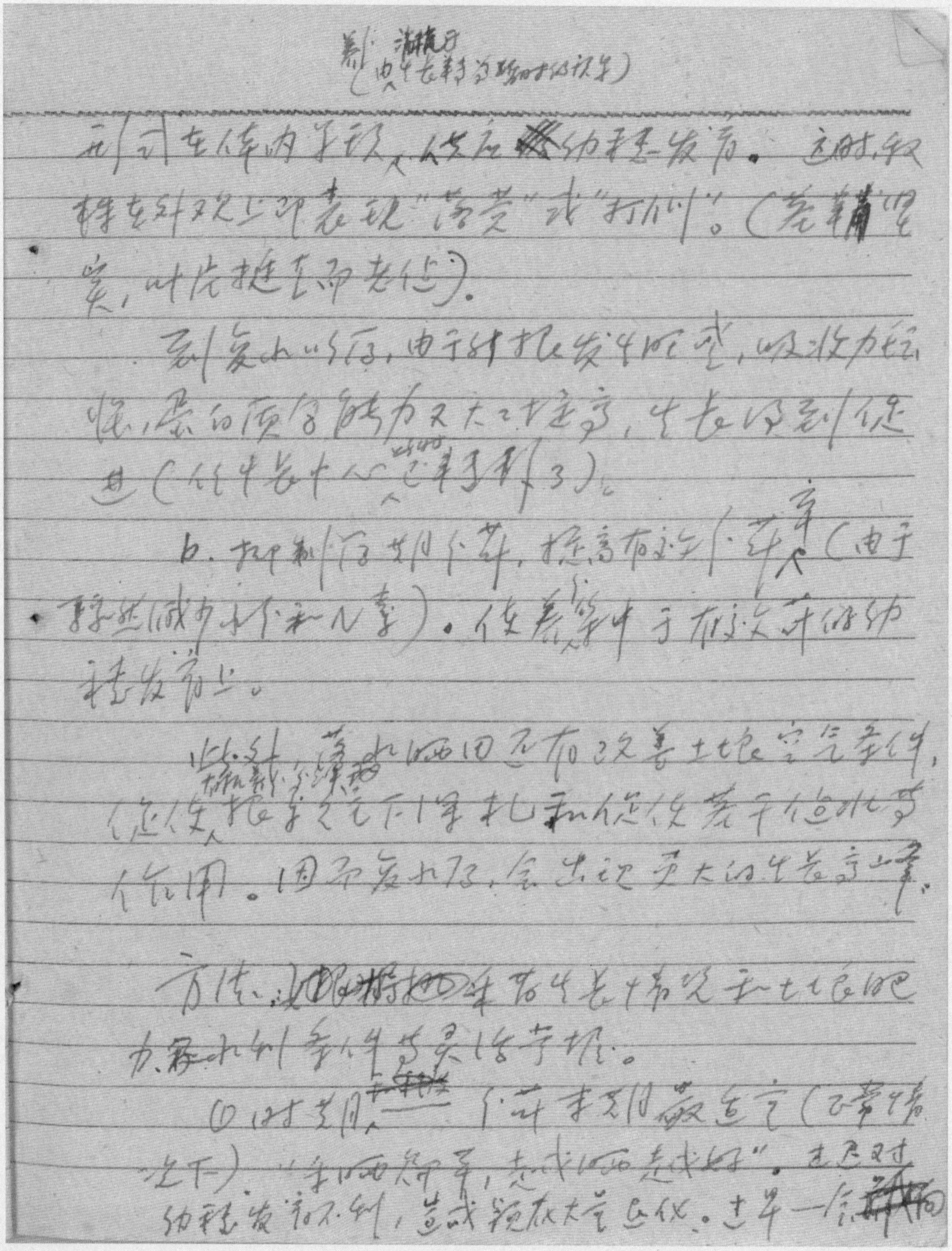

烤：（搁田）
（此时是转向生殖生长的时候）

而对培育壮秆，以及对[illegible]幼穗发育。这时稻株在外观上即表现"落黄"或"打斜"。（老嫩适宜，叶片挺直而老健）。

烤田以后，由于新根发生和吸收，吸收力增强，茎的质量和养分又大大提高，生长健壮（此种情况下称为杆子转了）。

b. 控制后期分蘖，提高有效分蘖率（由于将无效分蘖抑制）。使养分集中于有效分蘖的幼穗发育上。

此外，烤田还有改善土壤空气条件，促使根系向下伸扎和促使养分分解的作用。因不烤田，会出现更大的生长高峰。

方法：[illegible]根据禾苗生长情况和土壤肥力、气候、水利条件等灵活掌握。

① 时期：[illegible] 分蘖末期最适宜（正常情况之下）。"年年烤，看苗烤，[illegible]"。[illegible]对幼穗发育不利，[illegible]。[illegible]

（原稿第 54 面）

形式在体内累积（养分由消耗于生长转为暂时的累积），供应幼穗发育。这时，稻株在外观上即表现“落黄”或“打倒”（茎鞘坚实，叶片挺直而老健）。

到复水以后，由于新根发生旺盛，吸收力增强，蛋白质合成能力又大大提高，生长得到促进（促生长中心此时已转移了）。

B. 抑制后期分蘖，提高有效分蘖率（由于骤然减少水分和 N 素），使养分集中于有效蘖的幼穗发育上。

此外，落水晒田还有改善土壤空气条件，促使有机养分分解，根系往下深扎和促使茎干健壮等作用。因而复水后，会出现更大的生长高峰。

方法：要根据禾苗生长情况和土壤肥力及水利条件等灵活掌握。

①时期——分蘖末期最适宜（正常情况下），“禾晒扁草，越晒越好”。过迟对幼穗发育不利，造成颖花大量退化。过早会

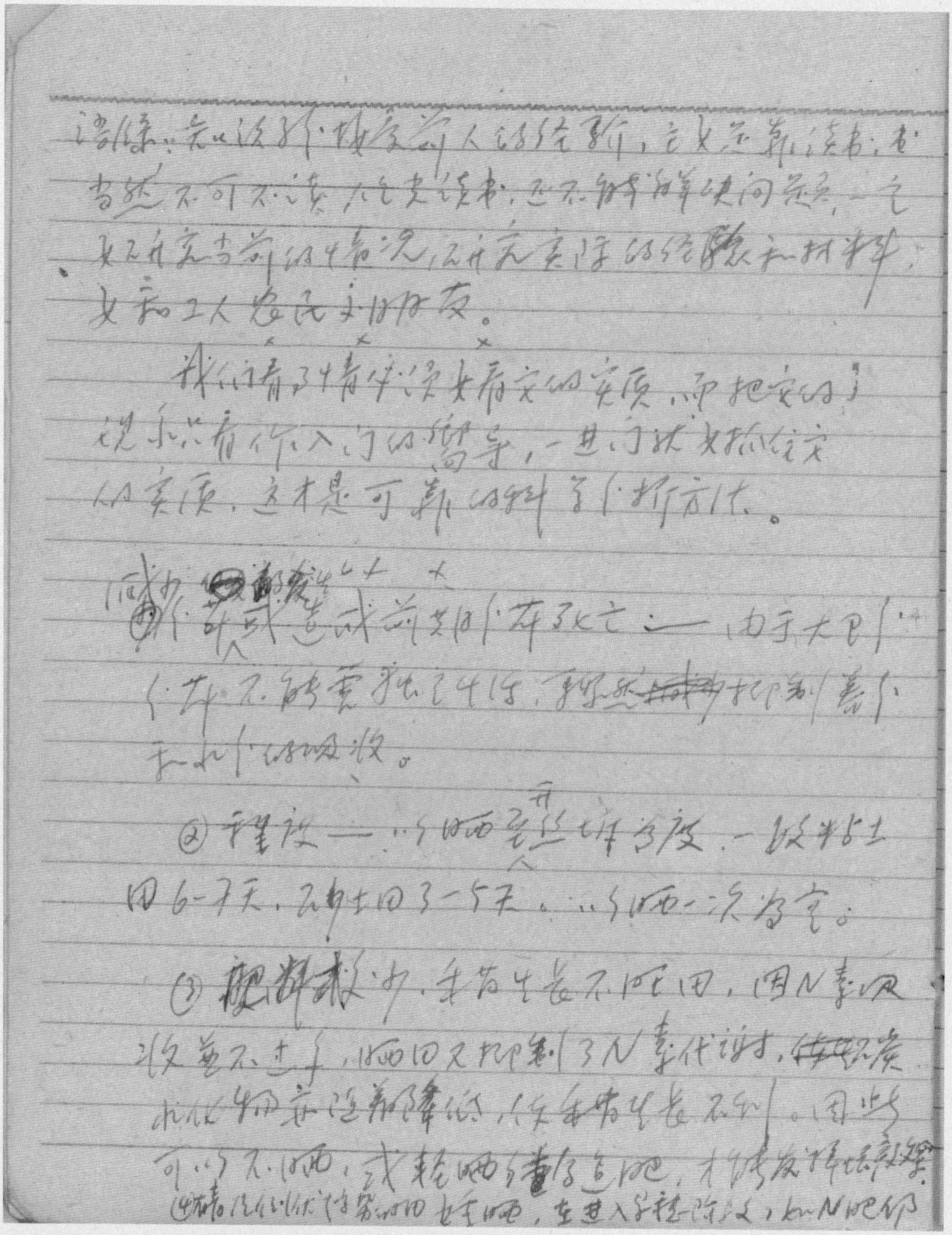

读书：念诗读书，接受前人的经验，这是重要的，书当然不可不读，但光是读书，还不能解决问题，一定要研究当前的情况，研究实际的经验和材料，要和工人农民交朋友。

我们看了情况还要看它的实质，而把它的现象只看作入门的向导，一进了门就要抓住它的实质，这才是可靠的科学的分析方法。

① [illegible]造成前期[illegible]——由于大田作物不能发挥了作用，抑制新根系的吸收。

② 干旱——以晒至开裂为度，一般粘土田6-7天，砂土田3-5天，以晒一次为宜。

③ 瘦瘠脱力，禾苗生长不旺的田，因N素吸收量不大，晒田又抑制了N素代谢，碳水化物并没有积累，使禾苗生长不利。因此可以不晒，或轻晒，增施追肥，才能发挥增产效果。

④ [illegible]好晒，[illegible]

（原稿第 55 面）

语录：知识分子接受前人的经验，主要是靠读书，书当然不可不读，但光读书还不能解决问题，一定要研究当前的情况，研究实际的经验和材料，要和工人农民交朋友。

我们看事情必须要看它的实质，而把它的现象只看作入门的向导，一进门就要抓住它的实质，这才是可靠的科学分析方法。

减少分蘖的发生或造成前期分蘖死亡——由于大部分分蘖不能独立生活，骤然抑制养分和水分的吸收。

②程度——以晒至开丝坼为度，一般粘土用 6 ~ 7 天，沙土田 3 ~ 5 天。以晒一次为宜。

③肥料较少，禾苗生长不旺田，因 N 素吸收并不过多，晒田又抑制了 N 素代谢，碳水化合物亦随着降低，使禾苗生长不利。因此可以不晒，或轻晒结合追肥，才能发挥增产效果。

④有青风倒伏趋势的田要重晒，在进入孕穗阶段，如 N 肥仍

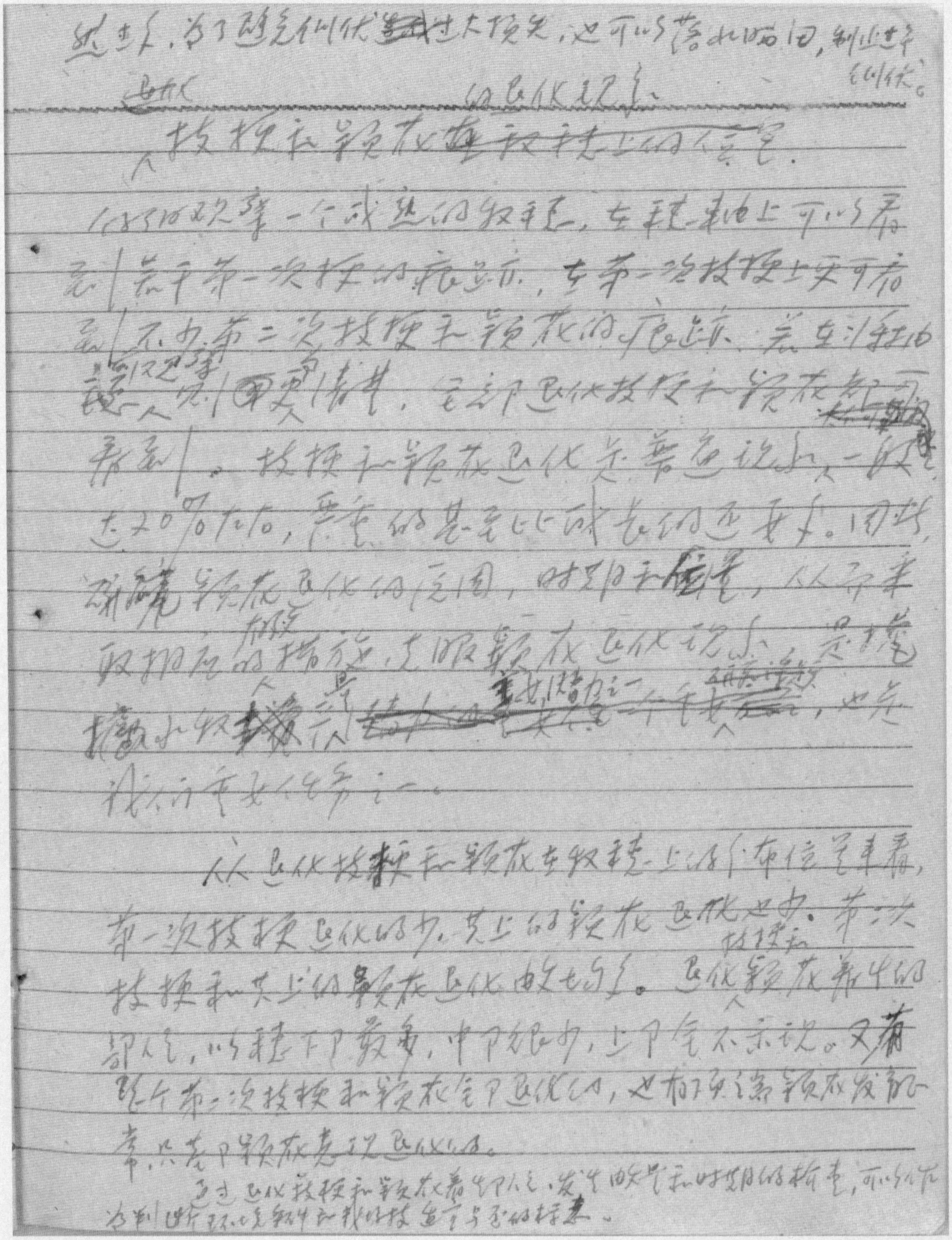

然后，为了避免退化过大损失，也可以落水晒田，制止退化。

枝梗和颖花退化的位置.

从结构上观察一个成熟的穗子，在穗轴上可以看到第一次枝梗的痕迹，在第一次枝梗上也可看到第二次枝梗和颖花的痕迹。……全部退化枝梗和颖花……。枝梗和颖花退化是普遍现象，一般达20%左右，严重的甚至比成长的还要多。因此，研究颖花退化的范围、时期和原因，从而采取相应的措施，克服颖花退化现象，是……的重要任务之一。

从退化枝梗和颖花在穗轴上的分布位置来看，第一次枝梗退化的少，其上的颖花退化也少。第二次枝梗和其上的颖花退化的较多。退化枝梗和颖花着生的部位，以穗下部最多，中部很少，上部全不退化。又看到个别第一次枝梗和颖花全部退化的，也有个别颖花发育……退化的。

通过退化枝梗和颖花着生部位、发生时期的分析，可以作为判断环境条件和栽培技术是否适当的标志。

（原稿第 56 面）

然过多，为了避免倒伏过大损失，也可以落水晒田，制止过早倒伏。

枝梗和颖花的退化现象

仔细观察一个成熟的稻穗，在穗轴上可以看到若干第一次枝梗的痕迹，在第一次枝梗上更可看到不少第二次枝梗和颖花的痕迹。若在将抽穗前观察则更为清楚。全部退化枝梗和颖花都可看到，枝梗和颖花退化已是普遍现象，一般达 20% 左右，严重的甚至比成长的还要多。因此研究颖花退化的原因、时期和位置，从而采取相应的有效措施，克服颖花退化现象，是挖掘水稻产量重要潜力之一，也是我们重要任务之一。

从退化枝梗和颖花在稻穗上的分布位置来看，第一次枝梗退化的少，其上的颖花退化也少，第二次枝梗和其上的颖花退化数均多，退化枝梗和颖花着生的部位，以穗下部最多，中部很少，上部全不出现。又有整个第二次枝梗和颖花全部退化，们也有顶端颖花发育正常，只基部颖花表现退化的。

通过退化枝梗和颖花着生部位，发生数量和时期的检查，可以作为判断环境条件和栽培技〔术〕适宜与否的标志。

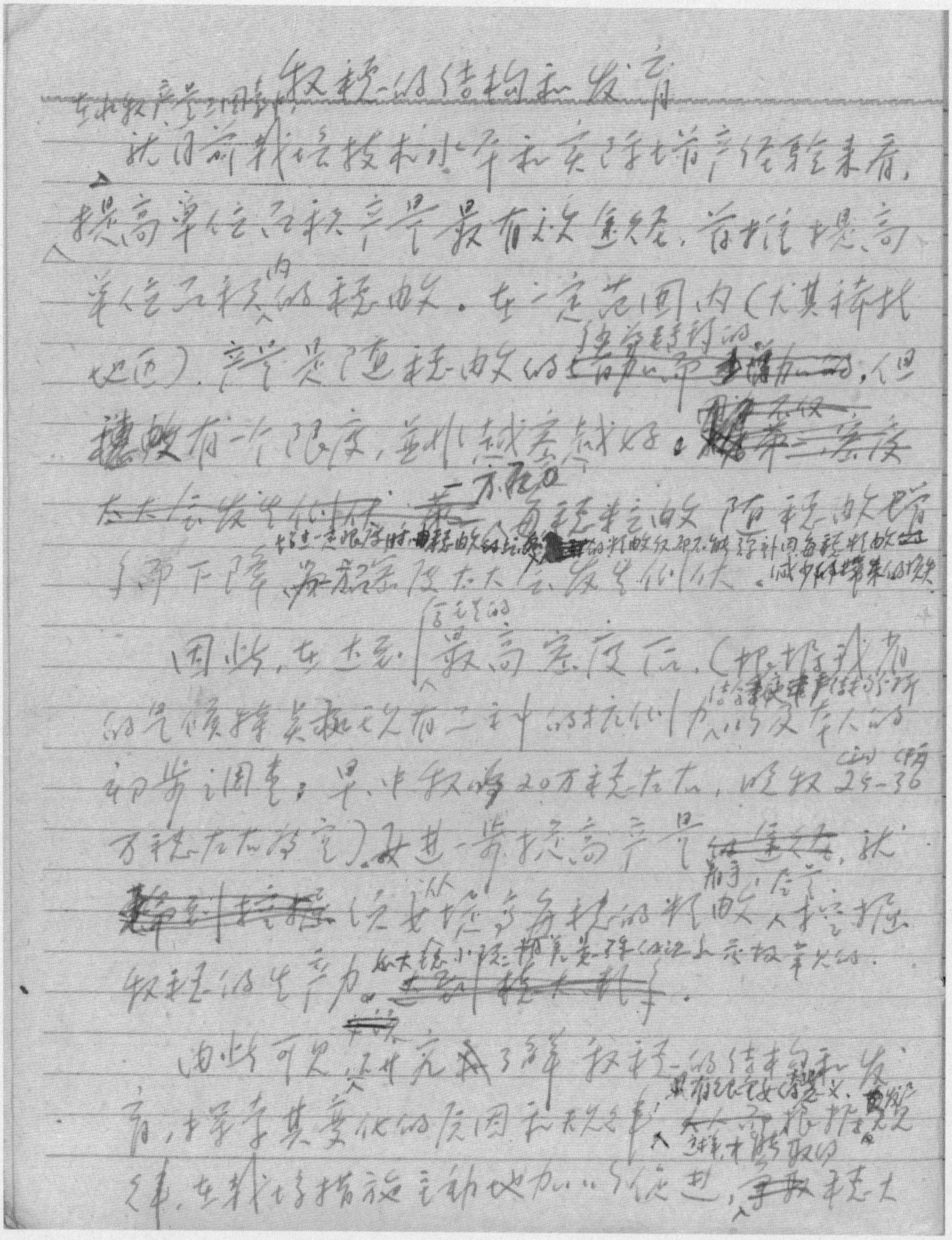

穀粒的结构和发育

就目前我们技术水平和实际增产经验来看，提高单位面积产量最有效途径，首推提高单位面积内的穗数。在一定范围内（尤其稀植地区），产量是随穗数的[illegible]，但穗数有一个限度，并非越密越好。[illegible]一方面，每穗粒数随穗数增加而下降，密度太大会发生倒伏。

因此，在达到合理的最高密度后（根据我省的气候条件及栽培技术[illegible]的初步调查，早、中谷每亩20万穗左右，晚谷25-30万穗左右为宜），要进一步提高产量，就须[illegible]每穗的粒数，提高谷粒的生产力。

由此可见，研究了解穀粒的结构和发育，掌握其变化的原因和规律，[illegible]在栽培措施上加以促进，[illegible]穗大

（原稿第 57 面）

稻穗的结构和发育

在水稻产量三因素中，就目前栽培技术水平和实际增产经验来看，提高单位面积产量最有效途径，首推提高单位面积内的穗数。在一定范围内（尤其稀植地区），产量是随穗数的多少为转移的，但穗数有一个限度，并非越密越好。一方面，每穗粒数随穗数增多而下降，超过一定限度时，穗数的增多，粒数反而不能弥补因每穗粒数减少带来的损失，另一方面，密度太大会发生倒伏。

因此，在达到合理的最高密度后（根据我省的气候特点和现有品种的抗倒力，结合当地丰产结构分析，以及本人的初步调查，早、中稻以 20 万穗左右，晚稻 25（籼）~ 30 万（粳）穗左右为宜）。要进一步提高产量，就须要从提高每穗的粒数着手，尽量挖掘稻穗的生产力。如大穗小穗相差悬殊的现象是极常见的。

由此可见，研究了解稻穗的结构和发育，探索其变化的原因和规律，具有很重要的实践意义，根据发展规律，在栽培措施主动地加以促进，这样才能取得穗大杆子、芒[illegible]（主）[illegible]。

一、稻穗的结构。

稻穗属复总状花序，又名圆锥花序。由主轴、第一次枝梗、第二次枝梗和小穗（单花花）所组成。（如图示）

主轴（主梗）上，~~有节，叫穗节~~着生第一次枝梗，第一次枝梗上着生第二次枝梗，第二次枝梗上有小穗梗，其上着生小穗。

穗轴在着生第一次枝梗的地方即为有节，叫穗节，最下面的一个节叫穗颈节。通常每个穗节上着生一个枝梗，是互生的，但生长良好的，靠近顶部的穗节常有二三个对生或轮生。坏的、生长不良的，则仅有节的存在而无枝梗。（第一次枝梗由于亦有较大变化，一般有10个左右，[illegible]一个也不超。）

各穗节上都有苞毛和苞片，是退化的变形叶，而以基部的节较明显。在此以上则[illegible]

（原稿第 58 面）

粒多，达到更高的产量。

一、稻穗的结构

稻穗为复总状花序，又名圆锥花序，由主轴、第一次枝梗、第二次枝梗和小穗（颖花）所组成（如图示）。

主轴（主梗）上，着生第一次枝梗，第一次枝梗上着生第二次枝梗，第二次枝梗上有小穗梗，其上着生小穗。

穗轴在着生第一次枝梗的地方均有节，称穗节。最下面的一个节称穗基节。通常每个穗节上着生一个枝梗，是互生的，但生长良好的，靠近基部的穗节常有 2～3 个对生或轮生。反之，生长不良的，则仅有节的存在而无枝梗（第一次枝梗数亦有很大变化，一般有 10 个以上，生长不良甚至一个也不完全，一秋寂寥知。）

各穗节上都有茸毛和苞片，称为苞，是退化的变型叶，而以基部的节较明显。有些品种如果用手在穗颈节上的苞片特别长大，如喙状小叶片。（穗节着生第一苞，依次向上为第二苞、第三苞……）。

穗上各第一次枝梗的长度，因着生位置而有不同：近基部的较短，穗中部的各枝梗最长，上部的则渐次减短。如把枝梗在着点上拔开，则一目了然。

又在第一次枝梗上着生的第二枝梗数，大致是与第一枝枝梗的长度成正比例的，以穗中部的枝梗，常有4-5个，而两端只有2-3个。

第二次枝梗上着生的小穗数，如图所示，顶端的为6粒（在同时可达7-8粒，或5粒以下），其因不个枝梗末端单生小穗。单生穗以下的各第二次枝梗（即除顶生枝）上着生的小穗数，正常为3-5粒，有愈近基部愈少的趋势（2-7、8粒）。

又，关于基部的第二次枝梗和小穗，由于认识还不正常明确，当另行再述。

（原稿第 59 面）

如卫国等在穗基节上的苞片特别长大，如匙状小叶片（基节着生第一苞，依次向上为第二苞、第三苞……）。

穗上各第一次枝梗的长度，因着生位置而有不同：近基部的较短，穗中部的各枝梗最长，上部的又渐次减短。如把枝梗在平面上摊开，则呈纺锤形。

又在第一次枝梗上着生的第二枝梗数，大致是与第一次枝梗的长度呈正比例的，以穗中部的较多，常为 4～5 个，而两端只有 2～3 个。

第二次枝梗上着生的小穗数，如图所示，顶端的通常为 6 粒（有时可达 7～8 粒，或 5 粒以下），因不分枝特称单生梗。单生梗以下的各第二次枝梗（特称复生梗）上着生的小穗数，通常为 3～5 粒，有愈近基部愈多的趋势（2～7、8 粒）。

又，近基部的第二次枝梗和小穗，由于环境不良常会退化，当于后面再述。

每个小穗由下及上，由外至内，由付护颖、护颖、内外稃、鳞片、雄蕊、雌蕊等部分组成。（见图9页）

最下面是付护颖，与小穗轴相连，而护颖在它的上部，两个付护颖构成杯状体，中央有小突起与护颖基部的凹入处相衔接，一般由厚层细胞组织相连接起来，这种厚层细胞如果只一层或不存在，则容易成熟后不易脱粒；如果细胞层比较厚，成熟后这些细胞干枯，则容易脱粒。（[illegible]）

二、穗轴的发育过程

小麦在营养生长期内，生长点只分化叶片，不分化其他器官，进入生殖生长阶段后，生长点开始分化穗部。

穗轴一般过程是：生长点先开始伸长，然后在其上分化若干小的突起，这些突起将来发育成为第一次枝梗（第一次枝梗原基）。第一次突起在伸长的同时，又在其上发生若干第二次突起。第二次突起可以发育成为第第

（原稿第 60 面）

每个小穗由下及上，从外到内，由付护颖、护颖、内外颖、鳞片、雄蕊、雌蕊等六部分组成。（见书 19 页）

最下面是付护颖，下与小穗梗相连，是颖花的蒂部，两个付护颖构成杯状体，中央有小突起与颖果底部的凹入处相衔接，一般内层离细胞组织把两方连接起来，这种离层细胞如果只一层或不存在，则谷粒成熟后不易脱粒，如果细胞层数多，成熟后这些细胞干萎，则容易脱粒（退化现象见前 3 页）。

二、稻穗的发育过程

水稻在营养生长期内，基生长点只分生出叶片，不能分化出幼穗，通过光照阶段，后生长点即起了质变，即开始分化为幼穗。

它的一般过程是：生长点先开始伸长，膨大呈圆锥形，然后在其上出若干小的突起，这些突起将来发育成第一次枝梗（第一次枝梗原基）。第一次突起稍为膨大后，又在其上发生若干第二次突起。第二次突起可能发育成为第

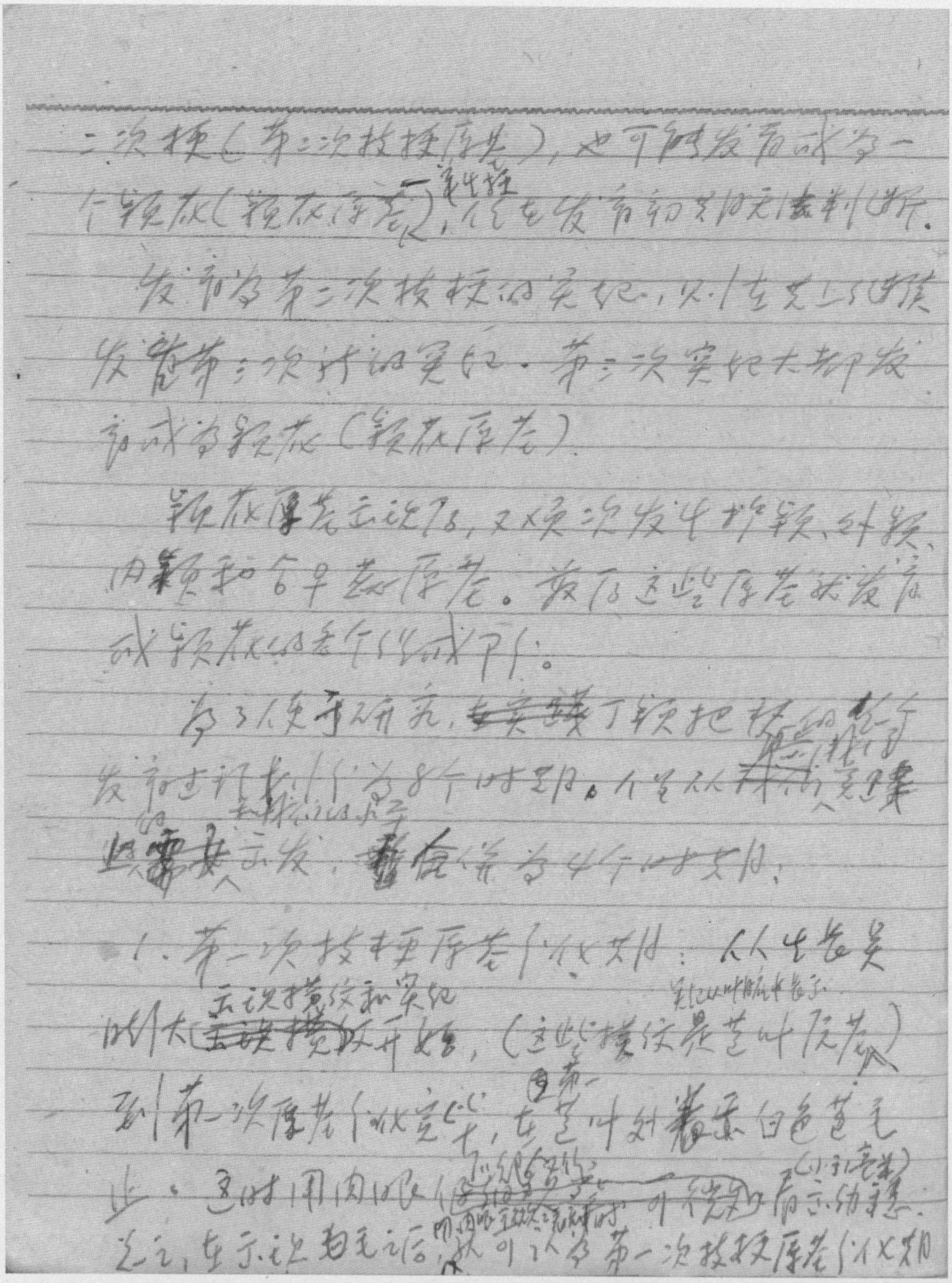

二次枝梗（第二次枝梗原基），也可能发育成为一个颖花（颖花原基），但在发育初期就难判断。

发育为第二次枝梗的突起，以后在它上面继续发生第三次的突起。第三次突起大都发育成为颖花（颖花原基）。

颖花原基出现后，又依次发生护颖、外颖、内颖和合蕊原基。最后这些原基就发育成颖花的各个组成部分。

为了便于研究，丁颖把稻穗的发育过程划分为8个时期。

1. 第一次枝梗原基分化期：从生长点基部出现横纹开始，（这些横纹是苞叶原基）到第一次原基分化完毕，生长点附着白色苞毛止。这时用肉眼可看到生长点，在它上面有白色苞毛，就可认为第一次枝梗原基分化期

（原稿第 61 面）

二次梗（第二次枝梗原基），也可能发育成为一个颖花（颖花原基——单生梗），但在发育初期无法判断。

发育为第二次枝梗的突起，则在其上继续发育第三次新的突起。第三次突起大都发育成为颖花（颖花原基）。

颖花原基出现后，又须次发生护颖、外颖、内颖和♀♂〔雌雄〕蕊原基。最后这些原基就发育成颖花的各个组成部分。

为了便于研究，丁颖把穗的整个发育过程划分为 8 个时期，但从目前栽培实践上的需要和我们的水平出发，暂合并为 4 个时期：

1. 第一次枝梗原基分化期：从生长点膨大出现横纹和突起开始（这些横纹是苞叶原基突起从叶腋中长出），到第一次原基分化完毕，在第一苞叶处长出白色苞毛止。这时用肉眼还很难看出幼穗（小于 1 毫米）。总之，在出现白毛之后，用肉眼可微微看到时就可认为第一次枝梗原基分化期

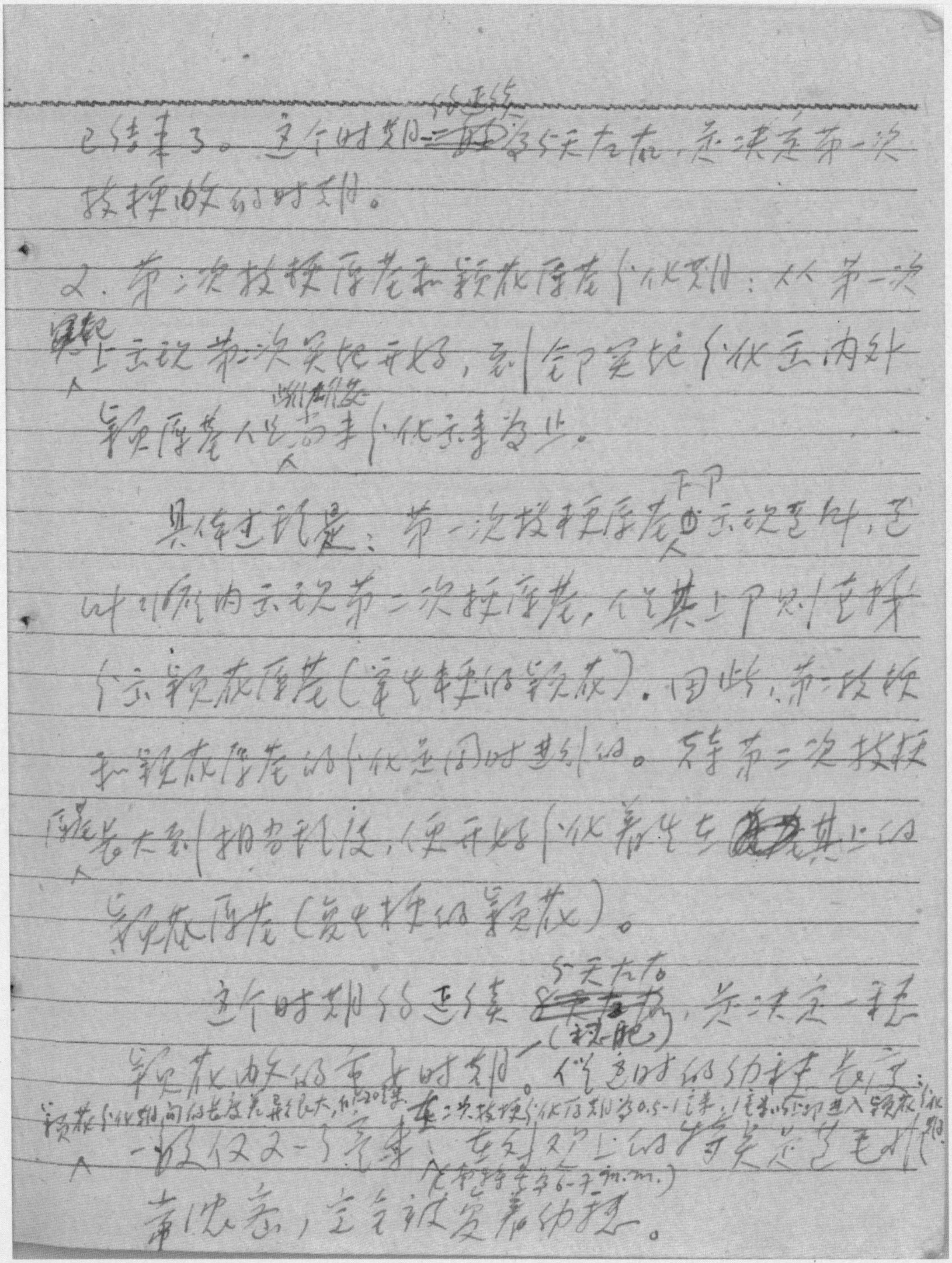

已结束了。这个时期约5天左右，是决定第一次枝梗数的时期。

2. 第二次枝梗原基和颖花原基分化期：从第一次枝梗原基上出现第二次突起开始，到全部突起分化出内外颖原基、雌雄蕊开始分化时为止。

具体地说是：第一次枝梗原基下部出现突起，它们就是第二次枝梗原基，而其上部则出现颖花原基（未来的颖花）。因此，第二次枝梗和颖花原基的分化是同时进行的。待第二次枝梗原基长大到相当程度，便开始分化产生其上的颖花原基（发生在枝梗上的颖花）。

这个时期约经5天左右，是决定一穗颖花数（粒数）的重要时期。但这时的幼穗长度，一般仅2～3毫米，[illegible]

颖花分化期间的长度变异很大，如[illegible]第二次枝梗分化期约0.5～1毫米，[illegible]进入颖花分化期[illegible]（[illegible]6～7 m.m.）

[illegible]，完全被叶鞘包裹着。

（原稿第62面）

已结束了。这个时期约延续为5天左右，是决定第一次枝梗数的时期。

2. 第二次枝梗原基和颖花原基分化期：从第一次突起上出现第二次突起开始，到全部突起分化出内外颖原基但雌雄蕊尚未分化出来为止。

具体过程是：第一次枝梗原基下部出现苞叶，苞叶腋内出现第二次梗原基，但其上部则直接分出颖花原基（单生梗的颖花）。因此，第二段梗和颖花原基的分化是同时进行的。待第二次枝梗原基长大到相当程度，便开始分化着生在其上的颖花原基（复生梗的颖花）。

这个时期约延续5天左右，是决定一穗颖花数的重要时期（穗肥）。但这时的幼穗长度：颖花分化期间的长度差异很大，有1~20毫米，一般仅2~3毫米（南特号为6~7mm），在二次枝梗分化后期为0.5~1毫米，1毫米以上即进入颖花分化期。在外观上的特点是苞毛非常浓密，完全被复〔覆〕着幼穗。

这阶段的判断属于固定的一些东西的意义，和对于各种促进技术措施的联系也有的意义。至花粉母细胞

3. 雌雄蕊形成期 ~~至花粉母细胞形成期~~：

自颖花开始分化雌雄蕊原基起，到内外颖闭合，长度达于颖一倍左右，花药中形成花粉母细胞止。

此期的特点：~~[illegible]~~ 幼穗显著伸长（0.5—1.5厘米，或[illegible]），变动在1—5厘米之间，同时颖花也开始伸长，达1—4毫米，[illegible]雌雄蕊[illegible]。

延续时间：10天左右。

4. 花粉母细胞减数分裂期

花粉母细胞是由营发育成花粉的细胞。它形成后即进行减数分裂（连续二次），产生四个子细胞，它们以后即发育成花粉。~~各~~各花粉母细胞分裂的先后差异很大，整个持续时间较长。

延续时期：~~相当长~~，~~10天左右~~ 7—8天。

特征：幼穗急剧伸长，由5厘米左右伸长到接近全长，或者说颖花长度达全长1/2左右。

这时幼穗发育又一个重要时期：[illegible]花粉发育是否良好的时期。

5. 花粉内容充实期 自花粉母细胞[illegible]起，到花粉发育完成时止。

（原稿第 63 面）

（正确的判断来源于周到的和必要的侦察，和对于各种侦察材料的连贯起来的思索。）

3. 雌雄蕊和花粉母细胞形成期：

自颖花开始出现雌雄蕊原基起，到内外颖闭合长度达护颖一倍左右，花药中形成花粉母细胞止。

此期的特点是：幼穗显著伸长，超过 1 厘米，变动在 1～5 厘之间（初期 1 厘米，终期 5 厘米），同时颖片也开始伸长，达 1～4 毫米，后期顶端并出现叶绿素。延续时间：10 天左右。

4. 花粉母细胞减数分裂期

花粉母细胞是进一步发育为花粉的细胞。它形成后即进行减数分裂（连续二次），产生四个子细胞，它们以后即发育成花粉。这段时间称之延续时期。各花粉母细胞分裂的先后差异很大，整个延续时期 7～8 天。

特征：幼穗急剧伸长，始期 5 厘米左右，终止时已近于全长。盛期为全长 1/2 左右。这时幼穗发育又一个重要时期：小穗和花粉发育是否良好的关键时期。

5. 花粉成熟期即决定退化颖花数和结实率的高低，此外，也是对外界条件反应最敏感的时期。自花粉外壳形成时期起，到花粉发育完成时止。

讲课：我们以前总相信了国外，但是我们不能总是照国外。我们认为国外总是必须照搬，是有很多错误的。

无论何人必须认识什么了解，除了田间看到的植株简单生长情况……是看得清楚的。

纵裂纹：内外颖纵向伸长基本停止，横向生长则迅速增大。于是出现两次突起（腹背）。外颖会出现七条叶脉。

二、稻穗分化时期的田间检查

每穗上小穗的发育顺序是从上部下的，顶部小穗最快，在下最慢，故一般用穗中部小穗发育时期为标准。全田群体发育期一般以多数时期（大多数）的小穗或单株发育期为代表。

检查幼穗的发育时期，除了直接用解剖镜、显微镜观察外，还可用植株其他器官的生长情况作为间接的检定指标。常用的简便方法有：

1、根据拔节期和抽穗期推算：

早熟——拔节前3-5天开始

中熟——第一枝梗分化与拔节同时开始

晚熟——拔节后10天（双晚），15天（单晚）左右。

此外，也可以叶龄余数作为幼穗分化的时期。

（原稿第 64 面）

（语录：我们面前还有许多困难，但是我们不怕这些困难，我们认为困难是必须克服，并且能够克服的。无论何人要认识什么事物，除了同那个事物接触即生活于（实践于）那个事物的环境中，是没有法子解决的。）

外观特征：内外颖纵向伸长接近停止，横向生长则迅速增大。柱头出现羽状突起，花丝伸长，内外颖全面出现大量叶绿素。

三、稻穗分化时期的田间检定

每穗上小穗的发育顺序是自上而下的，顶部小穗最快，基部最慢，故一般用穗中部小穗发育时期为标准。全田群体发育期一般以当时达到某时期的百分数或平均发育期为代表。

检查幼穗的发育时期，除了直接用解剖镜、显微镜观察外，还可用植株其他器官的生长情况作为间接的检定指标。常用的简便方法有：

1. 根据拔节期和抽穗期推算：

早稻——拔节前 3 ~ 5 天开始

中稻——幼穗分化与拔节同时开始

晚稻——拔节后 10 天（双晚），15 天（一晚）左右。

抽穗期—在正常~~栽培~~条件下和一定品种之抽穗期与出穗~~期至~~的变动是相当小的。

早熟 —— 25-30天，
中熟 —— 30天左右。 } 开花
晚熟 —— 30-35天。

（减数分裂[illegible]期或期—10天左右，早熟较短，晚熟较长，中熟介乎二者之间。（孕穗期）

二、用叶龄指数鉴定

幼穗发育时期与叶龄有密切关系。

叶龄指数是指当时的出叶数，除以主茎总叶数的比商，再乘100所得。

$$= \frac{\text{调查时叶龄}}{\text{主茎总叶数}} \times 100.$$

此法准确可靠，适用于不同品种。

减数分裂	苞分化期	第一枝梗分化期	第二次枝梗分化期
98%	76	82	85-92

（原稿第 65 面）

抽穗期——在正常自然条件下和一定播种期内出穗期的变动是相当小的。

早稻——25～30 天
中稻——30 天左右　＞ 开始
晚稻——30～35 天

减数分裂期盛期——10 天左右，早稻较短，晚稻较长，中稻介于二者之间（孕穗期）。

2. 用叶龄指数鉴定

幼穗发育时期与叶龄有密切关系，叶龄指数是指当时的出叶数除以主茎的总叶数所得商，再乘 100 而得。

$$= \frac{\text{调查时叶龄}}{\text{主茎总叶数}} \times 100$$

此法相当可靠，适用于不同品种。

减数期	开始分化期	第一枝梗分化期	第二和颖花分化期
98%	76〔%〕	82〔%〕	85〔%〕~92〔%〕

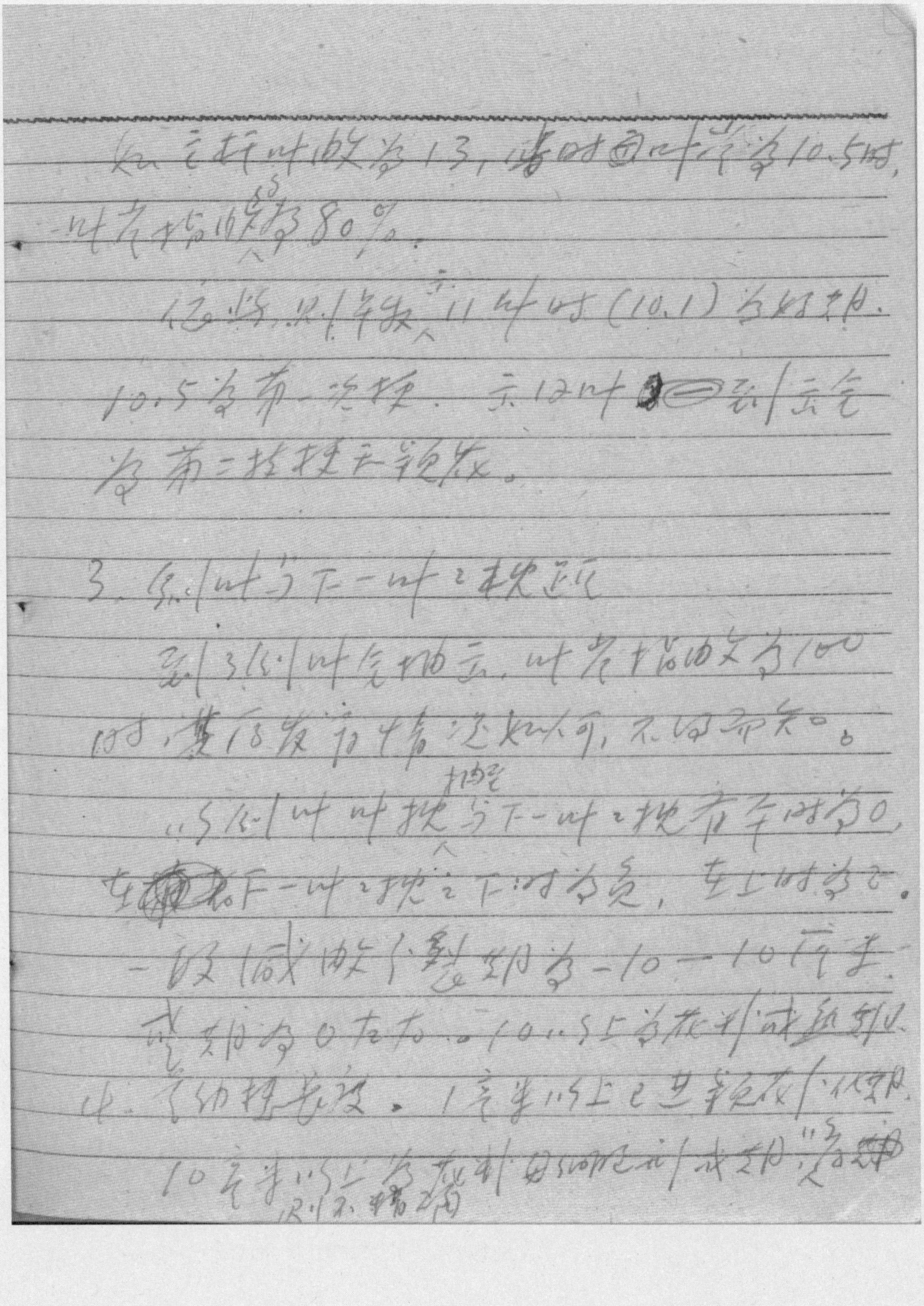

如主枝叶数为13，当对面叶节为10.5时，
叶龄指数为80%。
倍数则等于11叶时(10.1)为好期。
10.5为第一次枝，主12叶到主全
为第二枝枝主颖成。

3. 剑叶与下一叶之枕距
到剑叶全抽出，叶龄指数为100
时，其后发育情况如何，不得而知。
以剑叶叶枕与下一叶之枕交齐时为0，
在下一叶之枕之下时为负，在上时为正。
一般减数分裂期为-10—10厘米。
盛期为0左右。10以上为花粉减数分裂
中、后期。1厘米以上已是颖花分化期
10厘米以上为花粉母细胞减数分裂后期
则不精确

（原稿第 66 面）

如主秆叶数为 13，当时叶龄为 10.5 时，叶龄指数约为 80%。

依此，则早稻出 11 叶时（10.1）为始期，10.5 为第一次梗，出 12 叶到出全为第二枝梗和颖花。

3. 剑叶与下一叶的枕距

到了剑叶全抽出，叶龄指数为 100 时，其后发育情况如何，不得而知。

以剑叶叶枕抽至与下一叶叶枕齐平时为 0，在下一叶叶枕之下时为负，在上时为正。一般减数分裂期为 -10 ~ 10 厘米。盛期为 0 左右。10 以上为花粉成熟期。

4. 量幼穗长度。1 毫米以上已进颖花分化期，10 毫米以上为花粉母细胞形成期，以后则不精确。

控制机体发育的一般原则

三、不同发育时期对外界条件的反应

不同发育时期对外界条件具有不同的要求和反应，了解各发育时期的意义，对控制机体发育的操作过程有意义。

从……有二个时期最关重大。

①接种和胚胎分化期是一种敏感性的决定期。

②减数分裂期是敏感性形成的决定期。

从对器官的发生来考察其方向的时机：控制某一器官的敏感阶段，必须在其分化过程中进行，一旦分化已经固定，就很难再改变。这就是说，外界条件通过新陈代谢过程而起作用的，中间需要一段时间过程，同时，只有在某一器官分化前或分化之时改变外界条件的效果最大。

（原稿第 67 面）

三、控制稻穗发育的一般原则

稻穗不同发育时期对外界条件具有不同的要求和反应，了解各发育时期的需要，对栽培措施，对稻穗发育能提供理论基础。

从养分关系来说有二个时期最关重要：N 代谢水平，糖代谢水平。

①第二枝梗和颖花分化期是一穗一颖花数的决定期。

②减数分裂期是颖花退化数的决定期。

但对养分的供应要掌握正确的时机：控制某一器官的数量发展，必须在其分化过程中进行，一旦分化数已经固定，就很难再改变。考虑到外界条件总是要通过内部生理代谢过程而起作用的，中间需要一段时间过程，因此，只有在某一器官分化稍前或正在分化之际改变外界条件的效果最大。

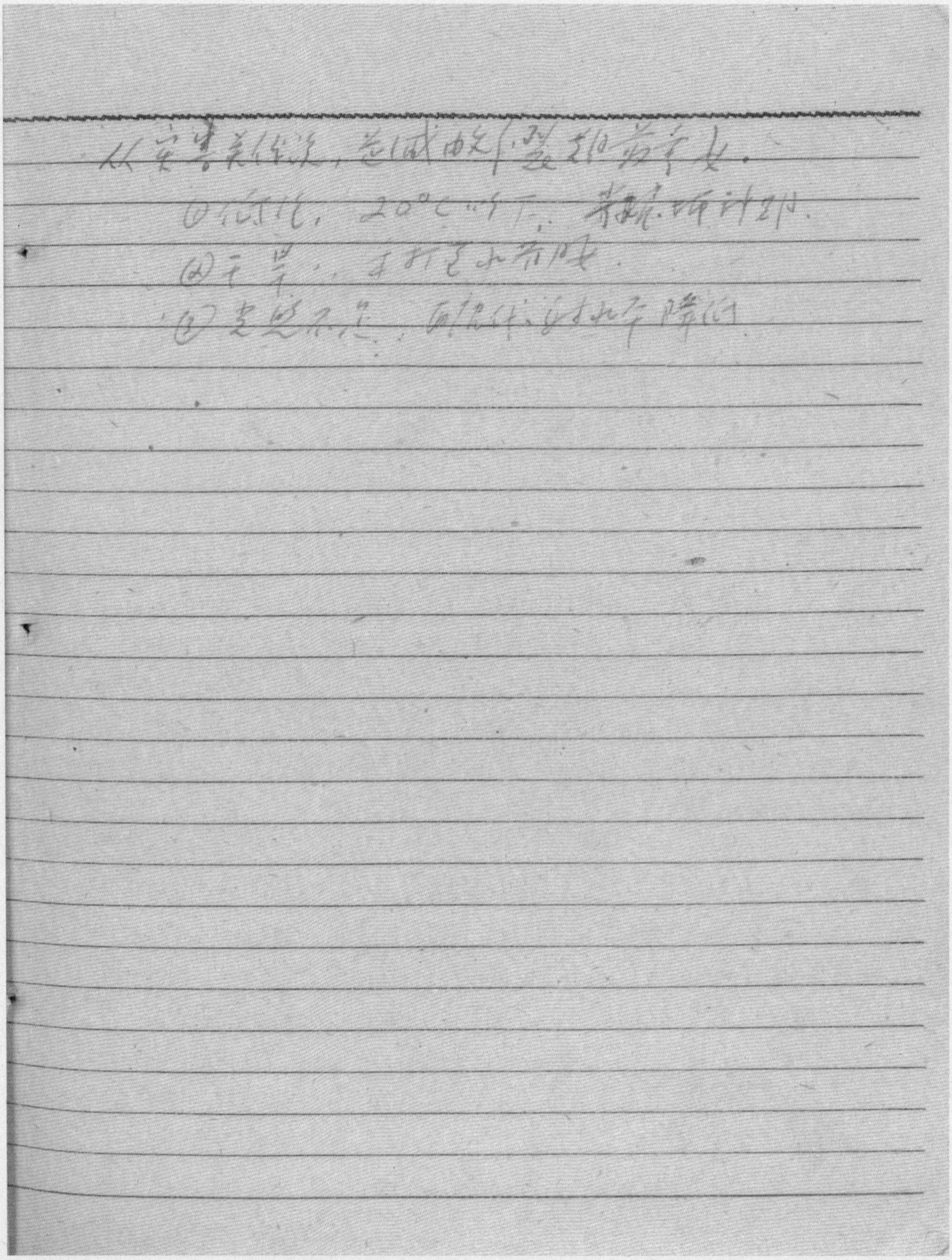

从灾害关系说，造成晚[illegible]。

①低温，20°C以下，[illegible]。

②干旱，[illegible]。

③[illegible]不足，[illegible]降低[illegible]。

（原稿第 68 面）

从灾害关系说，是减数分裂期最重要。

①低温，20 ℃以下，掌握播种期。

②干旱，禾打苞水齐腰。

③光照不足，糖代谢水平降低。

适期追

②看苗施穗肥

穗肥能够增产的原因：a、促进幼穗分化，使穗的粒数增多。b、增加颖花数，减少颖花退化。

但是，施穗肥必须看苗与施肥季节适当的时机。

一般说：在施肥不足，后期禾苗发黄的情况下，穗肥的效果最显著。在施肥充足的情况下，穗肥的效果较小，甚至会引起相反的结果，引起贪青倒伏，增加空壳。

施用时期不当，也会造成相反的结果：过早，促进无效分蘖和使下部节间伸长。过迟，贪青迟熟，增加空壳瘪粒，甚至倒伏。

增加颖花数为目的的穗肥（主要是促花肥）

据研究，如肥力较低，倒伏期在最高分蘖期之前时，在倒伏临界期追肥只能引起无效分蘖的增加。在这种情况下，在第二次枝梗分化期追肥时效果最好。

（原稿第 69 面）

②看苗适期追施穗肥

穗肥能够增产的原因：a. 巩固前期分蘖，提高有效分蘖率。b. 增加颖花数，减少颖花退化。

但是，穗肥必须看苗追施并掌握适当的时机。

一般说，在施肥不足，后期禾苗过于翻〔黄〕的情况下，穗穗〔肥〕的效果最显著。在施肥充足的情况下，穗肥的效果较小，甚至引起相反的结果，导致青风倒伏，增加空壳。

施用时期不当，也会造成相反的结果：过早，增多无效分蘖和使剑叶长。过迟——贪青、延迟成熟、增加空壳瘪粒，甚至倒伏。

据研究，以增加颖花数为目的穗肥（这一次是主要的），如幼穗分化始期在最高分蘖期之前时，在分化始期追肥只能引起无效分蘖的增加。在这种情况下，在第二次枝分化期追肥时反而效果良好。

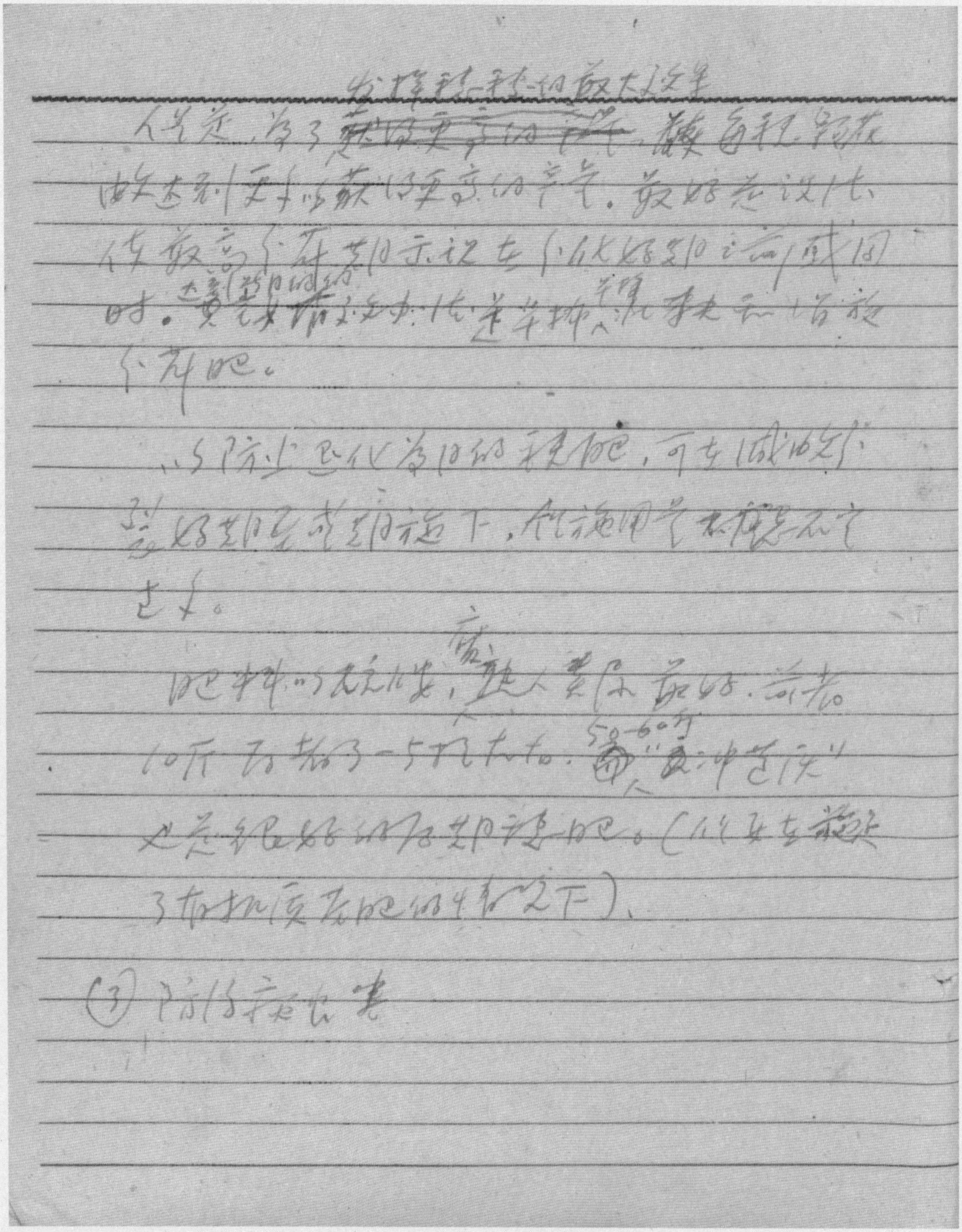

发挥秸秆的最大效果
总之，[illegible]
[illegible]
[illegible]
[illegible]
[illegible]吧。
(5)防止[illegible]化肥的损失吧，[illegible]
[illegible]
[illegible]了。
肥料的[illegible]，[illegible]最好。[illegible]
10斤[illegible]5斤左右。[illegible] 50-60斤 [illegible]
[illegible]吧。([illegible]
[illegible])。
(3) 防治病虫害

（原稿第 70 面）

但是，为了发挥穗肥的最大效果，使每穗颖花数达到更多以获得更高的产量，最好是设法使最高分蘖期出现在分化始期之前或同时。达到此目的的主要有效办法是早播、早插壮秧和增施分蘖肥。

以防止退化为目的穗肥，可在减数分裂始期至盛期施下，但施用量不宜过多。

肥料以硫铵、腐熟人粪尿最好。前者 10 斤，后者 3 ~ 5 担左右。50 ~ 60 斤“冲苞灰”也是很好的后期穗肥（但要在施足了有机质基肥的情况下）。

③防治病虫害

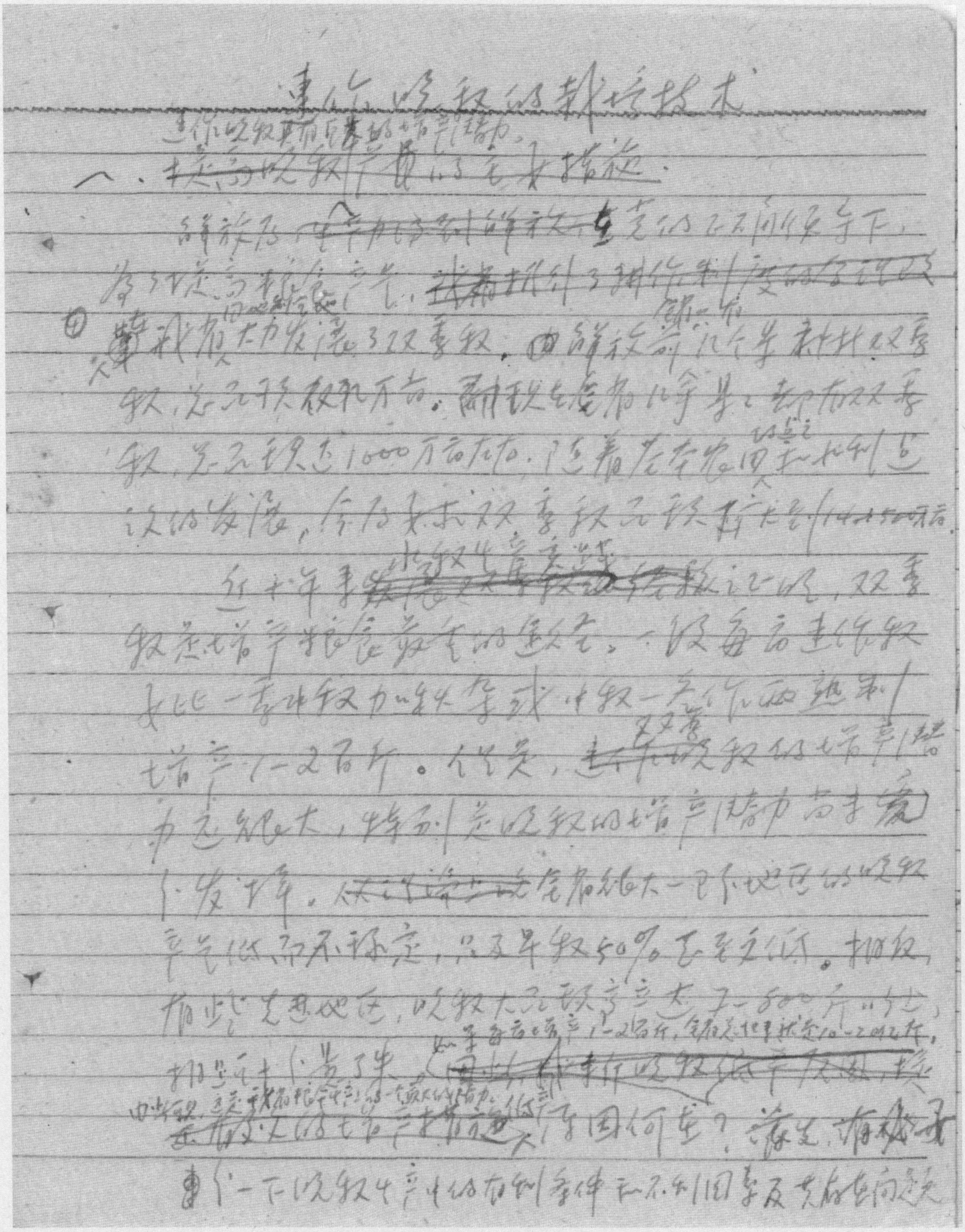

连作晚稻的栽培技术

（原稿第 71 面）

连作晚稻的栽培技术

一、连作晚稻具有巨大的增产潜力

解放后，在党的正确领导下，为了提高粮食产量，在我省因地制宜地大力发展了双季稻。解放前全省只有几个县种植双季稻，总面积仅几万亩，而现在全省几乎县县都有双季稻，总面积达 1 000 万亩左右。随着基本农田的建立和水利建设的发展，今后要求双季稻面积扩大到 1 400 ~ 1 500 万亩。

近十年来，水稻生产实践证明，双季稻是增产粮食最重要的途径，一般每亩连作稻要比一季中稻加秋杂或中稻－冬作两熟制增产 100 ~ 200 斤。但是，双季稻的增产潜力还很大，特别是晚稻的增产潜力尚未充分发挥。全省很大一部分地区的晚稻产量低而不稳定，只及早稻 50% 甚至更低。相反，有些先进地区，晚稻大面积高产达 7 ~ 800 斤以上，相距十分悬殊（如果每亩增产 1 ~ 2 百斤，全省总起来就是 10 ~ 20 亿斤）。由此可见，这是我省粮食生产上的一个最大的潜力。低产原因何在？首先，有必要分一下晚稻生产中的有利条件和不利因素及其存在问题。

二、连作晚稻品种及其生产特点。

1. 原有连作晚籼品种。如红米冬粘、香子早为其代表。生育期短、耐瘠、耐迟插，适应性强，但产量不高（300斤左右）。在高施肥时，极易倒伏，增产潜力不大。适合于施肥水平低、季节较晚的地区推广，作为双季稻发展地区的过渡性品种。但其中也有亩产达500斤以上的大面积高产记录。

2. 原来的一季晚稻和中稻，改作连作晚稻栽培的。以浙场9号为代表。生育期长，在早插、早播、中等施肥水平下，产量较高，一般在4-500斤，大面积亩产可达600斤以上。但在迟插、缺肥条件下，不如第一类高产稳定。

3. 原来的一季晚粳，改作连晚栽培的。如老来青、农垦58号。生育期较长、耐肥、抗倒、抗寒，增产潜力较大。在高肥水平下，大面积亩产可达600-800斤以上。晚粳是今后发展的方向，但在低肥条件下，产量很低。

（原稿第 72 面）

二、连作晚稻品种及其生长发育特点

1. 原有连作晚稻品种，如红米冬粘、番子为其代表。生育期短、耐瘠、耐迟播，适应性强，比较稳定，产量不高（300 左右）。多施肥时，极易倒伏，增产潜力不大。适合于施肥水平低，季节较晚的地区栽培，也是作为双季稻新发展地区的过渡性品种。但其中也有产量高达 500 斤以上的大谷番等品种。

2. 原来的一季晚籼和间作晚籼，改作连作晚稻栽培的。以浙场 9 号为代表。生育期长，在早播、早插，中等肥力水平下，产量较高，一般在 4～500 斤，大面高产可达 600 斤以上。但在迟播迟插、缺肥条件下，不如第一类高而稳定。

3. 原来的一季晚粳，改作连晚栽培的。如老来青、松场 261、农垦 58 等。生育期较长、耐肥、抗倒、抗寒、增产性能大。在高肥水平下，大面积可达 600～800 斤以上。故早籼、晚粳是今后发展的方向，但在低肥条件下，产量很低。

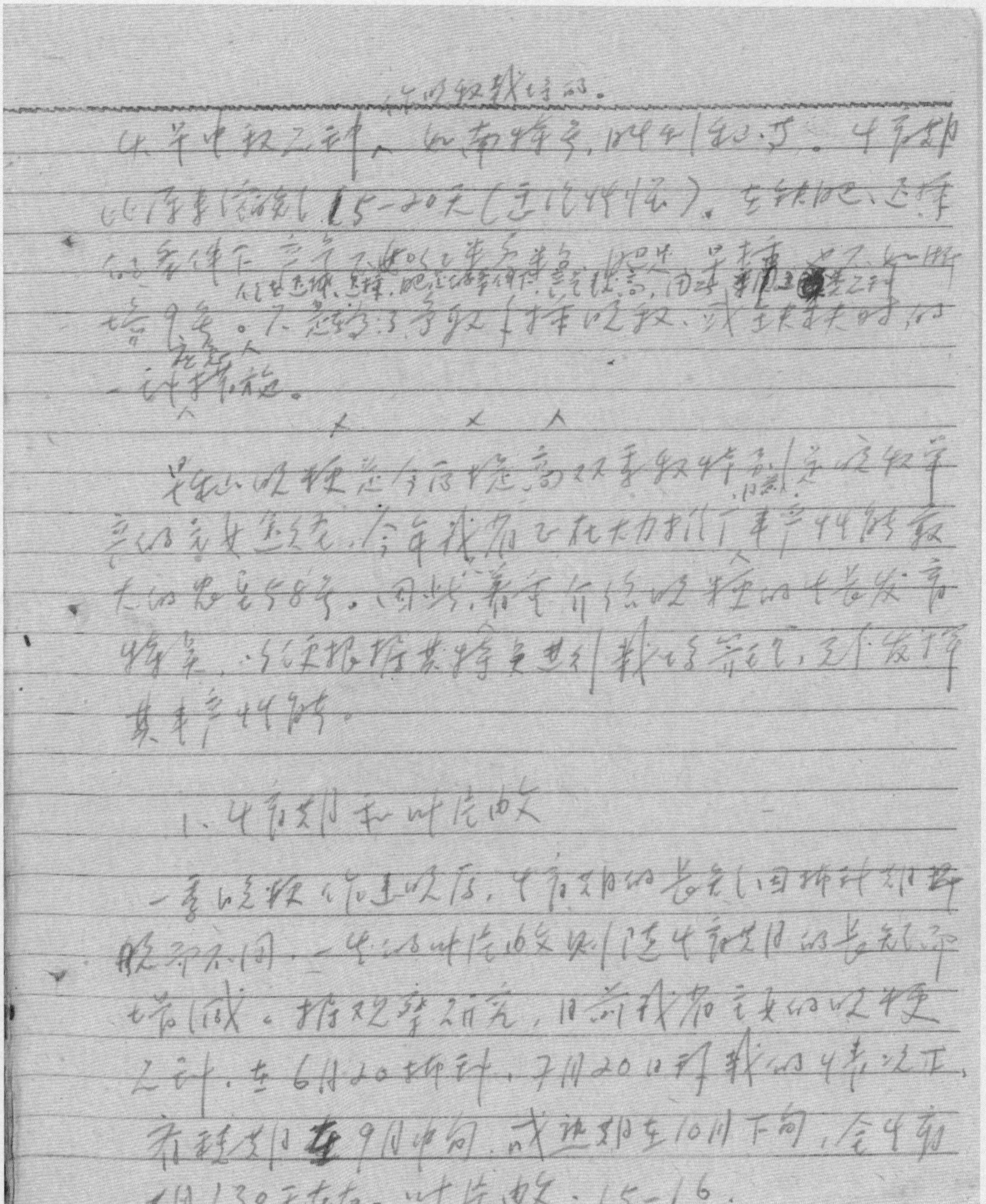

（原稿第 73 面）

4. 早中稻品种作晚稻栽培的。如南特号、胜利籼等。生育期比原来缩短 15～20 天（感温性强）。在缺肥、迟插的条件下，产量不如红米冬粘，肥足、早插，也不如浙场 9 号。但在迟播、迟插、肥足的条件下，产量较高，因此，采用这类品种不是在为了争取多插晚稻，或缺秧时的一种应急措施。

早籼晚粳是今后提高双季稻特别是晚稻单产的重要途径，今年我省正在大力推广目前丰产性能最大的农垦 58 号。因此，只着重介绍晚粳的生长发育特点，以便根据其特点进行栽培管理，充分发挥其丰产性能。

1. 生育期和叶片数

一季晚粳作连晚后，生育期的长短因播种期早晚而不同。一生的叶片数则随生育期的长短而增减。据观察研究，目前我省主要的晚粳品种，在 6 月 20 日播种，7 月 20 日移栽的情况下，齐穗期在 9 月中旬，成熟期在 10 月下旬，全生育期 130 天左右。叶片数：15～16。

以此为标准，在同一年度栽培，如播种期提早10天，抽穗成熟可早3-5天，多一片叶；如延迟10天抽穗成熟期也会迟3-5天，并少一片叶。

2. 分蘖生长

一般说，晚粳分蘖力较晚籼弱，但只要肥水充足，仍能大量分蘖。据播种观察，丰产田分蘖穗一般占总穗数50-60%，说明分蘖比例是高的产量是高。

晚粳的分蘖规律（同样与主茎出叶是有同伸。），如播种时的秧苗为8叶，则第一个分蘖在第8节位上，其主茎的同伸叶为十一叶，主茎出12叶时，第九节位上出蘖。以主茎为15叶计算，则第10叶节位的分蘖仅有3片叶，已失结穗价值。因此，晚粳的有效分蘖节仅二个，有效分蘖期仅6天左右。由此亦可看出，如单季晚稻移栽，则可争取是有效分蘖期，多1-2个有效分蘖。

晚粳分蘖对水肥条件的反应较为敏感。在浅水条件下，水温会促进分蘖快，多。

（原稿第 74 面）

以此为标准，在同一年度栽培，如播种期提早 10 天左右，抽穗成熟可早 3～5 天，多一片叶；如延迟 10 天抽穗，成熟期也会迟 3～5 天，并少一片叶。

2. 分蘖生长

一般说，晚粳分蘖力较晚籼弱，但只要肥水充足，仍能大量分蘖。据观察，丰产田分蘖穗占总穗数 50～60%，而且分蘖比例愈高的产量愈高。

晚粳的分蘖同样与主茎出叶具有同伸规律，如插秧时的秧龄为 8 叶，则第一个分蘖在第 8 节位上，其主茎的同伸叶为十一叶，主茎出 12 叶时，第九节位上出蘖。以主茎为 15 叶计算，则第 10 叶节出的分蘖仅有 3 片叶，已无经济价值。因此，晚粳的有效分蘖节仅二个，有效分蘖期仅七天左右。由此亦可看到，如果早播早插，则可延长有效分蘖期，多分 1～2 个有效蘖。

晚粳的分蘖对水肥条件的反应最为敏感。在淹水条件下，水层愈浅分蘖愈快、愈多。

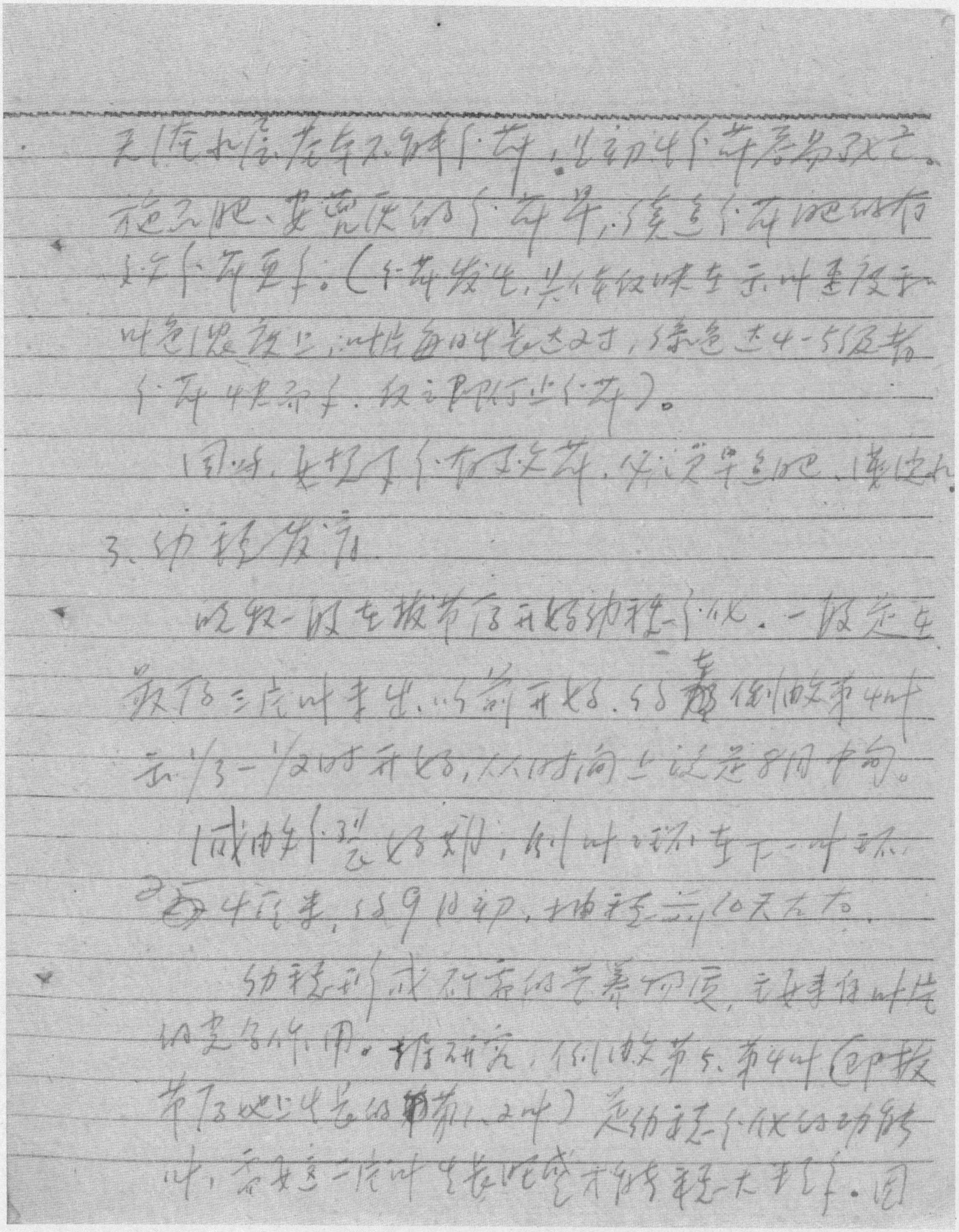

无论水稻在分蘖末期的分蘖，出穗的分蘖为无效。
施氮肥、要宽广的分蘖早，促进分蘖肥以利
早分蘖更好。（分蘖发生，其依次叶龄在第叶至第
叶色浓度上，叶片每日生长达2寸，绿色达4-5厘者
分蘖快而多。叙即阶段分蘖）。
同时，要控制分蘖，少追晚肥，慢晒田。
3、幼穗发育
晚粳一般在拔节后开始幼穗分化，一般定在
最后三片叶未出以前开始，5月倒数第4叶
出1/3-1/2时开始，从时间上说是8月中旬。
减数分裂始期，剑叶叶环与下一叶叶环
齐，8月末，9月初，抽穗前10天左右。
幼穗形成所需的营养物质，主要来自叶片
的光合作用。据研究，倒数第5、第4叶（即拔
节后以上生长的第1、2叶）在幼穗分化的功能
叶，而且主一片叶生长吃多对幼穗较大好。因

（原稿第 75 面）

无淹水层基本不能分蘖，且初生分蘖容易死亡。施面肥、安莬灰的分蘖早，续追分蘖肥的有效分蘖更多（分蘖发生，具体反映在出叶速度和叶色浓度上，叶片每日生长达 2 寸，绿色达 4～5 级者分蘖快而多，反之即停止分蘖）。

因此，要想多分有效蘖，必须早追肥、浅灌水。

3. 幼穗发育

晚稻一般在拔节后开始幼穗分化，一般是在最后三片叶未出以前开始，约在倒数第 4 叶出 1/3～1/2 时开始，从时间上说是 8 月中旬。

减数分裂始期，剑叶叶环在下一叶环 2～4 厘米，约 9 月初，抽穗前 10 天左右。

幼穗形成所需的营养物质，主要来自叶片的光合作用。据研究，倒数第 5、第 4 叶（即拔节后地上生长的第 1、2 叶）是幼穗分化的功能叶，需要这二片叶生长旺盛才能穗大粒多。因此时，需注意一开始的拔节后的肥水管理，使这2叶叶片生长良好。

4、抽穗结实：

(1) 抽穗出粒期——6月中旬前后播种，7月下旬插秧，采取肥水足，大约可在9月中旬抽穗，而且抽穗整齐。这就避免了低温的影响。

(2) 灌浆速度快，成熟快——受精后，从胚珠膨大到完熟阶段，只需7—8天，但成熟快，9月中旬开始抽穗到10月底就可成熟，结实时间为45天左右。

抽穗开花适宜温度在22℃以上，低于20℃时，受低温危害了。以上因晚粳抽穗开花正赶上低温，就能避免低温的影响，壳充实。且成熟快，在这种情况下再适当降低其危害。

这些就是晚粳栽培时，能增加生育措施。

晚粳的产量主要靠后三片叶制造，因此使这三片叶发育良好，保持功能天数长而不早衰，是夺取

（原稿第 76 面）

此，需注意开始拔节后的肥水管理，使这 2 叶生长良好。

4. 抽穗结实

①抽穗期较稳定——6 月 20 号前后播种，7 月下旬插秧，只要肥水足，都可在 9 月中旬抽穗，而且抽穗整齐，这就避免了低 t° 的影响。

②灌浆快，成熟慢——受精后，从胚珠膨大到充满谷壳，只要 7～8 天，但成熟慢，9 月中旬齐抽的要到 10 月底才充分成熟，经历时间达 45 天左右。

抽穗开花需要 t° 在 22 ℃以上，低于 22 ℃时，愈低空壳愈多。但因晚粳抽穗期稳定，灌浆快，就能少受低 t° 影响，空壳少，且成熟慢，有利于谷粒累积更多营养物质。这些就〔是〕晚粳抗寒性强、谷粒饱满的生理特点。

籽粒的干物质主要靠最后三片叶制造，因此使这三片叶发育良好，维持功能天数长而不早衰，是争取

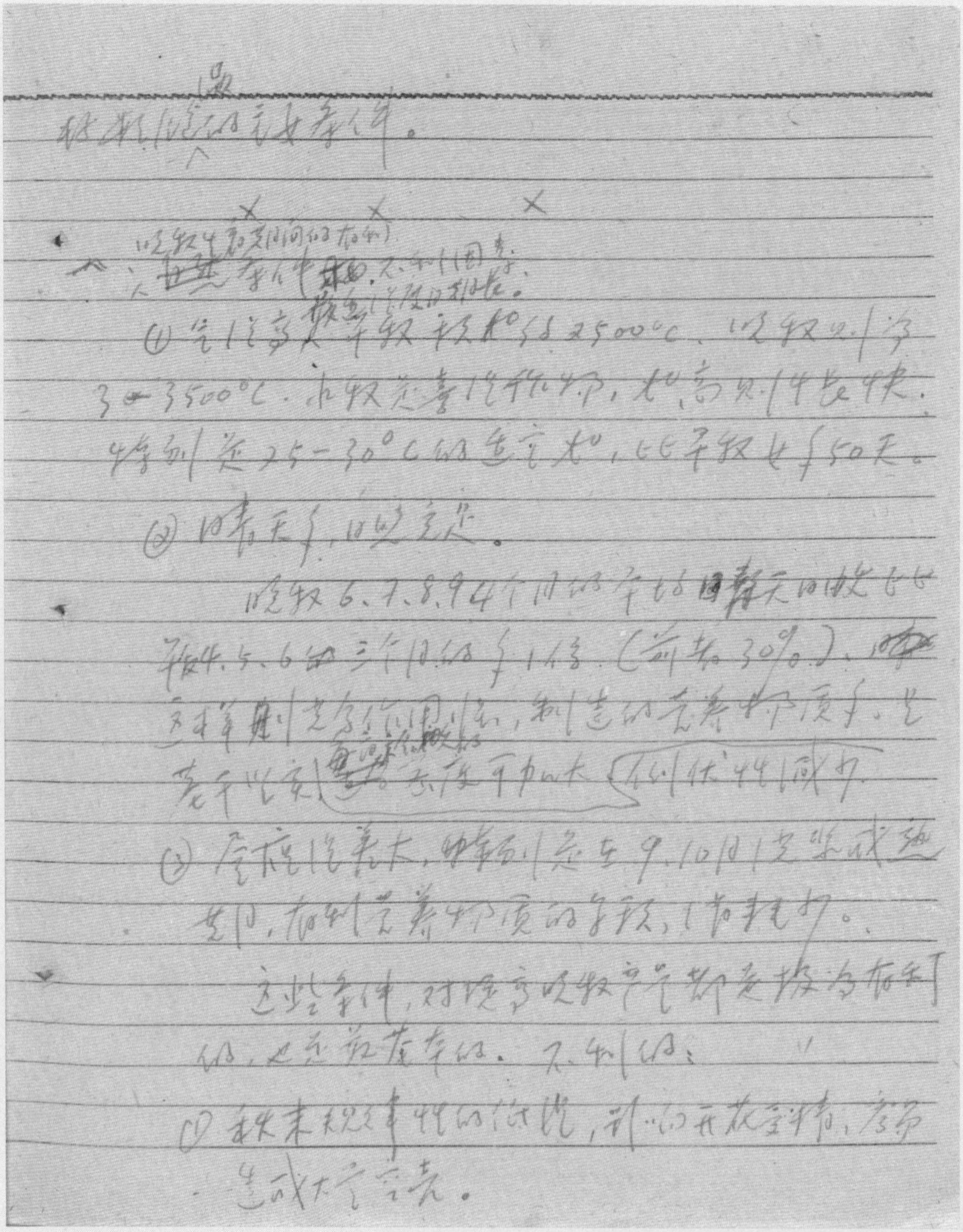

秋粮(晚稻)的高产条件。

一、(晚稻生长期间的有利)自然条件(……不利因素,……温度的相差。)

① 气候:早稻积温约2500°C,晚稻则需3000-3500°C。水稻是喜温作物,温高则生长快。特别是25-30°C的适宜温,比早稻长约50天。

② 晴天多,日照充足。

晚稻6、7、8、9四个月的平均晴天日数比早稻4、5、6的三个月的多1倍(前者30%),这样,对光合作用有利,制造的营养物质多。光照(强度)亦较大(利于光合作用)。

③ 昼夜温差大,特别是在9、10月灌浆成熟期,有利营养物质的积累,增加粒重。

这些条件,对晚稻增产都是极为有利的,也是首要的。不利的:

① 秋末寒露风的危害,影响开花受精,容易造成大量空壳。

（原稿第 77 面）

籽粒饱满的主要条件。

一、晚稻生育期间的有利条件、不利因素

①气温高，最适温度日期长，早稻积 t° 约 2 500 ℃，晚稻则为 3〔3 000 ℃〕~ 3 500 ℃。水稻是喜温作物，t° 高则生长快，特别是 25 ~ 30 ℃的适宜 t°，比早稻要多 50 天。

②晴天多，日照充足。

晚稻 6、7、8、9 四个月的平均晴天日数比早稻 4、5、6 三个月的多 1 倍（前者 30%），这样则光合作用强，制造的营养物质多，且茎秆坚实、倒伏性减少，每亩穗数的密度可加大。

③昼夜温差大，特别是在 9、10 月灌浆成熟期，有利营养物质的累积，消耗少。

这些条件，对提高晚稻产量都是极为有利的，也是最基本的。不利的：

①秋末规律性的低温，影响开花受精，容易造成大量空壳。

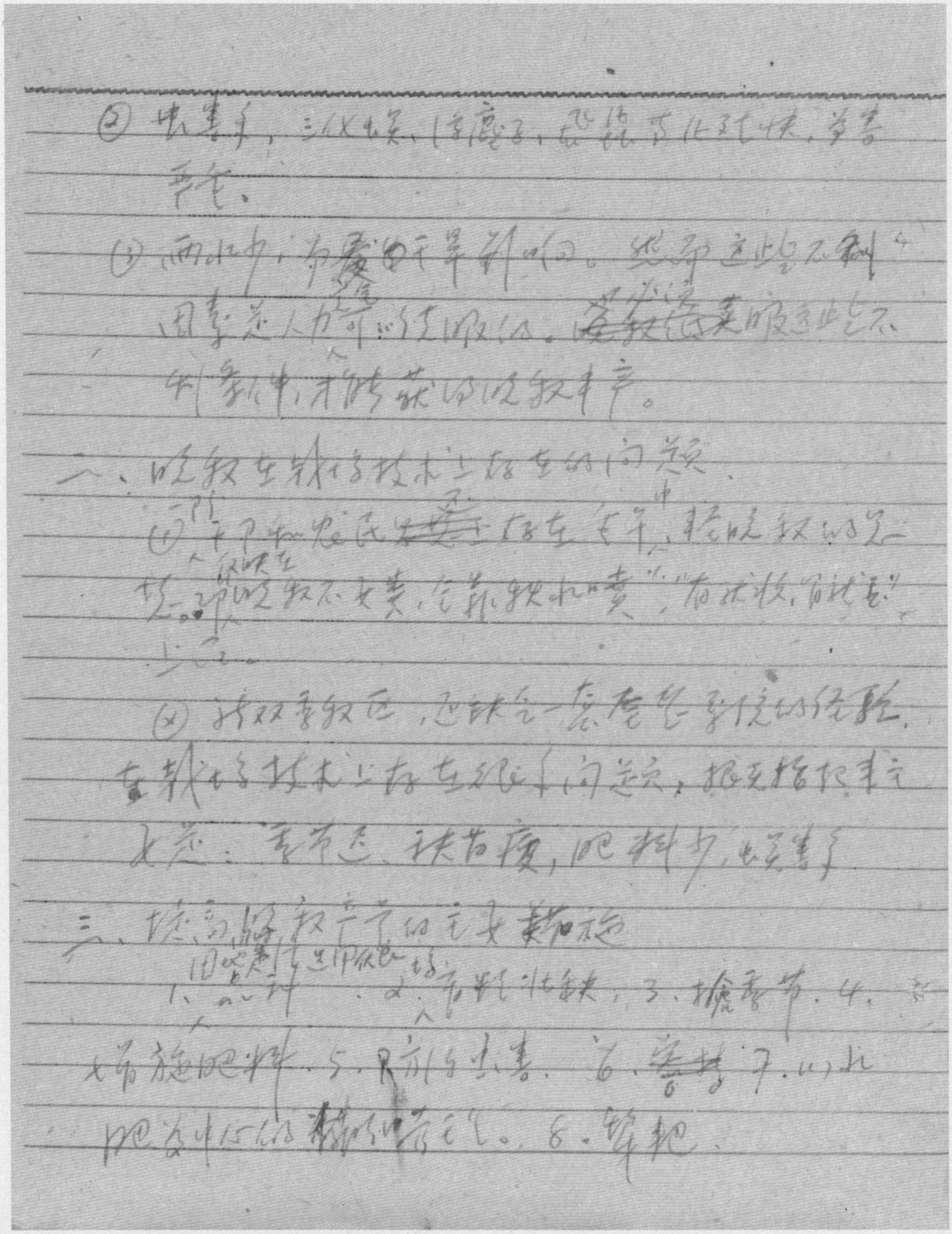

② 虫害多，[illegible]，影响产量。

③ 雨水少，[illegible]。总之这些不利因素是人为可以克服的。[illegible]才能获得皮棉丰产。

二、皮棉在栽培技术上存在的问题。

(1) [illegible]

[illegible]

④ 我们青年队，还缺乏一套全面系统的经验，在栽培技术上存在很多问题，根据检查主要表现：季节迟、缺苗多，肥料少，虫害多。

三、提高皮棉产量的主要措施

1、深耕 2、[illegible] 3、抢季节 4、[illegible]肥料 5、防治虫害 6、[illegible] 7、[illegible] 8、整枝

（原稿第 78 面）

②虫害多，三化螟、浮尘子、飞虱等繁殖快，为害严重。

③雨水少，易受干旱影响。然而这些不利因素是人力完全可以克服的。也必须克服这些不利条件，才能获得晚稻丰产。

二、晚稻在栽培技术上存在的问题

①一部分干部和农民还存在重早中、轻晚稻的思想，即反映在“晚稻不要粪，全靠秋雨喷”“有就收，冒就丢”上面。

②新双季稻区，还缺乏一套完整系统的经验，在栽培技术上存在很多问题，概括起来主要是：季节迟、秧苗瘦、肥料少、螟害多。

三、提高晚稻产量的主要措施

1. 因地制宜选用优良品种，2. 培育粗壮秧，3. 抢季节，4. 增施肥料，5. 防治虫害，6. 密植，7. 以水肥为中心的精细管理，8. 犁耙。

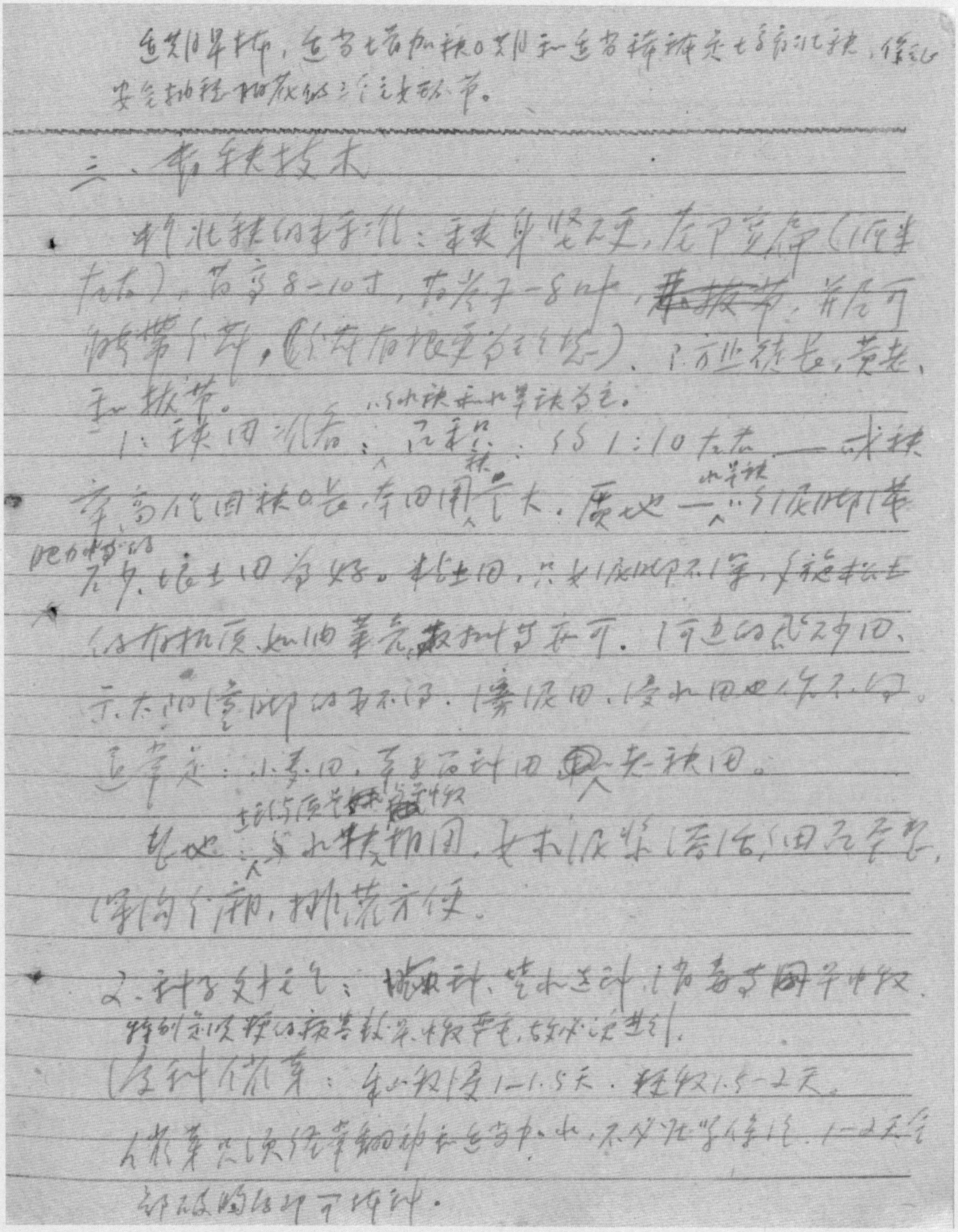

二、育秧技术

1、秧田准备：……1:10左右……

浸种催芽：籼稻浸1-1.5天，粳稻1.5-2天。

（原稿第79面）

适期早播，适当增加秧龄期和适当稀播是培育壮秧，保证安全抽穗阳〔扬〕花的三个主要环节。

三、育秧技术

粗壮秧的标准：秧身坚硬、基部宽扁（1厘米左右），苗高8~10寸，苗龄7~8叶，并尽可能带分蘖（分蘖有根更为理想）。防止徒长、黄老和拔节。

1. 秧田准备：以水秧和水旱秧为主，面积约1∶10左右——成秧率高但因秧龄长，本田用秧量大。质地——水旱秧以泥脚浅、肥力中等的砂、壤土田为好。黏土田，只要泥脚不深，多施松土的有机质，如油菜壳、树叶等亦可，河边的风砂田，出太阳烫脚的要不得。滂泥田、浸水田也作不得。通常是：小麦田，草子留种田，老秧田。

整地：过程与质量水秧与早中稻相同，要求泥浆溶活，田面平整，深沟分厢，排灌方便。

2. 种子处理：晒种、盐水选种、消毒等同早中稻，特别是晚粳的病害较早、中稻严重，故必须进行。

浸种催芽：籼稻浸1~1.5天，粳稻1.5~2天。

催芽只须经常翻动和适当加水，不必压紧保温，1~2天全部破胸后即可播种。

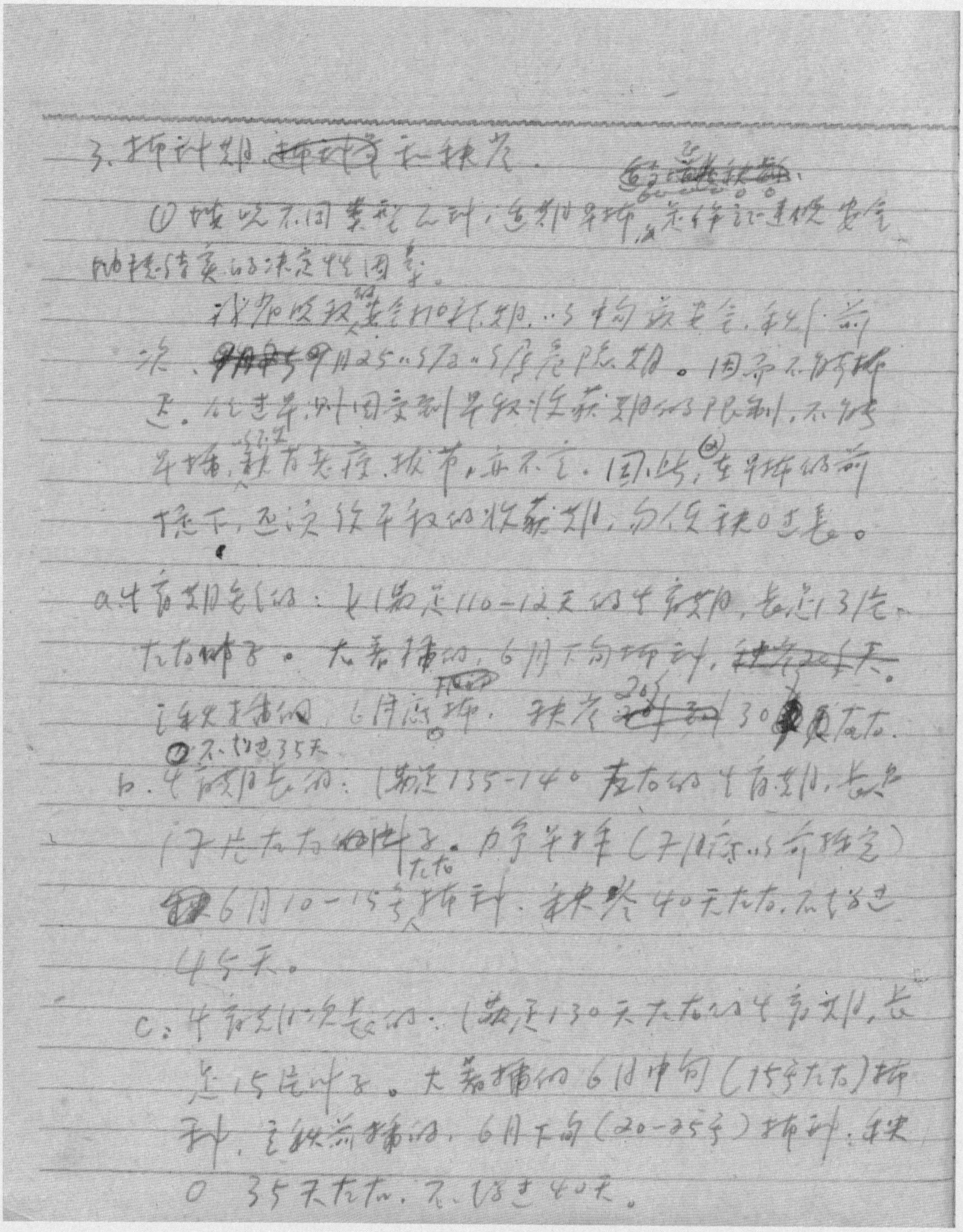

3. 播种期和秧龄。

① 按照不同类型品种，适期早播，是保证连作晚稻安全齐穗的决定性因素。

我省晚稻安全齐穗期，以9月中旬为安全，最迟9月25日至9月30日为危险期。因而不能推迟。但连作晚稻因受到早稻收获期的限制，不能早播，秧龄太长，拔节，也不宜。因此，②在早播的前提下，应该依早稻的收获期，适当缩短秧龄。

a. 生育期短的：如生育期110-120天的生育期，主茎13片左右叶子。大暑插的，6月下旬播种，秧龄25天。立秋插的，6月底播，秧龄25-30天左右。不超过35天。

b. 生育期中等的：生育期135-140天左右的生育期，主茎14片左右叶子。大暑插（7月底以前栽完）6月10-15日左右播种，秧龄40天左右，不超过45天。

c. 生育期较长的：生育期130天左右的生育期，主茎15片叶子。大暑插的6月中旬（15日左右）播种，立秋前插的，6月下旬（20-25日）播种，秧龄35天左右，不超过40天。

（原稿第 80 面）

3. 播种期和秧龄

①按照不同类型品种，适期早播，是保证连晚安全抽穗结实的决定性因素。

我省晚稻的安全抽穗期，以中旬最安全，秋分前次，9 月 25 以后以〔已〕属危险期。因而不能播迟。但过早，则因受到早稻收获期的限制，不能早播，以致秧苗老瘦、拔节，亦不宜。因此，②在早播的前提下，还需考〔虑〕早稻的收获期，勿使秧龄过长。

a. 生育期短的：要满足 110～120 天的生育期，长足 13 片左右叶子。大暑插的，6 月下旬播种，立秋插的，6 月底播。秧龄 20 多 30 天左右，不超过 35 天。

b. 生育期长的：满足 135～140 天左右的生育期，长足 17 片左右叶子。力争早插（7 月底以前插完），6 月 10—15 号左右播种，秧龄 40 天左右，不超过 45 天。

c. 生育期次长的：满足 130 天左右的生育期，长足 15 片叶子。大暑插的 6 月中旬（15 号左右）播种，立秋前插的，6 月下旬（20～25 号）播种，秧龄 35 天左右，不超过 40 天。

又播种期与秧龄，还因播种量和育秧方式而不同。

一般是：稀早、密迟，早茬、小迟。

4. 播种量。

成秧率高，秧龄长，需较长拔节，因此必须稀播。一般每亩100斤左右/亩。小、长、肥的—80—100斤。

早稻秧龄短、瘦的——140—150斤。

（小—稀，早密，长稀—短密）。

5. 秧田管理。A. 灌排。

① 晒芽扎根法—适合~~秋收~~小早秧及秋秧。

选阴天或黄昏放水播种。播后次日把水排干，晒田2—3天，晒到谷壳发白、芽鞘呈灰色，长出新根时第二日上午9—10点钟灌浅水（但要注意保持泥湿润）。

好处：秧根扎得牢而深，不易倒苗，不怕日晒，水不易淹芽子，而比较快。

② 晴落夜灌法：晴天每日傍晚排水露田，上午8—9点以后灌浅水护芽，正午太

（原稿第 81 面）

又播种期和秧龄，还因播种量和育种方式而不同。一般是：稀早、密迟，旱早、水迟。

4. 播种量

成秧率高，秧龄长，容易徒长拔节。因此必须稀播。一般中等秧龄的水秧为 100 ~ 120 斤左右 / 亩。水、长、肥的 80 ~ 100 斤，秧龄短、瘦的 140 ~ 150 斤。

（水—稀，旱—密，长稀—短密）

5. 秧田管理

A. 灌排

①晒芽扎根法，适合籼稻。

选阴天或黄昏水播，播后次日把水排干，晒 2 ~ 3 天，晒到谷壳发白，芽鞘呈灰色，长出 3 ~ 4 条鸡爪根时，在上午 9 ~ 10 点钟即灌一次跑马水，下午又排干，此时萌芽，现青，以后经常浅灌溉（但遇特高温，应灌跑马水）。

好处：扶针扎根快，秧根扎得牢而浅，不易倒苗，不怕热水煮死芽子，易扯秧。

②日灌夜排法：晴天每日傍晚排水露秧，上午 8 ~ 9 点以后灌深水护芽，正午太

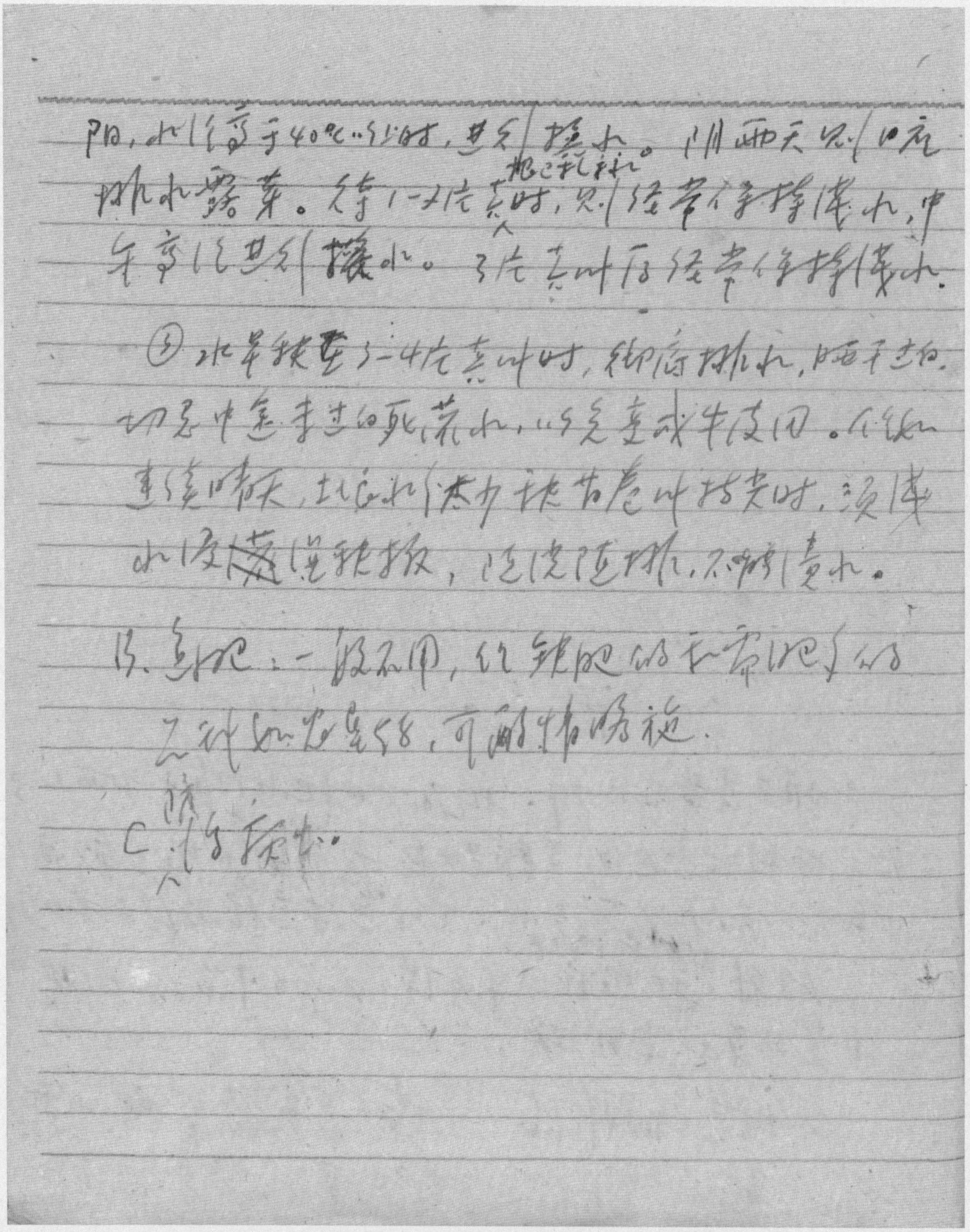

阳，水温高于40℃以上时，要勤换水。阴雨天则日夜排水露苗。待1—2片真叶根已扎稳时，则经常保持浅水，中午高温要勤换水。3片真叶后经常保持浅水。

③ 水秧移栽前3—4片真叶时，彻底排水，晒干土面，切忌中途未晒好就灌水，以免变成牛皮田。但如连续晴天，土面水份太少，秧苗卷叶枯黄时，须灌水使秧苗转绿，随灌随排，不能灌深水。

B. 施肥：一般不用，但缺肥的和需肥多的品种如农垦58，可酌情追施。

C. 防病除虫。

（原稿第 82 面）

阳，水温高于 40 ℃以上时，进行换水。阴雨天则应排水露芽。待 1 ~ 2 片真根已扎稳时，则经常保持浅水，中午高温进行换水。3 片真叶后经常保持浅水。

③水旱秧在 3 ~ 4 片真叶时，彻底排水，晒干过白，切忌中途未过白死灌水，以免变成牛皮田。但如连续晴天，土壤水分太少，秧苗卷叶枯尖时，须浅水浸湿秧板，随灌随排，不能渍水。

B. 追肥：一般不用，但缺肥的和需肥多的品种如农垦 58，可酌情略施。

C. 防治病虫。

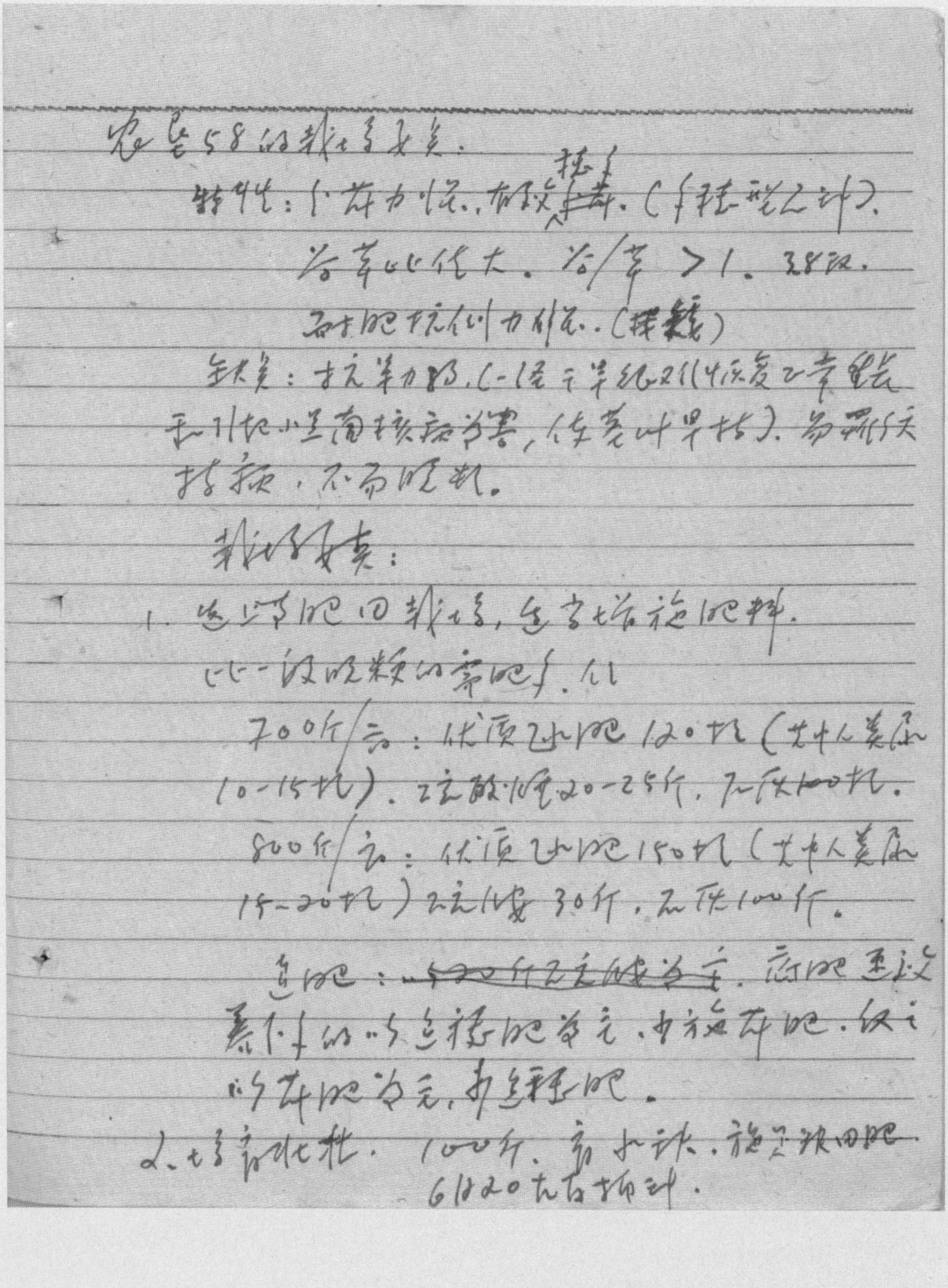

农垦58的栽培要点。

特性：分蘖力强，抗倒（手摇脱粒难）。

谷草比值大。谷/草＞1.38%。

耐肥抗倒力强。（秆矮）

缺点：抗病力弱，（一经高温多湿则易感染稻瘟病和小球菌核病为害，（纹枯叶枯病），易罹病，不宜晚栽。

栽培要点：

1. 选好肥田栽培，适当增施肥料。

以一般肥料的需肥量为例

700斤/亩：优质猪粪肥120担（或牛人粪尿10-15担），过磷酸钙20-25斤，石灰100担。

800斤/亩：优质猪粪肥150担（或牛人粪尿15-20担）过磷酸钙30斤，石灰100斤。

追肥：~~100斤硫酸铵为宜~~。底肥要以基肥的为主迟效肥为主，中施速效肥。后期以速效肥为主，少追氮肥。

2. 培育壮秧。100斤。亩大秧。施足秧田肥。

6920大约插计。

（原稿第83面）

农垦58的栽培要点

特性：分蘖力强，有效穗多（多穗型品种）

谷草比值大，谷/草>1.38改

耐肥抗倒力强（矮）

缺点：抗旱力弱（一经干旱很难恢复正常生长和引起小黑菌核病为害，使茎叶早枯）。易罹纹枯病，不易脱粒。

栽培要点：

1. 选上等肥田栽培，适当增施肥料。

比一般晚粳的需肥多，但

700斤/亩：优质氹〔凼〕肥120担（其中人粪尿10~15担），硫酸铵20~25斤，石灰100担。

800斤/亩：优质凼肥150担（其中人粪尿15~20担），硫铵30斤，石灰100斤。

追肥：底肥速效养分多的以追穗肥为主，少施蘖肥，反之以蘖肥为主，少追穗肥。

2. 培育壮秧

100斤，育水秧，施足秧田肥，6月20左右播种。

3. 小苗密植：推行稀植办法，这也是我们增加穗数获高产。为了充分发挥群体生产能力，必须采取小苗密植，即5×6、5×7，每蔸插5-6根，每亩插四十万根左右基本苗，争取30穗/亩。

4. 浅水灌溉

除插秧后回青前灌水宜深外，以后经常保持浅水为好。因不耐干旱，一般不必搁水晒田。如错过季节，必须落水晒田时，也不宜晒得太狠，以晒到泥硬发白，裂缝中有落水也不宜过早。插秧计算好的，排水后在抽穗开花期要水，经常保持田土湿润，直到黄熟。

5. 防治病虫害：依靠打药防除稻瘟病、纹枯病，以免损田。不施药剂防治。

（原稿第 84 面）

3. 小蘖密植：多穗型品种，主要靠增加穗数获高产，为了充分发挥其分蘖能力，应采取小蘖密植，即 5×6、5×7，每蔸插 5~6 根，每亩插十万根左右本秧，争取 30〔万〕穗 / 亩。

4. 浅水灌溉

除插秧后回青前灌水宜深外，以后经常保持浅水为好。因不耐旱一般不必落水晒田。如徒长过旺，必须落水晒田时，也不宜晒得太狠，以晒至硬皮为度，生育后期落水也不宜过早。播种草子〔籽〕的，排水后应间常灌跑马水，经常保持田土湿润，直到黄熟。

5. 防治病虫害：浪渣打捞干净，有病稻草，切忌还田。石硫合剂防治。

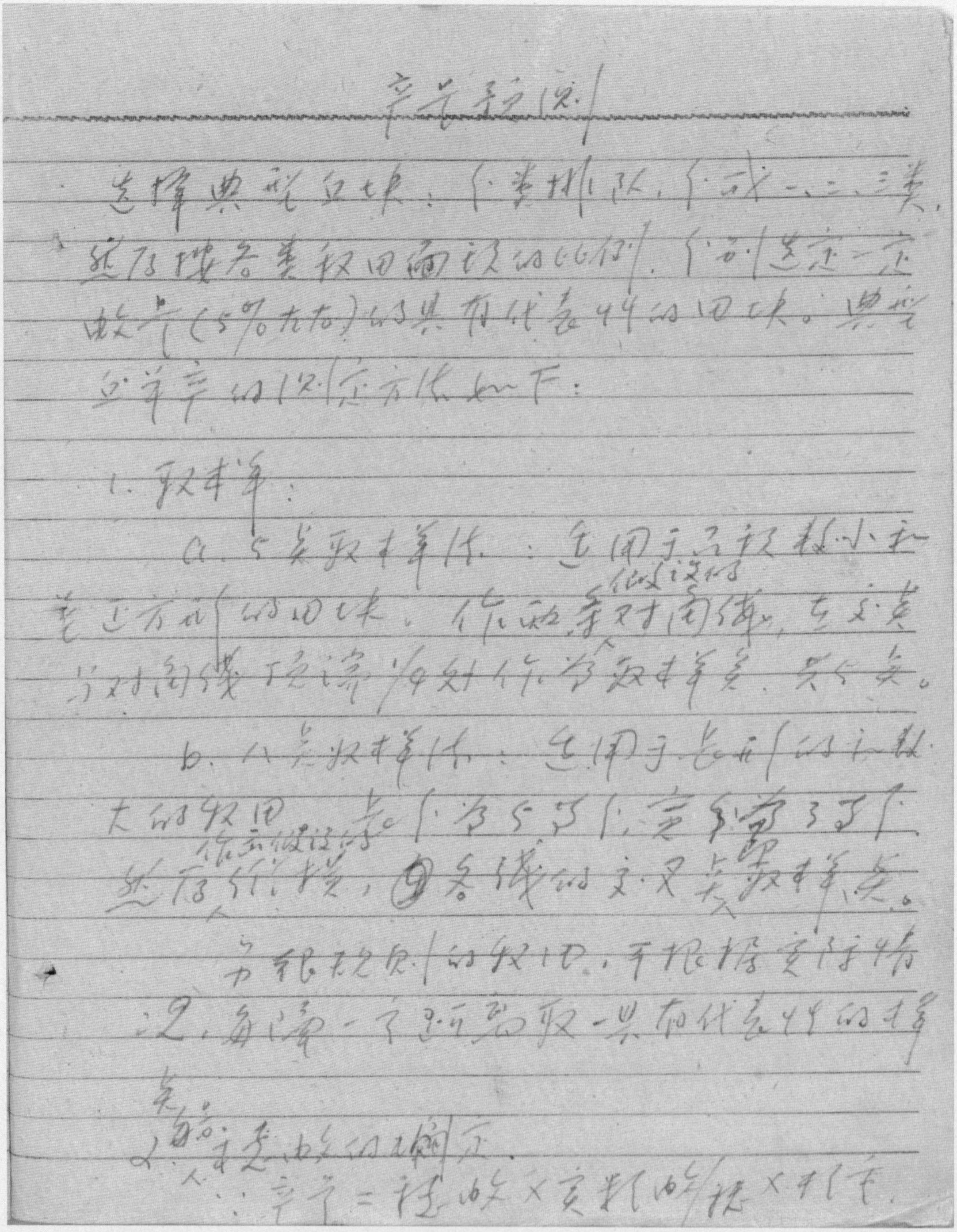

产量预测

选择典型田块：（按类排队，分成一、二、三类，然后按各类农田面积的比例，分别选定一定数量（5%左右）的具有代表性的田块。典型田单产的测定方法如下：

1. 取样：

a. 5点取样法：适用于面积较小和呈正方形的田块。作两条对角线（假设的），在交点与对角线两端1/4处作为取样点，共5点。

b. 八点取样法：适用于长形的面积较大的农田。先将长边分5节，宽分3节，然后作（假设的）连接，即各线的交叉点取样点。

另：不规则的农田，可根据实际情况，自选一个适当方法取一些有代表性的样点。

2. 每亩穗数的测定。

∴产量＝穗数×实粒数/穗×粒重。

（原稿第 85 面）

产量预测

选择典型丘块：分类排队，分成一、二、三类，然后按各类稻田面积的比例，分别选定一定数量（5% 左右）的具有代表性的田块。典型丘单产的测定方法如下：

1. 取样：

a. 5 点取样法：适用于面积较小和呈正方形的田块。作两条假设的对角线，在交点与对角线顶端 1/4 处作为取样点，共 5 点。

b. 八点取样法：适用于长形的和较大的稻田。长分为 5 等分，宽分为 3 等分，然后作出假设的纵横，各线的交叉点即取样点。

另很规则的稻田，可根据实际情况，每隔一定距离取一具有代表性的样点。

2. 每亩穗数的测定

∵产量 = 穗数 × 实粒数 / 穗 × 粒重

…在样本点选了后，进一步就要谈收入方面的改化。

①随机选定样本：在每个样点上，随机抽选11户的农户，以10除之，即得。也就是每户的产量之比。如用抽样调查推算的，可以

②求每户产量 = [illegible] 60户 / 每户产量总值(以样点)[illegible]

如用抽样调查推算

③求每亩的[illegible]数 = 产量 × 每户[illegible]

每个样点上随机抽取每户产量数之。然后将每点之产量除以之，即得每户平均产量

3、每户粮食的收入

不计公余和[illegible]

4. 粮食的收入，按每户[illegible]每户粮食

[illegible] $\frac{[illegible]数 \times 粮[illegible]}{[illegible]}$

（原稿第 86 面）

∴在样点确定后，进一步就是要测定这三方面的数值。

①测行距株：在每个样点上，分别量出 11 蔸的距离，以 10 除之，即得。也就是每蔸的营养面积。如用划行器插秧的，可不必测定。

②求每亩蔸数 = $\dfrac{60\text{万寸}^2}{\text{每蔸营养面积（行} \times \text{株距）寸}^2}$

如用划行器插〔秧的，可不必测定。〕

③求每亩有效穗数 = 蔸数 × 每蔸平均穗数

每个样点随意取 5 蔸，数之。然后将每点总蔸数除以总穗数，即得每蔸平均穗数。

3. 每穗粒数的测定

不算空壳和秕谷。

4. 粒重的测定，按常年千粒重推算每斤粒数。

亩产（斤）= $\dfrac{\text{穗数} \times \text{粒数}}{\text{每斤粒数}}$

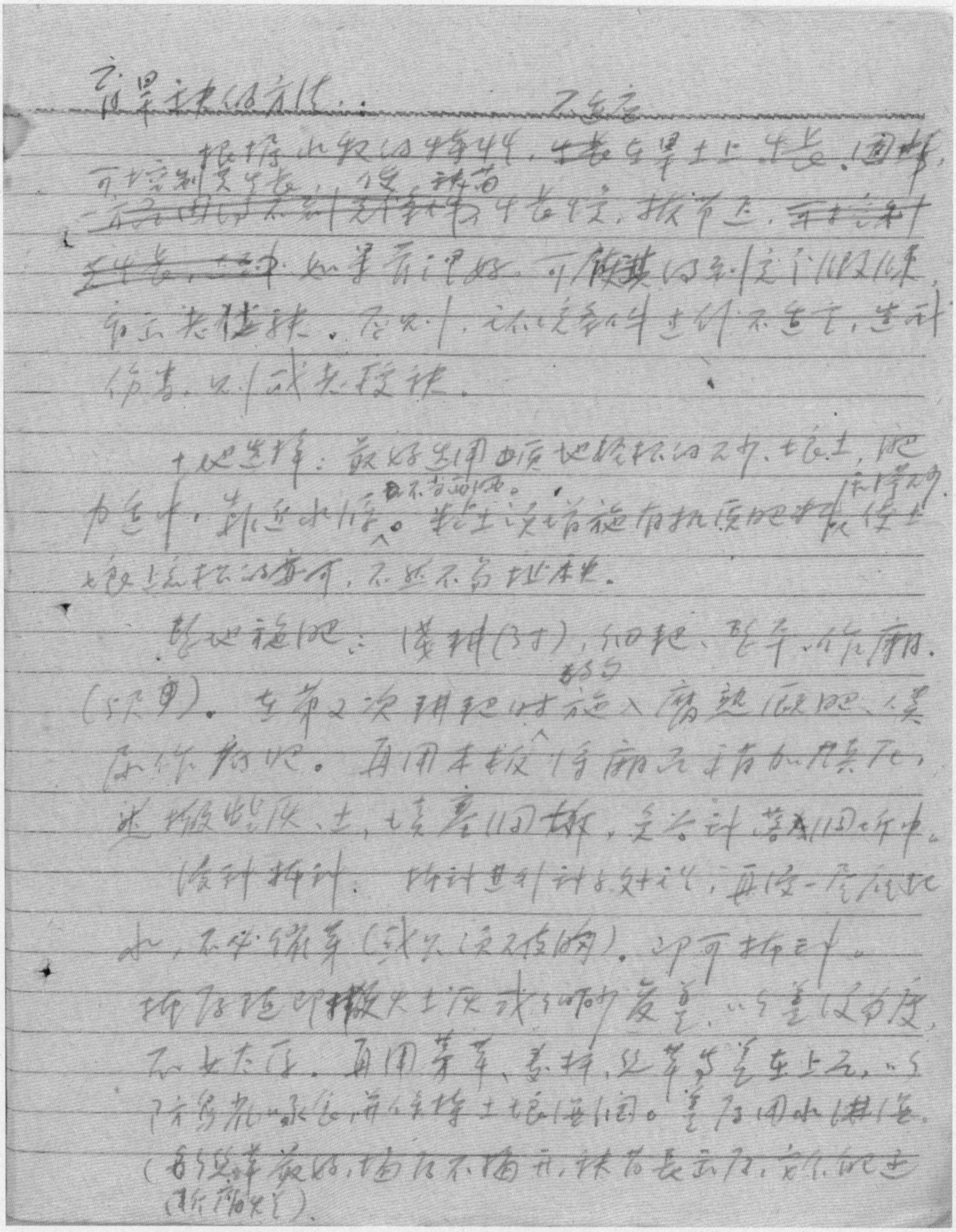

苹果栽培方法：　　不完全

根据[illegible]的特性，生长在[illegible]土上生长，因此，可控制其生长，[illegible]、扦插[illegible]……如果管理好，可使其的[illegible]，[illegible]。[illegible]

土地选择：最好选用砂质地排水好的土地、壤土，肥力适中，靠近水源，（最好不当西晒）。整土深耕施有机质肥料，[illegible]使土壤疏松的要求，不然不易成林。

整地施肥：深耕（3寸），细耙、整平，作畦。（5尺宽）。在第2次耕耙时施入腐熟的厩肥、堆肥作为基肥。再用木板将畦面弄平，如果有大块，要敲碎，土壤要细，全部[illegible]落入沟中。

浸种播种：将种子先浸种[illegible]，再[illegible]，不宜[illegible]（[illegible]），即可播种。

播后随即撒细土复盖成[illegible]厚，以盖没种子为度，不要太深。再用茅草、稻草、麦草等盖在上面，以防鸟兽啄食，并保持土壤湿润。每天用水淋湿。（出苗后揭草，[illegible]，秧苗长出后，应及时逐渐揭去）。

（原稿第 87 面）

育旱秧的方法：

根据水稻的特性，不适应在旱土上生长，因此，可控制其生长，使秧苗生长慢、拔节迟。如果管理好，可使其得到充分锻炼，育出老壮秧。否则，环境条件过分不适宜，造成伤害，则成老瘦秧。

土地选择：最好选用质地轻松的砂、壤土，肥力适中，靠近水源，不当西晒。黏土须增施有机质肥料和掺砂，使土壤疏松的亦可，不然不易扯秧。

整地施肥：浅耕（3 寸），细耙，整平、作厢（5 尺）。在第 2 次耙地时均匀施入腐熟厩肥、人粪尿作底肥。再用木板将厢面稍加填压，然后撒些灰、土，填塞洞坼，免谷种落入洞坼中。

浸种播种：播种进行种子处理，再浸一昼夜起水，不必催芽（或只须破胸），即可播种。

播后随即撒灶灰或细砂复〔覆〕盖，以盖没为度，不要太厚。再用茅草、麦秆、丝草等盖在上面，以防鸟雀啄食，并保持土壤湿润。盖后用水淋湿（以丝草最好，播后不揭开，秧苗长出后，它会自己逐渐腐烂）。

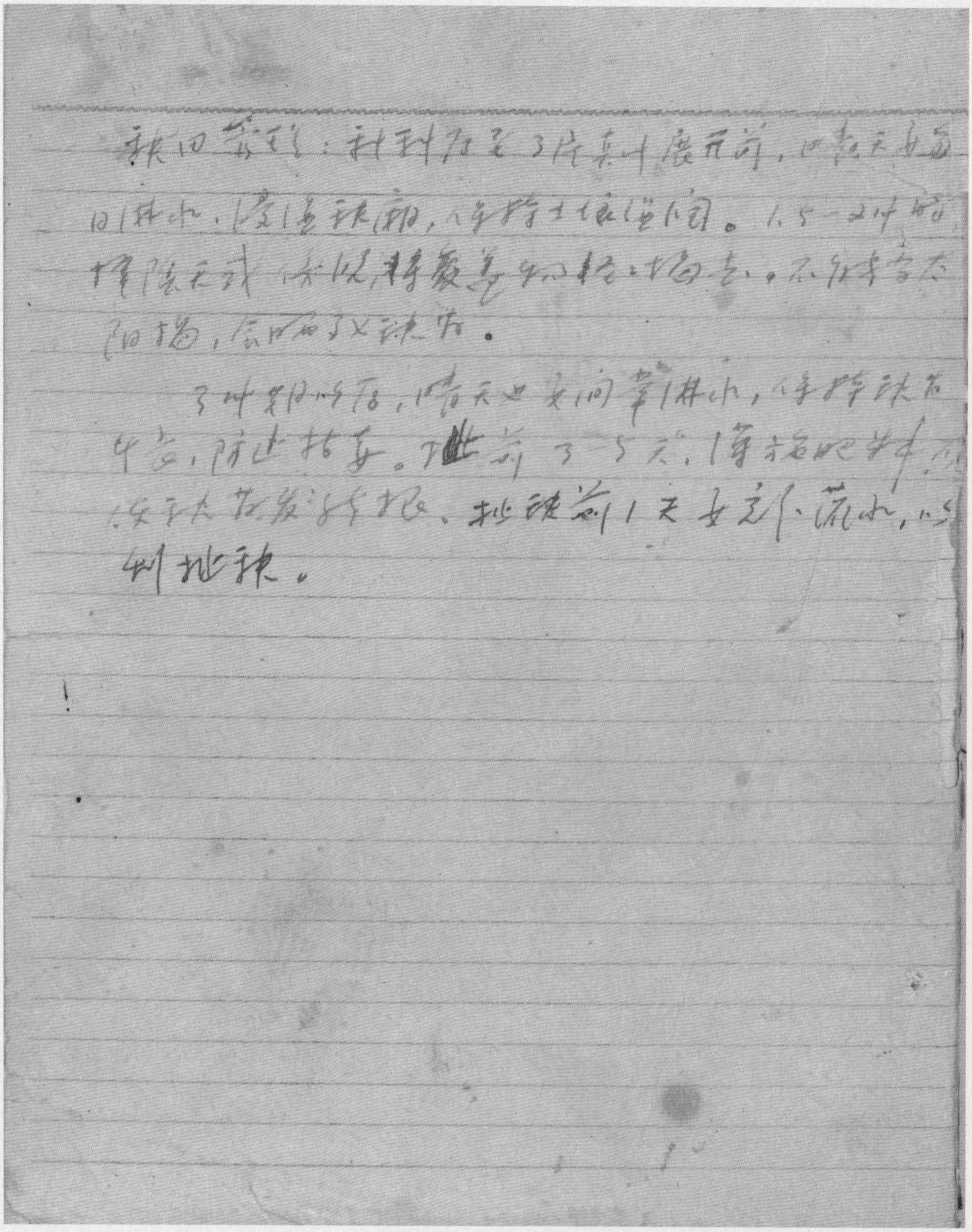

秧田管理：秧苗在3片真叶展开前，晴天白天
日灌水，阴雨天排水，保持土壤湿润。1.5—2叶期
遇阴天或低温，将覆盖物揭开通风[illegible]。不能全部
白揭，会[illegible]死秧苗。

3叶期以后，晴天也要间歇灌水，保持秧苗
中空，防止拔节。插前3—5天，停施肥，[illegible]
[illegible]发好根。拔秧前1天要灌水，以
利拔秧。

（原稿第 88 面）

秧田管理：种后至 3 片真叶展开前，晴天要每日淋水，浸湿秧厢，保持土壤湿润。1.5~2 叶时，择阴天或傍晚，将复〔覆〕盖物轻轻揭去，不能当太阳揭，会晒死秧苗。

3 叶期以后，晴天也要间常淋水，保持秧苗生长，防止枯萎。扯前 3~5 天，薄施肥料，使秧苗发新根，扯秧前 1 天要充分灌水，以利扯秧。

第一节 蔗种的处理

1. 选种：出窖时，剔除腐烂、发红的芽。选择高大、均匀、无病虫害和无裂缝的芽。

2. 砍种 一般蔗种有单芽种、双芽种和多芽种等。单芽种发芽快，但养分不充足，或易被细菌侵入。同时切口大（两端切口），养分水分容易损失，并易导致病害，苗的抗旱性也差。多芽种养分充足，但由于顶端优势，上下各芽之间发芽不能齐一致，出苗生长不齐均匀。双芽种具有一个完全的节间，能保存相当的水分和养分，故发芽较齐，生长也较好。因此生产上一般均采用双芽种。

砍种要保证质量。蔗种下刀要准，切口要平滑，要求不破裂，不使蔗芽受机械损伤。

砍种时，蔗芽向两边（或芽向侧面），从蔗节下方2/3处下刀（养分由下向上运输时，下方节间要留长些，但节上方不能超过1寸），一刀砍断，然后去除叶鞘、破芽、死芽，将病虫苗剔除。

（原稿第 89 面）

蔗种的处理

1. 选种：出窖时，剔除腐烂、发红的茎，选择高大、均匀、无病虫害和无裂缝的茎。

2. 斩种：每段蔗种有单芽种、双芽种和多芽种之分。单芽种发芽快，但养分不充足，成苗较细弱。同时切口大（相对而言），养分水分容易损失，并易导致病害，芽的枯损率增加。多芽种养分充足，但萌芽率低，上下各芽之间发芽不整齐一致。植株生长不易均匀。双芽种具有一个完全的节间，能保存相当的水分和养分，发芽整齐，生长良好。因此，生产上一般均采用双芽种。

斩种要保证质量。蔗种下部要长，斩切面要小，切口要平滑，要求不破裂，不使蔗芽受机械损伤。

斩种时，蔗芽侧放（避免芽受震压伤），从后芽下方 2/3 处落刀（养分和水分是从下向上运输的，∴下方节间要留长些，但前芽上方不宜短于 1 寸）。一刀斩齐，遇有个别破茎、破芽，应将该节剔除。

我们浸种低产的原因：一是浸种工具不好，用的不障碍，日照过浓，管理不平。二是操作不当——温度不够，用力不当，藏芽位置不当。

又：五香研发为因各蔬菜的了定不同而有差别，一般主要区别……

3、浸种——可以促进发芽，使之发芽齐一，可以消灭附着在种子上的病虫害。一般有：清水、石灰水、40%盐水、温水、0.1%高锰酸钾液等浸种方法。现以介绍经济用处又最好的二法：

①石灰水浸种：用2-3%的比例石灰水浸种，能提高种子的吸水能力，加速营养物质转化，促进发芽，同时可杀死附着虫卵和病菌。

早季浸12小时，中季24小时，晚季—36小时。如遇寒时，时间可适当加长，反之则短。

②温水浸种：杀死病虫（赤霉、霉菌、稻瘟、黑穗、虫卵、病菌），促进发芽和幼苗生长。

一般用52°C温水浸20分钟。稻谷用47-48°C浸25分钟对促进发芽效果最好。

（原稿第 90 面）

影响斩种质量的原因：一是斩种工具不好，刀口不锋利，刀身过厚，垫板不平；二是操作不当——落刀不准，用力不当，蔗芽位置不妥。

又：蔗芽萌发力因在蔗茎的部位不同而有差别，一般是梢部最强、中部次之、基部较差，用此斩种时，要按不同部位，分别堆放和处理。

3. 浸种——可以促进发芽，提高发芽率以及消灭附着在蔗种上的病虫害。一般有：清水、石灰水、40% 尿水、温水、0.1% 富力散溶液等浸种方法。现仅介绍最通用而效果又最好的二法：

①石灰水浸种：用 2%~3% 的饱和石灰水浸种，能增强蔗种的吸水能力，加速蔗糖转化，促进发芽，同时可杀死部分螟虫和粉介壳虫。

上部茎浸 12 小时，中部 24 小时，茎部 36 小时，t° 高时，时间可适当缩短，反之则长。

②温水浸种：杀死病虫（赤腐、露菌、条枯、萎缩、螟虫、粉介壳虫），促进发芽和幼苗生长。

一般用 52 ℃温水浸 20 分钟，福农用 47~48 ℃浸 25 分钟对促进发芽效果亦好。

[illegible]（[illegible]）

晒种：选在晒种前用草木灰蘸切口。然后即下种。经过二、三天，只要已开始发芽后，即可晒种。

4. 催芽：选该晒种后，再进行催芽，使能提早出苗，并增高出苗率。

在气候较低的条件下，种子下种后长期不出土，容易造成烂种，造成缺苗，尤其是在雨水比较多的地区，更易产生缺苗。在这种情况下，催芽的好处更著。但气候温暖，雨量较少，比较好的地方则一般可不必进行催芽。

方法：①牛粪泥积法——选择向阳干燥的地上，先放一层五寸左右的牛粪草作底，上放一层种子，再放一层二寸厚的牛粪草，如此堆集四、五层种子即可。堆好后加盖稻草封盖保温。

②温床催芽：温床做法同一般的，牛粪草上铺放二层种子，上面再盖上一层稻草。

③沙床催芽——

（原稿第 91 面）

此外，还有晒种和用草木灰以及泥浆（塘泥、硫铵、过 P 酸 Ca[①]）蘸切口。蘸后即下种。但应注意，凡芽已萌动就不必浸种或晒种。

4. 催芽：经浸、晒种后，再进行催芽，更能提早出苗，并提高出苗率。

在气温较低的条件下，蔗种萌芽困难，下种后长期不出土，易遭病虫为害，造成缺苗。尤其是多雨和土壤黏重的地区，更易腐烂缺苗，在这种情况下，催芽的效果显著。反之，温高水足，萌芽条件比较好的地方则一般可不必进行催芽。

方法：①牛粪沉积法——选择润湿平整的地面，先放一层 5 寸左右的牛粪草作底，宽 2 尺左右，放一层蔗种，再放一层二寸厚的牛粪草，如此堆到 4 ~ 5 层蔗种即可。堆好后加盖稻草或蔗叶保温。

②温床催芽：温床做法同一般的，牛粪草上按拱一层置一层，排上二层蔗种，上面复盖润湿稻草。

③沙床催芽

① 过 P 酸 Ca：即过磷酸钙。

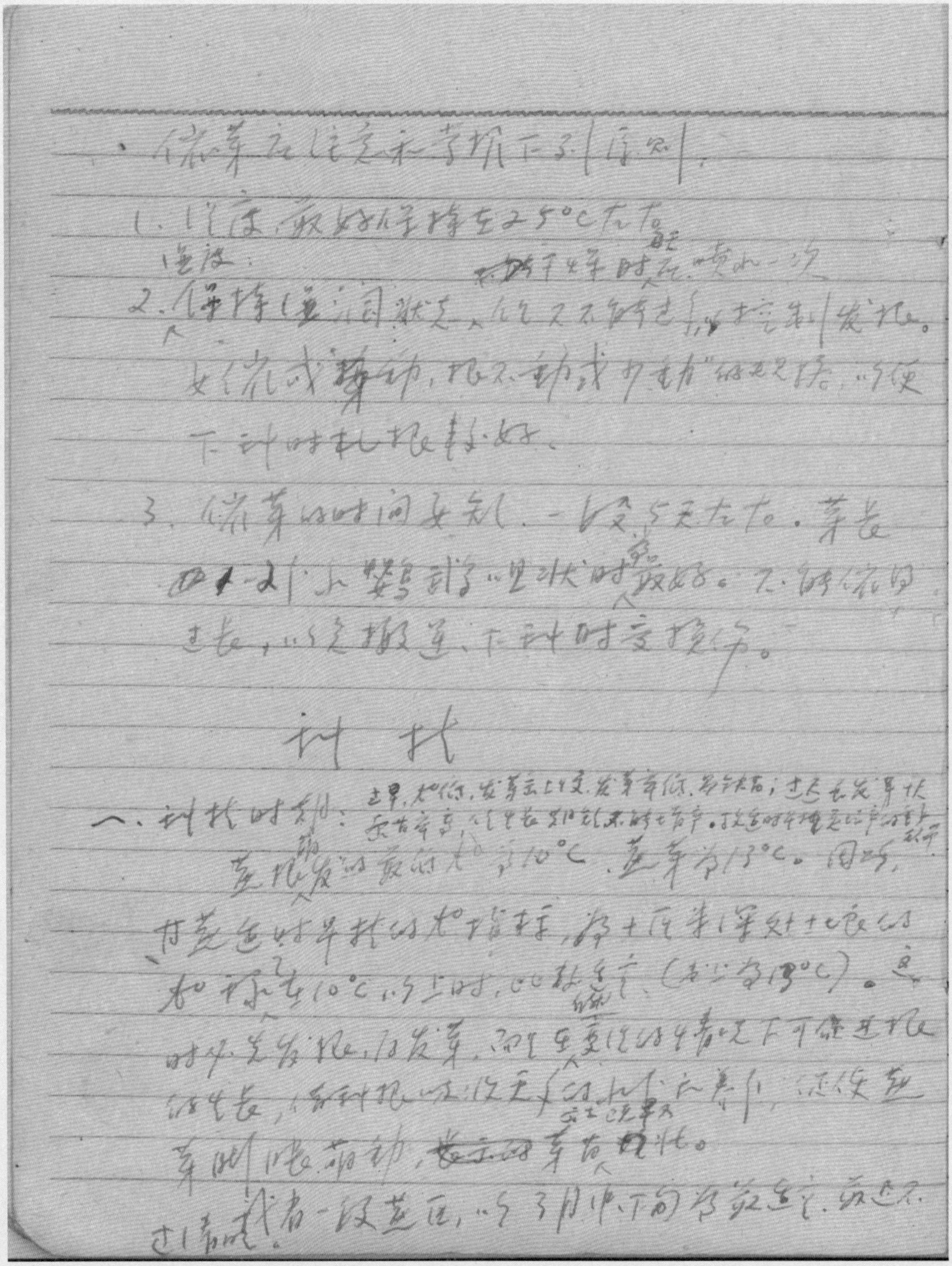

二、催芽应注意和掌握下列原则。

1. 温度最好保持在25°C左右。

湿度：[illegible]时应喷水一次

2. 保持湿润状态，但又不能过多，以控制发根。如须或萌动，根不萌动或少萌动的办法，以便下种时扎根快好。

3. 催芽的时间长短，一般5天左右。芽长0.1-0.2[illegible]小鸡嘴似状时为最好。不能催得过长，以免搬运、下种时受损伤。

栽植

一、栽植时期：过早，地温低，发芽出土慢，发芽率低，易缺苗；过迟，生长期短，[illegible]

[illegible]发根的最低地温10°C，发芽为13°C。因此，

甘薯在时早栽的地温，将土层米深处土壤的地温稳定在10°C以上时，即可栽植（最好为13°C）。这时[illegible]发根，后发芽，[illegible]下可促进根的生长，[illegible]

[illegible]萌动，[illegible]

[illegible]以3月中、下旬为宜，[illegible]

（原稿第 92 面）

催芽应注意和掌握下列原则：

1. 温度：最好保持在 25 ℃左右

2. 湿度：保持湿润状态，干燥时每天应喷水一次，但又不能过多，以控制发根。要催成芽动，根不动或少动的规格，以便下种时扎根较好。

3. 催芽的时间要短，一般 5 天左右。芽长 1 ~ 2 分像鹦鹉嘴状时为最好。不能催得过长，以免搬运、下种时受损伤。

种植

一、种植时期：

过早，t° 低，发芽出土慢，发芽率低，易缺苗；过迟虽发芽快，出苗率高，但生长期短，不能增产。故适时早插是增产的重要环节。

蔗根萌发的最低 t° 为 10 ℃，蔗芽为 13 ℃。因此，甘蔗适时早植的 t° 指标，为十厘米深处土壤的 t° 稳定在 10 ℃以上时，比较适宜（书上为 13 ℃）。这时必先发根，后发芽，而且在自然变温的情况下可促进根的生长，借种根吸收更多的水分和养分，促使蔗芽膨胀萌动，芽苗出土既早又壮。

我省一般蔗区，以 3 月中、下旬为最适宜，最迟不过清明。

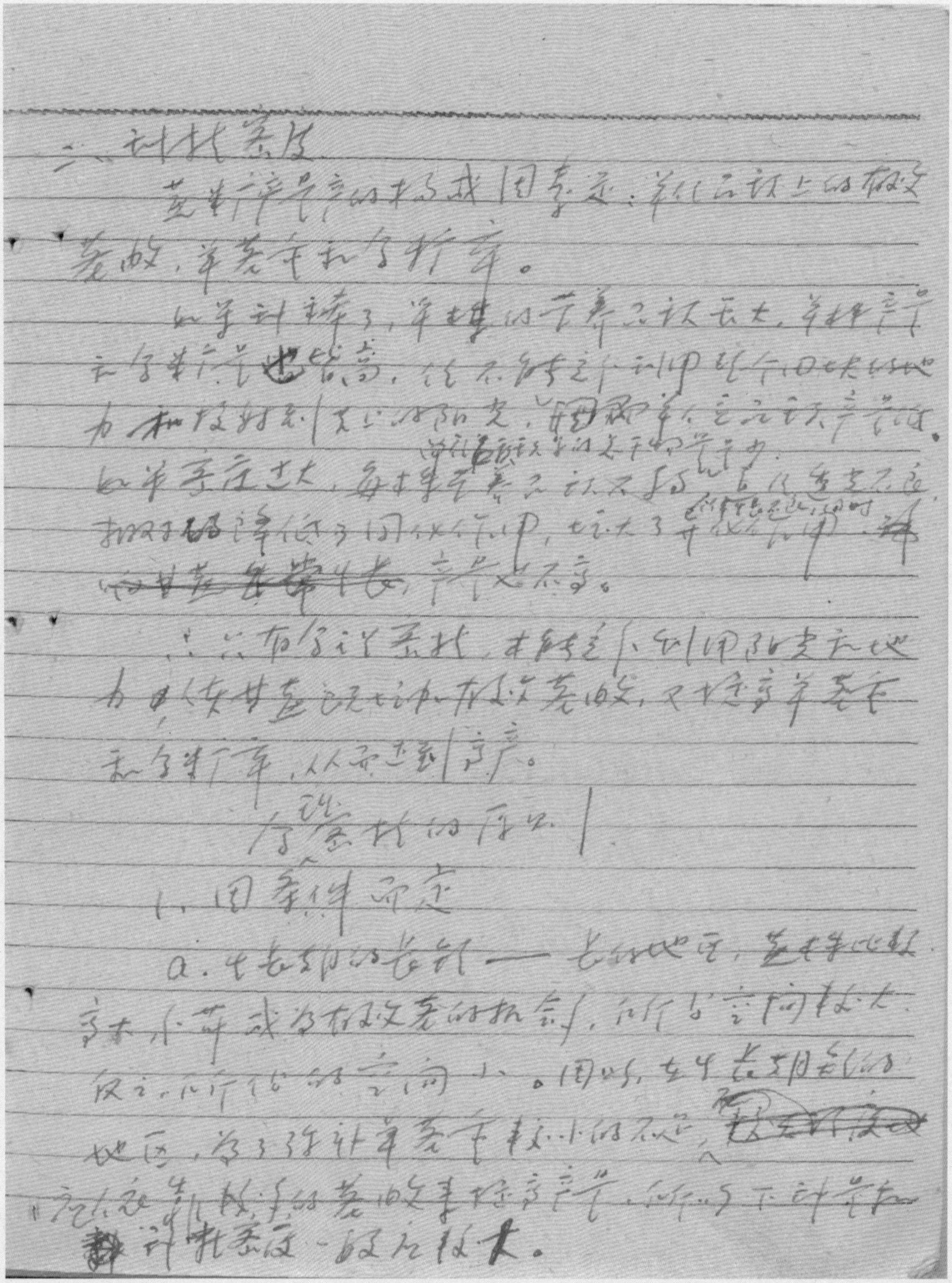
二、种植密度
合理密植的原则
1、因条件而定
a. 生长期的长短

（原稿第 93 面）

二、种植密度

蔗糖产量的构成因素是：单位面积上的有效茎数、单茎重和含糖率。

如果种稀了，单株的营养面积虽大，单株产量和含糖量也皆高，但不能充分利用整个田块的地力和投射到其上的阳光，单位面积积累的总干物质量少，因而单位面积产量低。如果密度过大，每株营养面积不够，个体生长不良，同时，通风透光不良，相对的降低了同化作用，增大了异化作用，产量也不高。

∴只有合理密植，才能充分利用阳光和地力，使甘蔗既增加有效茎数，又提高单茎重和含糖率，从而达到高产。

合理密植的原则

1. 因条件而定

a. 生长期的长短——长的地区，蔗株比较高大，分蘖成为有效茎的机会多，所占空间较大。反之，所占的空间小。因此，在生长期短的地区，为了弥补单茎重较小的不足，应依靠较多的茎数来提高产量，所以下种量和种植密度一般应较大。

b. 土壤肥力 蔗

肥沃的田地，甘蔗分蘖旺盛，植株高大，单茎较重，为了更好地利用甘蔗的分蘖力达增高单茎重，以进一步发挥甘蔗的生产潜力，故肥田宜稍疏植。反之，瘦田分蘖茎少，植株矮小，单茎较轻，如依靠单茎重而获得高产，可能性小，为了提高产量，就须适当增加单位面积的有效茎数，瘦田稍密植，下种量应适当增加。

山田旱地亦同样情况。

c. 品种：蔗的大小和分蘖力的强弱。

大茎种——如台糖134——较疏

细茎种——如本地芦蔗——较密。

2. 依靠主茎，利用分蘖。

生产实践证明：适当增加下种量就能多得主茎。

① 主茎比分蘖生长期长，植株粗大，成熟较早。

② 以后出现之分蘖，由于发生的时间相差不多，生长较好些，分布较均匀，互相荫蔽少，成熟也一致，故对产量有帮助。

③ 分蘖比主茎生长期短，生长的时间前后相差很

（原稿第 94 面）

b. 土壤肥力

肥沃的田地，甘蔗分蘖茎率高，植株高大，单茎较重，为了更好地利用甘蔗的分蘖力及提高单茎重，以进一步发挥甘蔗的生产潜力，故肥田宜较疏植。反之，瘦田分芽茎率较低，植株矮小，单茎较轻，要依靠单茎重而获得增产可能性小，为了提高产量，就须适当增加单位面积的主茎数，故瘦田较密植，下种量应适当增加。

水田和旱地有同样情况。

c. 品种：茎的大小和分蘖力的强弱

大茎种——如台糖 134——较稀

细茎种——如本地芦蔗——较密

2. 依靠主茎，利用一定分蘖

生产实践证明：适当增加下种量就增多了主茎。

①主茎比分蘖生长期长，植株重量大，成熟较早。

②主茎与主茎之间，由于发芽出苗时间相差不多，生长较整齐，分布较均匀，互相荫蔽少，成熟一致，故糖产量可增加。

③分蘖比主茎生长期短，长出的时间前后相差很

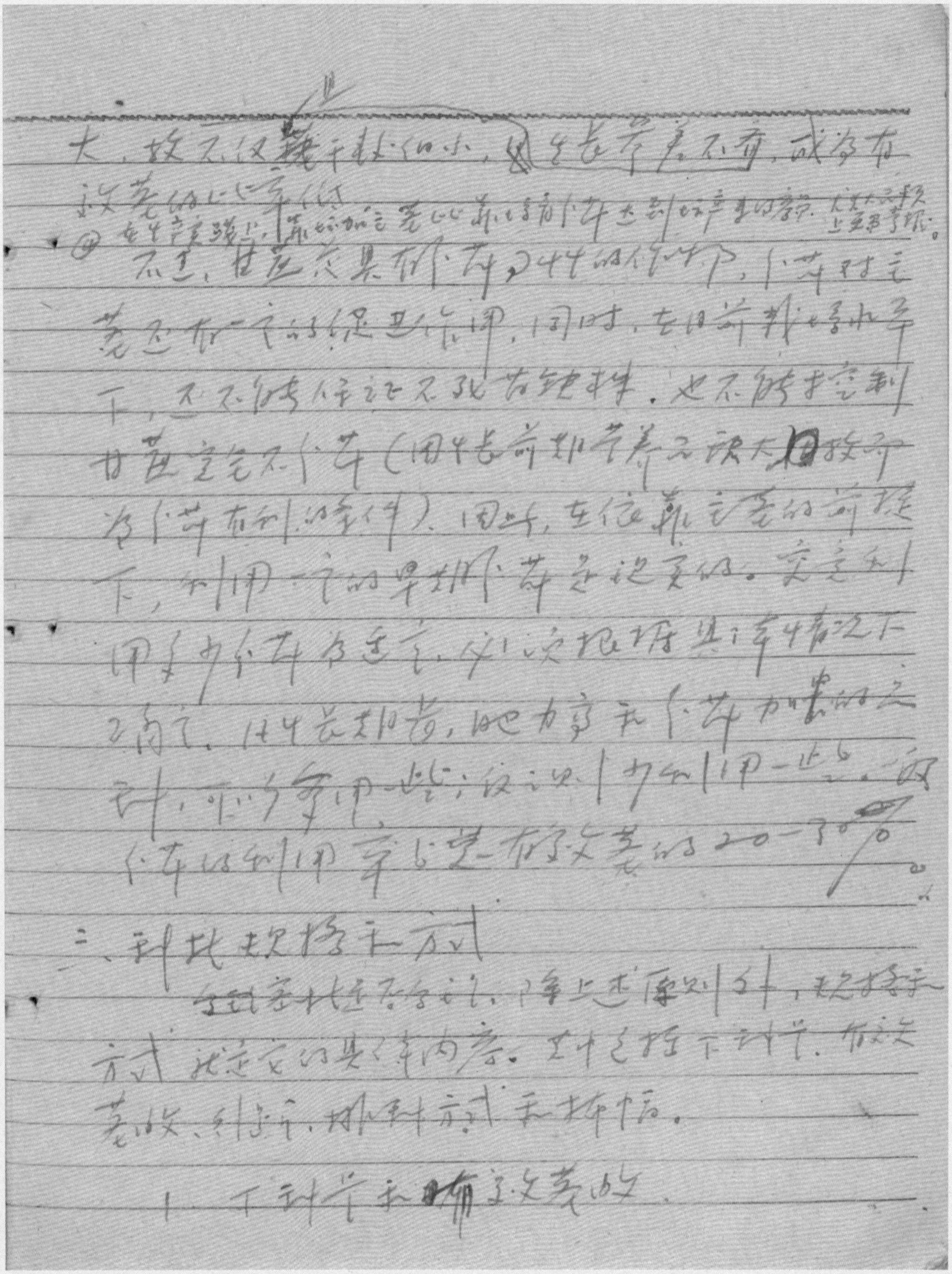
大，故不仅[illegible]利润的大小，[illegible]合理不合理，或者有
[illegible]
[illegible]
不过，[illegible]利润率的价格中，价格对于
差额有一定的促进作用，同时，在目前管理水平
下，也不能保证不亏损，也不能控制
[illegible]完全不亏本（[illegible]
这价格有利的条件）。因此，在[illegible]的前提
下，利用一定的[illegible]来规定价格。实际利
用多少[illegible]，以及根据具体情况下
[illegible]，[illegible]价格加以
订，可以多用一些，反之则少利用一些。
价格的利用率是一般差额的20-30%。

二、利润核算方式
[illegible]，除上述原则以外，还应[illegible]
方式决定它的具体内容。[illegible]
差额、[illegible]、哪种方式来核算。
1. [illegible]差额。

（原稿第 95 面）

大，故不仅生长参差不齐，且茎干较细小，成为有效茎的比率低。

④在生产实践上，靠增加主茎比靠培育分蘖达到增产来得容易，尤其大面积上更易掌握。不过，甘蔗是具有分蘖习性的作物，分蘖对主茎还有一定的促进作用，同时，在目前栽培水平下，还不能保证不死苗缺株，也不能控制甘蔗完全不分蘖（因生长前期营养面积大，故而为分蘖有利的条件），因此，在依靠主茎的前提下，利用一定的早期分蘖是现实的。究竟利用多少分蘖为适宜，必须根据具体情况下确定。凡生长期长，肥力高和分蘖力强的品种，可以多用一些；反之则少利用一些。一般分蘖的利用率占总有效茎的 20～30%。

三、种植规格和方式

密植是否合理，除上述原则外，规格和方式就是它的具体内容，其中包括下种量、有效茎数、行距、排种方式和播幅。

1. 下种量和有效茎数

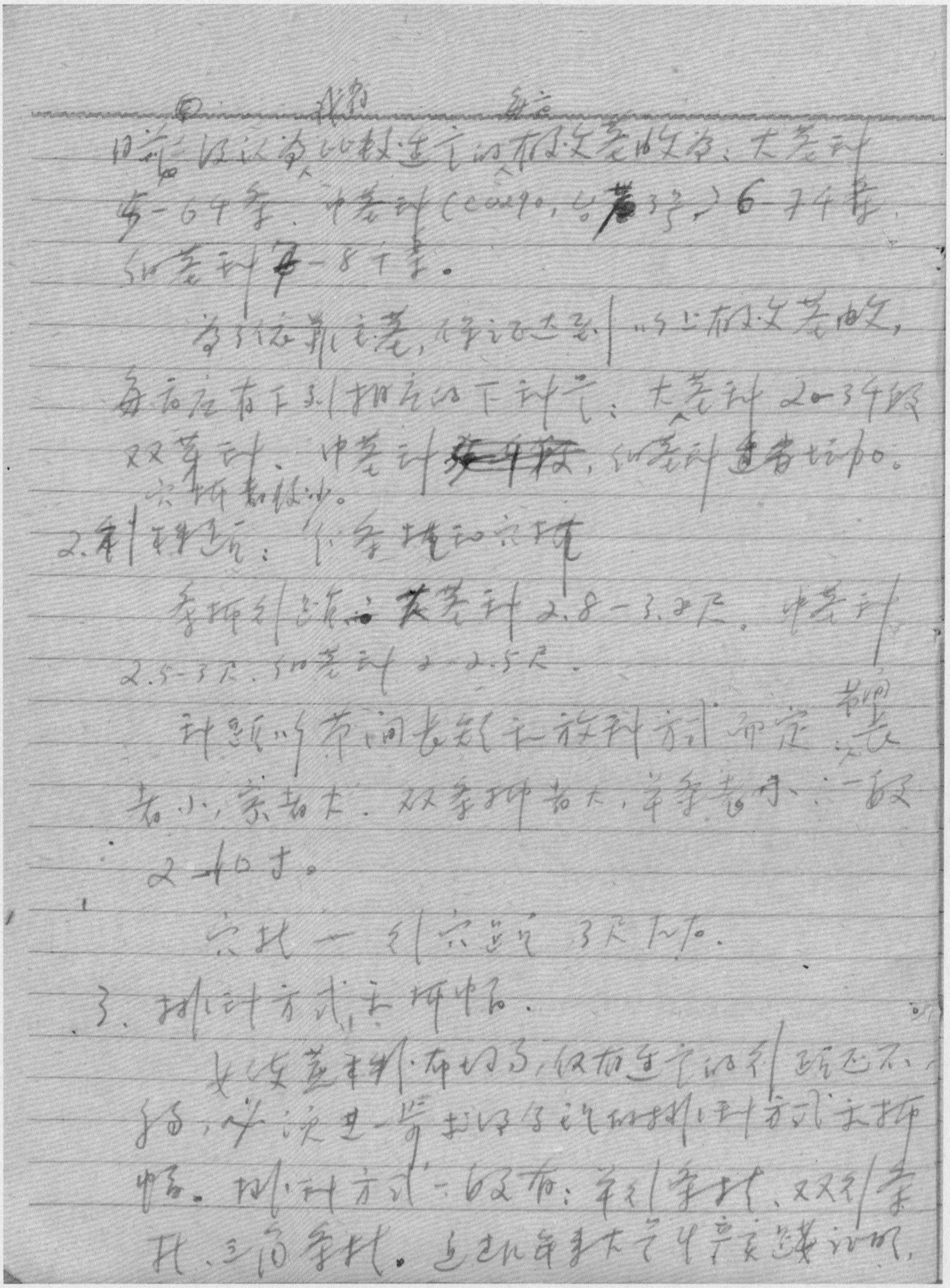
2.5-3尺，细茎种2-2.5尺。

（原稿第 96 面）

目前一致认为我省比较适宜的每亩有效茎数为：大茎种 5～6 千条、中茎种〔co290，台蔗 3 号〕6～7 千条，细茎种 7～8 千条。

为了依靠主茎，保证达到以上有效茎数，每亩应有下列相应的下种量：大茎种 2～3 千段，双芽种、中茎种、细茎种适当增加。穴播者较少。

2. 行株距：分条播和穴播

条播行距：大茎种 2.8～3.2 尺，中茎种 2.5～3 尺，细茎种 2～2.5 尺。

种距以节间长短和放种方式而定：节间长者小，密者大，双条播者大，单条者小，一般 2～10 寸。

穴植——行穴距 3 尺左右。

3. 排种方式和播幅

要使蔗株分布均匀，仅有适宜的行距还不够，必须进一步求得合理的排种方式和播幅。排种方式一般有：单行条植、双行条植、三角条植。通过几年来大量生产实践证明，

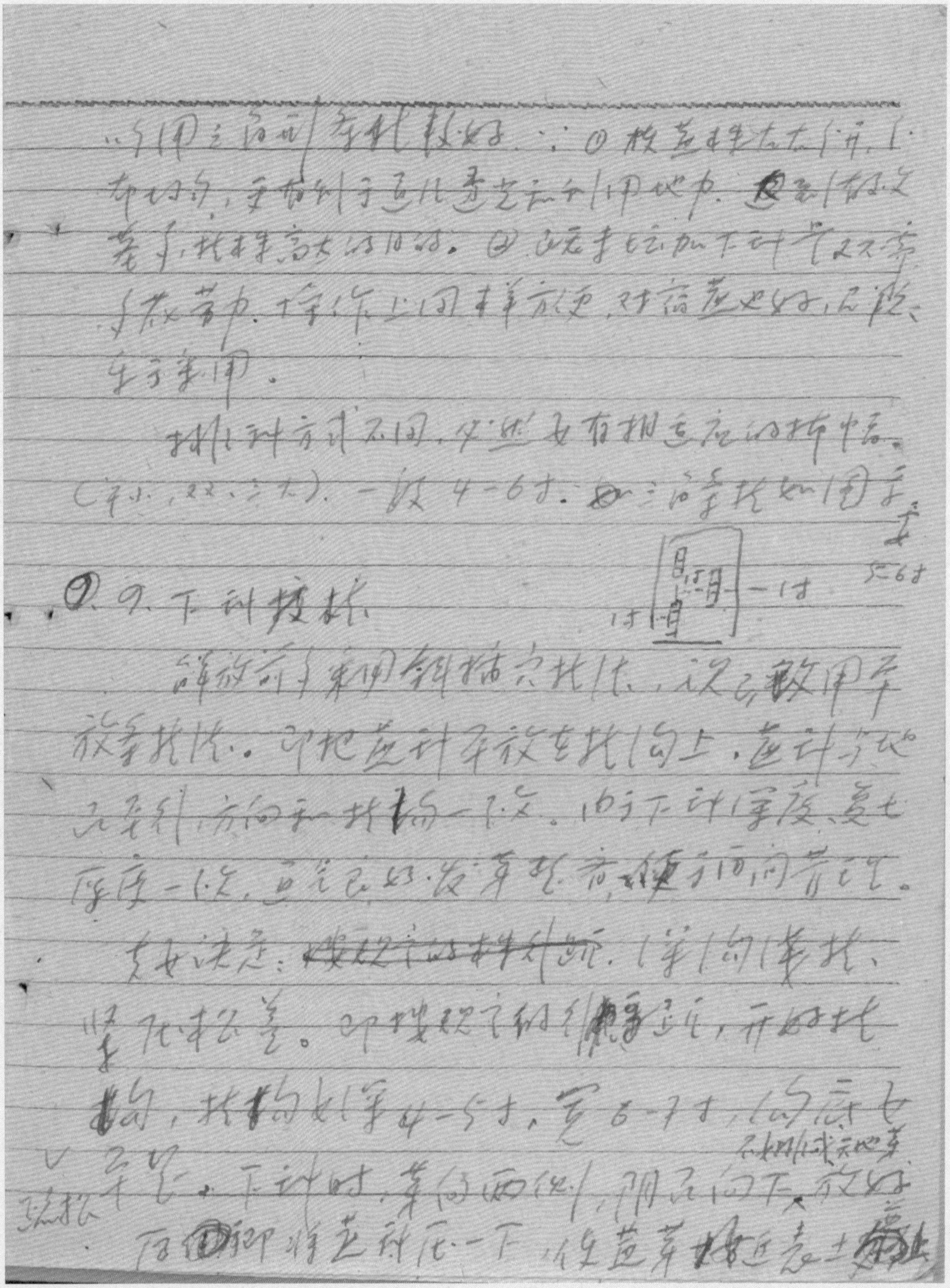

[illegible] 较好：① [illegible]

[illegible]

[illegible] ② [illegible] 加 [illegible]

[illegible] 同样 [illegible] 对 [illegible] 好 [illegible]

[illegible]。

[illegible] 方式不同，[illegible] 也有相适应的 [illegible]。

（单、双、三大），一段4-6寸。[illegible]

（9）下种技术

[illegible]

[illegible] 向上，[illegible]

[illegible] 一段。[illegible] 下种 [illegible]

[illegible] 一段，[illegible]。

[illegible]

[illegible]，[illegible]

[illegible] 4-5寸，[illegible] 6-7寸，[illegible]

[illegible] 下种时，芽向两侧，[illegible] 向下，放好

[illegible] 一下，[illegible]

（原稿第 97 面）

以用三角形条植较好，∵①使蔗株左右分开，分布均匀，更有利于通风透光和利用地力，达到有效茎多，植株高大的目的。②既未增加下种量又不需多花劳力，操作上同样方便，对宿蔗也好，群众乐于采用。

排种方式不同，必然要有相适应的播幅（单小，双、三大），一般 4～6 寸，三角条植如图示。

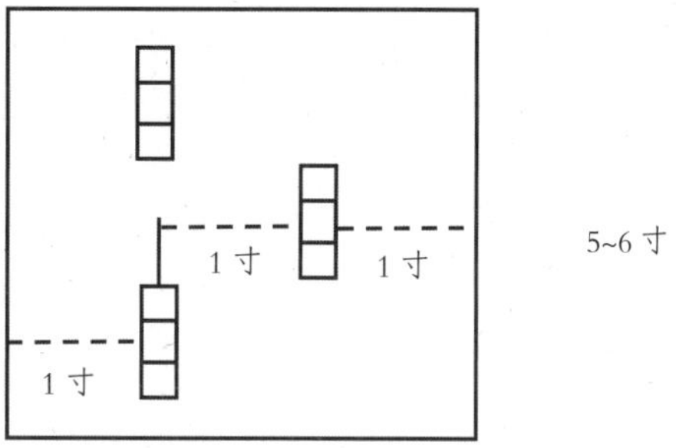

4. 下种方法

解放前多采用斜播穴植法，现已改用平放条植法，即把蔗种平放在植沟上，蔗种与地面平行，方向和植沟一致。由于下种深度、复〔覆〕土厚度一致，通气良好、发芽整齐，便于田间管理。

其要诀是：深沟浅植、紧压松盖。即按规定的行幅距，开好植沟，植沟要深 4～5 寸、宽 6～7 寸，沟底要疏松平整，下种时，芽向两侧，阴面向下，不要排成天地芽，放好后即将蔗种压一下，使蔗芽接近表土盖上不必有繁琐记录。

並使茎秆与土壤紧密结合，而且用细泥填埋，防止养分水分散失，以利于根发芽。

深沟下种，可以保温、保水（保墒），防冻。还可增加培土的土层，使茎根发生，多发新根，增强抗旱、抗倒伏的能力，对于培根茎粗壮也有很大好处。

（原稿第 98 面）

并使蔗种与土壤紧贴，不要有“架桥”现象。两端用细泥填湿，防止茎内水分散失，以利生根发芽。

深沟下种，可以保温、保水（干旱地）、防冻。还可增加培土的土源，使蔗根发生多，发育好，增强抗旱、抗倒的能力，对于宿根蔗栽培也有很大好处。

第三讲　作物栽培学 3

Lian Xi Bu
练习簿
作物栽培
讲稿

甘蔗田间管理（9.1）

甘蔗田间管理技术措施是比较多方面的，现仅就其主要的几项简述，着重突出几项主要措施。

一、查苗补苗。

直播甘蔗，由于某些不良环境条件的影响（如土壤、虫害、病害、积水等等），使甘蔗萌发出苗不好，而出现缺苗。如不及时补苗，会造成减少单位面积上的有效茎，影响产量。

时期：查苗补苗是同时进行的。一般以甘蔗萌芽后至长出一二片真叶时补植最好。因此时苗根刚发生，新根也不长，便于带土移苗，补植后能迅速扎根生长，回青快，成活率高。同时要选阴天或雨后，晴天要在傍晚进行。

材料：最好是在苗床、地边、催芽时的一些大苗。下种时要在缺苗较多的蔗田，可移植补苗或补插[illegible]。此外，也可以利用蔗根来补植，但要仔细选择蔗苗的健壮、无病虫害的蔗根苗。

方法：选择缺苗较多的蔗田补栽[illegible]

（原稿第 1 面）

甘蔗田间管理

甘蔗田间管理技术措施是比较繁多复杂的，对此问题仅扼要讲述，着重突出几项主要措施。

一、查苗补苗

直播甘蔗，由于早春不良环境条件的影响（低 t°、多湿、病虫害等）及种蔗本身的质量不好，容易发生缺苗，如不及时补苗，势将减少单位面积上的有效茎，影响产量。

时期：查苗补苗是同时进行的，一般以掌握在蔗苗长出 1～2 片真叶时补植最好。因此时苗根刚要发生，种根也不长，起苗带土容易，补植后恰逢苗根长出，回青快成活率高。同时要在阴天或雨后，晴天要在傍晚进行。

材料：最好事先在畦端、畦边假植一些太平苗。下种量较多而缺苗又较少的蔗田，可采取补密补稀的办法。此外，也可以利用不留宿根的宿根头补植，但要仔细选择蔗苗新鲜健壮，无病虫害的宿根蔸。

方法：先将缺苗处的坏蔗种挖起，然后用小锄

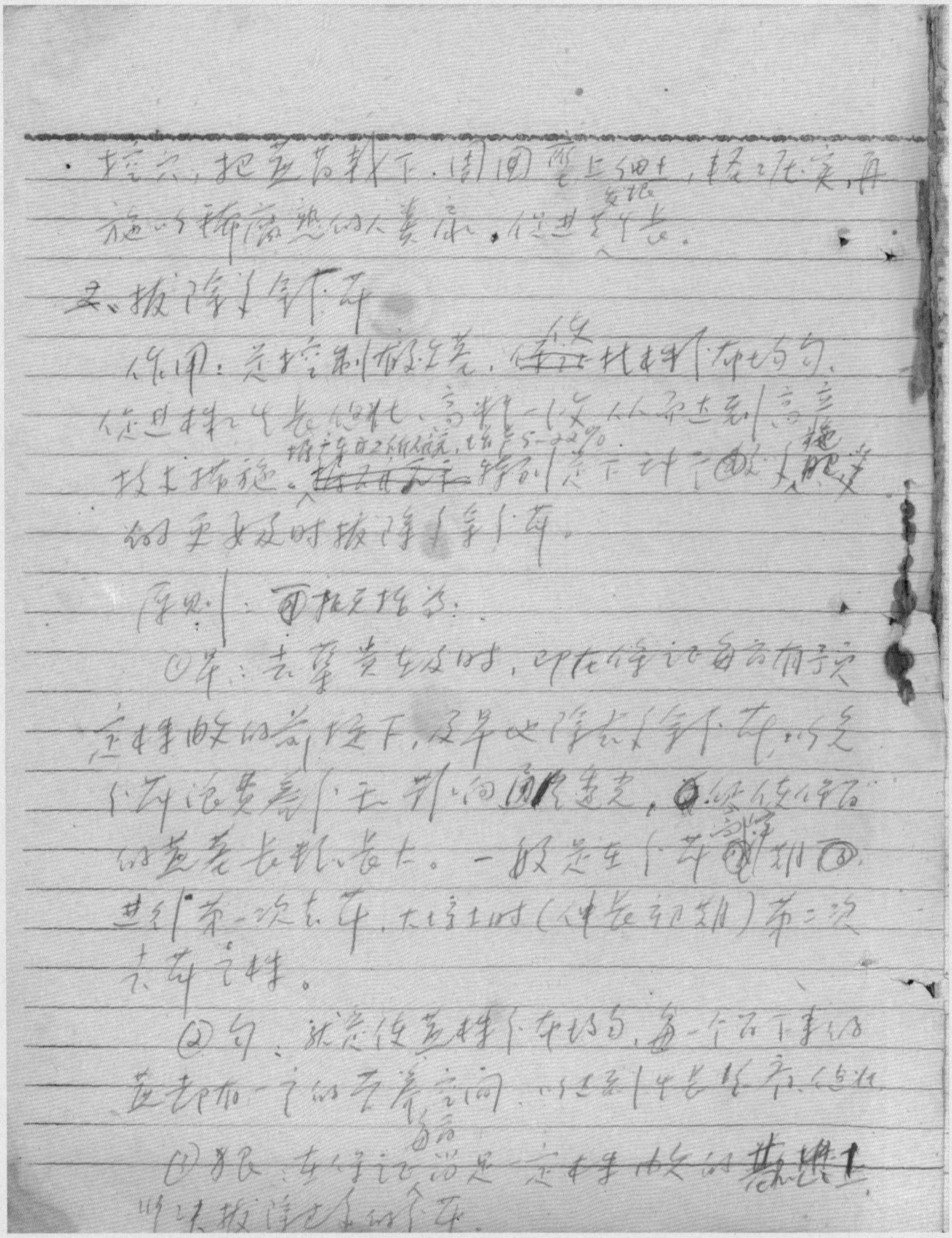

挖穴，把苗栽下，周围壅上细土，轻轻压实，再施以稀薄的人粪尿，促进发根生长。

五、拔除小弱苗

作用：是控制株距，使植株分布均匀，使其株株生长健壮、高粗一致，从而达到高产。

技术措施：播后要及时检查，出苗率5-22%。定苗时，要及时拔除小弱苗。

原则：抓定株苗：

①早：去苗是在小苗时，即在保证每穴有三株定株时的前提下，及早地除去小弱苗，以免小苗浪费养分，使保留的苗苗长粗长大。一般是在小苗三、四叶期进行第一次去苗，大培土时（拔节初期）第二次去苗定株。

②匀：就是使苗株分布均匀，每一个穴下来的苗都有一定的营养空间，以达到生长整齐、健壮。

③狠：在保证留足一定株数的基础上，坚决拔除多余的小苗。

（原稿第2面）

挖穴，把蔗苗栽下，周围壅上细土，轻轻压实，再施以稀腐熟的人粪尿，促进其发根生长。

二、拔除多余分蘖

作用：是控制有效茎，使植株分布均匀，促进植株生长健壮，高粗一致，从而达到高产技术措施。据广东□工所研究，增产5～22%，特别是下种量较多施肥多的更要及时拔除多余分蘖。

原则，可概括为：

①早：去蘖贵在及时，即在保证每亩有预定株数的前提下，及早地除去多余分蘖，以免分蘖浪费养分和影响通风透光，促使保留的蔗茎长粗、长大。一般是在分蘖高峰期进行第一次去蘖，大培土时（伸长初期）第二次去蘖之株。

②匀：就是使蔗株分布均匀，每一个留下来的蔗都有一定的营养空间，以达到生长整齐、健壮。

③狠：在保证每亩留一定株数的基础上，坚决拔除过多的分蘖。

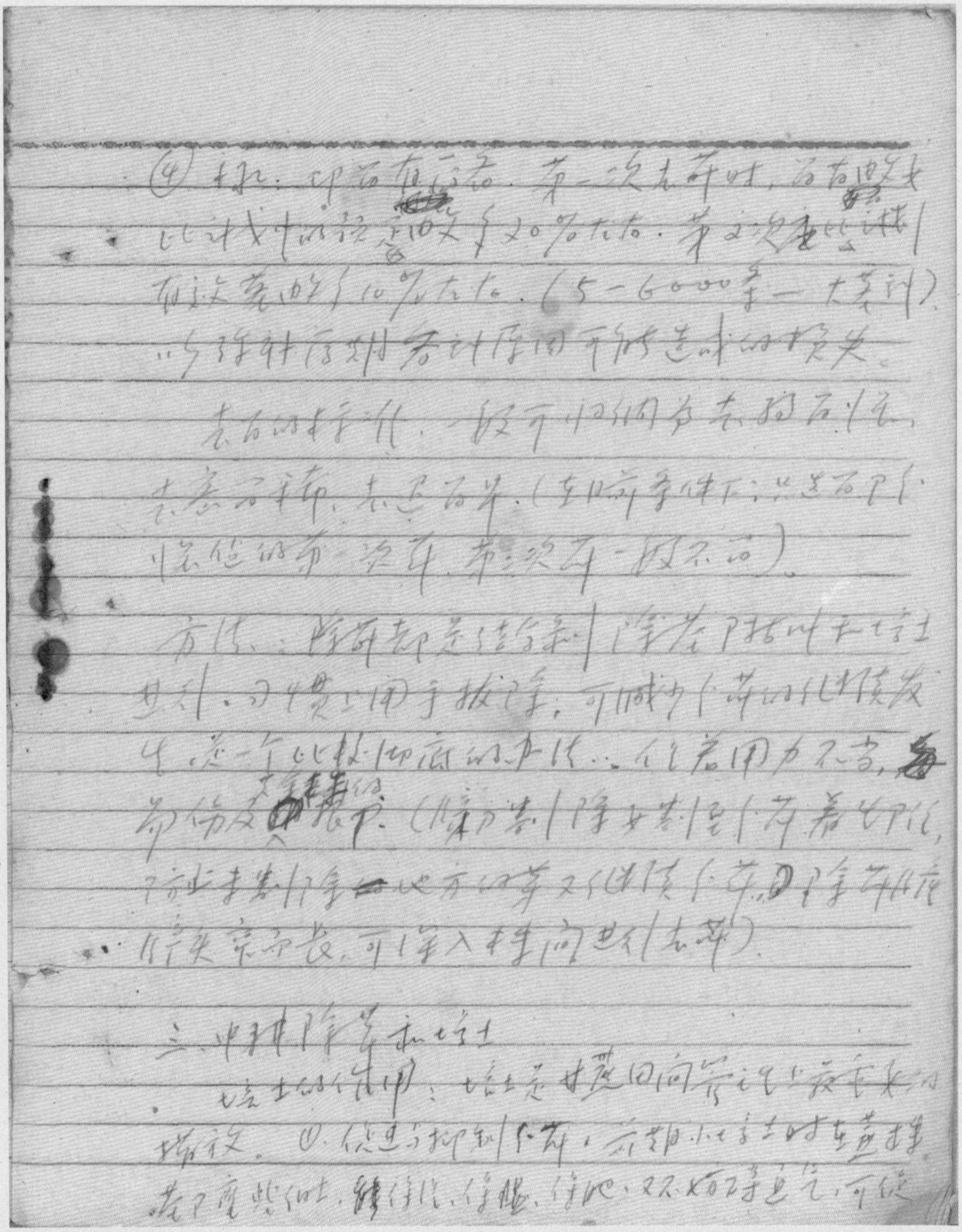
④ [illegible]：[illegible]。第一次去苗时，[illegible]比计划的[illegible]约20%左右。第2次[illegible]约10%左右。（5—6000[illegible]一大亩计）以[illegible]可能造成的损失。

[illegible]一般可以[illegible]（[illegible]）。

方法：[illegible]，可以用手拔除，可减少[illegible]。[illegible]。（[illegible]可[illegible]入[illegible]（去[illegible]）。

三、中耕除草和培土

培土的作用：[illegible]

增收。⑴ [illegible]

（原稿第 3 面）

④补：即留有后备。第一次去蘖时，留苗数要比计划中的预定数多 20% 左右，第二次应比计划有效茎数多 10% 左右（5～6 000 条——大茎种），以弥补后期各种原因可能造成的损失。

去留的标准：一般可归纳为去弱留强、去密留稀、去迟留早（在目前条件下，只选留部分强健的第一次蘖，第二次蘖一般不留）。

方法：除蘖都是结合剥除基部枯叶和培土进行，习惯上用手拔除，可减少分蘖的继续发生，是一个比较彻底的办法。但若用力不当，每易伤及其余株的根部（镰刀割除要割至分蘖着生部位，防止未割除地方的芽又继续分蘖，除蘖锉铲头窄而长，可深入株间进行去蘖）。

三、中耕除草和培土

培土的作用：培土是甘蔗田间管理上最重要的措施。

①促进与抑制分蘖，前期小培土时在蔗株基部壅些细土，能保温、保湿、保肥，又不妨碍通气，可促

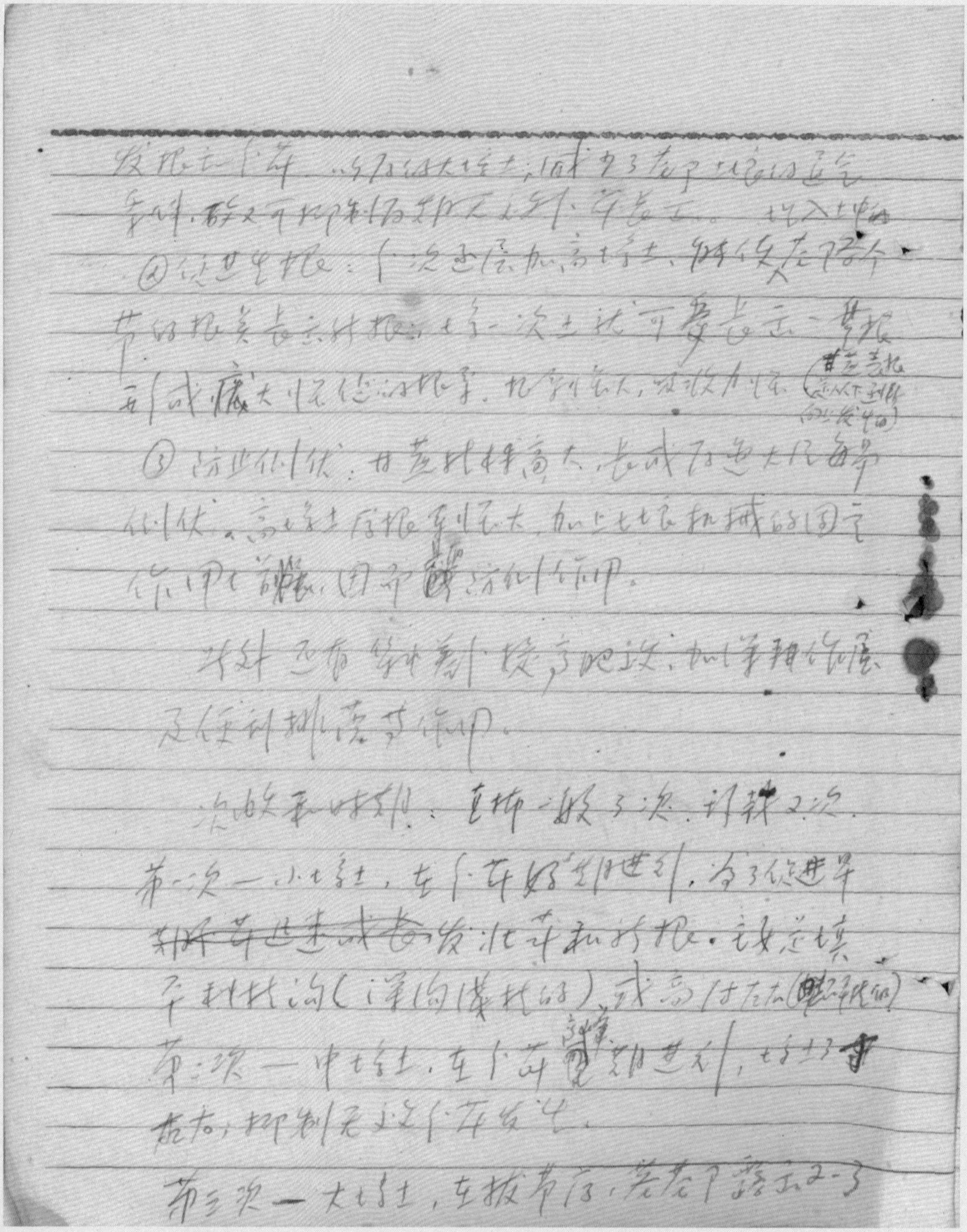

[illegible]

[illegible]

②促进生根：分次逐层加高培土，[illegible]

节的根点长出新根，培土一次[illegible]

[illegible]

③防止倒伏：甘蔗株体高大，长成后遇大风易

倒伏，高培土后根[illegible]大，加上培土机械的固定

作用，[illegible]，因而[illegible]防止倒伏。

培土[illegible]，[illegible]

[illegible]作用。

次数和时期：一般[illegible]三次，[illegible]

第一次—小培土，在分蘖[illegible]进行，[illegible]

~~[illegible]~~[illegible]，[illegible]

[illegible]（[illegible]），[illegible]

第二次—中培土，在分蘖[illegible]进行，[illegible]

[illegible]，抑制[illegible]发生。

第三次—大培土，在拔节[illegible]，[illegible]2-3

（原稿第 4 面）

发根和分蘖，以后的大培土，减少了基部土壤的通气条件，故又可抑制后期无效分蘖长出。

②促进生根：分次逐层加高培土，能使埋入土中的基部各个节的根点长出新根，培一次土就可多长出一盘根，形成庞大强健的根系。根系强大，吸收力强（甘蔗表根是从下逐渐向上发生的）。

③防止倒伏：甘蔗植株高大，长成后遇大风每易倒伏，高培土后根系强大，加上土壤机械的固定作用增强，因而具有防倒作用。

此外还有集中养分提高肥效，加深耕作层及便利排灌等作用。

次数和时期：直播一般 3 次，移栽 2 次。

第一次——小培土，在分蘖始期进行，为了促进早发壮蘖和新根，主要是填平种植沟（深沟浅植的）或高 1 寸左右（畦面旱植的）。

第二次——在分蘖高峰期进行，培土 3 寸左右，抑制无效分蘖发生。

第三次——大培土，在拔节后，茎基部露出 2～3

是在从栽后到收前8—10寸

在茎蔓间时期到一尺、高5—6寸，再后一次大培土，若此时间苗，需手拔草，埋在株行当中，好叫新根长出生长，若节外露，根受老化，不会发根。

培土时，使茎节在土中，拔草后培土之。

方法：① 先中耕除草，再拔掉老叶枯叶，~~再拔除~~杂草，然后施肥，最后培土。② 大培土时要把除草土填入苗株空间，随之中间凹下，留去让株株接受一把，再施肥。~~这以农民称~~所谓"堵天窗"的经验，就是用除草土填满株空间空隙，使株株整齐分布均匀，有利于均衡生长。③ 头一次培土完毕，使其不好2等生长良的情况，再后培土或以，从此苗壮，以免雨水冲塌垄沟，冲塌坡子。

四、注意排水

甘薯生长期间的需水规律，大致是前期少，中间多，即发棵期、结薯期需水多，分苗期前期和伸长期需水少，伸长末期又开始减，成熟期需水少。

（原稿第5面）

个节间时进行，高5～6寸，总高从垅沟到垅背8～10寸。最后一次大培土若时间过早，尚未拔节，土壤压住生长点，妨碍伸长生长过迟，茎节外露，根点老化，不易发根。

移栽的一般只在分蘖盛期、拔节后培土二次。

方法：①先中耕除草，再拔掉茎部枯叶和多余分蘖，然后施肥，最后才培土。②大培土时要把碎土填入蔗株丛间，以避免中间凹陷而使植株挤在一起，影响生长。所谓"满天星"的经验，就是用碎土填满丛间空隙，使植株散开，分布均匀，有利于均衡生长。③头两次培土宜松，使其不妨碍生长点的活动，最后培土要紧，压紧蔗头，以免雨水顺蔗茎下泻，冲垮垅子。

四、灌溉排水

甘蔗生长期间的需水规律，大致是两头少、中间多。即发芽期、幼苗期需水较少，分蘖期渐多，伸长盛期最多，伸长末期又渐减，成熟期需水最少。

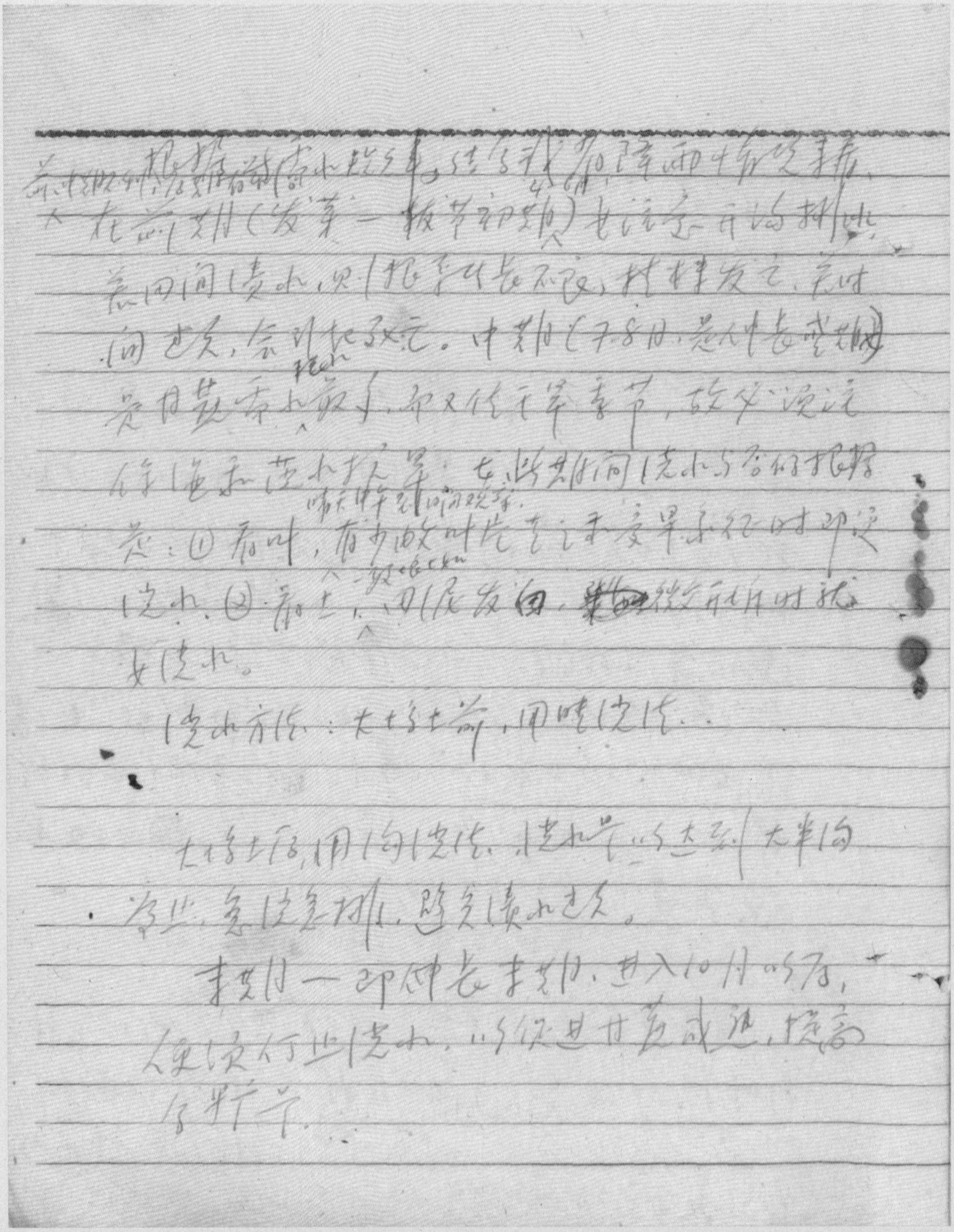

[illegible]根据甘蔗生长阶段，结合[illegible]，要求：在前期（发芽——分蘖初期）要注意开沟排水，若田间渍水，则根系生长不良，[illegible]发黄，若时间过长，会引起死亡。中期（7-8月，是伸长旺盛期），是甘蔗需水最多时，而又处于干旱季节，故必须注意保持土壤湿润和防止干旱；在此期间灌水与否的根据是：①看叶，看中午叶片出现卷曲而不能恢复时即灌水。②看土，[illegible]田底发白、[illegible]开裂时就要灌水。

灌水方法：大培土前，用畦灌法。

大培土后，用沟灌法。灌水时以流到大半沟为止，急灌急排，避免渍水过久。

成熟期一即伸长末期，进入10月以后，便须停止灌水，以促其成熟，提高含糖分。

（原稿第 6 面）

根据此需水规律，结合我省降雨情况来看，前中期不利，后期有利。在前期（发芽—拔节初期 4 ~ 6 月）要注意开沟排水，若田间渍水，则根系生长不良，植株发之，若时间过久，会引起死亡。中期（7 ~ 8 月，是伸长盛期）是甘蔗需水耗水最多，而又值干旱季节，故必须注意保湿和灌水抗旱。在此期间灌水与否的根据是：①看叶，晴天中午到田间观察，有少数叶片直立和受旱象征时即须灌水；②看土，一般壤土如田泥发白、微开拆时就要灌水。

灌水方法：大培土前，用畦灌法。

大培土后，用沟灌法，灌水量以达到大半沟为止，急灌急排，避免渍水过久。

末期——即伸长末期，进入 10 月以后，便须停止灌水，以促进甘蔗成熟，提高含糖量。

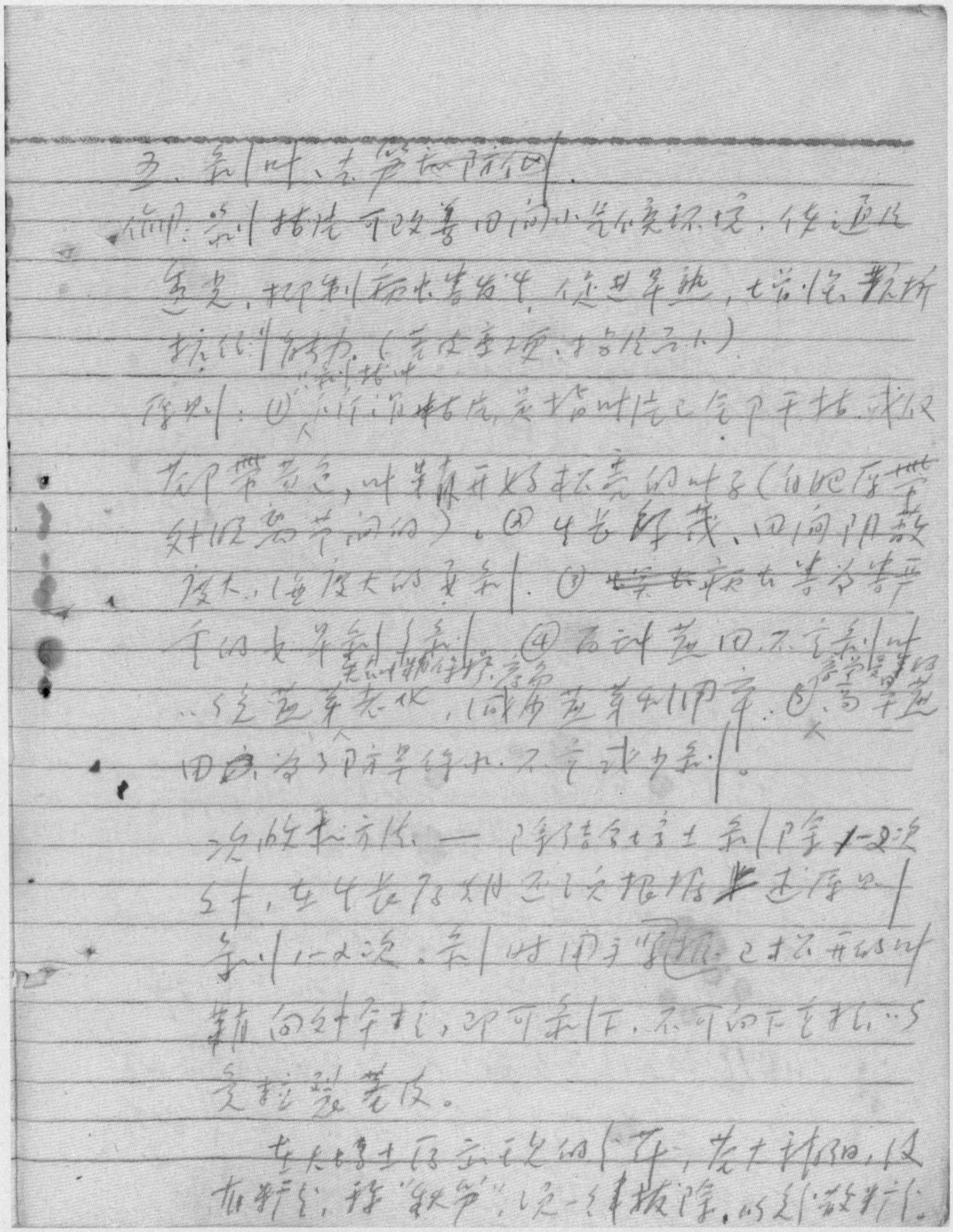

五、剥叶、去笋和除草

作用：剥叶技术可改善田间小气候环境，使通风透光，抑制病虫害发生，促进早熟，增加糖分积累。（节省劳力，增加效益）

原则：①剥去所有枯老叶，黄叶和叶片已全部干枯或仅有少量带青色，叶鞘开始松离的叶子（但把原带青叶留在草间的）。②生长繁茂、田间荫蔽度大，应度大的多剥。③病虫害为害严重的地块早剥、多剥。④台风蔗区，不宜剥叶，[illegible]以防蔗茎倒伏，减少蔗茎机械损伤。⑤高寒蔗区[illegible]为了防寒保温，不宜或少剥。

次数和方法——除结合培土剥除1-2次外，在生长后期还应根据情况再剥1-2次。剥叶时用手握住已枯死的叶鞘向外拉，即可剥下，不可向下拉扯，以免拉裂蔗皮。

在大培土后产生的分蘖，若大部分是迟生的"秋笋"，应一律拔除，以利积糖。

（原稿第 7 面）

五、剥叶、去笋

作用：剥枯片可改善田间小气候环境，使之通风透光，抑制病虫害发生，促进早熟，增强抗折抗倒能力（茎皮变硬，挡风面小）。

原则：①只剥枯叶。所谓枯片，是指叶片已全部干枯或仅茎部带黄色，叶鞘开始松壳的叶子（自肥厚带处脱离节间的）。②生长繁茂、田间阴蔽度大、湿度大的要剥。③病虫害为害严重的要早剥多剥。④留种蔗田不宜剥叶，以免蔗芽失去叶鞘保护，容易老化，减少蔗芽利用率。⑤容易受旱的高旱蔗田，为了防旱保水，不宜或少剥。

次数和方法——除结合培土剥除 1 ~ 2 次外，在生长后期还须根据上述原则剥 1 ~ 2 次。剥时用手握紧，已松开的叶鞘向外平拉，即可剥下，不可向下直拉，以免拉裂茎皮。

在大培土后出现的分蘖，茎大稍细，没有糖分，称“秋笋”，须一律拔除，以免分散糖分。

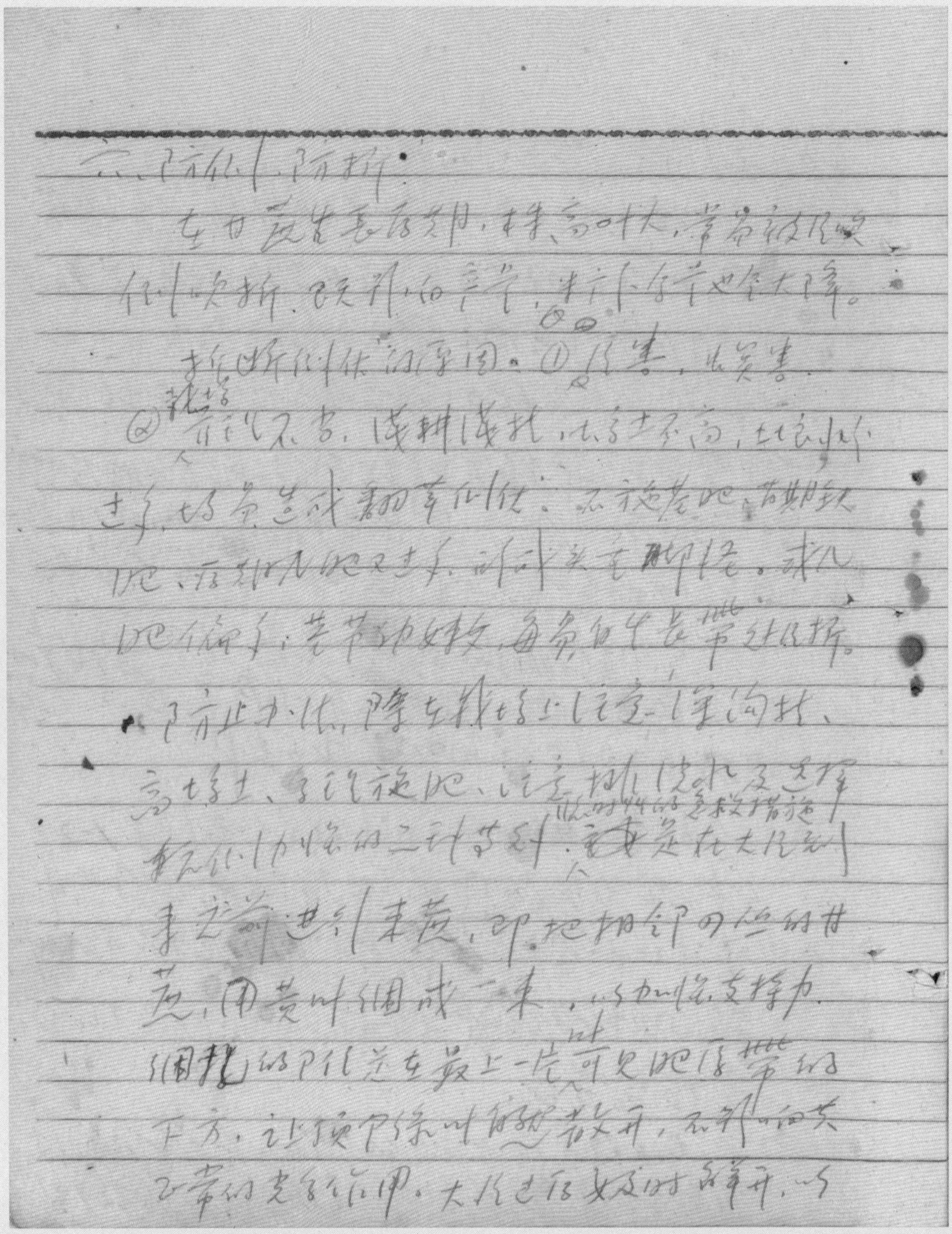

六、防倒伏、防折

在甘蔗生长后期，株高叶大，常常被风吹倒伏吹折，既影响产量，糖分含量也会大降。

造成倒伏的原因：①风害、虫害。②栽培：前作不当，浅耕浅栽，培土不高，培土过早或翻蔸倒伏。不施基肥、前期缺肥，后期又追肥，引起徒长脚软。或氮肥偏多，蔗茎细嫩，每当台风袭来常被风吹折。

防止办法：除在栽培上注意深沟栽、高培土、多施钾肥、注意增施磷钾肥及选择抗倒伏的品种等外，还有是在大风到来之前进行束蔗，即把相邻四丛的甘蔗，用蔗叶捆成一束，以加强支撑力。捆扎的部位是在最上一片叶可见肥厚带的下方，让顶部绿叶能散开，不影响正常的光合作用。大风过后要及时解开，以

（原稿第8面）

六、防倒、防折

在甘蔗生长后期，株高叶大，常易被风吹倒吹折，既影响产量，糖分含量也会大降。

折断倒伏的原因：①风害、螟害。②栽培管理不当，浅耕浅植，培土不高，土壤水分过多，均易造成翻草倒伏。不施基肥，苗期缺肥，后期N肥又过多，形成头重脚轻。或N肥偏多，茎节幼嫩，每易自生长带处风折。

防止办法：除在栽培上注意深沟植、高培土、合理施肥，注意排。灌水及选择抗倒力强的品种等外，临时性的急救措施是在大风到来之前进行束蔗，即把相邻四丛的甘蔗用黄叶捆成一束，以加强支持力，捆扎的部位是在最上一片叶可见肥厚带的下方，让顶部绿叶自然散开，不影响其正常的光合作用，大风过后要及时解开，以

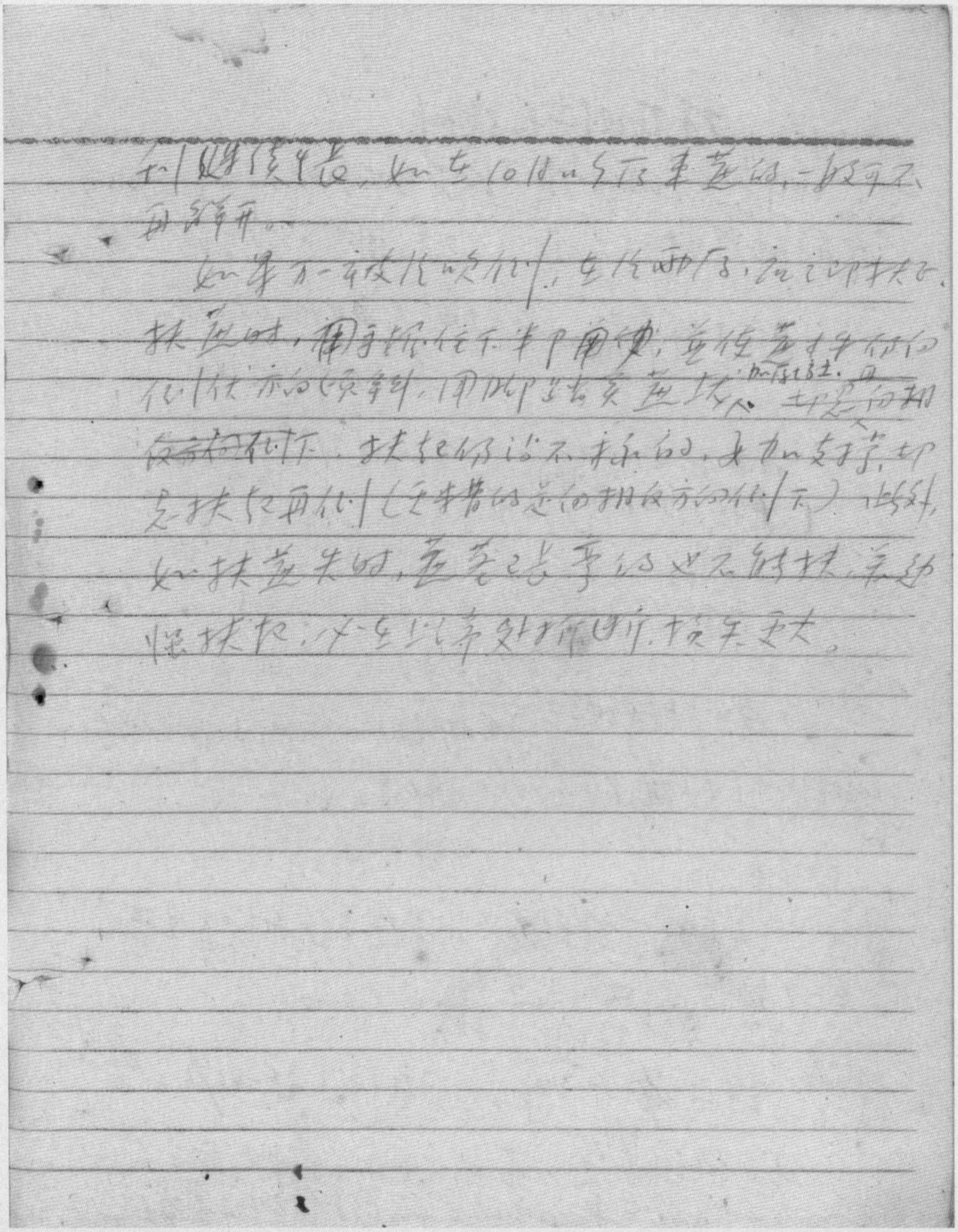

（原稿第 9 面）

利继续生长，如在 10 月以后束蔗的，一般可不再解开。

如果万一被风吹倒，在风雨后，应立即扶正，扶蔗时，用手握住下半部用力，并使蔗株仍向倒伏方向倾斜，用脚踏实蔗垅，加厚培土。扶起仍站不稳的，要加支撑，切忌扶起再倒（更糟的是向相反方向倒下）。此外，如扶蔗失时，蔗茎已长弯的也不能扶，若勉强扶起，必在上端处折断，损失更大。

测产

棉花测产与考种

一、测产适宜的时期一般是在大多数棉株上有2-3个铃吐絮时，过早偏高，过迟则因受上市影响。

$$每亩籽棉产量(市斤)=\frac{每亩株数\times每株平均铃数}{每斤籽棉铃数}$$

每亩平均铃数在吐絮前半期，分大、小铃（和青铃已吐絮的）和黄三类。

大铃一个算一个，小铃铃数以2/3，黄以1/2作成铃计算。（本实习全不算）

$$每斤籽棉铃数=\frac{500g}{单铃籽棉重(克)}$$ —— 取中部棉铃100个的籽棉晒干称重，除以100即得。

二、考种。

1. 衣分：籽棉轧花后，皮棉占原来籽棉重量的%数。$=\frac{皮棉}{籽棉}\times100$。

样品一斤籽棉。洞庭棉是38-40%。

2. 纤维长度：是鉴定品质的标准之一。

……愈长，纺纱支数（纱长840码为一支，

（原稿第 10 面）

棉花测产和考种

一、测产

测产适宜的时期一般是大多数棉株已有 2~3 个铃吐絮时，过早偏高，过迟调查上有错误。

$$\text{每亩籽棉}^{①}\text{产量（斤）}=\frac{\text{每亩株数}\times\text{每株有效铃数}}{\text{每斤籽棉铃数}}$$

每亩有效铃数在吐絮前半期，分大、小铃（未露出苞叶的包括在内）和蕾三等。

大铃一个算一个，小铃数以 2/3，蕾以 1/2 作有效铃计算（本实习全不算）。

$$\text{每斤籽棉铃数}=\frac{500\,\text{g}}{\text{单位籽棉重（克）}}$$

“单位籽棉重”—取中部棉铃 100 个的籽棉晒干称重，除以 100 即得。

二、考种

1. 补：籽棉轧花后，

$$\text{皮棉占原来籽棉重量的百分数}=\frac{\text{皮棉}}{\text{籽棉}}\times 100$$

样品为一斤籽棉。洞庭 1 号达 38~40%。

2. 纤维长度：是最重要的纺纱品质之一。

纤维愈长，纺纱支数（纱长 840 码为 1 支，

① 原稿为“子棉”，为便于读者阅读，下文均已改作“籽棉”。

以一磅皮棉为计算支数的单位。如一磅皮棉能纺成20个840码长的纱，称20支纱。（细绒棉一般长30毫米左右。）

细的支数要好，陆地棉可纺32–60支。

方法：随机取棉瓣100个，每瓣取中间子棉一粒，共100粒，用左右分梳法测定每粒子棉的纤维长度，求出平均长度。（把纤维向左右分梳成蝴蝶状，贴在黑绒板上测定其纤维长度一点的长度）

3、纤维整齐度

纺纱时不仅要求纤维长，而且要求整齐度。整齐度高纺纱时质量才高。整齐度受多种因素的影响（气候条件、棉株部位、同一棉瓣的不同子棉及一粒子棉不同部位的纤维）。

计算方法：以纤维整齐度%来表示。

$$\text{纤维整齐度\%} = \frac{\text{平均纤维长度±2毫米范围内的子棉粒数}}{\text{测定子棉总粒数}} \times 100$$

90%以上为整齐，80–90为一般，80%以下为不整齐。

（原稿第 11 面）

以一磅皮棉为计算支数的单位，如一磅皮棉能纺出 20 个 840 码长的纱称 20 支纱。）愈多，纱愈细，品质愈好，陆地棉一般长 30 毫米左右，可纺 32～60 支。

方法：随机取棉瓤 100 个，每瓤取中部籽棉 1 粒，共 100 粒，用左右分梳法，测量每粒籽棉的纤维长度，求出平均数。（从缝线处向左右分梳成喋〔蝶〕状，贴在黑羢〔绒〕板测量主体长度—众数长度）

3. 纤维整齐度

纺纱时不仅要求纤维长度，而且要求整齐一致。纺纱时废棉率低、整齐度受多种因素的影响（品种纯度、棉铃着生部位、同一棉瓤的不同籽棉及一粒籽棉不同部分的纤维）。

计算方法：以纤维整齐度 % 法表示。

$$\text{纤维整齐度}\% = \frac{\text{平均纤维长度}\ \pm 2\ \text{毫米范围内的籽棉粒数}}{\text{考查籽棉总粒激}\ \times 100}$$

90% 以上为整齐，80～90〔%〕为一级，80% 以下为不整齐。

4. 衣指、子指。100（子粒）发芽的重量和种子的体积
每穗中取1粒（共100粒）（扎衣）各称其发芽，
统计衣指、子指，以供参考。

5. 异形子调查。将扎衣后的种子，随机
取400粒，分出不同形状之种的种子，
如长大白、绿子、稀毛子、芒子等，求出其%。

（原稿第 12 面）

4. 衣指、籽指

100 籽棉皮棉的重量和种子的重量。瓤中部取 1 粒（共 100 粒）轧花各称其皮棉重和种子重，即得衣指和籽指，以克表示。

5. 异型籽百分率

将轧花后的种子，随机取 200 粒，剔出不同于原品种的种子，如毛大白、绿子、稀毛子、光子等，求出其 %。

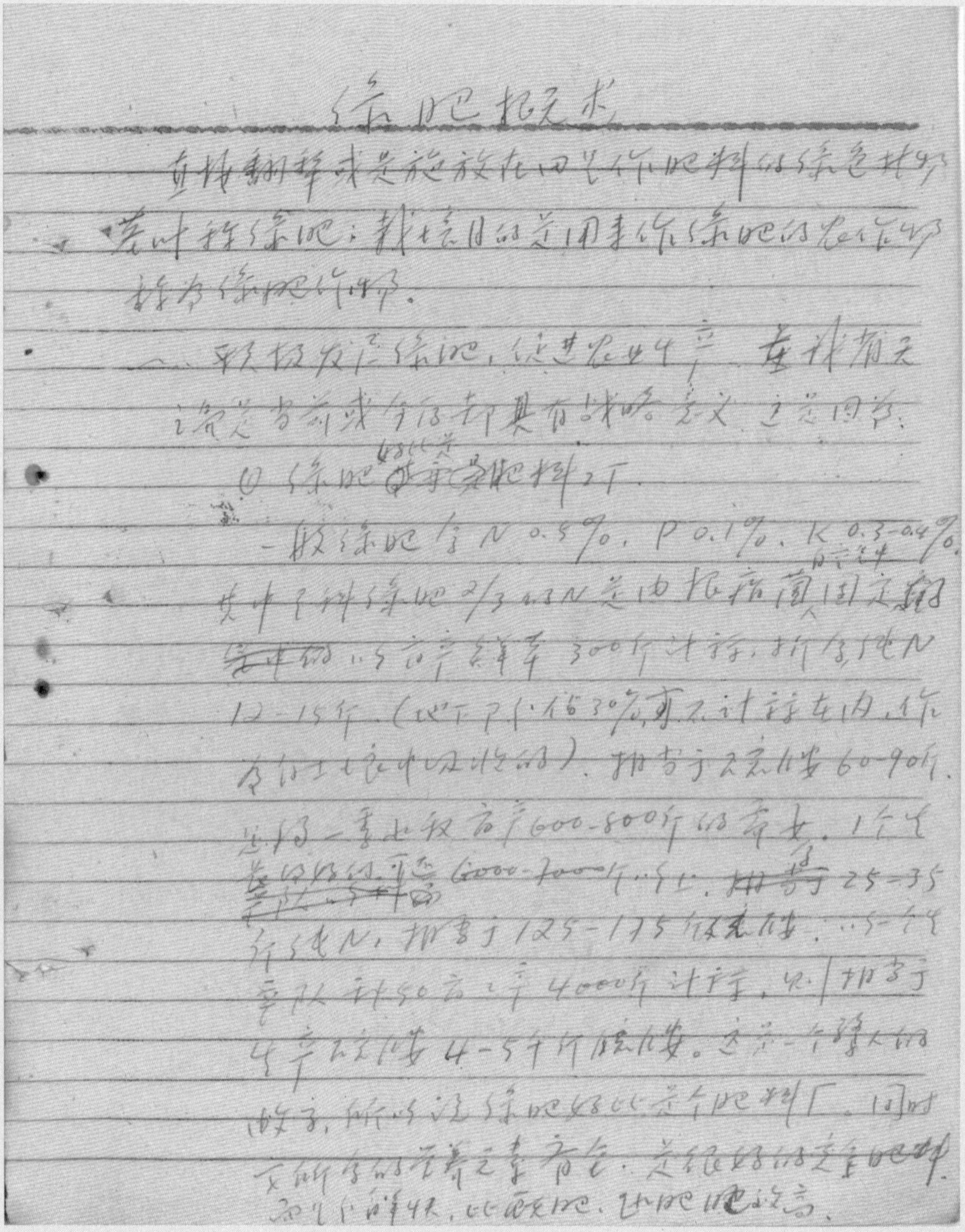

绿肥技术

直接翻耕或是施放在田里作肥料的绿色植物茎叶称绿肥；栽培目的是用来作绿肥的农作物称为绿肥作物。

一、积极发展绿肥，促进农业生产，在我省来说是当前或今后都具有战略意义，主要因为：

① 绿肥好比是肥料工厂。

一般绿肥含N 0.5%、P 0.1%、K 0.3-0.4%。其中豆科绿肥2/3的N是由根瘤菌固定的，以亩产鲜草3000斤计算，折合纯N 12-15斤（地下部分占30%尚不计算在内，作为从土壤中吸收的），相当于硫酸铵60-90斤。~~如一季亩产600-800斤的产量，1斤~~ ~~[illegible] 6000-7000斤，[illegible]~~ 25-35斤纯N，相当于125-175斤硫酸铵。以5-6斤每队种50亩，亩产4000斤计算，则相当于生产硫酸铵4-5千斤硫酸铵。这是一个惊人的数字，所以说绿肥好比是个肥料厂。同时它所含的营养元素齐全，是很好的完全肥料，而比化肥、人粪尿肥效高。

（原稿第 13 面）

绿肥概述

直接翻犁或是施放在田里作肥料的绿色植物茎叶称绿肥；栽培目的是用来作绿肥的农作物称为绿肥作物。

一、积极发展绿肥，促进农业生产

在我省无论是当前或今后都具有战略意义，这是因为：

①绿肥好比是肥料工厂

一般绿肥含 N 0.5%、P 0.1%、K 0.3～0.4%，其中豆科绿肥 2/3 的 N 是由根瘤菌自空气中固定的。以亩产鲜草 300 斤计算，折合纯 N12～15 斤（地下部分占 30%，可不计算在内，作为自土壤中吸收的）。相当于硫铵 60～90 斤，是约一季水稻亩产 600～800 斤的需要。1 个生长得好的可达 6 000～7 000 斤以上，合 25～35 斤纯 N，相当于 125～175 斤硫铵。以一个生产队种 50 亩、产 4 000 斤计算，则相当于生产硫铵 4～5 千斤。这是一个惊人的数字，所以说绿肥好比是个肥料厂。同时它所含的营养元素齐全，是很好的完全肥料，而且分解快，比厩肥、凼肥肥效高。

（且有改良土壤的作用）

②绿肥含有有机质（18%）。

一般含有机质18%左右，翻压后经微生物的分解后，可使土壤中含有大量腐殖质，再加上绿肥根系伸展时的机械作用，可显著改善土壤的理化性质。

③绿肥可秋地种植，秋地翻耕，大大节省了施肥运肥的劳力。

④许多绿肥同时又是良好的饲料作物，其饲料价值一般很高，特别是蛋白质含量比米糠高1倍左右。对于发展畜牧业，意义很大。仍旧农谚：“一亩绿肥一头猪，一头猪养三亩田”。应以田养猪，以猪肥田的方法，使农牧结合，相互促进的良策。

二、我省解放后一贯全力发展绿肥，由380万亩扩大到1100万亩，计划达2000万亩。

三、绿肥作物的种类——略。

（原稿第 14 面）

②绿肥富含有机质，具有改良土壤的作用

一般含有机质 18% 左右，翻埋后经微生物的分解□，可在土壤中累积大量腐植质，再加上强大根系伸展时的机械作用，可显著改善土壤的理化性质。

③绿肥可就地种植，就地翻耕，大大节省了积肥运肥的劳力。

④许多绿肥同时又是良好的饲料作物，其饲料价值一般很高，特别是蛋白质含量比米糠高 1 倍左右，而且适合家畜口味，容易消化。浙江农谚：三亩绿肥一头猪，一头猪粪三亩田。这种“以田养猪，以粪肥田”的方法，是农牧结合，相互促进的良策。

党在解放后一贯重视发展绿肥，由 380〔万亩〕扩大到 1 100 万亩，计划达 2 000 万亩。

二、绿肥作物的种类——略

时期	干重	N%	含N 斤/亩
始花	3290	0.54	17.7
盛花	4300	0.45	19.5
	6290	0.37	23.2
结荚	5640	0.36	20.3

紫云英

广东我国南方，最适宜南方水稻田种植，并可扶苗，鲜草产量高，且富含养分，又比大豆类豆科绿肥的生育期短，因此最适于作早稻、棉花的绿肥。一般鲜草（高产）亩产2-3千斤，高的达7-8千斤以上。只要其栽培方法适当及合理的双季稻区。

紫云英鲜草中含有养分的含量，除N外，磷、钾含量各时期都不同。一般含N率以开花前为最高，盛花期最低，但鲜草产量以盛花期最高，因此其含N总量最高。表一

紫云英根茎叶各部分的含N量相差很大，以根瘤及根中含量最少，叶次之，茎最少，仅为叶的1/3（0.84÷0.27=3:1）。故叶/茎比例高的品种含N率较高。

一、生物学特性　　较耐寒不耐热。

紫云英喜欢温和湿润的气候，当气温高于25°C时就不利于发芽~~和生长~~，~~再~~…的播种

（原稿第 15 面）

紫云英

原产我国南方，最适宜南方水稻田栽培，管理较易，鲜草产量高，容易腐烂，又比其它各季绿肥的生育期短，因此最适于做早稻、棉花的绿肥。一般鲜草亩产为 2～3 千斤，高的达 7～8 千斤以上。现其栽培面积已遍及全省的双季稻区。

紫云英鲜草中各种养分的含量，随品种、栽培条件及刈割期而不同。一般含 N 率以开花前为最高，盛花期最低，但鲜草产量以盛花期最高，因此其全 N 总量高。表——

	草	N%	全 N	斤 / 亩
未开花	3 290	0.54	17.7	
始花	4 300	0.45	19.5	
盛花	6 290	0.37	23.2	
终花	5 640	0.36	20.3	

紫云英植株各部分的含 N 量相差很大，以根瘤及根中含量最多，叶次之，茎最少，仅为叶的 1/3（0.84∶0.27＝3∶1）。故叶 / 茎比例高的品种含 N 率较高。

一、生物学特性

紫云英喜欢温和湿润的气候，较耐寒不耐热，当气候高于 25 ℃时就不利于发芽，

害，地温降在5—10°C时才致亡。耐寒性较
差到耐寒时，根瘤发达者，可增强其抗寒的程度；反之，
播种迟时，根系发育不良及地温降低者，则抗
寒力大减。

紫云英适宜于湿润肥沃的土壤，比较耐
湿，但不耐旱、耐瘠，也怕渍水。所以在保水
力差、肥力薄的砂土和排水不良的重粘土上均生长不好。

土壤以不酸不碱最适宜的
PH在中性微酸性4.4、6.5左右。根瘤菌的发
育生长时最好。土壤4.4时即致亡，过酸过碱都不
适于紫云英的生长。

种子发芽适温为20—25°C，在15°C时2—3天
即可发芽。出苗后3—4片可成叶簇，这时播
种约25—30天后，约6—9片真叶时开始发生分
枝。一般冬前仅形成第一次分枝，次年
开春后旺盛生长阶段，才形成第2、第3次分枝。
第一次分枝受日照条件、温度、肥力等有很
大差异。在返青前
地上部分生长缓慢，3月中下旬始抽

（原稿第 16 面）

地上部分在 -5—-10 ℃〔-10～-5 ℃〕时才死亡，耐寒品种及适期播种、根部发达者，可耐更低的温度；反之，播种违时，根系发育不良及地上部徒长者，则抗寒力大减。

紫云英适宜于温润肥沃的土壤，比较耐湿，但不耐旱、耐瘠，也怕渍水，所以在保水力差又瘠薄的砂土和排水不良的重黏土上均生长不好，喜酸而不耐碱，最适应的 pH 范围为微酸性，6.5 左右。根瘤菌的发育在 7 时最好，过酸 4.4 时即死亡，过碱又不适于紫云英的生长。

种子发芽适 t° 为 20～25 ℃，在 15 ℃时 2～3 天即可发芽。出苗后逐渐形成叶簇，适时播种的 25～30 天后约 6～9 片真叶时开始发生分枝。一般冬前仅形成第 1 次分枝，次年开春后旺盛生长阶段才形成第 2、第 3 次分枝，单株分枝数目因品种、度〔温〕度、肥力等有很大差异。

地上部分在现蕾前生长很慢，3 月中、下旬始花，

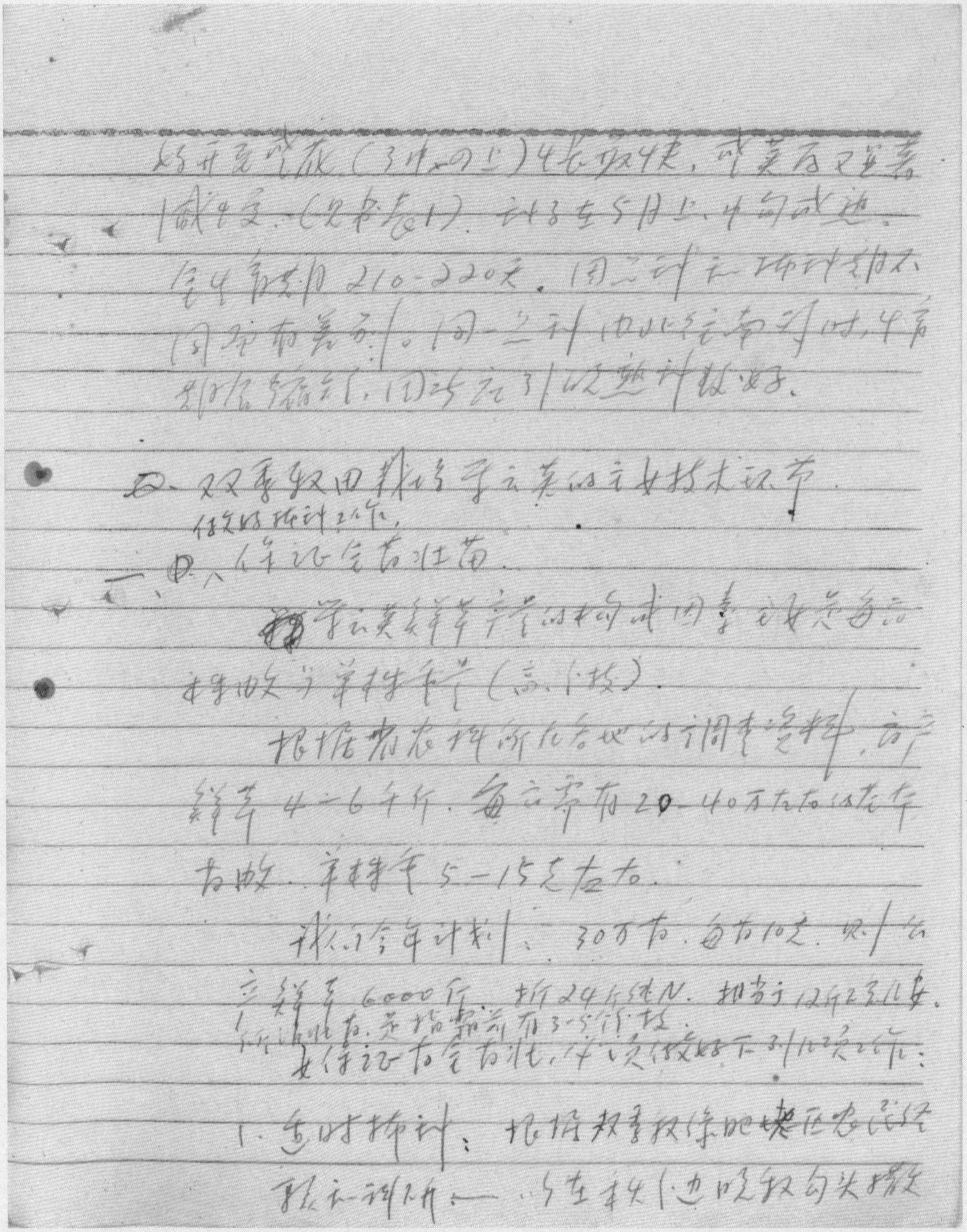

好开花吐穗（3叶一心以上）生长较快，可免受寒露风危害
减产。（见附表1）。计划在5月上、中旬成熟。
全生育期210—220天。因三种不同时期对不
同品种有差别。因一定种（如此种在南方时，生育
期缩短。）因此应引进早熟种较好。

四、双季稻田种植紫云英的主要技术环节。
做好播种工作。
一、（四）、保证全苗壮苗。
紫云英鲜草产量的构成因素主要是每亩
株数与单株重（高、分枝）。
根据省农科所在各地的调查资料，亩产
鲜草4—6千斤，每亩有20—40万左右的有效
株数，单株重5—15克左右。
我们今年计划：30万亩，每亩10斤，则每亩
产鲜草6000斤，折24.5斤N，相当于12斤尿素。
（所以此亩是指每亩有3—5万株。）
要保证齐全苗壮，须认真做好下列几项工作：
1、适时播种：根据双季稻保肥区农民经
验和试验——以在秋收边晚稻勾头撒

（原稿第 17 面）

始开至盛花（3 中至四上生长最快，盛荚后又显著减慢（见书表 1）。种子在 5 月上、中旬成熟。全生育期 210 ~ 220 天，因品种和播种期不同而有差别。同一品种由北往南移时，生育期会缩短，因此应引晚熟种较好。

双季稻田栽培紫云英的主要技术环节

一、做好播种工作，保证全苗壮苗

紫云英鲜草产量的构成因素主要是每亩株数与单株重量（高、分枝）。

根据省农科所在各地的调查资料，亩产鲜草 4 ~ 6 千斤，每亩需有 20 ~ 40 万左右的基本苗数，单株重 5 ~ 15 克左右。

我们今年计划：30 万苗，每苗 10 克，则亩产鲜草 6 000 斤，折 24 斤纯 N，相当于 12 斤硫铵。

所谓壮苗是指霜前有 3 ~ 5 个分枝，要保证苗全苗壮，必须做好下列几项工作：

1. 适时播种：根据双季稻绿肥地区农民经验和科研——以在秋分边晚稻勾〔沟〕头撒

使每亩有30—40万以上的基本苗，每株3—5个分枝.

3. 种子发芽后，土旱，气温高于25℃不利于种子发芽，土壤较高常保持水层，排水不良的地块产量，特别是变阴雨时间过长，加有纤细的徒长苗易遭冻害；过迟，气温低，出苗迟而不齐，幼苗生长纤弱、分枝少、既易受冻害，产量也显著下降。(如去年)。

但是油菜播种期也有一个较大的幅度，应根据品种的生育特点，具体确定播种期。如抽薹成熟较迟的品种之种，应在抽薹前(10月初)播下，然后枝果熟而成熟在大小的品种则可推迟在9月上旬.

2. 合理的播种量：

从理论上讲，每千粒重3g左右，一斤计有约15万粒，每亩播2斤即可获得30万苗。但实际上由于种子发芽率较低(80%)加上田间水渍、干旱及收获时的鸟兽虫为害，故必须适当加大播种量。以3—5斤为宜。此播种技术，比较适合于大面积

（原稿第 18 面）

籽最适宜，使在霜前有 30～40〔天〕以上的生长期，长出 3～5 个分枝。过早，t° 高于 25 ℃不利草籽[①]发芽，且晚稻尚需保持水层，排水影响晚稻产量，特别是受阴蔽时间过长，幼苗纤细、徒长，容易遭爱冻害。过迟，t° 低，出苗迟而不齐，幼苗生长缓慢、分枝少，既易受冻害，产量也显著下降（如书例）。

但紫云英播种期也有一个较大的幅度，应根据晚稻的生育情况具体确定播种期，如抽穗成熟较迟的晚稻品种应在抽穗时（至少 10 月初）播下，仅仅较早熟而密度不大的晚稻田可提前在 9 月上旬。

2. 恰当的播种量

从理论上讲，草籽千粒重 3g 左右，一斤种子约有 17 万粒，每亩播 2 斤即可获得 30 万苗。但实际上由于种子发芽率较低（80%），加上田里水浸、干旱、病虫及收禾时的践踏为害，故必须适当增加播种量。以 3～5 斤为宜，凡播种较早、土壤肥沃的老草籽田

① 原稿为“草子”，为便于读者阅读，全书已改为“草籽”。

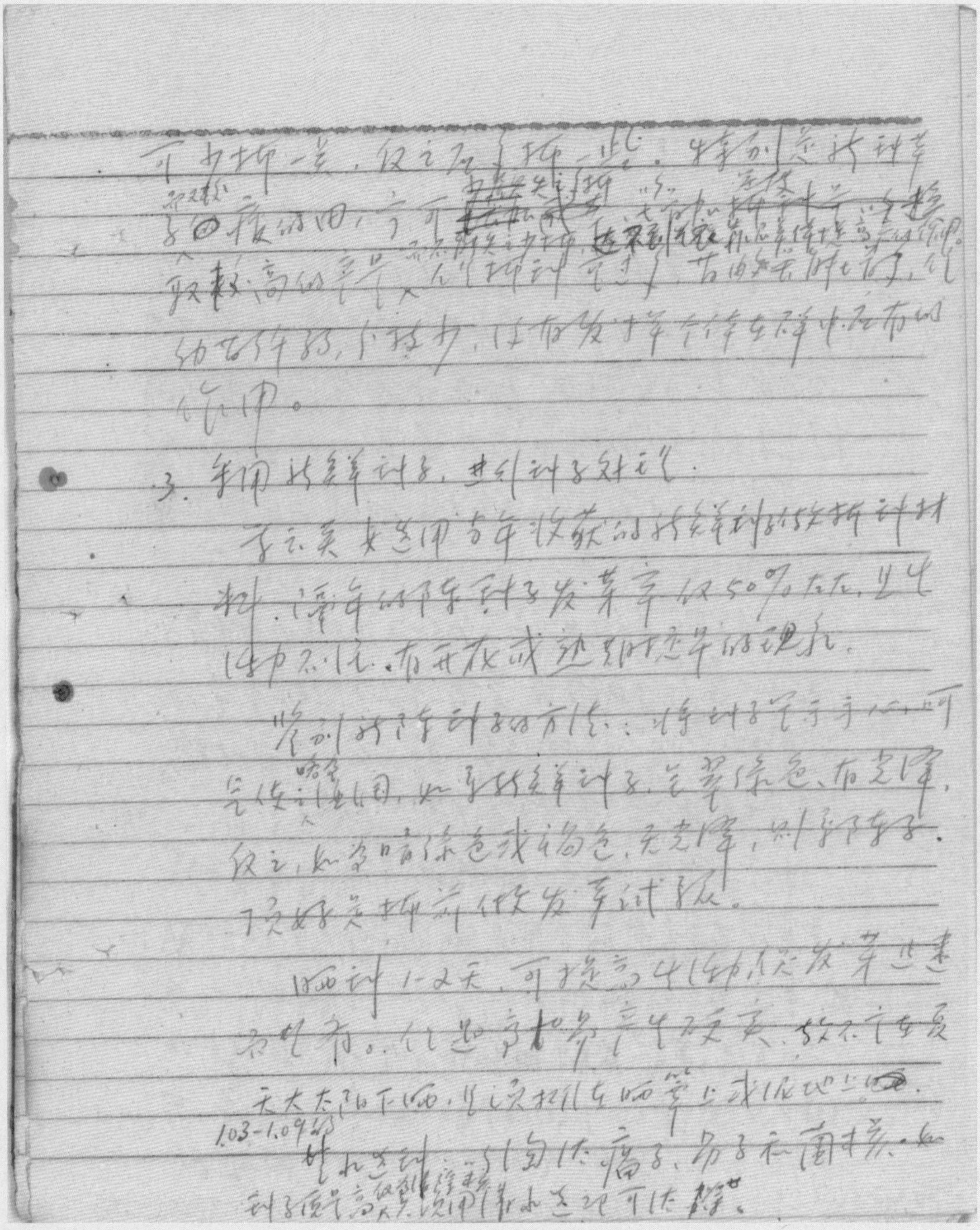

可少播一点，但不能多播一些。特别是新种子[illegible]

[illegible]

取较高的[illegible]

幼苗生长弱，分蘖少，还有发生[illegible]

[illegible]。

3. 采用新鲜种子，进行种子处理：

据云南文山州去年收获的新鲜种子[illegible]材料，隔年的陈种子发芽率仅50%左右，且生长势不好，而开花成熟期亦早的现象。

鉴别新陈种子的方法：将种子放在手心中呵气后嗅闻，如是新鲜种子，谷壳保色、有光泽，反之，如谷壳暗淡色或褐色、无光泽，则系陈种子。播种前最好先做发芽试验。

晒种1-2天，可提高生活力，促进发芽出苗整齐。但要注意不能产生破壳，故不宜在夏天太阳下晒，最好摊在晒席上或泥地上晒。

1.03-1.09比重

[illegible]

[illegible]

（原稿第 19 面）

可少播一点，反之应多播一些，特别是新种草籽而又较瘦的田，宁可先之多播，以增加密度换取较高的产量，而不能先之少播，达不到依靠群体提高产量的作用。但播种量过多，苗数虽能增多，但幼苗纤弱，分枝少，没有发挥个体在群中应有的作用。

3. 采用新鲜种子，进行种子处理

紫云英要选用当年收获的新鲜种子做播种材料，隔年的陈种子发芽率仅 50% 左右，且生活力不强，有开花成熟期提早的现象。

鉴别新陈种子的方法：将种子置于手心，呵气使之略为湿润，如系新鲜种子呈翠绿色、有光泽；反之，如为暗绿色或褐色，无光泽，则系陈籽，顶好是播前做发芽试验。

晒种 1～2 天，可提高生活力，促发芽迅速而整齐，但遇高 t° 易产生硬实，故不宜在夏天大太阳下晒，且须摊在晒簟上或泥地上。

1.03～1.09 的盐水选种：以淘汰瘪籽、劣籽和菌核，如种子质量高，仅为保障体质，只须用清水选即可汰除。

种子处理中最主要的2项是：

① 机械擦伤——促使发芽快而齐。

苏丹草种皮很坚硬，且有一层蜡质薄膜，透水性差；同时一般还有20%左右的硬实，因此发芽慢而不齐。据我所试验，未擦伤的种子10日内发芽率仅16%，20日后发芽率仅22%。经过擦伤的种子10日内发芽率即达47%。

大量种子采用牛拉石磙碾1.5–2小时（每槽可装400斤，不必加砂），3日内发芽率可达80%。少量种子可加入20%的细沙，放入石臼内冲捣，擦到种子壳薄，除去蜡质为度。

由于擦伤种子3–4天内发芽率即可达80%，这样就有利于种子在土壤水分适宜的时期发芽出苗。因[illegible]在1–2天内即[illegible]全部种子发芽出苗的土壤水分适期仅5–6日，如不擦伤，则有大部分种子不能发芽，出苗稀疏不齐，同时还有一个发芽较

（原稿第 20 面）

种子处理中最重要的 2 项是：

①机械擦种——促使发芽快而齐。

紫云英种皮厚而坚硬，具有一层蜡质薄膜，透水性差，同时一般还有 20% 左右的硬实，因此发芽慢而不齐。据省所试验，未擦种的 7 日内发芽率仅 16% 左右，20 日后发芽率仅 22%，经砂擦种的 7 日内发芽率即达 47%。

大量种子采用牛碾碾 1.5～2 小时（每槽可碾 400 斤，不必加砂），3 日内发芽率可达 80%。少量种子可加入 20% 的细砂，放入石臼内冲捣，擦到种子磨薄，除去腊〔蜡〕质为度。

由于擦种后 3～4 天内发芽率即可达 80%，这样就有利于种子在土壤水分恰当的时期发芽出苗，因播种后 1～2 天内即须排水，适合种子发芽出苗的土壤水分期仅 5～6 日，如不擦种，则有大部分种子不能发芽，严重影响苗全苗壮，同时还有一部分发芽较过的种子，由于发芽后封土过干，根不入土或入土很浅，因而常致苗小生长不良。

② 根瘤菌拌种

初次种苜蓿的地，土壤缺乏根瘤菌，用根瘤菌拌种，能显著提高产量（增产幅度10–300%，一般为30%）。一般种过苜蓿的地，土壤根瘤菌不致缺乏，但因长期停种，土壤中根瘤菌生活条件变化，致使活力降低，如果用菌剂拌种仍能增产。

方法：a. 土壤拌种——在以前种过苜蓿或草木樨生长良好、根瘤多的田里取土壤，阴干打碎，与种子拌匀，每斤种子拌土以不少于半斤为宜。b. 根瘤菌剂拌种——

4. 掌握恰当的土壤水分，适时播种。

苜蓿种子发芽需要吸收相当于种子本身重量的水分（主要指发芽前吸水，使种子膨胀发芽），需一定的氧气，因此播种后一般需要1–2天即可吸水，保持土壤墒情，以利发芽和根及根系的发育。因此，在播前以土壤含水为宜。

以上掌握恰当与否，是苜蓿发芽立苗成败的关键。

（原稿第 21 面）

迟的种子，由于发芽后土壤过干，根不入土或入土很浅，因而易死苗或生长不良。

②根瘤菌拌种。初次种草籽的田，往往缺乏根瘤菌，用根瘤菌拌种，能显著提高产量和含 N 量（增产幅度 10～300%，一般为 30%），一般常种草籽的田，虽根瘤菌不致缺乏，但因长期泡水，土壤中根瘤菌生活条件恶化，数目减少，固 N 力降低，如使用菌剂拌种同样能提高产量。

方法：a. 土壤接种——在上年种过紫云英而且生长很好、根瘤很多的田，取其表层的土壤，阴干搞碎，与种子拌匀，每亩拌土量以不少半担为宜。b. 根瘤菌接种。

4. 掌握恰当的土壤水分，进行套播

紫云英种子发芽除需要吸收充足的水分外，尚需一定的氧气，过干，不发芽，容易抗生，渍水则烂种。因此，播种后一般浸水 1～2 天即须排水，保持土壤湿润，以利发芽扎根和苗期根系根瘤的发育。水分掌握恰当与否，是草籽发芽出苗成败的关键。为此，应注意以下几点：

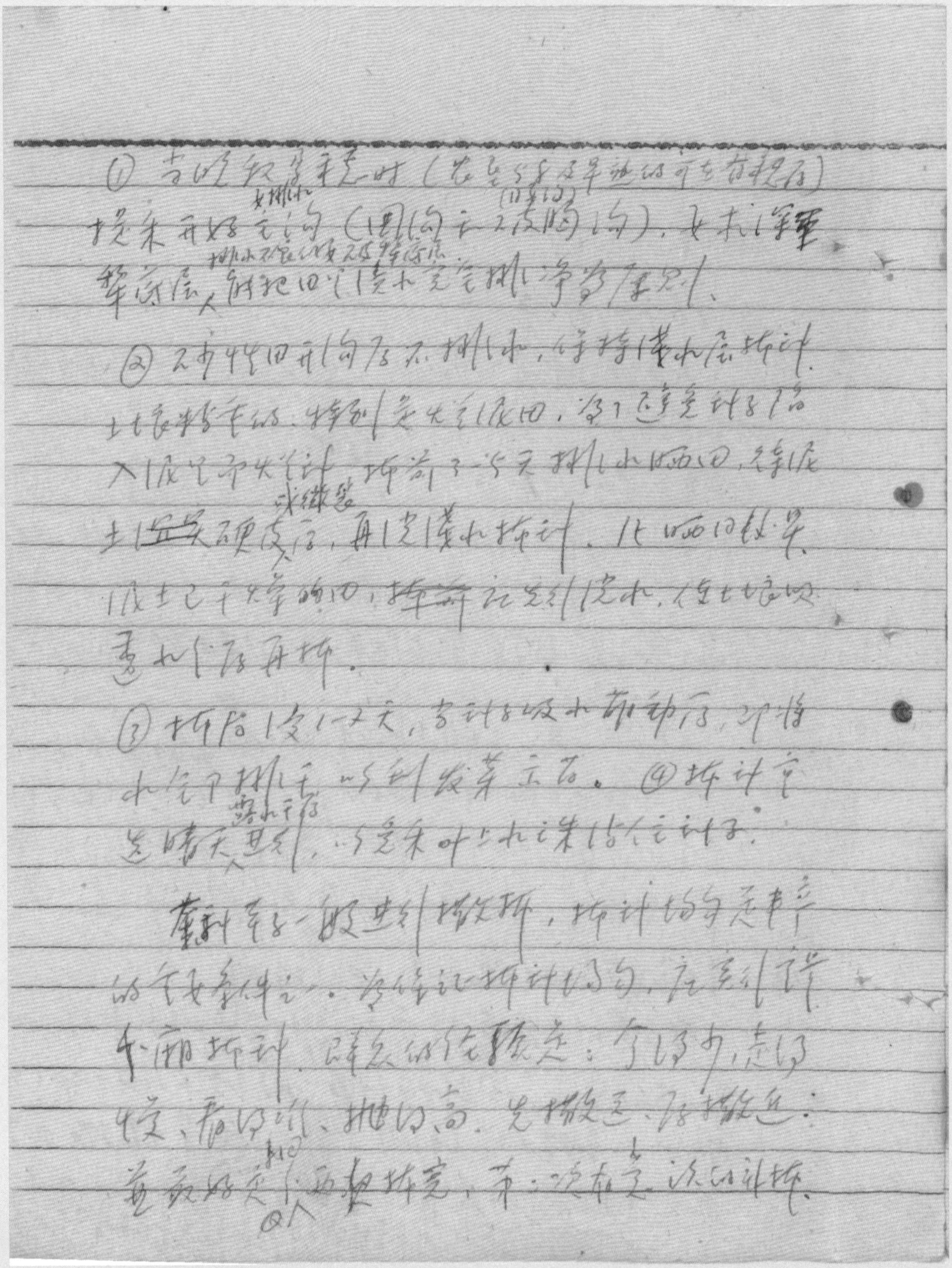

（原稿第 22 面）

①当晚稻孕穗时（农垦 58 及早熟的可在有穗后）提禾开好主沟（要排水）（围沟和破胸沟），要求深犁底层，排水不良的要破犁底层，能把田里渍水完全排净为原则。

②砂性田开沟后不排水，保持浅水层播种，土壤黏重的，特别是烂泥田，为了避免种子陷入泥里而烂种，播前 3～5 天排水晒田，待泥土硬皮或微裂后，再灌浅水播种。凡晒田较早、泥土已干燥的田，应先行灌水，使土壤吸透水分后再播。

③播后浸 1～2 天，当种子吸水萌动后，即将水全部排干，以利发芽出苗。

④播种宜选晴天露水干后进行，以免禾叶上水珠沾住种子。

套种草籽一般进行撒播，播种均匀是丰产的重要条件之一。为保证播种均匀，应实行定量分厢播种，群众的经验是：拿得少、走得慢、看得准、抛得高、先撒远、后撒近，并最好是分来回两次播完，第二次有意识的补播。

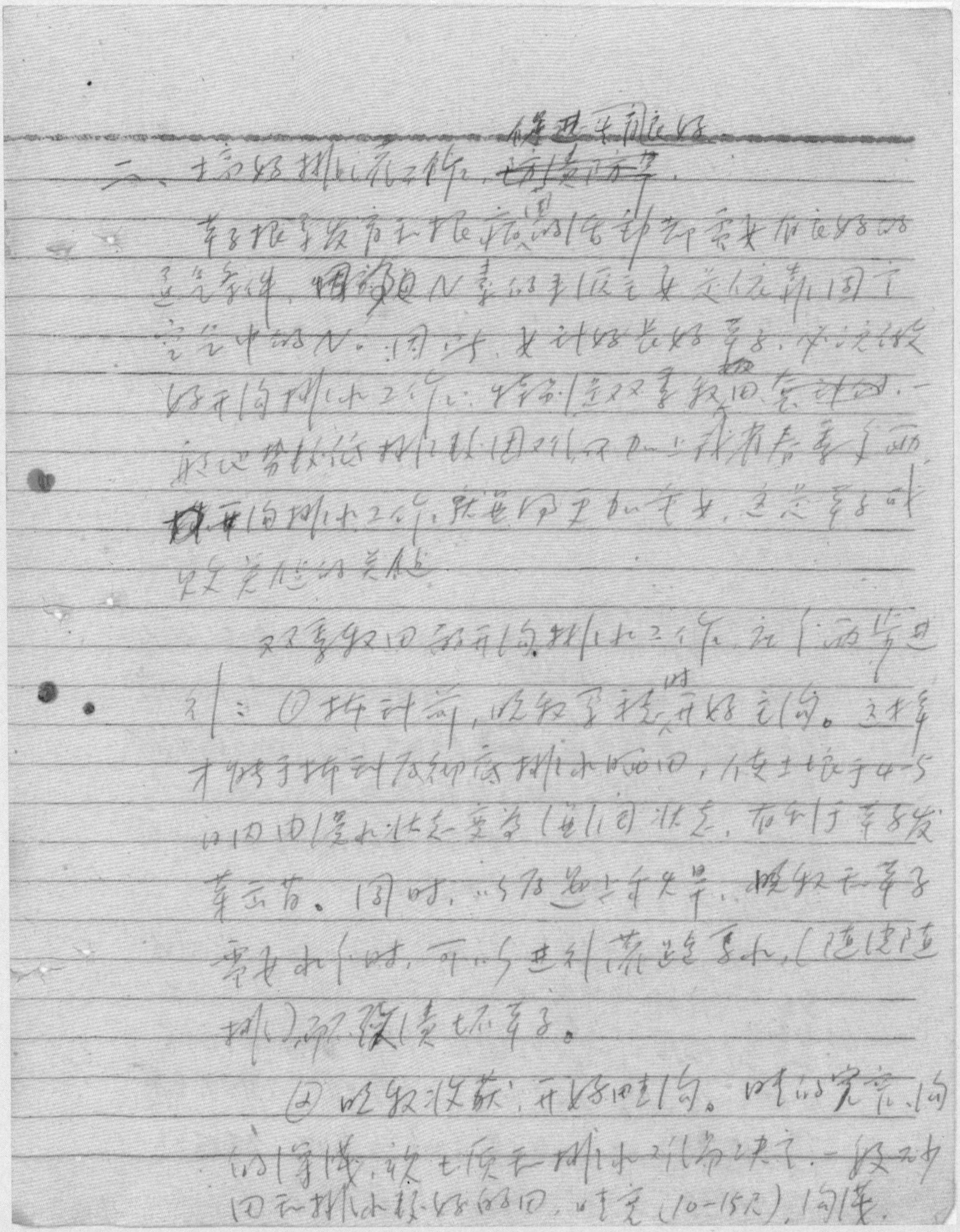

二、搞好排水工作，~~防止倒伏~~

草子根瘤菌和根系的生长都需要有良好的通气条件，[illegible]N素的主要来源是依靠固定空气中的N。同时，要种好草子，必须做好开沟排水工作。特别是双季稻田更[illegible]，一般已经较低排水较困难[illegible]加上水稻茬[illegible]，开沟排水工作就更为重要，这是草子成败的关键。

双季稻田的开沟排水工作，应做好两步工作：①播种前，晚稻要提早开好沟。这样才能使播种后即能排水[illegible]，使土壤呈干爽的团粒状态，有利于草子发芽生长。同时，可防止烂秧，晚稻和草子[illegible]时，可以[illegible]，[illegible]也不[illegible]草子。

②晚稻收获，开好田边沟。[illegible]的[illegible]，[illegible]排水[illegible]，一般[illegible]田和排水较好的田，[illegible]（10—15尺），[illegible]。

（原稿第 23 面）

二、搞好排灌工作，促进良好生育

草籽根系发育和根瘤菌的活动都需要有良好的通气条件，因为 N 素的来源主要是依靠固定空气中的 N。因此，要种好长好草籽，必须做好开沟排水工作，特别是双季稻田。一般地势较低排（水）较困难，又加上我省春季多雨，开沟排水工作就显得更加重要，这是草籽成败关键的关键。

双季稻田的开沟排水工作应分两步进行：

①播种前，晚稻孕穗时开好主沟。这样才能于播种后彻底排水晒田，使土壤于 4～5 日内由浸水状态变为湿润状态，有利于草籽发芽出苗。同时，以后遇上秋旱，晚稻和草籽需要水分时，可以进行灌跑马水（随灌随排），而不致渍坏草籽。

②晚稻收获，开好畦沟。畦的宽窄、沟的深浅，视土质和排水难易决定。一般砂田和排水较好的田，畦宽（10～15 尺）。沟浅，

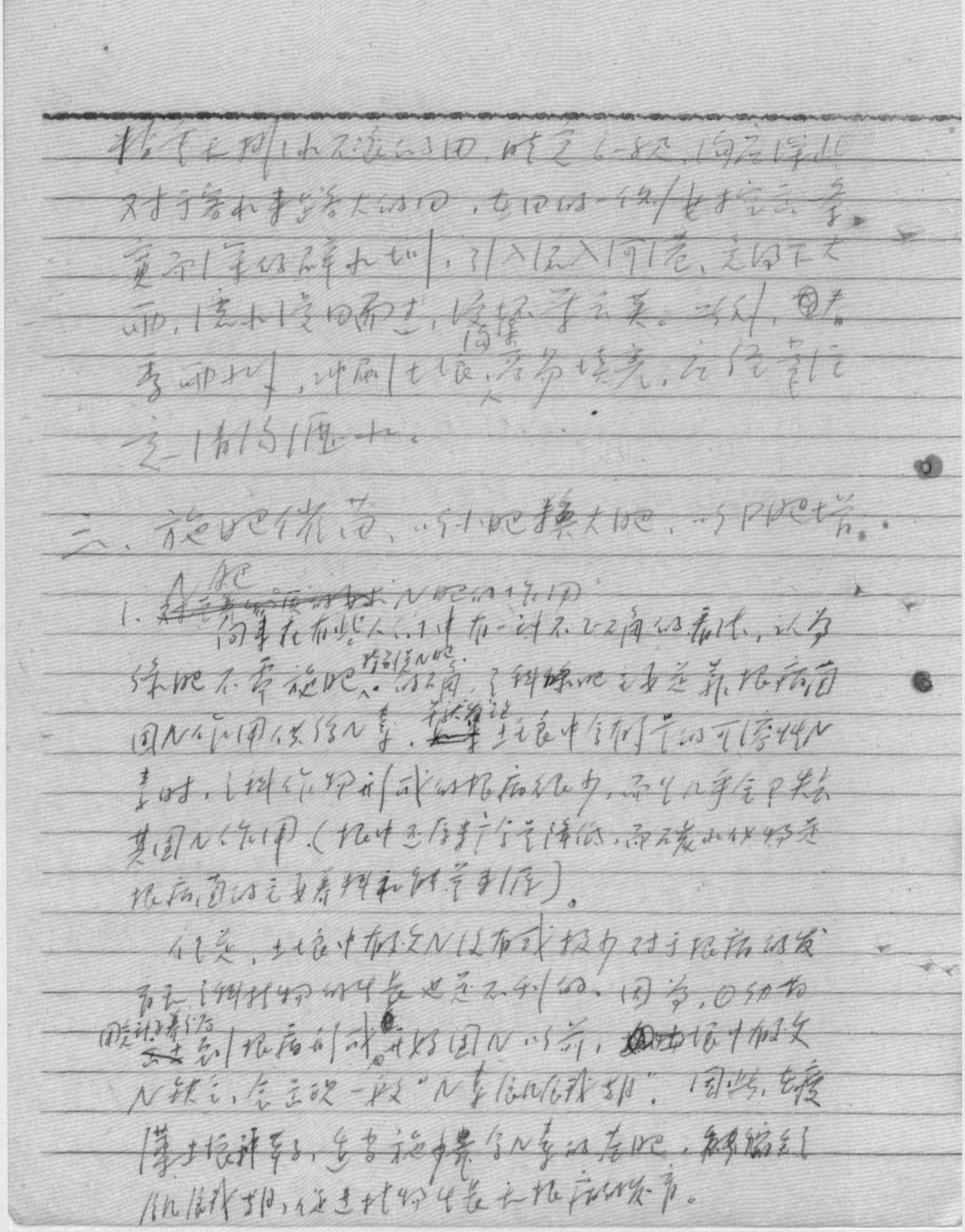

[illegible]，晚定6-8叶，[illegible]

对于密植要合理的问题，要因地制宜，要按照土壤、

[illegible]，引入[illegible]入河套，[illegible]

而，[illegible]，[illegible]。[illegible]

[illegible]，[illegible]，[illegible]，[illegible]

[illegible]。

二、施肥技术、以小肥换大肥、以P肥增产。

1. N肥的作用

目前在有些人中，存在一种不正确的看法，认为绿肥不需施肥，特别是N肥。其实，豆科绿肥虽然具有根瘤菌固N的作用，但[illegible]土壤中含有一定的可溶性N素时，豆科作物就减少根瘤的生成，并且几乎全部失去其固N的作用（根据研究，土壤中含有可溶性N素，就会抑制根瘤菌的正常繁殖和侵入根毛）。

但是，土壤中N素过少或缺少对于根瘤的发育和豆科作物的生长也是不利的。因为，在幼苗期，根瘤还没有形成或根瘤刚形成固N以前，如果土壤中N素缺乏，会出现一段"N素饥饿时期"。因此，在瘠薄土壤种苗期，适当施用少量N素化肥，解除N饥饿时期，促进作物生长和根瘤发育。

（原稿第 24 面）

黏重和排水不良的田，畦宽 6～8 尺，沟应深些，对于客水来路大的田，在田的一侧要挖出一条宽而深的辟水圳，引入流入河港，免得下大雨，流水漫田而过，浸坏紫云英。此外，春季雨水多，冲刷土壤，沟渠容易填塞，应经常注意清沟沥水。

三、施肥催苗，以小肥换大肥，以 P 肥增 N 肥

1. N 肥的作用

向来在有些人们中有一种不正确的看法，认为绿肥不需施肥，特别是 N 肥。的确，豆科绿肥主要是靠根瘤菌固 N 作用供给 N 素，早就发现土壤中含有多量的可溶性 N 素时，豆科作物形成的根瘤很少，而且几乎全部失去其固 N 作用（根中还原糖含量降低，而碳水化物是根瘤菌的主要养料和能量来源）。

但是，土壤中有效 N 没有或极少，对于根瘤的发育和豆科植物的生长也是不利的。因为：

①幼苗用完种子养分后到根瘤形成开始固 N 以前，土壤中有效 N 缺乏，会出现一段“N 素饥饿期”。因此，在瘦薄土壤种草籽，适当施少量含 N 素的基肥，能缩短饥饿期，促进植物生长和根瘤的发育。

② 到开花结荚期，由于营养生长转入生殖生长，这时作物转向籽粒生长，根瘤菌所得碳水化合物减少，固氮作用因而衰退，以至停止（开始结荚时），但这时作物开花结荚需要大量的氮素，如果前期根瘤菌固定的氮素不足，就要从土壤中吸收，因此，在开花后少量追施氮肥，可促进其生长，[illegible]根瘤菌的供应作用，[illegible]碳水化合物[illegible]，根瘤菌[illegible]固氮作用[illegible]，又促进了作物更加旺盛的生长，使籽粒产量增加。据研究施用氮素，可提高3.24倍，因此，这种施肥措施被称为"以小肥养大肥"，同时说明了农民在豆科作物栽培中[illegible]是有科学道理的。

③. 磷肥的作用

磷对根瘤的形成及固氮作用有着重要的意义：① 能刺激根瘤菌的繁殖，使根瘤菌处于[illegible]的活跃状态（当土壤[illegible]入作物根系时，[illegible]……）。

② 作物缺磷时，体内蛋白质合成受阻，在这种情况下，固氮作用会造成可溶性含氮化合物的积累，[illegible]固氮作用停止。因此，豆科作物施用磷肥，尤其是在缺磷的土壤中施磷肥或有机肥，其[illegible]增产幅度达28—56.8%，[illegible]的97%左右，由于[illegible]提高了，土壤中残存[illegible]

（原稿第 25 面）

②到开花结实期，由于营养生长转入生殖生长、碳水化合物转向籽粒运输，根瘤菌所得碳水化物减少，固 N 作用因而衰退，以至停止（开始结荚时）。但是植物在开花结荚后尚需大量的 N 素。如果前期生长不好，体内积累的 N 素不足，势必从土壤中吸收或生长衰退。因此，在开春后幼苗生长不旺，适当追肥速效性 N 肥，可促进其形成较多的绿色体进行光合作用，以制造较多的碳水化合物供给根瘤菌发育繁殖，这样由于根瘤菌的固 N 作用得增强，反过来又促进了植物更加旺盛的生长，使鲜草产量显著增加。据研究，施 1 斤 N 素，可换 3.24 斤 N。因此，这种施肥措施称“以小肥养大肥”。同时说明了农民在盛花期耕翻是有科学道理的。

2. P 肥的作用

P 对根瘤的形成和固 N 作用具有重要的意义：①能刺激根瘤菌的繁殖，使根瘤菌处在带鞭毛的能动状态（通过土壤侵入植物根系时，它们必须保持带鞭毛的能动状态）。②植物缺 P 时体内蛋白质合成很慢。在这种情况下，固 N 作用会造成可溶性 N 化物的累积，以至最后迫使固 N 作用停止。③豆科作物本身迫切需要 P，由于这些原因，豆科作物施用 P 肥，尤其是在缺 P 的土壤中作种肥或基肥，具有明显的增产效果，增产幅度达 21%~568%，平均 97% 左右（12 000 斤），由于鲜草产量提高了，土壤中既有丰富的N，又有增产的P。因此，把施P肥作为提高草籽产量和土壤氮素的措施，称为"以P增N"。

此外，根瘤菌固氮中必需钼元素，故缺钼的土壤应注意施以石灰。

3、施肥技术

①基肥：凡是土壤瘠薄，或翻耕不好的低产田，应在翻耕时施用有机肥料作基肥，一般是在翻耕第一遍犁耕时，施10-20担厩肥，厩肥加工翻耕后施又是草籽的基肥，不仅可促使草籽的生长，还有改良土壤，培养和创造良好土壤环境的作用。高产田可不施。

②种肥：以5-10斤过P酸钙拌和50斤火土灰与种子混合播种。

由于过P酸钙与草木灰之类的碱性肥料混合，会降低P酸的有效性，但这种作肥很好的吸收利用，在种子外的粘性土壤，可溶解P酸之类而与种肥料混合施，对P肥的利用效果不大。

但是：①根瘤菌剂不能与火土灰混合作种肥。

②过P酸钙施用量较大时，也不宜作种肥。

③追肥：苗肥一般可不施，腊肥—保温防冻，以火土灰为好，春肥—以苗前施用尿素为好的田

（原稿第 26 面）

的 N，又有丰富的 P。因此，把施 P 肥能提高草籽产量、增加土壤 N 素的措施称为“以 P 增 N”。

此外，根瘤菌适合于中性环境，故酸性较重的土壤还须施以石灰。

3. 施肥技术

①基肥：凡是土壤瘦薄、晚稻生长不好的低产田，应在晚稻田中施用有机肥料作基肥。一般是在晚稻第二次中耕时，施 10～20 担厩肥，既是晚稻的追肥又是草籽的基肥，不仅可供给草籽的养分，且有改良土壤、给草籽创造良好土壤环境的作用。至于肥田可不必施。

②种肥：以 5～10 斤过 P 酸钙混合 30～50 斤灶灰与种子混合播种。

本来过磷酸 Ca 与草木灰之类的碱性肥料混合，会降低磷酸的水溶性，但豆科绿肥根系吸收力强，且我省多酸性土壤，可溶解 P 酸 2、3 钙两种肥料混施，对 P 肥肥效的影响不大。

但：①拌根瘤菌剂不能以它们混合作种肥；②过磷酸 Ca 施用量较多时，也不易留作种肥。

③追肥：苗肥——肥田可不施，腊肥——保温防冻，以灶灰最好，春肥——旺长前施用于生长欠好的田。

综合抗病菌剂的拌种技术

将菌剂用前打散，放在内壁光滑的容器（如搪瓷盆、上釉的瓦缸等）中，加入适量清水，用手将菌剂的草炭团粒在水中轻轻搓开，使之全部溶散，使成浑黑色的稀浆状，再把种子慢慢倒入，边倒边搅拌，直至每粒种子上均匀地沾满一层稀薄的黑色菌浆，而容器中又无过剩的菌浆为止。

目前湖南细菌肥料厂所生产的菌剂，每袋净重约一市斤，每袋菌剂含活抗病菌3-4亿个，每袋可拌5-10亩。（20-30斤种子）。

种子拌好后，随即摊放在阴凉地方2小时左右，使种子略微晾干又不致结成团状，这时就在当天到田间播种。摊放的好处是：①播种时种子能散开；②可使抗病菌在种皮上吸附牢固，不致被摊放时冲掉，以免草灰或灰肥混拌，使抗病菌损失。

注意事项：

①种子拌菌后不宜再拌其他东西，特别注意对灰肥或化肥，以免杀伤抗病菌。如要施

（原稿第 27 面）

绿肥根瘤菌剂的拌种技术

将菌剂自并〔瓶〕中取出，放在内壁光滑的容器（如搪瓷盆、上釉瓦钵等）中，加入适量清水，用手将菌剂的草炭团粒在水中慢慢捻化而至完全消失。使成深黑色的稀浆状，再把种子徐徐倒入，边倒边搓拌，直到每粒种子上均已沾满一层稀薄的黑色菌浆，而容器中又无过剩的菌浆为止。

目前湖南细菌肥料厂所生产的菌剂，每并〔瓶〕净重约一市斤，每克菌剂含活根瘤菌 3～4 亿个，每瓶可拌 5～10 亩（20～30 斤种子）。

种子拌好后，随即摊放在阴凉地面 2 小时左右，使种子略微膨胀又稍呈湿润状，这时最适合拿到田间播种。摊干的好处是：①播种时种子能撒开；②可使根瘤菌在种皮上沾附较牢，但不能摊得太干，以免草灰成灰而飞扬，使根瘤菌散失。

注意事项：

①种子拌菌后不宜再拌其它东西，特别是各种灰肥或化肥，以免杀伤根瘤菌。如要施

钾肥，在出施肥后种带菌种子，或拌土。

② 带菌种子播后~~要加以水浸润~~播种，种子接触较多，长出的幼根很快有根瘤，因此拌种前后一定做好预防排水工作。否之，播入于旱的~~土壤中~~，比如（在种子发芽（间隔土壤少发生根。

③ 在严重缺磷的土壤上，如不施用磷肥，很难形成根瘤菌根瘤，则根瘤很少，甚至不能形成或根本没有根瘤。故播种前应施一定数量的磷肥，最好是过磷酸钙或钙镁磷肥。

四、适时翻压（从略不作详述后摘）

紫云英适时翻耕，不仅鲜草产量高，而且对于后作的生产有利。农民的经验是："紫云英一尺上，赛过一把金；红花压成泥，半花压的泥，油菜压成菜。"

红花草翻耕的适当时期是在盛花到结荚阶段。因为此时是鲜草产量最高、含N量也最大的时期（见本表5）。从此时向上生长，盛花期

（原稿第 28 面）

种肥，应先施肥后播带菌种子，或反过来。

②带菌种子播后田水未排干，种子浸泡久了，长出的幼根很少有根瘤，因此播种前后一定做好开沟排水工作。使种子处在润湿土壤上发芽生根。

③在严重缺 P 的土壤上，如不施用 P 肥，仅采取根瘤菌接种，则根瘤很少，甚至不能形成有效型根瘤，故播种前后应施一定数量的 P 肥，最好是过磷酸钙或钙镁 P 肥。

四、适时翻沤（从肥分和分解速度来看）

紫云英适时翻翻耕，不仅鲜草产量高，而且对早稻的生育有利。农民的经验是：犁嫩一泡水，犁老一把渣；红花沤盛花，兰花沤初花，油菜蚕豆沤荚荚。

红草籽翻耕的恰当时期是在盛花始荚阶段，因为此时是鲜草产量最高，含 N 绝对量最大的时期（见书表 5）。从时间上来说，盛花期一般在3月下旬至4月初，如果推迟在4月初至4月中旬。该翻压期可从4月上旬开始到4月中旬结束。如果在早稻插秧前15天左右翻压最好。

若翻耕过早，不仅鲜草产量低，且因其植株较嫩，分解快，前期肥效过猛，而到后期又缺肥，产生早衰现象。反之，翻耕过迟，不仅鲜草产量不增加，且茎内纤维含量增高，不易腐烂，易造成前期缺肥和发僵，引起禾苗迟发，而后期肥效过长，易造成贪青倒伏。因此，适时翻压，不仅肥效高，且能控制腐烂速度，有利新老衔接。

（原稿第 29 面）

一般在 3 月下旬到四月初，始荚期从四月初到四月中旬，故翻沤期可从四月上旬开始到四月中旬结束。要求在早稻插秧前 15 天左右翻沤最好。

若翻耕过早，不仅鲜草产量低，且因植株过嫩，分解快，前期肥效过猛，而后期又缺肥，产生毛蔸现象。反之，翻耕过迟，不仅鲜草产量不增加，且茎内纤维含量增多，分解慢，易造成前期缺肥和发烧，引起翻秧现象，而后期肥效又过猛，易造成青风倒伏，因此适时翻沤，不仅肥分高，且能控制分解速度，有利养分平衡供应。

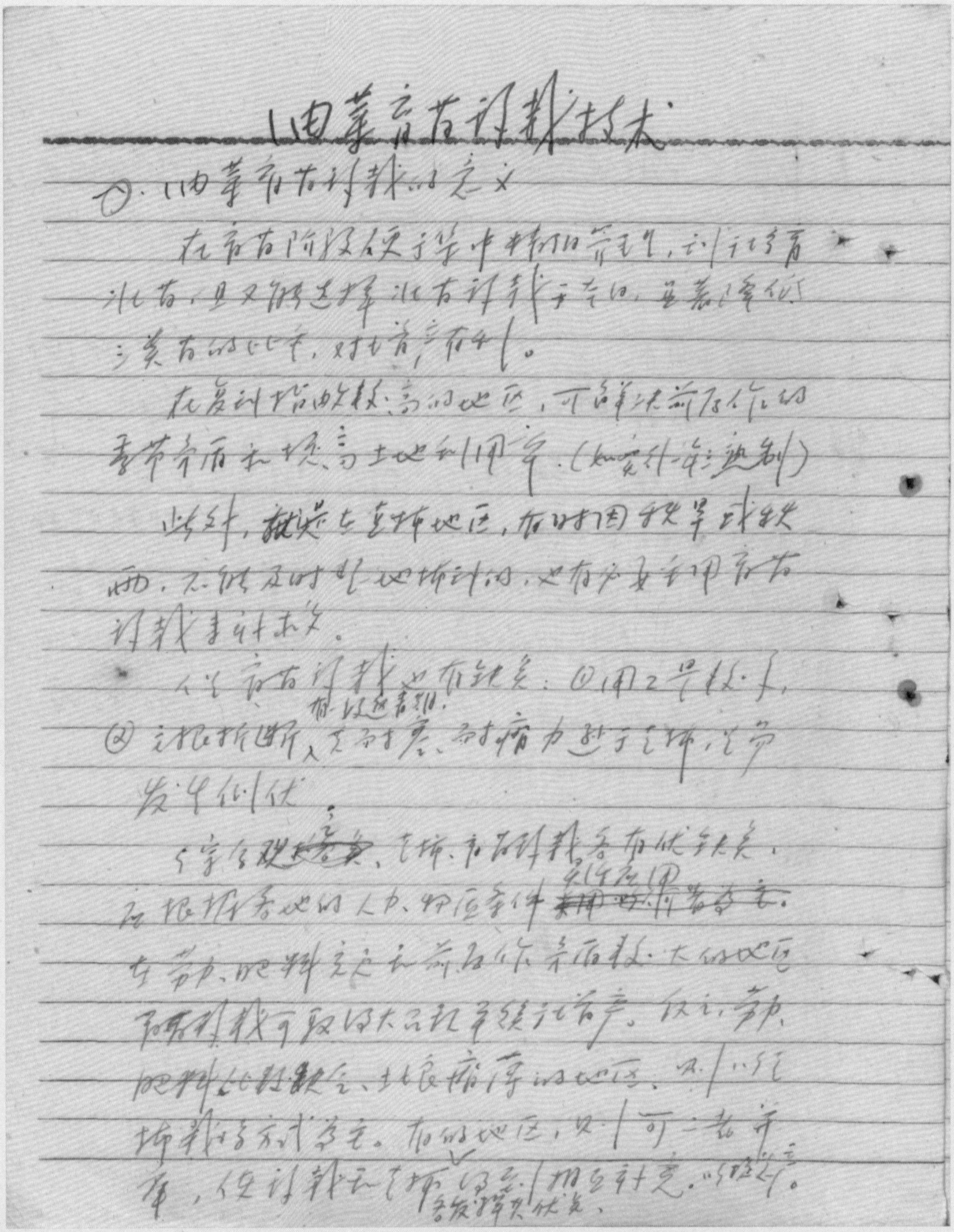
油菜育苗移栽技术

一、油菜育苗移栽的意义

在育苗阶段便于集中精细管理，达到培育壮苗，且又能选择壮苗移栽于大田，并减少三类苗的比例，对增产有利。

在复种指数较高的地区，可解决前后作的季节矛盾和提高土地利用率。（如实行麦、稻三熟制）

此外，在干旱地区，在播种期干旱或秋雨，不能及时整地播种的，也有必要采用育苗移栽来补救。

但是育苗移栽也有缺点：①用工较多，②主根折断入土不深（根、叶片易受损伤），耐肥力差，易于主茎中节发生倒伏。

综合以上，直播、育苗移栽各有优缺点，应根据各地的人力、物质条件灵活应用。劳力、肥料充足和前后作季节矛盾较大的地区，采用育苗移栽可取得大面积平衡增产。但人力、肥料比较缺乏、土质瘠薄的地区，则以直播栽培方式为宜。有的地区，则可二者并用，使移栽和直播的面积（合理搭配）相互补充，以保证全面增产。

（原稿第 30 面）

油菜育苗移栽技术

油菜育苗移栽的意义：

在育苗阶段便于集中精细管理，利于培育壮苗，且又能选择壮苗移栽于本田，显著降低三类苗的比重，对增产有利。

在复种指数较高的地区，可解决前后作的季节矛盾和提高土地利用率（如实行一年三熟制）。

此外，就是在直播地区，有时因秋旱或秋雨，不能及时整地播种的，也有必要采用育苗移栽来补救。

但育苗移栽也有缺点：①用工量较多；②主根折断，有一定返青期，其耐寒、耐瘠力逊于直播，且易发生倒伏。

综合之，直播、育苗移栽各有优、缺点，应根据各地的人力、物质条件灵活应用。在劳力、肥料充足和前后作矛盾较大的地区育苗移栽可取得大面积平衡增产。反之，劳力、肥料比较缺乏、土壤瘠薄的地区，则以直播栽培方式为主。有的地区，则可二者并举，使移栽和直播各发挥其优点，得到相互补充，以提总产。

一、培育壮苗的技术措施

1、壮苗的形态及其特征

壮苗能保证植株生长健壮，抗逆力强，因而有利于组织结构状况良好，是油菜丰产的基本条件之一。

油菜苗的健壮与否，在外部形态和内部结构与生理机能上，均有其特点。认识这些特点，对于鉴别幼苗的好坏，以及正确掌握培育壮苗的技术措施均有很大意义。

1. 株形矮壮，根茎短，节间密，不高脚苗。

2. 叶序排列紧密，叶片大而较厚，叶肉组织坚实，叶柄粗短。

3. 根系发育良好，支细根多。

4. 具有品种的典型性状，如叶色、叶形、缺刻。

5. 无病虫害，无畸形表现。

油菜是否为高脚苗，直接关系着植株是否健壮，与产量有直接关系。农谚说："矮脚四片齐，丰收不稀奇"。由此可说明高脚苗绝非丰产对象。高脚苗的表现是：根茎长，节间稀，叶片稀疏，叶小而薄，叶色较淡，长势弱。

（原稿第 31 面）

一、培育壮苗的技术措施

1. 壮苗的重要性及特征

壮苗的营养体发达，生活力和抗逆性强，能保证植株生长健壮，因而后期经济性状良好，是油菜丰产的基本条件之一，油菜苗的健壮与否，在外部形态和内部结构与生理机能上，均有其特点。认识这些特点，对于鉴别幼苗的好坏，以及正确掌握培育壮苗的技术措施均有很大意义。

（1）株形矮壮，根茎短，节间密，非高脚苗。

（2）叶序排列紧密，叶片大而较厚，叶肉组织坚实，粗柄粗短。

（3）根系发育良好，支系根多。

（4）具有品种的典型性状，如叶色、叶形、缺刻等。

（5）无病虫害，无畸形表现。

油菜是否为高脚苗，直接关系着苗株是否健壮，与产量有直接关系。农谚说："矮脚四片齐，丰收不稀奇。"由反面说明高脚苗绝非丰产对象。高脚苗的表现是：根颈长、节间稀，叶片稀疏，叶小而薄，叶色较淡，生长势弱。

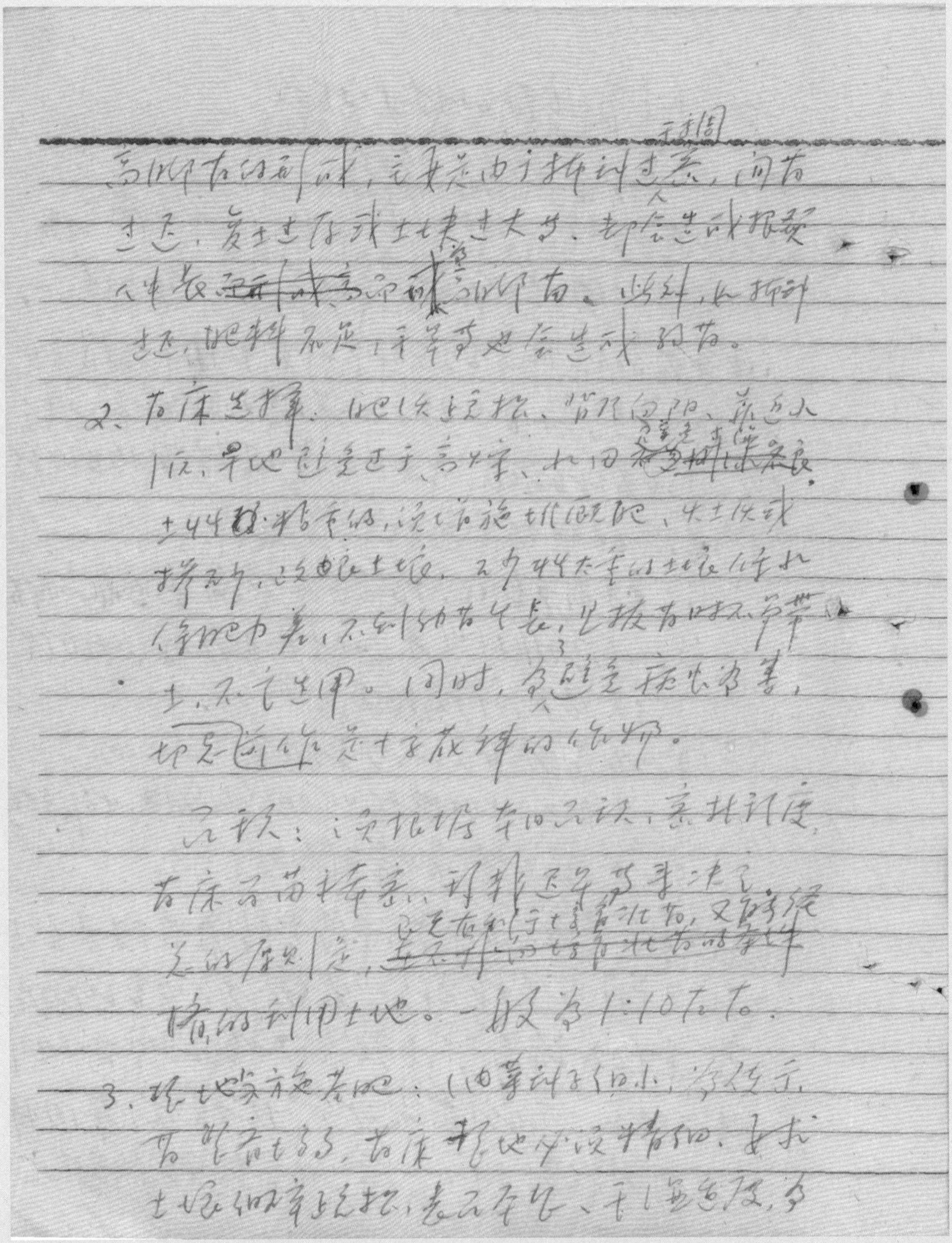

高脚苗的形成，主要是由于播种过密，间苗过迟，覆土过厚或土块过大等，都会造成根茎伸长而成高脚苗。此外，播种过迟，肥料不足，干旱等也会造成弱苗。

2、苗床选择：肥沃疏松、背风向阳、靠近水源，最好选在菜园地、高燥、排水良好的土地上。粘重的土壤，浇水后容易板结，出土后或移动，会损伤土壤。沙性太重的土壤保水力差，不利幼苗生长，且拔苗时不易带土，不宜选用。同时，要远离病虫害，切忌选作过去种植同类作物的土地。

面积：须根据本田面积、密植程度，苗床面积和秧苗大小来决定，一般为1:10左右。

3、整地与施基肥：由于种子细小，幼芽顶土力弱，苗床整地必须精细，要求土壤细碎疏松，表面平整、干湿适度，

（原稿第 32 面）

高脚苗的形成，主要是由于播种过于稠密，间苗过迟，复〔覆〕土过厚或土块过大等，都会造成根颈伸长，而成为高脚苗。此外，如播种过迟、肥料不足、干旱等也会造成弱苗。

2. 苗床选择：肥沃疏松、背风向阳，靠近水源，旱地避免过于高燥，水田避免过湿。土壤黏重的，须增施堆厩肥、灶灰或掺砂，改良土壤。砂性太重的土壤保水保肥力差，不利幼苗生长，且拔苗时不易带土，不宜选用。同时，为了避免病虫为害，前作切忌是十字花科的作物。

面积：须根据本田面积，密植程度、苗床留苗稀密、移栽迟早等来决定。总的原则是，既有利于培育壮苗，又能经济地利用土地。一般为 1∶10 左右。

3. 整地与施基肥：油菜种子细小，为使出苗整齐均匀，苗床整地必须精细，要求土壤细碎疏松、表面平整、干湿适度，为

[illegible]，根[illegible]，[illegible]。[illegible]一般[illegible]次。第一次[illegible]……（[illegible]）[illegible]30—50斤[illegible]。第二次[illegible]……（30斤左右）。[illegible]……4—5[illegible]，[illegible]8寸，[illegible]5—6寸（[illegible]）。

4. 苗床移栽

移栽期：白菜型——10月下旬，[illegible]；甘蓝型——[illegible]到10月初，苗龄30—40天，5—7片真叶。芥菜型——10月中旬。

过早：[illegible]……

过迟：[illegible]……

移栽时要求一棵一穴，一般[illegible]左右。[illegible]……

移栽前，[illegible]……

[illegible]

（原稿第 33 面）

种子发芽出苗、根系伸展、幼苗生长创造有利条件。一般整地 2 次，第一次粗耕，深 4 寸左右，不必太深，以免主根入土太深，而要求支系根尽量发展，发挥苗床肥效和便于移栽。结合施厩熟堆厩肥 30～50 担。第二次浅耕碎土并均匀施入灶灰、人粪尿和过 P 酸钙（30 斤左右），再细整细耙，整碎整平后即开沟作畦，为宽 4～5 尺，沟宽 8 寸，深 5～6 寸（视地势高低而定）。

4. 苗床播种

播种期：春性较强的白菜型——10 月下旬，霜降前后苗龄 20～30 天、4～6 片真叶。冬性较强甘兰〔蓝〕型——秋分前后到 10 月初，苗龄 30～40 天，5～7 片真叶。半冬性——10 月中旬。

过早：冬前抽苔〔薹〕易受冻害，或苗龄太长易成老瘦苗和高脚苗。

过迟：营养期缩短，降低产量，苗小，移栽迟，易遭冻害且不易育成壮苗。

播种量和方法：要求一稀二匀，一般每亩 1 斤左右，为了达到匀播，可将种子与灶灰或细砂充分拌匀，均匀播下。

播种前，再在苗床上泼稀粪水，使畦面充分湿润，以便发芽迅速整齐。

播种方式 有撒播和条播二种，前者比较简单省工，床地利用率高，但间苗较费工，条播时每一寸播种籽，条播有利于培育壮苗。条播时，按行距4-5寸，开沟后将种子播入沟内。

播后薄盖一层1-2分厚的过筛细灰或细土。

5、苗床管理

(1)揭草——在播种覆盖之下，先出后，即揭去。土壤未发芽来，种子不易发芽，故播种后必须早晚节浇稀薄粪水，保持土壤湿润，以利出苗快而整齐。

也可用稻草、麦秆等覆盖保湿，以减少蒸发，保持土壤湿润，出苗后，即将稻草揭下，不然种苗子，或发出苗床报废，但须随时将草了，出土时应立即除去覆盖物。

出苗后，如无雨，幼苗时应经常灌溉，每日时浇稀粪水。

(2)间苗 出苗后常在拥挤部分，剔除幼苗生长较弱的或病虫苗，因为间苗是培育壮苗的主要措施之一。

（原稿第 34 面）

播种方式有撒播和条播二种。前者比较简单省工，床地利用率高，但间苗较费工。

条播更有利于培育壮苗，条播时要开 4～5 寸的宽幅横沟，幅距 4～5 寸，种子均匀播入沟里。

播后薄盖一层 1～2 分厚的细灰或细土。

5. 苗床管理

①抗旱——我省常有秋旱，在提早播种情况下，气温高、太阳大，土壤蒸发迅速，种子不易发芽。故播种后必须早晚勤浇稀粪水，保持土壤湿润，以利出苗快而整齐。

也可用稻草、麦秆等覆盖保护，以减少蒸发，保持土壤湿润，且浇水时，水从稻草浸下，不致冲走种子或使苗床板结，但须随时检查，子叶出土时应立即除去复〔覆〕盖物。

出苗后，如遇天旱，幼苗叶片略现凋萎，要及时浇稀粪水。

②间苗。出苗后常有拥挤现象，削弱幼苗生长势，易造成高脚苗。因此及早间苗是培育壮苗的重要措施之一。

一般间苗2次，第一次在出现第一片真叶时进行，第二次在3片真叶前进行。结合间苗除草，去弱留壮（使幼苗一致，拔除病弱的），同时拔除杂苗、杂草，保持苗距2-3寸见方。一亩苗床10万株左右为好。条播的株行1-2寸为宜，每亩6万株左右。

③追肥——是培育壮苗的关键之一。特别是氮肥，肥多苗徒长，肥少苗老，均不合壮苗要求。故应根据苗床追肥的原则，如底肥足，幼苗生长正常，可推迟不追，如2-3片真叶出现后，4片真叶以后，叶色淡绿或发黄或红，叶片长不大，则应追肥。在移栽前7-8天再追一次送嫁肥。

④防治病虫害

二、移栽

1. 苗龄和移栽期

适期抓紧时间移栽，栽健壮大苗，是获得丰产的关键之一。——大苗适期早栽。

移栽过早，苗龄太短，幼苗柔嫩，抗逆力弱，成活率不高，容易受病虫害。栽植过迟，苗龄太长。

（原稿第 35 面）

一般间苗 2 次，第一次在出现第一片真叶时进行，第二次在 3 片真叶前进行。做到间密留稀，去弱留强，同时拔尽杂苗、杂草，保持均匀一致，撒播的苗距 2～3 寸见方，一亩留 10 万株左右为好，条播的按 1～2 寸留苗株，每亩 6 万株左右。

③追肥——是培育壮苗的关键之一。特别是 N 肥，肥多苗嫩，肥少苗老，均不合壮苗要求。故应掌握看苗追肥的原则，如底肥足，幼苗生长正常，初期可不追，如 2～3 片真叶出现后，生长表现迟缓，叶色淡绿或发黄现红，叶片老而小，即应追肥，又在移栽前 7～8 天可追一次起身肥。

④防治病虫害。

二、移栽

1. 苗龄和移栽期

适期播种移栽，栽健壮大苗，是获得丰产的关键之一。大苗适期早栽。

移栽过早，苗龄短，幼苗柔嫩，抗逆力弱，成活率不高，且易受病虫害，栽植过迟，苗龄太长，苗子老弱，生长缓慢，返青期推迟，~~生长~~生长不好，开花结荚少。

根据各地生产经验，冬前油菜苗龄以30—40天，具有5—8片真叶较适当。~~白菜型~~移栽期以霜降到立冬为宜。白菜型苗龄以20—30天，具有4—6片真叶较适当，移栽期以立冬到小雪为宜。

大苗早栽~~增~~增产的原因，主要由于秋季气候温暖，加上苗子又有较多的物质基础，栽后容易返青，在冬前有一段较长的营养生长期，在越冬前的营养生长良好，~~开春~~随后安全越冬，开春后又能迅速生长。

3. 移栽方法

移栽质量好坏，对减少冻害、冻害及春季防倒伏都有很大影响。

本田整好后，按规定行株距开穴，深约3—4寸，开穴不宜过小过浅，要求做到根系伸

（原稿第 36 面）

苗子老弱，且气温低，返青期拖长，冬前本田营养生长又弱，影响开盘和产量。

根据各地丰产经验，胜利油菜苗龄以 30～40 天，具有 5～8 片真叶较适当，移栽期以霜降到立冬为宜。白菜类型苗龄以 20～30 天，具有 4～6 片真叶较适当，移栽期以立冬后到小雪为宜。

大苗早栽增产的原因，主要由于季节早、气候温暖，加上苗子又有较多的物质基础，栽后易于返青，增长本田营养生长期，充分利用冬前一段有利的气候条件。因而越冬前的营养生长良好，既能安全越冬，开春后又能迅速生长。

3. 移栽方法

移栽质量好坏，对成活率、冻害及春季防倒伏都有很大影响。

本田整好后，按规定行株距开穴，深约 3～4 寸，开穴不宜过小过浅，要求作到根系自然伸展，不至卷曲插压为度。

以苗茎节长短为栽深。

~~栽苗深度~~，一般以覆土没至苗的最下叶柄基部为度，不宜过浅，苗脚高的应栽得稍深些，否则根颈弯曲，既不耐旱又不抗倒。但不能埋到苗心。覆土后用手将苗四周土向下旋力压实。

2. 取苗 操作要精细，尽量做到少伤根系，多带护根泥土。在土壤干燥情况下，取苗前一天浇水，使床土湿润。次日待露水干后用竹片小铁铲等工具取苗。手拔苗往往断根多，不宜采用。~~烟苗拔~~用手捏叶片拉苗则更不好。

（原稿第 37 面）

然伸展，不受卷曲挤压为度。

油菜苗要栽直栽深，一般以覆土没盖苗的最下叶柄基部为度，不宜过浅，苗脚高的应栽深些，覆土过浅，则根颈弯曲，既不耐寒又不抗倒。但不能深至菜心。覆土后用手沿穴四周均匀施力压实。

2. 取苗

操作要精细，尽量做到少伤根系，多带护根泥土。在土壤干燥情况下，取苗前一天浇水，使床土润湿。次日待露水干后用宽锄、铁铲等工具取苗。手拔苗往往断根多，不宜采用。用手捏叶片扯苗则更不好。

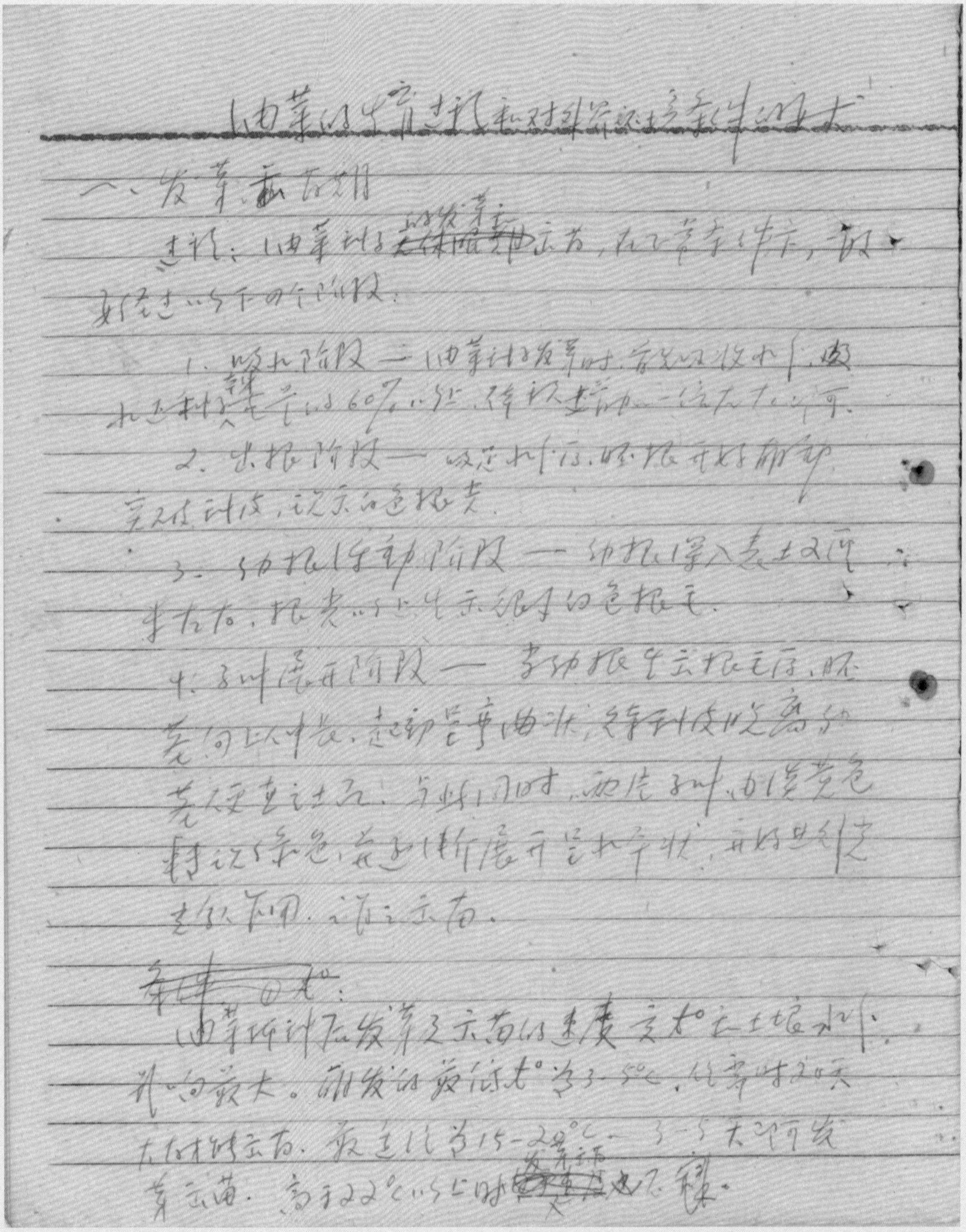

烟草的发育过程和对外界环境条件的要求

一、发芽出苗期

过程：烟草种子的发芽出苗，在正常条件下，可以划分为以下四个阶段：

1. 吸水阶段——烟草种子发芽时，首先要吸收水分，当水分达种子重量的60%以上，体积增加一倍左右即可。

2. 出根阶段——吸足水分后，胚根开始萌动突破种皮，现出白色根尖。

3. 幼根伸长阶段——幼根深入表土之后，根尖以上生出很多白色根毛。

4. 子叶展开阶段——当幼根生出根毛后，胚茎向上伸长，顶部呈弯曲状，待到顶出地面后茎便直立起来。与此同时，两片子叶由浅黄色转变为绿色，并逐渐展开呈水平状，开始进行光合作用，谓之出苗。

条件：

烟草种子在发芽出苗的速度上受温度和土壤水分影响最大。萌发的最低温度为3-5℃，经常时20天左右才能出苗。最适温度为15-20℃，3-5天即可发芽出苗。高于22℃以上时发芽率反而不稳。

（原稿第 38 面）

油菜的生育过程和对外界环境条件的要求

一、发芽、出苗期

过程：油菜种子的发芽和出苗，在正常条件下，一般要经过以下四个阶段：

1. 吸水阶段——油菜种子发芽时，首先吸收水分，吸水达种子本身重量的 60% 以上，体积增加一倍左右即可。

2. 出根阶段——吸足水分后，胚根开始萌动，突破种皮，现出白色根尖。

3. 幼根活动阶段——幼根深入表土 2 厘米左右，根尖以上生出很多白色根毛。

4. 子叶展开阶段——当幼根生出根毛后，胚茎向上伸长，起初呈弯曲状，待种皮脱离幼茎便直立土面。与此同时，两片子叶由淡黄色转现绿色，并逐渐展开呈水平状，开始进行光合作用，谓之出苗。

油菜播种后发芽及出苗的速度受 t° 和土壤水分影响最大。萌发的最低 t° 为 3 ~ 5 ℃，但需时 20 天左右才能出苗，最适温为 15 ~ 20 ℃。3 ~ 5 天即可发芽出苗，高于 22 ℃以上时发芽出苗不良。

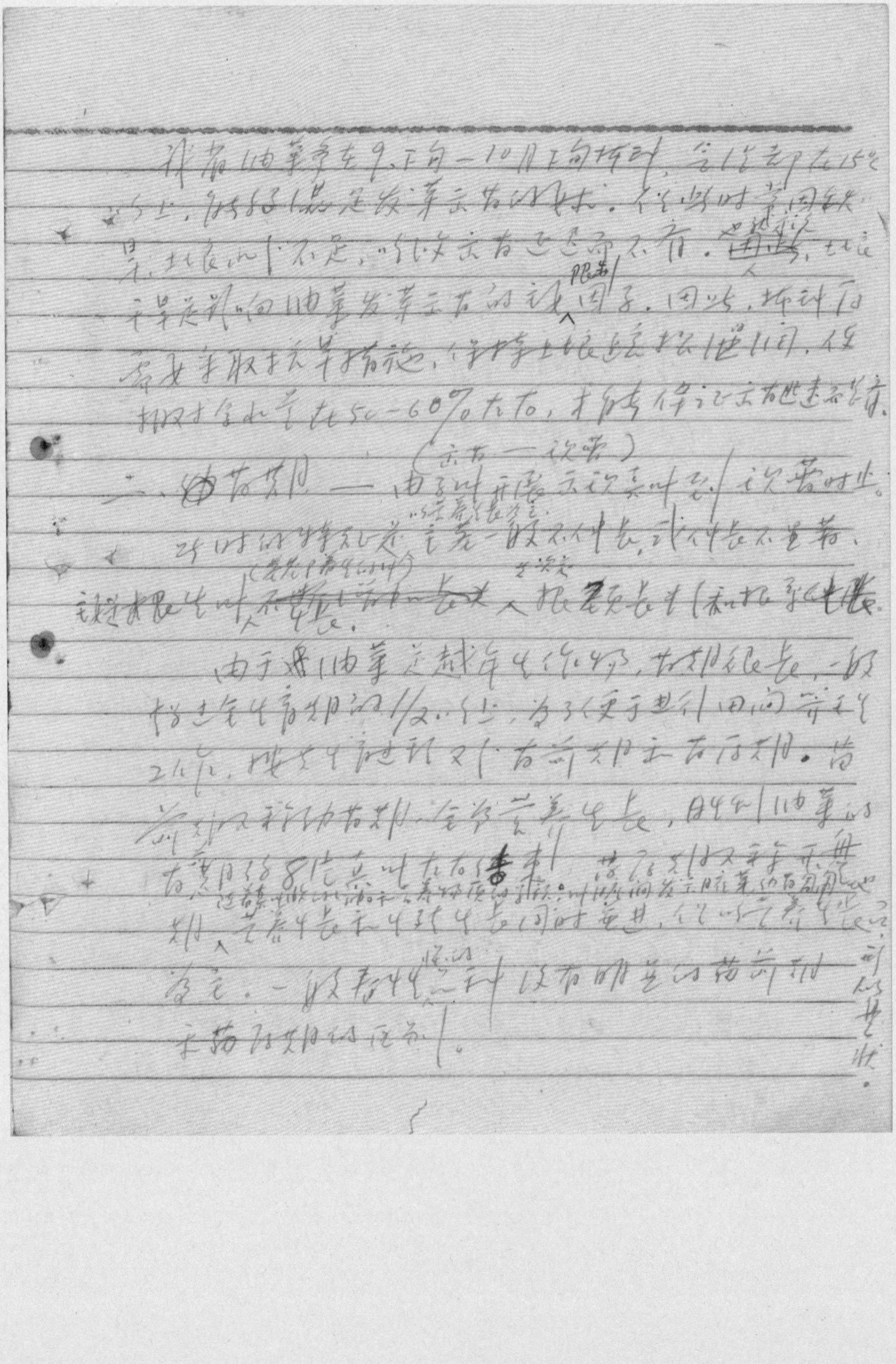

我省油菜多在9月下旬—10月上旬播种，气温都在15℃以上，能够满足发芽出苗的要求。但此时常因秋旱，土壤水分不足，以致出苗迟缓不齐。土壤干旱是影响油菜发芽出苗的主要限制因子。因此，播种后应当采取抗旱措施，使播种土壤的含水量保持对土壤水量在50—60%左右，才能保证出苗迅速整齐。

（出苗—现蕾）

二、苗期——由子叶开展出现真叶至现蕾时止。

此时的特点是主茎一般不伸长，或伸长不显著，主要是根系发生和长叶。

由于甘蓝型油菜越冬生长缓慢，苗期很长，一般占全生育期的1/2以上，为了便于进行田间管理，又[illegible]把苗期分为苗前期和苗后期。苗前期又称幼苗期，全部为营养生长，甘蓝型油菜的苗前期约8片真叶左右。苗后期又称[illegible]期，营养生长和生殖生长同时并进，但以营养生长为主。一般春性强的品种没有明显的苗前和苗后期的区分。

（原稿第 39 面）

我省油菜多在 9 下旬—10 月下旬播种，气温都在 15 ℃以上，能够满足发芽出苗的要求。但此时常因秋旱、土壤水分不中，以致出苗延迟而不齐，也就是说，土壤干旱是影响油菜发芽出苗的主要限制因子。因此，播种后需要采取抗旱措施，保持土壤疏松湿润，使相对含水量在 50~60% 左右，才能保证出苗迅速而整齐。

二、苗期——（出苗—现蕾）由子叶开展出现真叶到现蕾时止。此时的特征是以营养生长为主，主茎一般不伸长，或伸长不显著，主要是根生叶（基茎部着生的叶）生长。其次是根颈长粗和根系生长。

由于油菜是越年生作物，苗期很长，一般超过全生育期的 1/2 以上，为了便于进行田间管理工作，按其生育过程又分苗前期和苗后期。苗前期又称幼苗期，全为营养生长，胜利油菜的苗期约 8 片真叶左右结束。苗后期又称开盘期，随着真叶数的增加和营养物质的累积，叶腋间发出腋芽，幼苗匍匐地面，形似盘状。营养生长和生殖生长同时并进，但以营养生长为主。一般春性强的品种没有明显的苗前期和苗后期的区别。

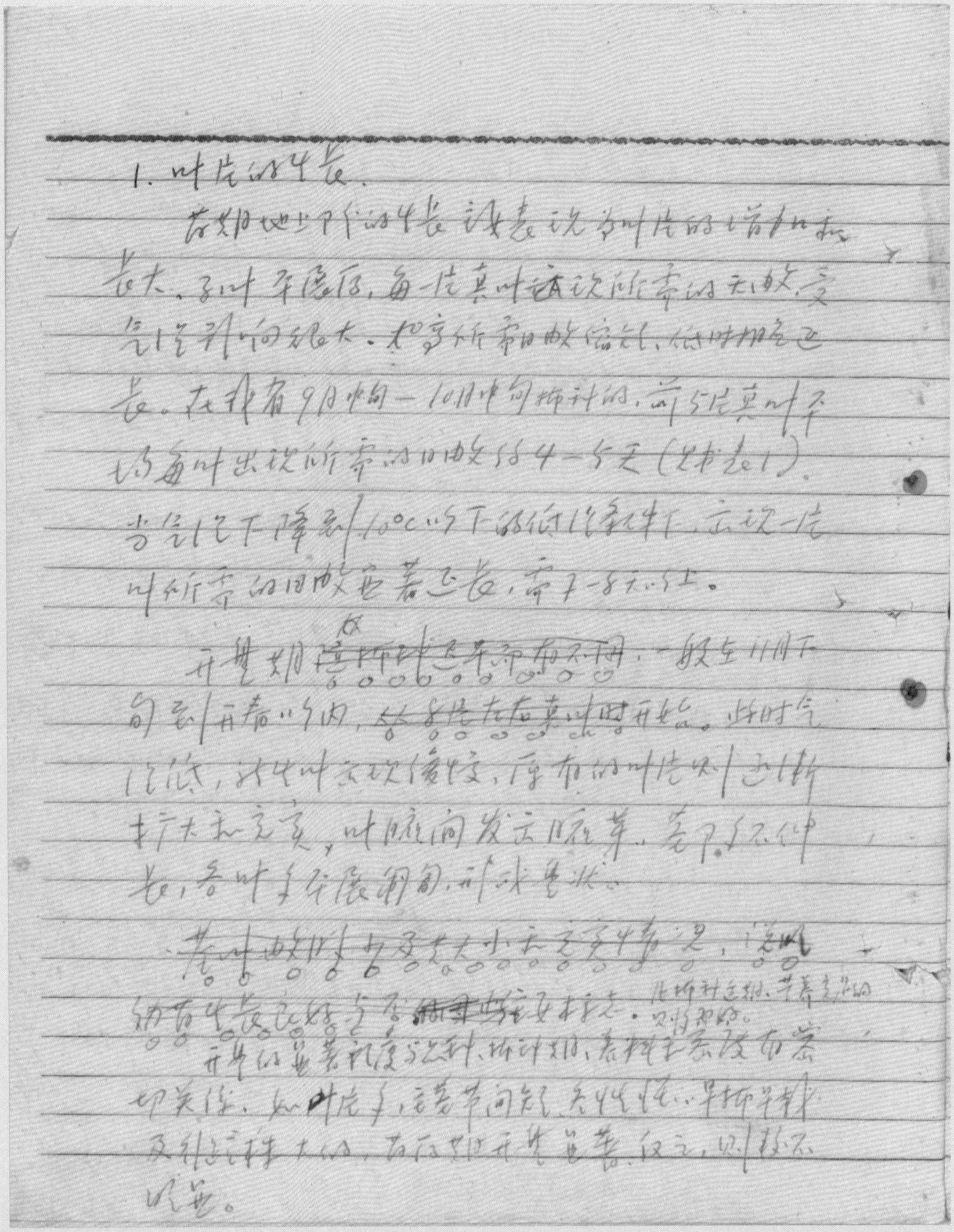

1. 叶片的生长。

苗期地上部的生长主要表现为叶片的增加和长大。子叶平展后，每一片真叶出现所需的天数，受气温影响很大。气温高所需日数愈短，低时则愈延长。在我省9月中旬—10月中旬播种的，前5片真叶平均每叶出现所需的日数约4—5天（见附表1）。当气温下降到10°C以下的低温条件下，出现一片叶所需的日数显著延长，需7—8天以上。

开盘期[illegible]，一般在11月下旬到翌春以内，[illegible]。此时气温低，新生叶出现缓慢，原有的叶片则继续扩大和充实，叶脉间发生皱缩。茎节不伸长，各叶平展[illegible]，开盘状。

[illegible]

开盘的早迟和程度与品种、播种期、栽培条件等有密切关系。如叶片多，[illegible]，早播早栽及[illegible]大的，在冬前开盘显著，[illegible]。

（原稿第40面）

1. 叶片的生长

苗期地上部分的生长主要表现为叶片的增加和长大。子叶平展后，每一片真叶出现所需的天数，受气温影响很大，t°高所需日数缩短，低时相应延长。在我省9月中旬—10月中旬播种的，前5片真叶平均每叶出现所需的日数约4～5天（见书表1）。当气温下降到10℃以下的低温条件下，出现一片叶所需的日数显著延长，需7～8天以上。

开盘期随播种迟早而有不同，一般在11月下旬到开春以内，从8片左右真叶时开始。此时气温低，新生叶出现缓慢，原有的叶片则逐渐扩大和充实，叶腋间发出腋芽，茎部多不伸长，各叶多平展匍匐形成盘状。

茎叶数目多少及其大小和充实情况，说明幼苗生长良好与否的主要标志。凡播种适期、营养充足的则多而好。

开盘的显著程度与品种、播种期、养料和密度有密切关系。如叶片多，主茎节间短、冬性强。早播早栽及行距株大的，苗后期开盘显著。反之，则较不明显。

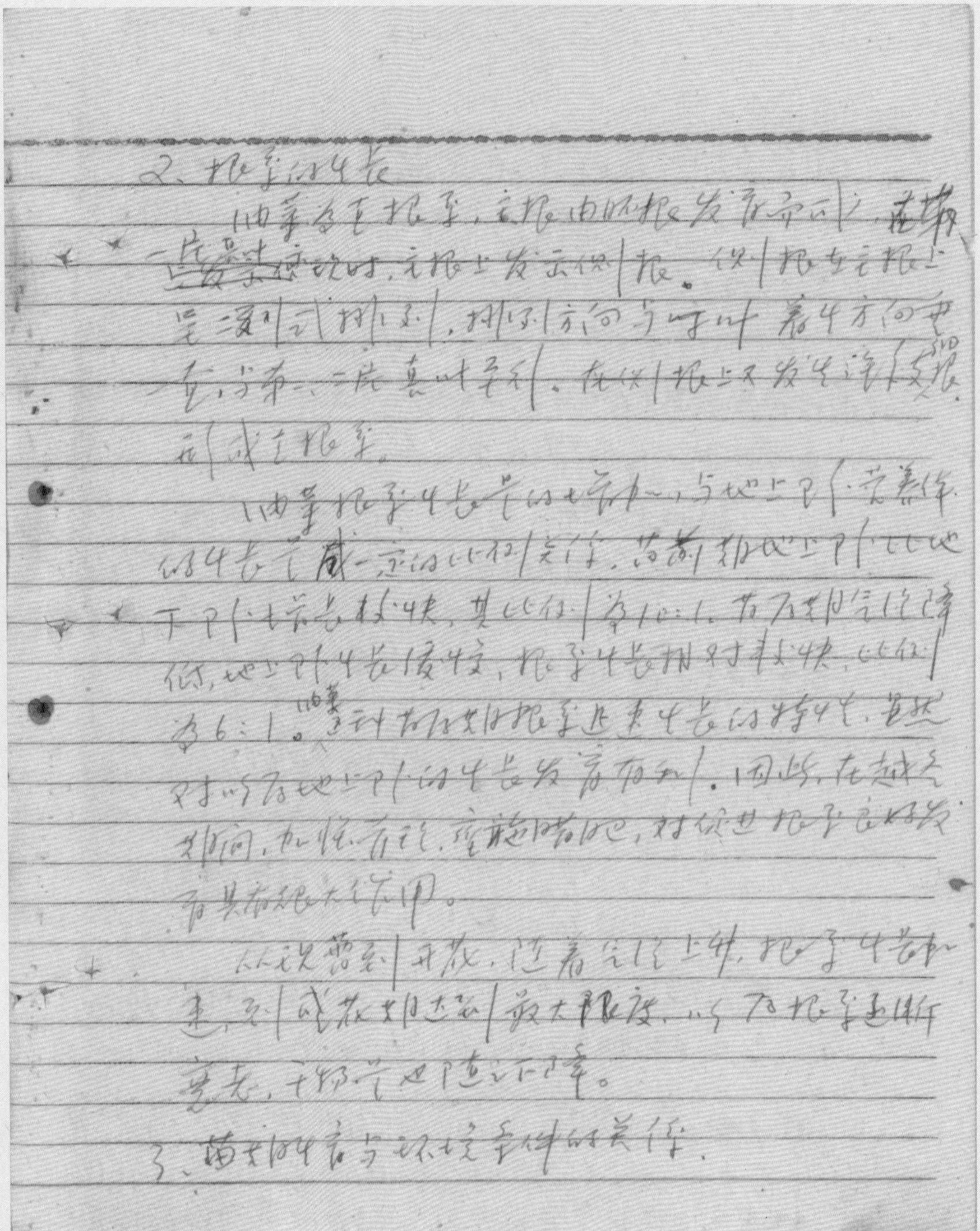

2、根系的生长

油菜为直根系，主根由胚根发育而成。在苗期时，主根上发生侧根。侧根在主根上呈二纵列式排列，排列方向与子叶着生方向垂直，与第一、二片真叶平行。在侧根上又发生许多细根，形成主根系。

油菜根系生长常与地上部分的生长保持一定的比例关系。苗期地上部分比地下部分生长较快，其比例为10:1。花期地上部分生长缓慢，根系生长相对较快，比例为6:1。油菜苗期根系迅速生长的特点，显然对以后地上部分的生长发育有利。因此，在越冬期间，加强管理，重施腊肥，对促进根系的发育具有很大作用。

从现蕾到开花，随着气温上升，根系生长加速，到成熟期达到最大限度，以后根系逐渐衰老，功能也随之下降。

3、苗期生长与环境条件的关系。

（原稿第 41 面）

2. 根系的生长

油菜为直根系，主根由胚根发育而成，在第一片真叶出现时，主根上发出侧根。侧根在主根上呈二列式排列，排列方向与子叶着生方向垂直，与第一、二片真叶平行。在侧根上又发生许多支细根形成直根系。

油菜根系生长量的增加，与地上部分营养体的生长量成一定的比例关系。苗前期地上部分比地下部分增长较快，其比例为 10∶1，苗后期气温降低，地上部分生长缓慢，根系生长相对较快，比例为 6∶1。油菜这种苗后期根系迅速生长的特性，显然对以后地上部分的生长发育有利。因此，在越冬期间，加强管理、壅施腊肥，对促进根系良好发育具有很大作用。

从现蕾到开花，随着气温上升，根系生长加速，到盛花期达到最大限度，以后根系逐渐衰老，干物量也随之下降。

3. 苗期生育与环境条件的关系

油菜苗期生长好坏对以后整个一生的生育系统有性状有着深刻的影响。而幼苗茎叶的叶片多少及大小和厚薄，是衡量幼苗生长良好与否的主要标志。

一般油菜要求在苗前期具有8片以上的开展真叶，方可安全越冬。而这些幼苗在冬前具有10片真叶并进入开花期为适当。为了达到这一指标，必须从播种、施肥等方面对化、定、补、肥、浇、耕，使幼苗充分茁壮生长，从而争取更加稳定的丰产指标。

如——14–16°C的条件下，生长50–60天。就应当考虑早播种，使幼苗充分茁壮生长，在10片以上叶子开展后入冬。

经济性状的油菜品种，不播则过迟不利，结合应该培养生长不良，冬前抽薹的早在说明。如播种太晚，幼苗生长时间不够，进入越冬阶段苗小叶少，也不能生长良好。一般苗期要有5–6片真叶才能安全越冬，而以7–8片最为合适。因此，应在12–18°C条件下，生长30–40天。

日照——在苗期，在充足的阳光下，并以白天光照充足，夜间低温，由于幼苗……

（原稿第 42 面）

油菜苗期生长好坏对以后整个一生的生育和经济性状有着深刻的影响，而幼苗茎叶数目多少及其大小和厚薄，是衡量幼苗生长良好与否的主要标志。

胜利油菜要求在苗前期具有 8 片以上的开展真叶，方可安全越冬，而以在冬前具有 10～12 片真叶并进入开盘期最为理想。为了达到这一标准，必须从了解它对温、光、水、肥的要求，从而采取相应的栽培措施以满足之。

t°——14～16 ℃的条件下，生长 50～60 天，故须适当提早播种，使幼苗充分进行营养生长，在 10 片以上叶子开盘后入冬。

但春性强的甜油菜品种，早播则极端不利，反会出现营养生长不良、冬前抽薹的早花现象，如播种太晚，幼苗生长时间不够，进入越冬阶段苗小叶少，也不能生育良好。一般至少要求有 5～6 片真叶才能安全越冬，而以 7～8 片最为理想。为此，须在 12～18 ℃条件下，生长 30～40 天。

日照——苗期宜有充足的阳光，最理想的白天光照强，t°高，晚上温度低，由于制造多、消耗少，不仅累积的营养物质较多，幼苗健壮，且细胞汁浓度大，增强抗寒力。

小结——苗期要求早发，以培育冬前壮苗，保证旺盛状态。（含水量30%时播种60-70%）为主要目标。

在苗后期的越冬期间，我省常有0°C以下的严寒，而此时正是根系生长与积累养分分化花芽的时期，严寒会影响根系的生长和花芽的正常发育。为此，在苗后期应施用腊肥，培土壅根，促进分枝和根系，以保苗越冬，减轻冻害。

二、苔期——从现蕾到初花时止。

现蕾的特征：是指主茎顶端生长点已分化出一丛花蕾，从外看1-2片小心叶遮盖，须拨开小心叶才能见到。

抽苔是指主茎开始伸长，当伸长的高达到10厘米左右，节间伸长时称之。

现蕾和抽苔的关系，按品种来说，一般的早熟品种是先蕾后苔，但在气温高时（10°C以上）同时出现。中熟、晚熟品种是先苔后蕾，特别是在密度较大的情况下，更明显。

（原稿第 43 面）

度大，增强了抗寒力。

水分——苗期需水较多，以土壤经常保持疏松湿润状态（含水量 30% 或持水量 60～70%）为有利于生长。

在苗后期的越冬期间，我省常有 0 ℃以下的严寒，而此时正是根系生长量相对增大和花序进行分化的时期，严寒会影响根系的生长和花序的正常发育。为此，在苗后期应壅肥腊肥，提高土温，促进苗壮根强，以保苗越冬，减轻冻害。

三、蕾薹期——从现蕾起到初花时止

现蕾的特征：系指主茎顶端生长点已分化出一丛花蕾。但为 1～2 片小心叶遮盖，须拨开小心叶才能见到。

抽薹系指主茎开始伸长，当伸长的高度达到 1 寸左右，节间分明时称之。

现蕾和抽薹的关系，按生育顺序来说，一般白菜类型是先蕾后薹，但在气温高时（10 ℃以上）则同时进行。甘蓝、芥菜型是先薹后蕾，特别是在密度较大的情况下，更明显。

[illegible]
[illegible]
[illegible]

（原稿第 44 面）

油菜薹蕾期的生育特点，表现为生殖生长和营养生长同时进行，但此时仍以营养生长占优势，包括主茎增长、分枝增多和叶面积增大。

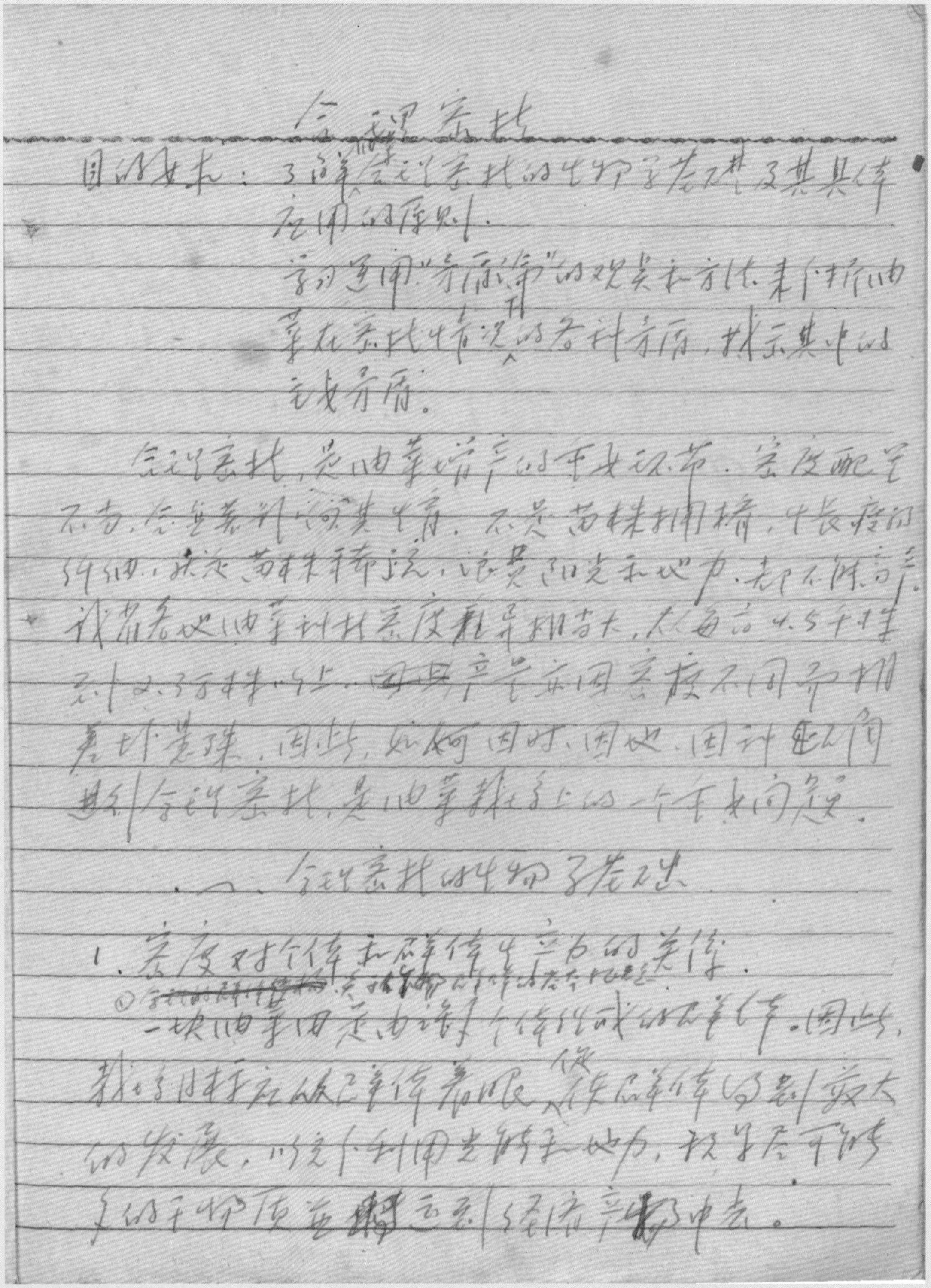

合理密植

目的要求：了解合理密植的生物学基础及其应用的原则。

学习运用"矛盾论"的观点和方法来分析油菜在密植情况下的各种矛盾，揭示其中的主要矛盾。

合理密植，是油菜增产的重要环节。密度配置不当，会直接影响收成。不是苗株拥挤，生长瘦弱细小，就是苗株稀疏，浪费阳光和地力，都不能高产。我省各地油菜种植密度差异相当大，从每亩4.5千株到5万株以上。因此产量在同密度不同年份相差悬殊。因此，如何因时、因地、因种确定合理密植，是油菜栽培上的一个重要问题。

一、合理密植的生物学基础

1. 密度对个体和群体生产力的关系。

一块油菜田是由许多个体组成的群体。因此，栽培目的在于从群体着眼，使群体得到最大的发展，以充分利用光能和地力，获得尽可能多的干物质并转运到经济产品中去。

(原稿第 45 面)

合理密植

目的要求：了解油菜合理密植的生物学基础及其具体应用的原则。

学习运用“矛盾论”的观点和具体方法来分析油菜在密植情况下的各种矛盾，找出其中的主要矛盾。

合理密植，是油菜增产的重要环节，密度配置不当，会显著影响其生育，不是苗株拥挤、生长瘦弱纤细，就是苗株稀疏，浪费阳光和地力，都不能高产。我省各地油菜种植密度差异相当大，从每亩 4.5 千株到 2.3 万株以上。产量亦因密度不同而相差十分悬殊，因此，如何因时、因地、因种正确进行合理密植，是油菜栽培上的一个重要问题。

一、合理密植的生物学基础

1. 密度对个体和群体生产力的关系

①关于作物群体的基本概念

一块油菜田是由许多个体组成的群体。因此，栽培目标应从群体着眼，促使群体得到最大的发展，以充分利用光能和地力，积累尽可能多的干物质并转运到经济产物中去。

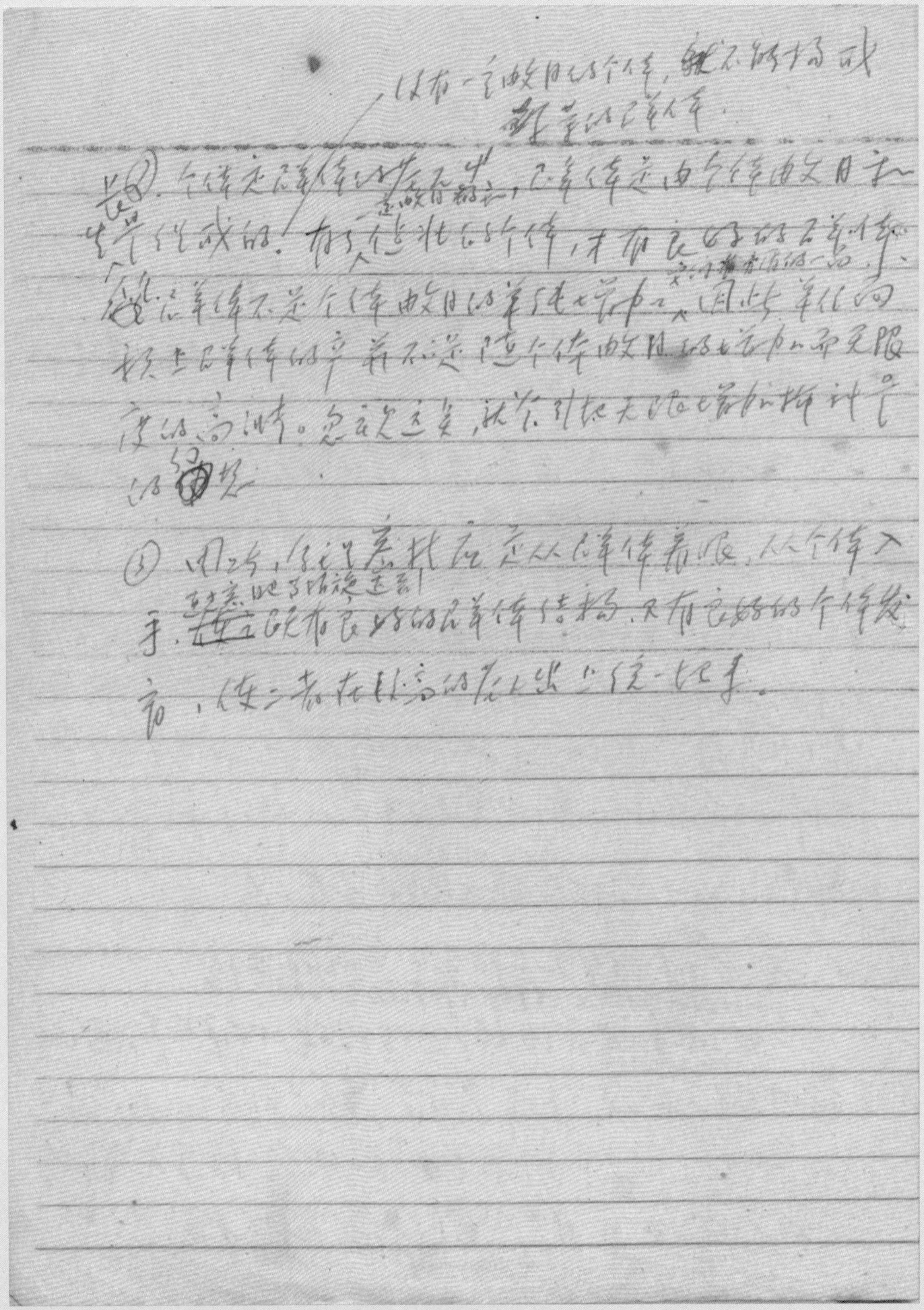

以有一定数目的个体，就不能构成整体的群体。

② 个体与群体的关系是，群体是由个体以一定数目和结构组成的。有了一定数量的个体，才有良好的群体结构。但群体不是个体数目的简单相加，因此，群体的功能并不是随个体数目的增加而无限度地增加。总之说明这点，就会引起无限地增加[illegible]的看法。

③ 因此，我们考虑问题应当从群体着眼，从个体入手。既有良好的群体结构，又有良好的个体素质，使二者在结合的基础上统一起来。

（原稿第 46 面）

②个体是群体的基础，群体是由个体数目和生长量组成的。没有一定数目的个体，就不能构成繁荣的群体。有了一定数目的和健壮的个体，才有良好的群体。但群体不是个体数目的单纯增加，它们有矛盾的一面，因此单位面积上群体的产〔量〕并不是随个体数目的增加而无限度的高涨。忽视这点，就会引起无限增加播种量的幻想。

③因此，合理密植应是从群体着眼，从个体入手，通过密肥等措施达到既有良好的群体结构，又有良好的个体发育，使二者在较高的基础上统一起来。

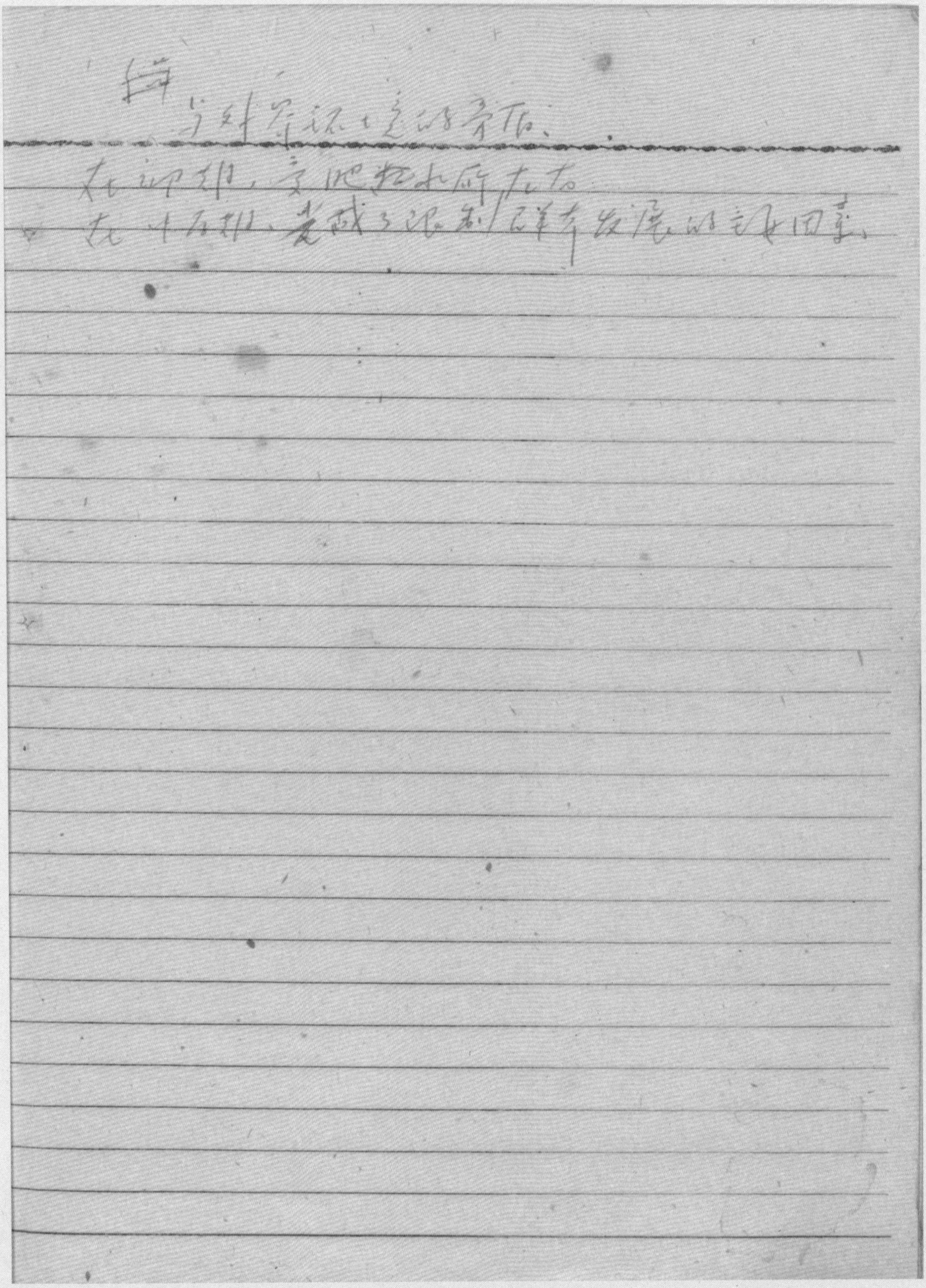

插

与对象认识之间的矛盾。

在初期，受肥料水所左右。

在中后期，受到了混剂/群落发展的主要因素。

（原稿第 47 面）

与外界环境的矛盾：

在初期，受肥水所左右；

在中后期，光成了限制群体发展的主要因素。

2、水稻品种混杂退化的原因及提纯复壮方法

目的要求：了解""""""这问题产生的主要原因；一、明确退化的概念及混杂。不同的栽培条件、不善用外在因素引起了品种退化的主要原因。

一、品种退化的概念

1、狭义的概念：种性变劣和生活力降低。

①种性变劣：经济性状变劣，适应性抵抗性下降。——具有遗传的倾向。

②生活力下降：生长势衰退，同时影响到种子和经济器官等种性状的发育。

③生活力与种性在本质上是相关联的，互相影响着制约着。

2、广义的概念：包括混杂在内。

3、良种的标准：种性好、生活力强、纯度高。

定义：

二、退化原因

1、机械混杂

（原稿第 48 面）

水稻品种混杂退化的原因及提纯复壮方法

目的要求：了解水稻品种混杂退化是减产的重要原因之一。

明确退化的概念及混杂、不利的栽培条件和长期处在相同条件下是水稻品种退化的主要原因。

一、品种退化的根念

1. 狭义的概念：种性变劣和生活力降低。

①种性变劣：经济性状变劣、适应性、抵抗性下降——具有遗传的倾向。

②生活力下降：生长势衰退、间接影响到生物学上和经济学上各种性状的发育。

③生活力与种性区有密切关系，互相影响着制约着。

2. 广义的概念：包括机械混杂在内。

3. 良种的标准：种性好、生活力强、纯度高。

定义：

二、退化原因

1. 机械混杂

2. 个别的条件下不能执行普遍的计划

3. 矛盾性存在于相互联系的条件下.

语录：事物内部的矛盾性是事物发展的根本原因，一事物和他事物的互相联系和互相影响则是事物发展的第二位的原因。……植物和动物的单纯的增长，数量的发展，主要地也是由于内部矛盾所推动的。

4. ~~矛盾的普遍性~~ 斗争的绝对性

5. 矛盾的特殊性.

6. 矛盾的转化.

三、统计分析

1. 统计分析的目的及其意义.

2. 统计分析的方法.

① 全面统计

② 个别计算、典型调查与重点调查的一套办法

③ 统计的分组.

（原稿第 49 面）

2. 不利自然条件和不良栽培条件的影响

3. 长期生活在相对相同的条件下

语录：事物内部矛盾性是事物发展的根本原因。一事物和它事物的互相联系和互相影响则是事物发展的第二位的原因。……植物和动物的单纯的增长、数量的发展，主要地也是由于内部矛盾所引起的。

4. 生物学混杂

5. 长期的自花传粉

6. 病虫害传播

三、品种复壮

1. 品种复壮的制度及其意义

2. 品种复壮的方法

①异地换种

②倒种春、再生稻及连晚的一季栽培

③品种内杂交

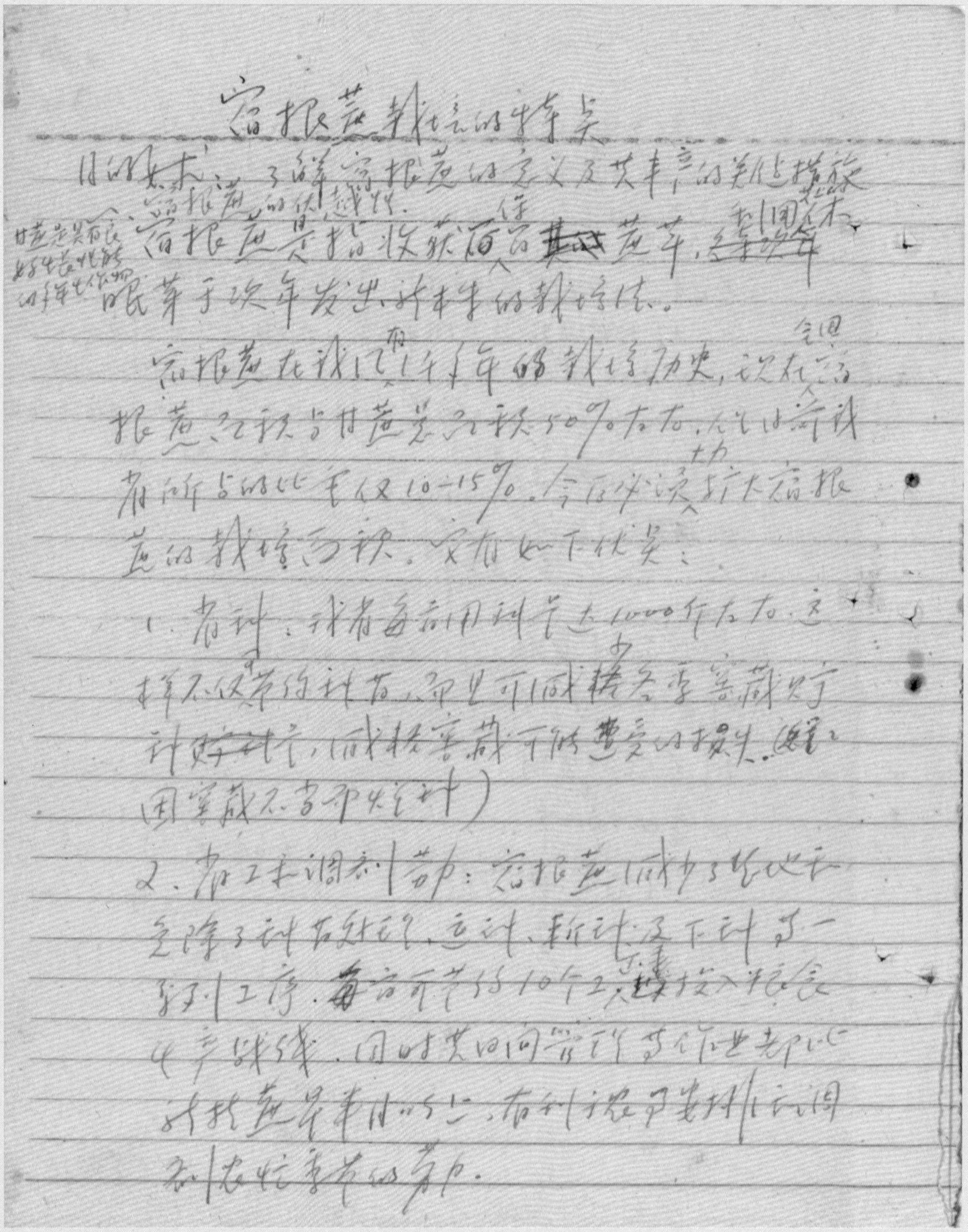

宿根蔗栽培的特点

目的要求：了解宿根蔗的定义及其丰产的关键措施

宿根蔗的优越性。

甘蔗总是有良好生长能力的多年生作物

宿根蔗是指收获后留下的蔗茎，利用在土中的蔗根眼芽于次年发出新株的栽培法。

宿根蔗在我们有几千年的栽培历史，过去在全国宿根蔗占种植甘蔗总面积50%左右，现在只占我省所占的比重仅10—15%。今后必须扩大宿根蔗的栽培面积。它有如下优点：

1. 省种：我省每亩用种量达1000斤左右，这样不仅节约种苗，而且可减少冬季窖藏种苗计算，减少窖藏中所发生的损失。（过去因窖藏不当而烂种）

2. 节省工本调剂劳力：宿根蔗减少了整地和全部除了种苗处理、选种、斩种及下种等一系列工序，每亩可节约10个工，直接投入抢收生产战线，同时其向前开始生长期比新植蔗早半个月以上，有利于提早安排榨期，调剂农忙季节的劳力。

（原稿第 50 面）

宿根蔗栽培的特点

目的要求：了解宿根蔗的意义及其丰产的关键措施。

一、宿根蔗的优越性

甘蔗是具有良好生长性能的多年生作物。宿根蔗是指收获后保留蔗蔸，利用其上的休眠芽于次年发出新株的栽培法。

宿根蔗在我国有 1 千多年的栽培历史，现在全国宿根蔗的面积占甘蔗总面积的 50% 左右，但目前我省所占的比重仅 10～15%。

今后必须大力扩大宿根蔗的栽培面积。它有如下优点：

1. 省种：我省每亩用种量达 1 000 斤左右，这样不仅可节约种苗，而且可减少冬季窖藏贮种量，减轻窖藏可能遭受的损失（往往因窖藏不当而烂种）。

2. 省工和调剂劳力：宿根蔗减少了整地和免除了种苗处理、运种、斩种及下种等一系列工序。每亩可节约 10 个工出来投入粮食生产战线，同时其日间管理等作业都比新植蔗早半月以上，有利于农事安排和调剂农忙季节的劳力。

3. 抗旱耐涝：由于宿根蔗具有比新植蔗入土较深的老根系吸收水分，所以较能抗旱。同时在有洪水危害的地区，新植蔗常被洪水冲走或被泥沙淹没掩埋而死亡，而宿根蔗则受害很轻，因此有利于稳产。

4. 早生快发，有利于增产：

一般比新植蔗的生长期提早一个季节，营养生长期加长，从而增加产量（甘蔗是收获营养体的）。一般第一年宿根蔗比新植蔗能增产10%以上，第二年则有增产、平产或减产的。但如能加以改进，仍会比新植蔗增产。

5. 提早成熟，有利于制糖工业开榨。一般可提早20天开榨，故可提高糖厂的机械利用率和有利于合理安排作业时间，以提高全年单产。

宿根蔗也有缺点：①病虫害较多，②易倒伏，③有缺苗断垄。但这些缺点如果从改进栽培技术着手，是完全可以克服的。

（原稿第 51 面）

3. 抗旱耐涝：由于宿根蔗具有比新植蔗入土较深的老根系吸收分水〔水分〕，所以较后者抗旱。同时在有洪水为害的地区，新植蔗常被洪水冲走或被淤泥埋没过深而闷死，而宿根蔗则受害很轻，因此有利于稳产。

4. 早生快发，有利于增产

一般比新植蔗的各个生育期提早一个季节，营养生长期加长，就能增加产量（甘蔗主要是营养生长）。一般第一年宿根蔗比新植蔗可增产 10% 以上。第二年则有增产、平产或减产的。但如栽技加以改进，仍会比新植者高产。

5. 提早成熟，有利于制糖工业和后作。一般可提早 20 天开榨，故可提高糖厂的机械利用率和有利于后作及时播种，以提全年单产。

但它也有缺点：①病虫害较多；②易倒伏；③有效茎较少。但这些缺点从改进栽培技术着手，是完全可以克服的。

~~地下部的构造及其作用~~

二、宿根蔗~~的生物学特性~~的特性

……宿根蔗有早生快发、早熟丰产，并有其特殊的优点。

1. 地下部茎芽多：按目前植蔗密度来计算，每条蔗的茎上有4-5个芽。一般大茎种每亩有效茎约5千条左右，如此每亩约有2万个芽可萌发，比新植蔗下种3千个双芽苗多3倍。因此，增加有效茎的潜力很大。

2. 同一蔗茎各个节位上蔗芽的萌发时间不同，愈往下愈早，发生的苗壮、茎大、有效茎率高。（因此，宿根蔗丰产的关键，应该是促进蔗蔸基部芽的萌发，并培植有效茎……）

3. 老根系并不全部死亡，在一定时间内还会不断发生新根，起吸收作用。

4. 蔗桩上部萌发的根系还能发出新根，起着新植蔗种根（根带根）的作用。

（原稿第 52 面）

二、宿根蔗的生物学基础

宿根蔗为什么比新植蔗早生快发、早熟丰产，是有其植物学基础的。

1. 地下部蘖多、芽多：按留桩高度 2 ~ 3 寸计算，每条茎的蔸部有 4 ~ 5 个芽。一般大茎种每亩有效茎为 5 千条左右，如此每亩约有 2 万个芽可萌发，比新植蔗下种 3 千个双芽苗多 3 倍。因此，增多有效茎的潜力很大。

2. 同一蔗茎上各个节位上蔗芽的原始叶数不同，愈往基部愈多，发生的苗壮、茎大、有效茎率高（因此，宿根蔗丰产的基础，应该是促进蔗蔸基部芽的萌发，开畦松蔸就是其关键性措施）。

3. 老根系能继续起吸收作用，并不全部死亡，在它们的先端还会继续发生新根，起吸收作用。

用 P^{32} 示踪和剪根、不剪根处理证明二者旧蔗桩上未萌发的根点还能发出新根，起着新植蔗种根（临时根）的作用。

但是由于老根系早已衰老，故新根作用也早，能使宿根蔗发早生长。这是宿根蔗早生快发的重要原因之一。

4. 宿根蔗蔗茎节部节密，在未出现真叶前，就可从茎节部节发生许多根（永久根）。而新植蔗须在出现两片以上真叶时才发生永久根。这是宿根蔗之所以能早生快发的又一根据。（这与宿根蔗茎的储藏叶面积，应该与一般的节数有关）。

二、宿根蔗丰产的关键技术。

1. 选用宿根性强的品种，管好新植蔗培育健壮宿根蔗茎。

新植蔗的管理好坏，是宿根蔗的基础。不好好抓新植蔗的管理，宿根蔗的生长发育不好。所以对培育宿根蔗的要求，新植蔗的栽培管理要特别注意：

①深沟深植，以利保护宿根蔗茎的芽眼，使蔗株扎实。②合理密植。③适时适施水肥（收获前2-7日）。④要防治病虫为害。

（原稿第 53 面）

但是由于老根系早已形成，故起作用也早，能促使宿根蔗及早生长。这是宿根蔗早生快发的重要原因之一。

4. 宿根蔗蔗芽萌动后，在未出现真叶前，就可从芽的基部发生次生根（永久根）。而新植蔗须等到出现两片以上真叶时才发生永久根。这是宿根蔗之所以能产生快发的又一根据（这与宿根蔗蔗芽的原始叶数多，密结在一起的节数多有关）。

三、宿根蔗丰产的关键技术

1. 选用宿根性强的品种，管好新植蔗培育健壮宿根蔗蔸。

新植蔗是宿根蔗的基础，其好坏直接影响到宿根蔗的生活力强弱，但对培育宿根蔗的要求，新植蔗的栽培应特别注意：

①深沟浅植，以确保宿根蔗芽的芽数和安全越冬以及避免蔗株抬高。②合理密植。③适时追施壮尾肥（收获前 2 ~ 7 日）。④严防倒伏和病虫为害。

2. 适期收获，合理砍蔗

收获期对宿根的影响，主要是由于收获后蔗田裸露，蔗茎已失去原有蔗株的保护，受气候因素的影响很大。过早，休眠芽会处于萌动状态，容易遭受冻害。（休眠芽受冻害在零下1—2℃，萌动芽在0℃左右）。过迟，对蔗株蔗茎都不利。在我省以在11月下旬至12月上旬收获为宜，并且应选择晴天进行。在阴雨天收获，一方面进行操作时容易踏坏蔗头，一方面雨水会浸入切口引起腐烂。

低斩收获，要用利锄低砍，入土2寸左右，保持地下部的蔗茎有2—3寸即可。这样就可降低宿根分蘖节位，不仅可保护蔗茎受冻，而且使基部的蔗茎发株粗壮，同时又可增收一部糖分高的蔗茎。（300斤以上）

操作时要用力均匀，切口应平滑，宁可稍斜砍，不破蔗头。收获后，[illegible]用蔗叶覆盖蔗头，上培土，再加培一层薄土，做成圆拱形，并挖通沟道，防止冬春渍水为害。

（原稿第 54 面）

2. 适期收获，合理砍蔗

收获期对宿根的影响，主要是由于收获后蔗田裸露，蔗蔸已失去原有蔗株的保护，受气候因素的影响很大。过早，休眠芽会处于萌动状态，容易遭受冻害（休眠芽受冻突害 t°〔温度〕为 -1～2 ℃，萌动芽为 0 ℃左右）。过迟，对蔗株蔗蔸都不利，在我省以在 11 月下旬至 12 月上旬收获为宜，并且应选择晴天进行。在阴雨天收获，一方面由于泥泞容易踏坏蔗头，一方面雨水会渗入切口引起腐烂。

在斩收方面，要用利锄低砍，入土 2 寸左右，保持地下部分蔗蔸有 2～3 寸即可。这样可降低宿根位置，不仅可保护蔗芽受冻，而且基部的蔗芽发株粗壮，同时又可增收一部分糖分高的蔗茎（300 斤以上）。

操作时要用力均匀，切口应与土面相平，避免斜砍，不破蔗头。收获后复〔覆〕土盖衣，用细泥土填平，用蔗叶复〔覆〕盖蔗头 1～2 寸，做成圆拱形，并疏通沟道，防止冬春渍水为害。

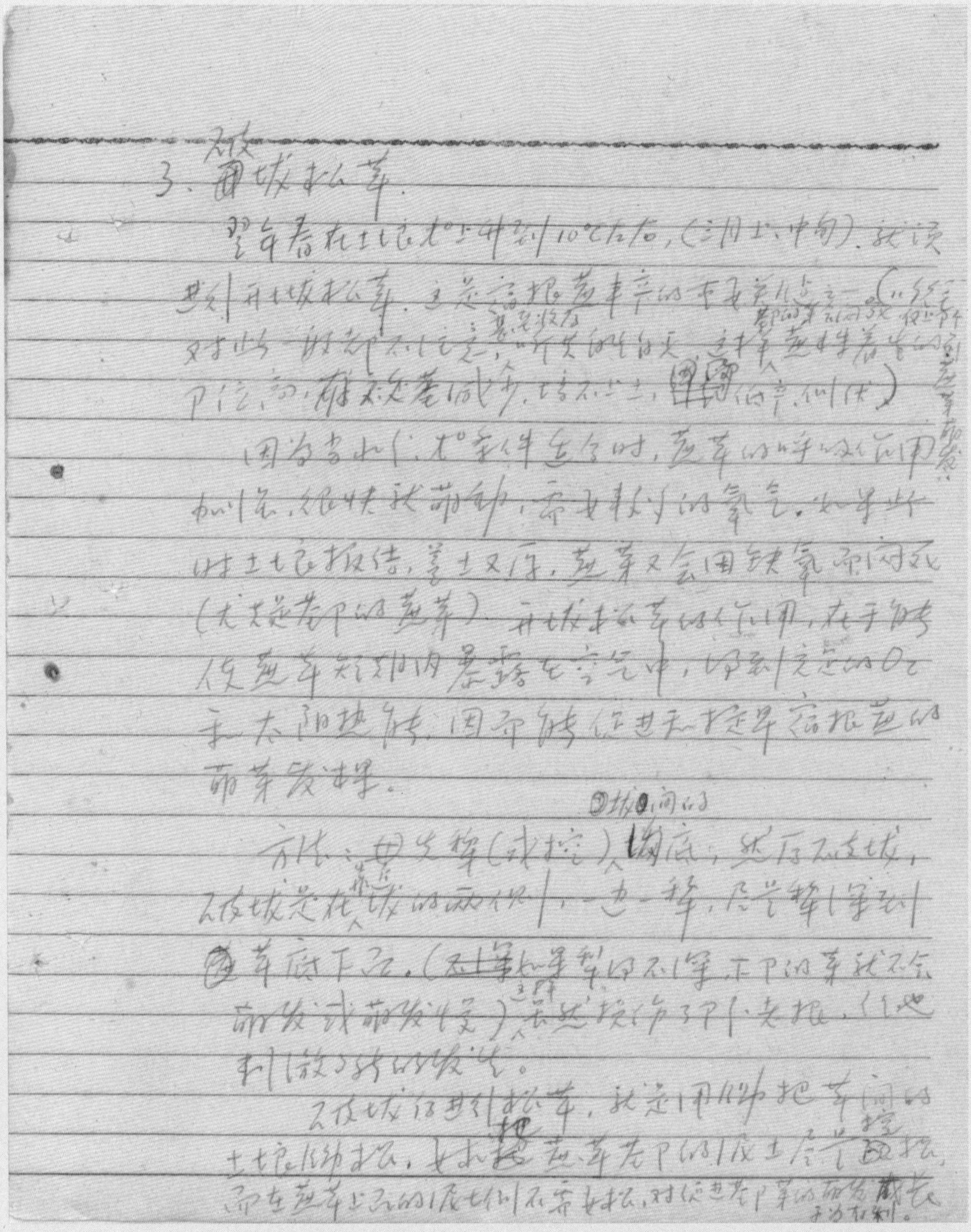

3. 破垅松蔸。

翌年春在土壤温度升到10℃左右，（三月上、中旬）就该进行开垅松蔸。这是培根壮苗中最重要的技术环节之一（以上……）

因为当出芽的条件适合时，茎芽的呼吸作用加快，细胞就萌动，需要较多的氧气。如果此时土壤板结，盖土又厚，茎芽又会因缺氧而闷死（尤其是老蔸的茎芽）。开垅松蔸的作用，在于能使茎芽和鳞茎暴露在空气中，吸到充足的O_2和太阳热能，因而能促进和提早宿根茎的萌芽发株。

方法：用先锄（或挖）③垅间的蔸底，然后再破垅，破垅是在垅的两侧，一边一锄，尽量锄得到③蔸底下面。（……锄得不深，下部的蔸就不会萌发或萌发很慢）这样就……也利于做好新的垅沟。

破垅后进行松蔸，就是用锄把蔸间的土壤锄松，把茎芽老蔸的浅土层挖松，而在茎芽上面的泥土则不需要挖松，对促进老蔸萌发生长有利。

（原稿第 55 面）

3. 破垅松蔸

翌年春在土壤 t° 上升到 10 ℃左右（三月上、中旬），就须进行开垅松蔸。这是宿根蔗丰产的重要关键之一（以往对此一般都不注意，甚至收后听其自生自灭，这样基部的芽会闷死，仅上部个别蔗芽萌发。蔗株着生的部位高，有效茎减少，培不上土，因而低产、倒伏）。

因为当水分、t° 条件适合时，蔗蔸的呼吸作用加强，很快就萌动，需要较多的氧气。如果此时土壤板结，盖土又厚，蔗芽又会因缺氧而闷死（尤其是基部的蔗芽），开垅松蔸的作用，在于能使蔗蔸短期内暴露在空气中，得到充足的 O_2 和太阳热能，因而能促进和提早宿根蔗的萌芽发棵。

方法：先犁（或挖）垅间的沟底，然后破垅，破垅是在靠近垅的两侧，一边一犁，尽量犁深到蔸底下面（如果犁得不深，下部的芽就不会萌发或萌发慢），这样虽然损伤了部分老根，但也刺激了新〔根〕的发生。

破垅后进行松蔸，就是用锄把蔸间的土壤锄松，要求把蔗蔸基部的泥土尽量挖松，而在蔗蔸上面的泥土倒不需要松，对促进基部芽的萌发成长更为有利。

不培垅的土就翻到行间，使行间成为垅。垅与蔗苗之间做一条小沟，以利排水，以后随着甘蔗长大，便利于行间的土再培土于根部，以起到排水和保住土壤水份的作用。

开垅挖苗后，即将施底肥，并让蔗苗晒露10天左右，待大陆苗部发白后即然后覆土，使蔗苗分布在1-2寸左右土中合植。再施以速效肥料。

4、搞好各项田间管理工作

（原稿第56面）

破垅的土就翻到行间，使行间成为垅。垅与蔗蔸之间做一条小沟，以利排水，以后随着甘蔗长大，便将行间的土再培过来，起到深耕和促使土壤风化的作用。

开垅松蔸后，即深施底肥，并让蔗芽晒露10天左右，待大部分蔗芽萌发后即覆土，使蔗芽约有1~2寸壅在土中为度，再施以速效肥料。

4. 提早进行各项田间管理工作

廿、积极提高单产，适当扩大播种面积（提高复种指数）是增加粮食产量的主要途径

一、现状：小麦概述

小麦是我们主要粮食作物之一，播种面积占粮食作物总面积的四分之一，总产量仅次于水稻，居粮食作物的第二位。目前分布面积相当广，遍及全国。我省自然条件优越，适合小麦种植，常年播种面积在800万亩左右，以……为主要产区，其余各区各县都有种植，但单产还不高，一般亩产100—200斤，全省平均150斤。但高产丰产不乏实例，高产的大面积亩产300斤以上，小面积有4—500斤，个别农业社有高达8—1000斤的。因此，摆在当前的任务首先是要提高单产，单产提高了，面积相应扩大，从而总产量也会大大增加。如我们12年内要达到……熟制，每亩占50%，达到每亩产2000斤以上。苏南有人说"三三得九，不如二五得十"，两季不如一季……因此，我们认为，……比……好，……

我们的经验是：……是获得高产的保证，是高产的前提。

（原稿第57面）

小麦概述

积极提高单产，适当扩大播种面积（提高稻田复种指数）是增加我省粮、麦产量的二个主要途径。

一、现状

小麦是我国主要粮食作物之一，播种面积占粮食作物总面积的四分之一，面积和总产量仅次于水稻，居粮食作物的第二位。分布面积较稻为广，遍及全国，我省自然条件优越，适合小麦栽培，常年播种面积在500万亩左右，以邵阳、常德专区为主要麦区，其它各区都有栽培，然单产迄今还不高，一般为100～200斤，平均约150斤，但产量不平衡，高产的大面积有300斤以上，小面积有4～500斤，而外省则有高达8～1 000斤的。因此，摆在当前的任务，首先是要提高单产，单产提高了，面积自然就会扩大，从而总产量也会大增。多种多收，小麦—双季稻的新三熟制是今后的发展方向（人多地少地区）。如浙江东湘农场实行新三熟制，麦田占50%，连续多年全年总产2 000斤以上，过去有人说“三三得九，不如二五得十”“种三季不如种两季”。而现在实际上是比三五一十五还要多。因此，社员公认，多种比少种好，三季比两季强，三个矮子一定超过二个长子。

他们的经验是：多种是稳产的保证，是高产的前提。

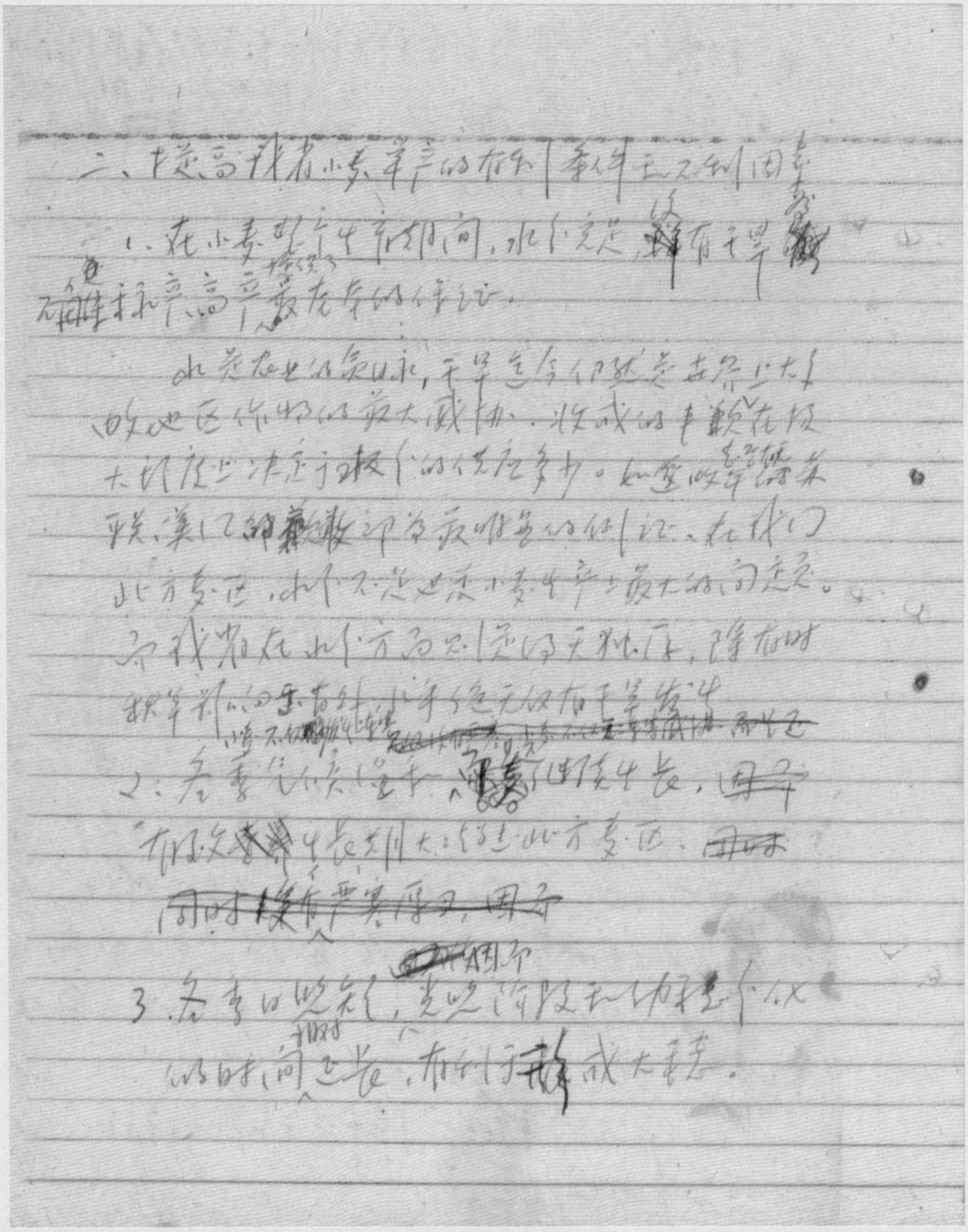

二、提高我省小麦单产的有利条件与不利因素

1. 在小麦整个生产期间，水分是[illegible]

[illegible]高产[illegible]的保证。

水分在北方来说，干旱至今仍然是大多数地区作物的最大威胁。收成的丰歉在很大程度上决定于[illegible]的多少。如[illegible]在我们北方地区，水分不足是影响小麦生产最大的问题。而我省在北方[illegible]

2. 春季气候温和，[illegible]生长，[illegible]大于北方地区。

3. 春季日照充足，[illegible]时间长，有利于形成大穗。

（原稿第 58 面）

二、提高我省小麦单产的有利条件和不利因素

1. 在小麦整个生育期间，水分充足，没有干旱，为稳产、高产提供了最基本的保证。

水是农业的命脉，干旱迄今仍然是世界上大多数地区作物的最大威胁。收成的丰歉甚至有无在极大程度上决定于水分的供应多少。如近数年的苏联、美国的歉收即为最明显的例证。在我国北方麦区，水分不足也是小麦生产上最大的问题。而我省在水分方面则是得天独厚，除有时秋旱影响出苗外，几乎绝无仅有干旱发生。

2. 冬季气候温和，小麦不仅很少发生冻害，而且还继续生长，有效生长期大大超过北方麦区。

3. 冬季日照短，因而光照阶段和幼穗分化的时间相对延长，有利于形成大穗。

不利因素：

1、~~春夏梅雨~~小麦后期成熟期间，正值梅雨季节，高温高湿，带来：①病害多，锈病、赤霉病、白粉病。②根系发育不良，茎秆软弱，容易倒伏。③光合作用减弱，不利灌浆，同时麦粒易在穗上发芽造成损失。

2、人为因素：（缺乏经验）不重视，种子技术较差，肥料少，管理不良，病虫害。

三、抗逆栽培小麦丰产的经验

1. 选用优良品种：

早熟：4月底5月初，避过梅雨和锈病，并有利于后作安排，三熟制。

抗病：赤霉、白粉、锈病。

耐湿、株型紧凑、适当密植。

2. 增施肥料

3. 合理密植：依靠（调）大穗为主，过密不好。

4. 做好开沟排水：过去这种开沟排水，认为是开沟防水，一方面有[illegible]，另一方面[illegible]

（原稿第 59 面）

不利因素：

1. 小麦浇灌成熟期间，正值梅雨季节，高温高湿寡照，带来：①病害多——锈病、赤霉病、白粉病。②根系发育不良、茎干软弱，容易倒伏。③光合作用减弱，不利灌浆，同时麦粒易在穗上发芽造成损失。

2. 人为的：认为是低产作物，不重视，栽培技术粗放，肥料少，品种不良、稀植等。

三、提高我省小麦单产的途径

1. 选用优良品种

早熟：4 月底 5 月初，避过梅雨和锈病，并有利于后作增产和实行新三熟制。

抗病：赤霉、白粉、锈病。

秆矮、株型紧凑，适合密植。

2. 增施肥料

3. 合理密植：低产主因大多为穗数不足。

4. 稻〔麦〕田开沟、防水：过去提开沟排水，现在提开沟防水，一字之差含义两样。等渍水后再排，小麦已受很大影响，这叫做鞋不湿脚也不强。

小麦的生物学特征

一、根

小麦的根系为须根系，由初生根（胚根、种子根、胚性根）和次生根（不定根节根）组成。

种子根一般有3-5条，（少数一条），即先生出一条，然后又出现1-2对，多者可达4-5对。初生根的数目决定于种子胚的大小，胚愈大种子根也愈多，而胚的大小又以种子大小为转移，种子愈大，初生根就可能愈多。因而出苗条件（水、温、O_2）也能影响到初生根的数目。~~当出苗后（第一片真叶出现），胚根即停止形成。~~因此，播种前做好选种及精细整地工作，是保证形成较多的初生根从而保证全苗壮苗的主要措施。

当出现第一片真叶时，胚根即停止形成（数目固定了）。在分蘖期以前，麦株主要靠初生根吸收水分养分。但在次生根形成后它也不失去作用，一直继续保持到生长后期，特别是主茎主要依靠初生根供给。

次生根是一般在分蘖期开始分蘖时，大体差不多同时在茎基部的节上发生（不同于种子根）。每形成一个分蘖便在其基部生出一对（一条或数条）次生根，这样，每个分蘖

（原稿第 60 面）

小麦的植物学特征

一、根

小麦的根系为须根系，由初生根（胚根、种根、临时根）和次生根（永久根节根）组成。

种子根一般有 3～5 条（水稻一条），即先生出一条，然后又出现 1～2 对，多者可达 4～5 对。初生根的数目主要决定于胚的大小，胚愈大种子根也愈多，而胚的大小又以种子大小为转移，种子愈大，初生根就可能愈多。田间出苗条件（t°、d、O_2）也会影响到初生根的数目。因此，播种前做好选种及精细整地工作，是促进形成较多的初生根从而保证幼苗生长健壮的重要措施。

当出现第一片真叶后，胚根即停止形成（数目固定），在分蘖期以前，麦株主要靠初生根吸收水分和养分，但在次生根形成后它也不失去作用，一直要继续活动到植株生长后期，特别是主茎主要依靠初生根而生活。

次生根一般在三叶期和开始分蘖时从茎基部的节上发生（不同于水稻）。每形成一个分蘖便在它的基部生出一对（一条或更多）次生根。这样，每个分蘖都可以有很好的相关。因此，节数和次生根数有高度的相关性。一般说来，次生根按部位生根并伸入土内深度较浅。在环境不良，如干旱、地下水位或地下所封冻等，次生根的~~[illegible]~~

二、茎：一般由几个至九个节组成，主茎（但分蘖，主茎中途夭折，不形成穗）

小麦的茎由伸长的地上茎节和不伸长的压缩节二部分组成。资料如下：

（胚芽鞘节——着生胚芽鞘）

压缩节（分蘖节）——着生近根叶及分蘖

伸长节（茎节）——着生叶片。

小麦主茎是由种子中胚轴生长的分蘖茎，通常有5个茎节。而主茎茎节数与总叶片数是相关的，因此可根据某一时的主茎叶片总数推算其主茎分蘖节的数目：

主茎分蘖节数＝主茎总叶片数－5（6）。

式中5或6为茎节节数。

据观察，春大麦11月初播种的总叶片数为11片，11－5＝6节，即分蘖节有6个。

与水稻一样，小麦的节间长度，是自下而上逐渐增加的，一般第一节间长约1寸左右，以最后一个节间最长（穗颈节或称穗节）。节间的变化，也是由下向上

（原稿第 61 面）

都可以有自己的根系，因此，分蘖数和次生根有高度的相关性。一般说来，次生根较初生根粗，但入土深度较浅。在环境不良，如土壤干旱、地力太瘦或地上部分过于密集，次生根的发生、生长便大大延迟或停止。这些不是次生根的分蘖难以生长健全，多半中途夭折，不能成穗。

二、茎

小麦的茎一般有 12 个左右的节，主要由伸长的地上部茎节和不伸长的压缩节二部组成。兹划分如下：

（胚芽鞘节——着生胚芽鞘）

压缩节（分蘖节）——着生近根叶及分蘖

伸长节（茎节）——着生叶片

小麦主茎及能正常抽穗的分蘖茎通常均有 5 个茎节，而主茎总节数与总叶片数是相吻合的，因此可根据某品种的主茎叶片总数及茎节数目来推算主茎分蘖节的数目：

主茎分蘖节数 = 主茎总叶片数 - 5（6）

式中 5 或 6 是茎节常数。

据观察，南大在 11 月初播种的总叶片数为 17 片，11-5=6，即分蘖节有 6 个。

与水稻一样，小麦的伸长茎节间的长度，是自下而上渐次增加的。一般第一节间长约 1 寸左右，以最上部一个节间最长，几乎达全长的 1/2。节间的直径，也是由下向上逐渐增加，但愈上个节间又愈细。

茎壁的厚度，自下而上逐渐减小，在同一节间内以基部为厚，也是自下而上逐渐减薄。

二、根茎：播种较深时，在种子根与次生根（胚芽鞘节与分蘖节）之间，常形成根茎，其长度随播种深度而增加，浅播则无根茎形成，这是小麦（芽鞘节与分蘖节之间）对播种深度的一种适应性，根茎过长，种子内的养分消耗过多，对幼苗、幼根生长不利，因此，小麦的播种深度不宜太深，才能保证全苗壮苗。

三、叶：分真叶、胚芽鞘、分蘖鞘三种。

1. 胚芽鞘——是一种变态叶，为一圆筒形的膜状体，顶端有一小裂缝，真叶由此缝伸出，具有保护幼苗出土的功能。（因含有花青素而常呈紫色或无色）其长度随播种深度而转移。

2. 分蘖鞘——包围在腋芽外面的一个变态叶，其功能与胚芽鞘相似。呈扁平圆筒形，顶端开裂，分蘖由此伸出。一般不伸长时，即行破裂、分蘖外露，以次同类。

（原稿第 62 面）

逐渐增加，但最上部一个节间又最细。

茎壁的厚度，自下而上渐次减小，在同一节间内的基部为厚，也是自下而上渐次减薄。

根茎：播种较深时，在种子根与次生根（胚芽鞘节与分蘖节之间，常形成根茎，其长度随播种深度而增加，浅播则无根茎形成，这是小麦（其它禾谷类作物亦同）对缺 O_2 的一种适应性，根茎过长种子内的养分消耗过多，对幼苗、幼根生长不利，因此，小麦的播种深度不可太深，才有利于培育壮苗。

三、叶：分真叶、胚芽鞘、分蘖鞘三种

1. 胚芽鞘——是一种变态叶，为一园〔圆〕筒形的锥状体，顶端有一小裂缝，真叶由此缝伸出，具有保护幼苗出土的功能（内含花青素而具各种颜色或无色）。其长度随播种深度为转移。

2. 分蘖鞘——包围在腋芽外面的一个变态叶，其功能与胚芽鞘相似，略成半圆筒形，顶端开裂，分蘖由此伸出。一般达 1 寸长时，即破裂，与分蘖分离，以致凋萎。

3. 茎叶：共10片左右，每一叶由叶鞘、叶片、叶舌、叶耳4部组成。

叶耳的形状是区别各种麦类幼苗的主要依据，大麦叶耳大，小麦小而有茸毛，黑麦不明显，燕麦无叶耳。

按功能分，各叶片的功能可分1/0—5/0叶片组为第一组，叶主要供应冬前分蘖发根以及分蘖芽，形成壮苗，奠定穗的基础。

6/0—7/0叶为中间组叶片组成，主要作用在于巩固分蘖，促进发根，并供应茎生长和幼穗分化所需的养分，对分蘖成穗起重大作用。

8/0—11/0叶为拔节后主茎上部各叶，为穗和上部茎秆主要供给养分，其作用是在抽穗前主要供应茎秆充实和幼穗进一步发育所需的养分，抽穗后主要供应种子灌浆所需的养分，尤其最上二叶对籽实产量和品质的关系最为密切。

四 花序和花

小麦穗为复穗状花序，由穗轴、小穗、小花组成，穗轴由节片组成（节片节间组成），每节着生1个小穗，由颖片加二个小花组成。

（原稿第 63 面）

3. 真叶：共 10 片左右，每一叶由叶鞘、叶片、叶舌、叶耳 4 部（分）组成。叶耳的性状是区别各种麦类幼苗的主要依据，大麦叶耳大，小麦小而有茸毛，黑麦不明显，燕麦无叶耳。

据观察，各叶片的功能是 1/0-5/0 在越冬前形成叶，主要是供应冬前分蘖发根以有机养分，形成壮苗，奠定穗数。

6/0-7/0 叶在越冬期间形成，其主要作用在于巩固分蘖，促进发根，并供应茎干生长和幼穗分化所需的养分，即对壮秆大穗起重大作用。

8/0-11/0 叶于拔节孕穗期长出，离开地面着生于茎干上，其作用在抽穗前是供应茎干充实和幼穗进一步发育所需的养分，抽穗后是供应种子灌浆所需的养分，尤其最上二叶对结实率和粒重的关系最为密切。

四、花序和花

小麦穗为复穗状花序，由穗轴、小穗、小花构成，护颖在最外，有龙骨（主脉突起而成），外颖平滑，有芒或无，内颖有二侧脉。

孢子实：

顶端常有刷毛，表面凹陷，在蜂窝状(仔者好)

脱落后于此留存孔。

大小：最大达90毫.

颜色：随成熟体颜变期.

质地：软、硬、半硬 可变与环境条件的关系.

（原稿第 64 面）

五、子实

顶端为刷毛，复面凹陷称腹沟（浅者好），胚着生于背面基部。

大小：最大达 90 克。

颜色：穗皮有休眠期。

质地：软、硬、半硬，及其与环境条件的关系。

小麦的生长发育及其对环境条件的要求

一、发芽与出苗

小麦种子的发芽过程是，吸水膨胀，胚根鞘突破种皮即称为"露嘴"，随后胚芽鞘也破皮而出。然后胚根从鞘中穿出，接着又从两旁长出第一对和第二对次生胚根。胚根达1/2种子长，为发芽标准。

条件：水、温、氧。t°—15-20°C最适宜，最低1-2°C，最高30-35°C。

出苗过程：发芽后胚芽鞘继续生长，突出地面，有保护第一真叶出土的作用，其长度随播种深度而变(?)。当其露出土面即不再生长，随之第一真叶从胚芽鞘伸出，这个时候为出苗记载标准。

小麦田间出苗的速度，决定于当时的t°（15-20°C）、土壤水分和覆土深浅。一般以5-7天出苗比较合适。过快过慢都不相宜。为此，可用下列公式，推算出苗的播种日期。要求出苗的日数，亦即定了在某时播种计算好(?)：

$$出苗日数 = \frac{50+10x+20}{t°}$$

$$\frac{50+30+20}{20}=5$$

50为发芽的t°之和。

10为覆土每一厘米土层所需的t°之和。

x为覆土深度的厘米数。

20为第一叶从露出地面到2厘米所需的t°之和

（原稿第 65 面）

小麦的生长发育及其对环境条件的要求

一、发芽和出苗

小麦种子的发芽过程是吸水膨胀，胚根鞘突破种皮而萌发“露嘴”，随后胚芽鞘也破皮而出。此后是胚根从鞘中穿出，接着又从两旁长出第一对和第二对侧胚根。胚根达 1/2 种子长为发芽标准。

条件：t°、水、O_2，t° 15～20 ℃最适宜，最低 1～2 ℃，最高 30～35 ℃。

出苗过程：发芽后胚芽鞘往上生长，它具有保护第一真叶出土的作用，其长度随播种深度为转移。当其出土后即不再生长，随之第一真（叶）从胚芽鞘伸出，达 2 厘（米）时为出苗记载标准。

小麦田间出苗的速度，决定于当时的 t°（15～20 ℃）、土壤、水分和覆土深浅。一般以 5～7 天出苗比较合适，过长过短都不相宜。为此，可用下列公式，推算的播种至出苗的日数，亦即气温在多高时播种为好。

$$出苗日数=\frac{50+10n+20}{t^\circ} \qquad d=\frac{50+30+20}{20}=5$$

50 为发芽的 t° 总和。

10 为通过 1 厘米土层所需的 t° 总和。

n 为复土深度，以厘米为单位。

20 为第一真叶从露出地面到 2 厘米所需的 t° 总和。

二、分蘖。

……是小麦的本性，生长进程的主茎节必然分蘖，分蘖出现后又促进了整个植株生长根系的发展。保分蘖生长，不能造成早期郁闭，以便养料集中，同时在分蘖的强小程度，因此，必须了解其发生发展规律，使其朝着有利的一面，抑制其不利的一面，是获得丰产的关键之一。

1、分蘖的规律

① 一般小麦在三叶期以后开始发生第一次分蘖。（即第一真叶之腋间）

② 各级分蘖的出现时间与主茎叶片出现的时间，有着n-3相隔的同伸关系。

即 4/0 与 1/I 同时出现。

5/0 与 2/I、1/II 同时出现。

6/0 与 3/I、2/II、1/III、1/I-1 同时出现。

第三次分蘖的第一片分蘖与主茎第8叶的出现时间相对应。

③ 本省小麦（该品种叶数为11-12个）的分蘖第一般在6-7片，（即具有4叶片以上的）分蘖才能成长为有效穗，因此，8-9/0以后出现的分蘖多无效。单株最大的分蘖数，可用下列公式求得：

$$N = \frac{(n-3)^2}{2}$$

4-9叶范围内。

（原稿第66面）

二、分蘖

分蘖是小麦的本性，生长健壮的麦苗必然分蘖，分蘖出现后又促进了整个植株及根系的发展，但分蘖过多容易造成早期郁闭，以致茎秆软弱，同时原生分蘖的穗小粒少，因此，必须了解其发生发展规律，采取相应措施，促进其有利的一面，抑制其不利的一面，是获得小麦丰产的关键之一。

1. 分蘖的规律

①一般小麦在三叶期以后开始发生第一个分蘖（自第一真叶叶腋内）。

②各级分蘖的出现日期与主茎叶片出现的日期，有着N－3顺序性的同伸关系。

即4/0与1/Ⅰ同时出现，

5/0与2/Ⅰ、1/Ⅱ同时出现，

6/0与3/Ⅰ、2/Ⅱ、1/Ⅲ、1/Ⅰ—1同时出现。

第三次分蘖的第一个分蘖与主茎第8叶的出现日期相对应。

③本省小麦主茎总节数为11～12个的分蘖节一般有6～7个，且有4叶片以上的分蘖才能成长为有效穗。因此，8－9/0以后出现的分蘖多属无效。单株最大的分蘖数，可用下面公式求得。

$$N=\frac{(n-3)^2}{2}$$

4～9属范围内。

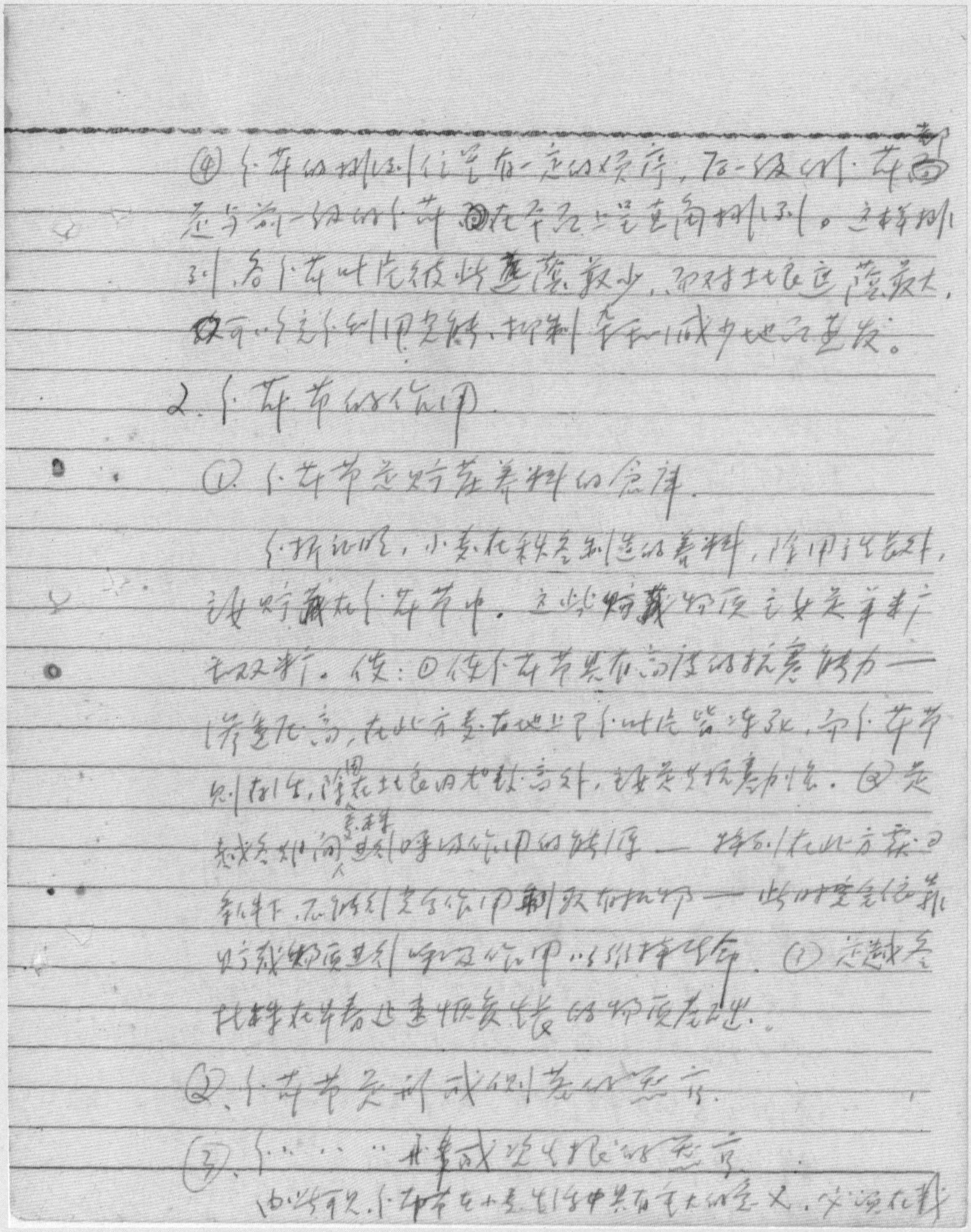

④分蘖的排列位置有一定的顺序，下一级的分蘖总是与前一级的分蘖在平面上呈直角排列。这样排列，各分蘖叶片彼此遮荫较少，而对地面遮荫较大，可以充分利用光能，抑制杂草和减少地面蒸发。

2. 分蘖节的作用

① 分蘖节是贮藏养料的仓库。

分蘖以后，小麦在秋冬制造的养料，除用于生长外，被贮藏在分蘖节中。这些贮藏物质主要是单糖、双糖。使：a使分蘖节具有高度的抗寒能力——冻害死亡，在北方麦区地上部分叶片皆冻死，而分蘖节则仍生存，除在地面以下较深外，就是由于抗寒能力强。b是越冬期间分蘖节呼吸作用的能源——特别在北方麦区[illegible]条件下不能进行光合作用制造有机物——此时完全依靠贮藏物质进行呼吸作用以维持生命。c是越冬植株在早春迅速恢复生长的物质基础。

②分蘖节是形成侧茎的器官。

③分蘖节是形成次生根的器官。

由此可见，分蘖节在小麦生活中具有重大的意义，必须在栽

（原稿第 67 面）

④分蘖的排列位置有一定的顺序，后一级的分蘖都是与前一级的分蘖在平面上呈直角排列。这样排列，各分蘖叶片彼此遮荫最少，而对土壤遮荫最大，可以充分利用光能、抑制杂〔草〕和减少地面的蒸发。

2. 分蘖节的作用

①分蘖节是贮藏养料的仓库。

分析证明，小麦在秋冬制造的养料，除用于生长外，主要贮藏在分蘖节中，这此贮藏物质主要是单糖和双糖。使：①使分蘖节具有高度的抗寒能力——渗透压高。在北方，麦苗地上部分叶片皆冻死，而分蘖节则存活，除因在土壤内 t° 较高外，主要是其抗寒力强。②是越冬期间麦株进行呼吸作用的能源——特别在北方覆雪条件下，不能行光合作用制取有机物——此时完全依靠贮藏物质进行呼吸作用以维持生命。③是越冬植株在早春迅速恢复生长的物质基础。

②分蘖节是形成侧茎的器官。

③分蘖节是形成次生根的器官。

由此可见，分蘖节在小麦生活中具有重大的意义，必须在栽使之促进生长发育良好。

3. 分蘖与外界条件的关系

温度—— 最低2-4°C，最适15°左右（13—18°C）。（2℃~5℃ 也不利）

每长一个分蘖所需积温为200-220°C，以后每增加一个分蘖需30±5°C。因此，播种过早，温度较高，分蘖虽生长过旺，冬前分蘖多，不利于培育（因在我省条件下，冬年前的早期分蘖太多时易形成分蘖，如何使冬年前分蘖抑制年后分蘖迅速增长，上的重要问题）反之，播种过晚，[温度低] ~~春化与光照阶段~~ 春化与光照阶段通过快，则主茎到拔节之一时期越短，也就是分蘖期短（叶片少），因而分蘖少，也不利于增产，易遭冻害危险。

营养面积与光照——对分蘖有显著影响，如密度过大，光照不足，光合作用降低，分蘖节[不能]得不到足够的碳水化合物营养，因而分蘖减少，生根也相应减少，同时茎秆细弱。因此采用适当的播种方法，进行合理密植，使每株得到适当的营养面积和一定的光照条件，对于促进分蘖形成壮株大穗是有重大作用。

（原稿第 68 面）

技上促进其发育良好。

3. 分蘖与外界条件的关系

t°——最低 2～4 ℃，最适 15 ℃左右（13～18 ℃），25 ℃以上也不利。

出苗——分蘖所需积温为 200～220 ℃，以后每增加一个分蘖需 30±5 ℃。因此，播种过迟，温度较低，分蘖期出现迟，冬前分蘖少，不利于增产（因在我省条件下，几年前的早期分蘖大多数为有效分蘖，如何促进年前分蘖、抑制年后分蘖是增产上的重要问题）。反之，播种过早，t° 高，春化与光照阶段通过快，则出苗到拔节这一时期越短，也就是分蘖期短（叶片数少），因而分蘖数目少，也不利增产，且有冻害危险。

营养面积与光照——对分蘖有显著影响，如密度过大、光照不足，光合作用降低，分蘖节得不到充足的碳水化物营养，因而不仅分蘖数和次生根数目减少，同时还十分纤弱。因此，采用适当的株行距，进行合理密植，使麦株得到适当的营养面积和充足的光照条件，对于促进分蘖形成壮株大穗是有重大作用。

播种后，在适宜播期的情况下，小麦开始到分蘖
高峰期，小麦的变化主要受温度的支配，而对于春
性小麦，则主要受光照支配因素。因此，在高温
小的播量，就要到立冬前后[illegible]的分蘖计从，
随后各节将在[illegible]前后[illegible]大的[illegible]向[illegible]
的不必要条件，小麦越冬后生育。到次春，由于
气温较低，生长时期较早，可以控制小麦
茎的伸长，促使穗部小花进一步长大，使单位面
积的穗数增加，同时增加了每穗粒数，因而增产。

此外，土壤水分、肥料、日照对小麦都有
很大的影响。但仍过多，则小麦生长，分蘖增加
太多太大，造成荫蔽，引起倒伏。

四、小麦和气温的关系

春性品种（如南大），小麦生长与日长关系
很同时期，小麦好好地发生在春化阶段完成之
后，其小麦分蘖[illegible]小麦产量高。

冬性较强的（在冬季）冬性或半冬性品种
（如中大），小麦生长不受与日长关系不是同时进行

（原稿第 69 面）

据研究，在条点播的情况下，分蘖开始到年前高峰期，分蘖的变化主要受粒距支配，而对于后期分蘖，则行距是主要支配因素。因此，适当缩小行距，放宽行穴内粒距的条点播种法，能使各单株在冬前获得较大的营养面积和较好的光照条件，分蘖较壮而整齐。到次春，由于行距较小，行间封行较早，可以抑制后期分蘖的滋长，促使早期分蘖进一步长大，使单位面积的穗数增多，同时穗粒数也多，因而能达高产。

此外，土壤、水分、N 素、P 素的〔对〕分蘖都有很大的影响。但 N 过多，则分蘖过强，会增加无效蘖，造成荫蔽，引起徒长倒伏。

4. 分蘖和品种的关系

茎生长点分化较早的春性品种（如南大），分蘖过程与生长点分化同时进行，分蘖始期发生在春化阶段完成之后，其分蘖力弱而有效分蘖率高。

茎生长点分化较晚的（在翌春）冬性或半冬性品种（如中大），分蘖过程与生长点分化不是同时进行，

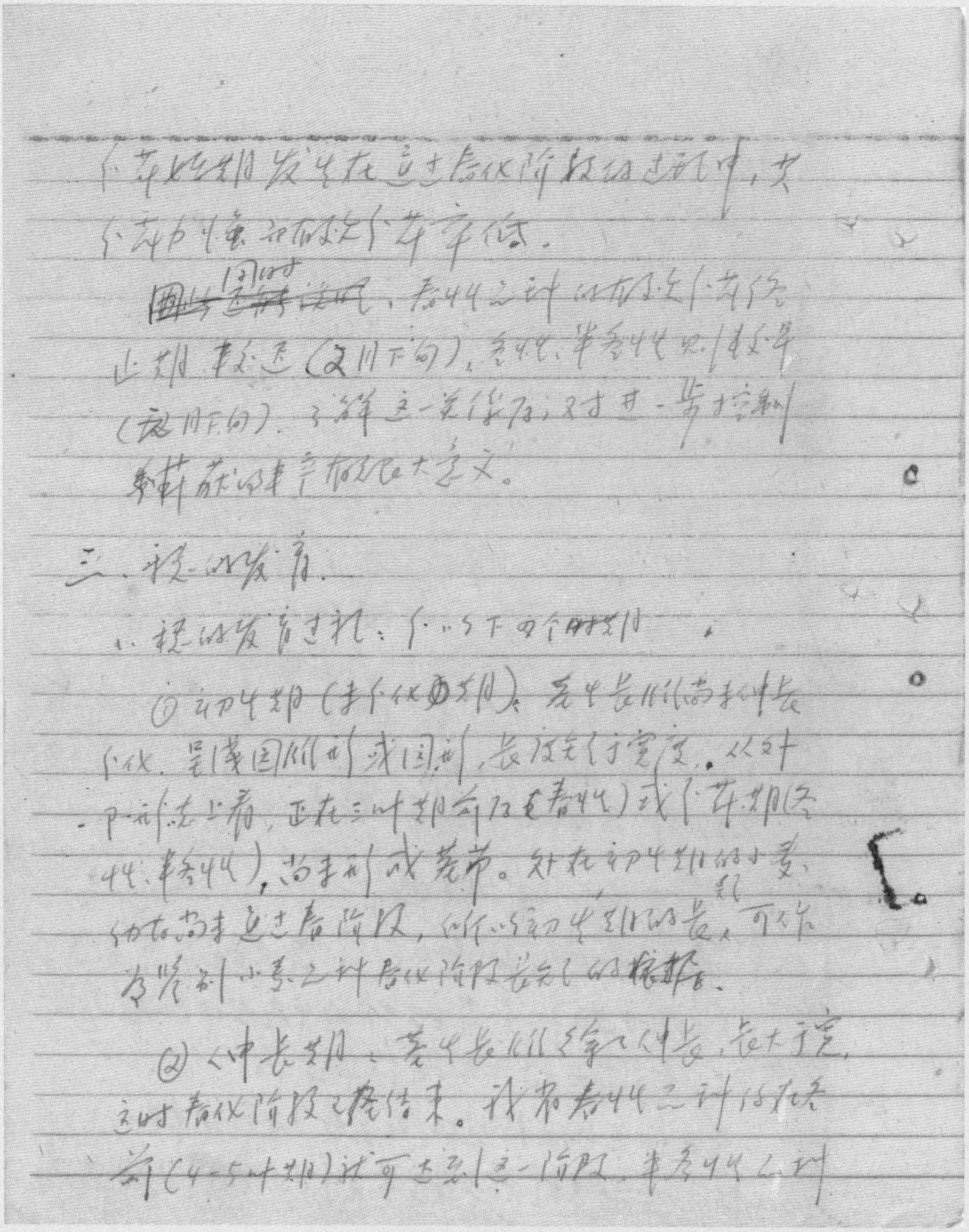

分蘖始期发生在通过春化阶段的过程中，大

分蘖节生长点的分化形成分蘖芽位。

~~因此说明~~同时、春性品种的分化分蘖始

期较迟（3月下旬），冬性、半冬性品种则较早

（2月下旬）。了解这一点很重要，对进一步控制

分蘖获得丰产有很大意义。

三、穗的发育

1. 穗的发育过程：分以下四个时期。

① 初生期（未分化的时期）：茎生长点尚未伸长

分化，呈半圆形或圆锥形，长度短于宽度。从时

间上讲，正在三叶期前后（春性）或分蘖期（冬

性、半冬性），尚未形成茎节。处在初生期的小麦，

正在通过春化阶段，所以初生期的长短，可作

为鉴别小麦品种春化阶段长短的依据。

② 伸长期：茎生长点伸长，长大于宽，

这时春化阶段已结束。我省春性品种在冬

前（4–5叶期）就可进到这一阶段，半冬性品种

（原稿第 70 面）

分蘖始期发生在通过春化阶段的过程中，其分蘖力强而有效分蘖率低。

同时，春性品种的有效分蘖终止期较迟（2 月下旬），冬性、半冬性则较早（元月下旬），了解这一关系后，对进一步控制分蘖获得丰产有很大意义。

三、穗的发育

1. 穗的发育过程：分以下四个时期

①初生期（未分化期）：茎生长锥尚未伸长分化，呈浅圆锥形或圆形，长度短于宽度。从外部形态上看，正在三叶期前后（春性）或分蘖期（冬性、半冬性），尚未形成茎节。处在初生期的小麦，幼苗尚未通过春〔化〕阶段，所以初生期的长短，可作为鉴别小麦品种春化阶段长短的依据。

②伸长期：茎生长锥徐徐伸长，长大于宽，这时春化阶段已经结束。我省春性品种约在冬前（4 ~ 5 叶期）就可达到这一阶段，半冬性品种

，当在越冬期间达到伸长期（5-7叶）。伸长期可作为春化阶段已经通过的标志。

③ 小穗原基分化期：又叫单棱、二棱、三棱各期：[illegible]时期。主茎 [illegible]位时期（[illegible]）[illegible] 从生长锥伸长以后 ~~[illegible]~~ 到 ~~[illegible]~~ ，[illegible]小穗突破 [illegible] 时止。这时麦苗正在进行分蘖，但基部第一节间开始伸长。

④ 颖花原基分化期。

当中部小穗原基分化护颖原基时起，经过 ~~[illegible]~~ 小花原基出现以后，小花各部分逐渐出现了雌雄蕊原基，直到雌雄蕊 ~~[illegible]~~ 形成时止。

大约在小花 ~~[illegible]~~ 分化期间已经拔节期（[illegible]），雌雄蕊形成期已经到光照阶段，标志光照阶段也已通过。

⑤ 性细胞形成期

当小花分化完毕和各部已形成时，花粉粒和子房全部伸长，即进入性细胞形成期，[illegible]相当于孕穗时期，大致 [illegible] 书上 [illegible] 表1。~~[illegible]~~

（原稿第 71 面）

约在越冬期间达到伸长期（5～7 叶）。伸长期可作为春化阶段已经通过的标志。

③小穗原始体分化期：又分单棱、二棱、二棱后期三个小时期。从伸长的生长锥上出现环纹时起（穗原始体）到两侧形成小穗突起，小穗数已基本定型时止。这时麦苗仍在继续分蘖，但地上茎的第二节已略为伸长。

④颖花原始体分化期：

自中部小穗原基形成护颖突起时起，经过小花原基出现及小花各组成部分相继出现，直到雌雄蕊形成时止。

其中在小花分化期间正值拔节期，雌雄蕊形成期正值孕穗阶段雌雄蕊分化期，标志光照阶段业已通过。

⑤性细胞分化期

当小花分化完毕和芒已形成时，穗轴开始急剧伸长，即进入性细胞形成期，直至抽穗。

我省小麦穗的发育时期的日期，书上的表 1。

3. 促进小麦幼穗发育、形成大穗的途径

① 麦穗大小决定于增产潜力。（根据各种情况……使幼穗分化时间延长）

② 途径：一 1. 延长完成发育阶段，加长分化成熟的小穗小花数。

2. 提高幼穗分化的速度，使单位时间内分化完成的小穗、小花数增加（加强栽培措施……）

叶龄与穗分化的关系。

	叶龄指数 = 叶龄/总叶数×100	叶龄余数 = 总叶数－已出叶数
伸长期	40-50.	6-7 6
小穗突起	55-65	5
小花突起	75	3
雌雄蕊突起	85	2
穗轴伸长	90	1
孕穗	100	0.

（原稿第 72 面）

2、促进小麦幼穗发育，形成大穗的途径

①麦穗还大有增产潜力（根据品种特性掌握恰当的播期，使伸长－护颖处在低 t° 短日下通过）。

②途径：——1. 延长光照发育阶段：使幼穗分化时间加长，可以形成更多的小穗小花突起。

2. 提高幼穗分化的速度，使单位时间内分化出更多的小穗、小花突起，在小穗突起－小花分化期，加强营养和水分供应，特别 N 素。

叶龄与穗分化的关系：

	叶龄指数 $=\frac{叶龄}{总叶数}\times 100$	叶龄余数 = 总叶数 − 已出叶数
伸长期	40～50	6～7、6
小穗突起	55～65	5
小花突起	75	3
♂♀蕊突起	85	2
穗轴伸长	90	1
孕穗	100	0

~~播种~~

六、影响幼穗（小穗）分化形成的外界条件 ~~[illegible]~~。

1. 温度：高温加速光照阶段发育，促进幼穗分化速度，因而形成小穗、小花的数目少；低温（10°C以下）的作用则相反。如从伸长期至小穗分化期（决定小穗、小花数的关键时期）所历时日，北京为42天，南京为89天，广州为10天。这一时期的平均温度北京为13-15°C，南京为3-8°C。所以我省小麦穗子比北方来得大。

2. 光照：短日照延缓光照阶段发育和幼穗分化速度，以伸长期至护颖突起这一时期最明显。因此，在短光照下，穗长和每穗小穗数都有所增加，即随着光照长度增加，穗部性状则渐变劣。

光长	伸长—护颖突起的天数
24	5
16	9
8	16

广州。

在幼穗分化早期伸长—二棱期，给以短日照，增加穗长，增加小穗数外，还可引起穗部分枝。

（原稿第 73 面）

四、影响幼穗分化和形成的外界条件

1. 温度　高温加速光照阶段发育，促进幼穗分化过程，因而形成小穗、小花数较少，低温（10 ℃以下）的作用则相反。如从伸长期至小穗分化期（决定小穗、小花数的关键时期）只历时 10 天，武功为 42 天，南京为 89 天，广州为 10 天，公主岭在这一时期的平均温度为 13～15 ℃，南京为 3～8 ℃，所以我省小麦穗子比北方麦区大。

2. 光照　短日照延缓光照阶段发育和幼穗分化速度，以伸长期护颖突起这一时期最明显。因此，在短光照下，穗长和每穗小穗数都有所增加，而随着光照长度增加，穗部性状则逐渐变劣。

长度	伸长——护颖突起日数	
24	5	
16	9	
8	16	广州

在幼穗分化早期伸长一、二棱期，给以短日照，并加强营养，除增加小穗数外，还可引起穗部分枝。

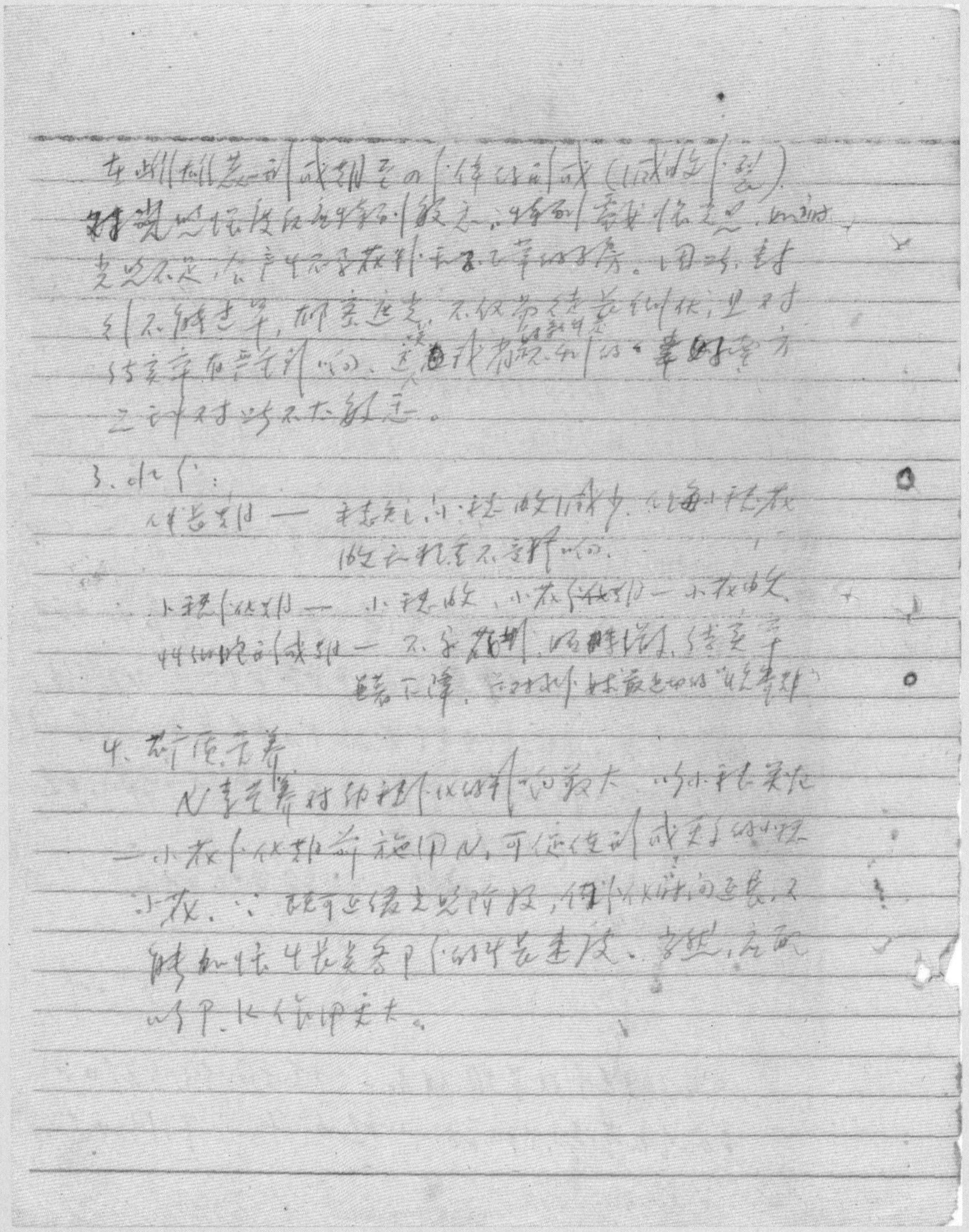

（原稿第 74 面）

在雌雄蕊形成期至四分体的形成（减数分裂）对光照强度反应特别敏感，特别需要强光照，如这时光照不足，会产生不孕花粉和不正常的子房。因此，封行不能过早，郁密遮光，不仅易徒长倒伏，且对结实率有严重影响，这一点我省的条件是不利的，幸好南方品种对此不太敏感。

3. 水分

伸长期——穗短，小穗数减少，但每小穗花数和粒重不受影响。

小穗分化期——小穗数、小花分化期 - 小花数。

性细胞形成期——不孕花粉、胚珠增多，结实率显著下降，是对水分要求最迫切的“临界期”。

4. 矿质营养

N 素营养对幼穗分化的影响最大，以小穗突起—小花分化期前施用 N，可促使形成更多的小穗小花。∵既可延缓光照阶段，使分化时间延长，又能加强生长点各部分的生长速度。当然，应配以 P、K 作用更大。

小麦的农业技术——播种

目的要求：1. 了解适期播种的意义及~~其~~在不同季节掌握的原则.

2. 小麦合理密植增产的生物学基础及其原则.

一、播种期

原则和标准：

苗壮不徒长、分蘖不拔节，幼苗达~~播种期~~~~三叶期~~二叶期，叶片6.7.8.

过早、过迟之弊害.

适期播种之好处.

日期——冬性：适期10月上旬—10月下旬，以10月中旬最好.

春性：10月底—11月中旬，以11月上旬最好.——一般地区。

注意作物之间搭配：前作收获较早的——冬性，较迟的——春性，播种误期的——春性.

（原稿第 75 面）

小麦的农业技术——播种

目的要求：1. 了解适期播种的意义及其正确掌握的原则。

2. 小麦合理密植增产的生物学基础及其原则。

一、播种期

原则和标准：

苗壮不徒长、分蘖不拔节，幼穗二棱期叶片 6、7、8。

过早、过迟之弊害。

适期播种的好处。

日期——半冬性：适期 10 月上旬—10 月下旬，以 10 月中旬最好。

春性：10 月底—11 月中旬，以 11 月上旬最好——一般地区。

注意作物、品种搭配：前作收获较早的——半冬性，较迟的——春性，播种误时的——春性。

二、插秧密度

1、合理密植增产的生物学依据

大干四播，经验和理论认识：

合计……总苗的小麦丰产的重要环节之一。我省各地小麦的播种密度很不一致，少的每亩4-5斤，基本苗7-8万，多的20-30斤，基本苗30万以上。总的说来播种密度还偏稀，因而在这方面还大有增产潜力可挖。

苗穗数

① 密度与基本苗的关系

~~单产的密度……~~

~~在苗期的密度越大，苗数越多。~~

苗期苗数与有效穗数之间一般有较大的正相关，即在苗数愈高，有效穗数愈多，但有效穗数的差异小于在苗数的差异：

如南大：苗数	倍数	穗数	比值
7.5	1	29	1:6
15	2	31	
30	4	38	1:1.5:5.7
45	6	43	

单纯依靠提高单产的途径，但要了解增加有效穗数，则取决于密度的高低。随着密度低时，高度可增加有效穗数，随密度高时，增加穗数的作用递减。

（原稿第 76 面）

二、播种密度

1. 合理密植增产的生物学基础

大量的丰产经验和研究证明，合理密植是获得小麦丰产的重要环节之一。我省各地小麦的播种密度很不一致，少则每亩 4～5 斤，穗数 7～8 万，多则 20～30 斤，穗数 30 万以上，总的说来过去的密度是偏稀，因而在这方面还大有增产潜力可挖。

①密度与穗数的关系

基本苗数与有效穗数之间一般有较大的正相关，即原有苗数愈高，有效穗数愈多，但最后有效穗数的差异小于原有苗数的差异。

如南大：

苗数	指数	穗数	比值
7.5	1	29	1∶6
15	2	31	
30	4	38	1∶1.5 以下
45	6	43	

早期施肥可提高分蘖产生的速度，但是否能增加有效穗数，则决定于密度的高低，原来密度低时，高肥可增加有效穗数，使密度提高时，增加穗数的作用递减。

由此可知，产量构成因素之一，就是它有自动调节的作用。调节的总趋势是从极端向适中的范围调节，其机制通过分蘖的增加和向两极分化进行的。调节能力决定于[illegible]

② 密度与穗数、穗粒数、粒重的关系

单位面积上的产量是穗数×粒数×粒重的积，合理密植就是要保证在单位面积上有足够的穗数，又要有粒多、粒重。

其中，穗数是构成产量的基础，只有在保证一定穗数的基础上，争取粒多粒重，才可能获得高产。而同时穗数又容易被人工所控制，因此在穗数不足的地区，增加播种量是一条经济[illegible]能够达高产。

密度与每穗粒数的关系是：在同样条件下，穗数愈多的，每穗粒数愈少。25万穗以上粒数下降明显。

粒重也随密度增大而下降，但在一定范围内下降不明显。

密度高时——

小穗密时——

分蘖穗时——统一穗数与粒数、粒重的矛盾

而，[illegible]产量不[illegible]在穗数[illegible]以下[illegible]。

如在密度较小、穗粒数、粒重较大情况下[illegible]，只有在穗数的加多超过粒数粒重的减少，产量才能增加，而如果做不到时产量就会下降。

（原稿第 77 面）

由此可知，群体重要特点之一，就是它有自动调节的能力。调节的总趋势是从二个极端向适中的范围调节，其机制通过分蘖的增加和向两极分化进行的。调节能力决定于品种特性和肥力。

②穗数、穗粒数、粒重的关系

单位面积上的产量是穗数 × 粒数 × 粒重的积，合理密植就是要保证在单位上既有足够的穗数，又要粒多、粒重。

其中，穗数是构成产量的基础，只有在保证一定穗数的基础上，争取粒多粒重，才可能获得高产。而同时穗数又容易为人工所控制，因此在穗数不足的地区，增加播种量和密度就能提高产量。

密度与每穗粒数的基本关系是：在同样条件下，穗数愈多的田，每穗粒数愈少。25 万穗以上粒数下降明显。

粒重也随密度增大而下降，但在一定范围内下降不明显。

高度密植—

小株稀植—

合理密植—统一穗数与粒数、粒重的矛盾。

最高产量不是在穗数最多情况下获得的，也非在密度最小、穗粒数、粒重最大情况下获得的，只有在穗数的加多超过粒数、粒重的减少，产量才能增加，相反的，或赶不上时产量相等或反而下降。

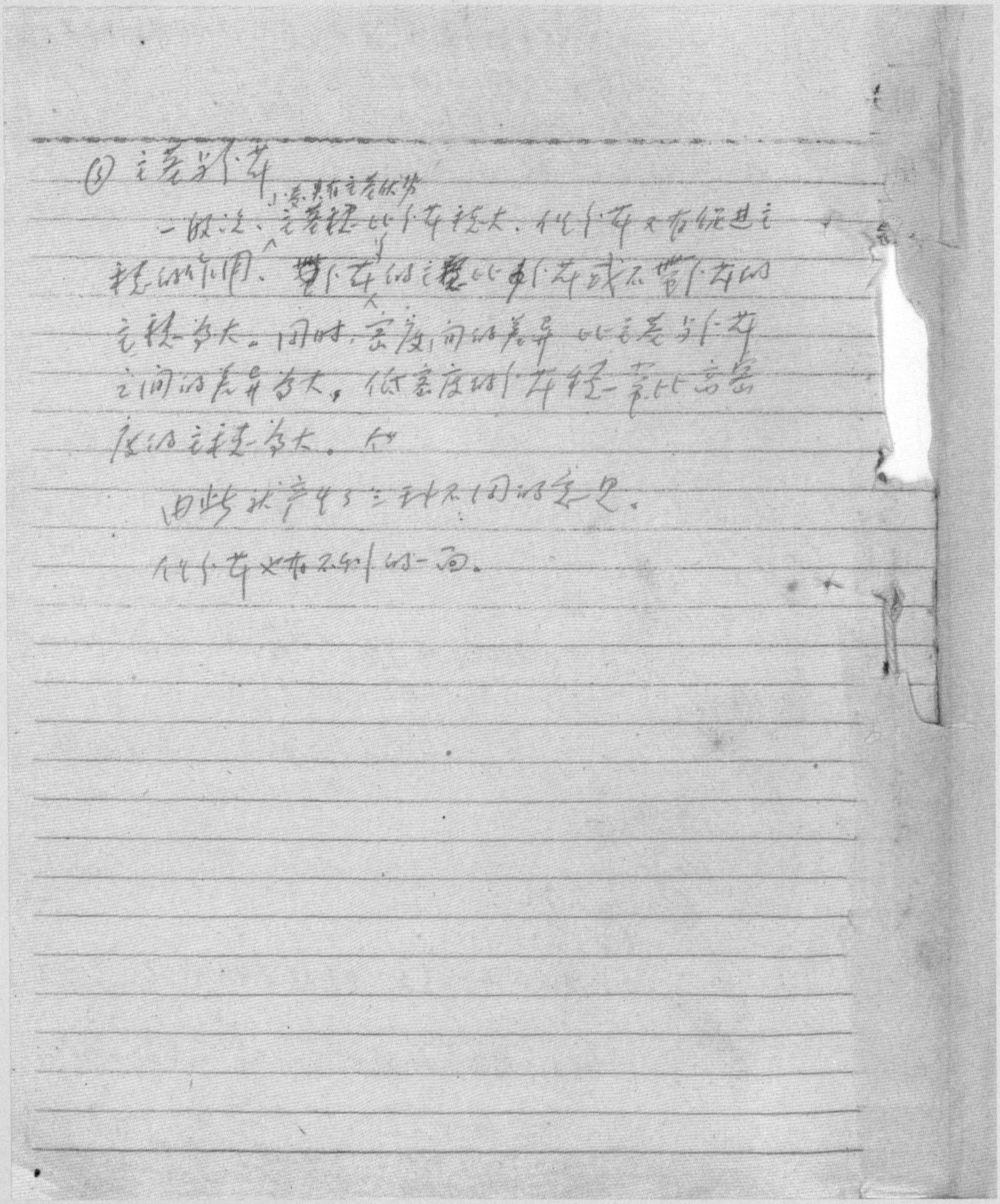

③ 主茎与分蘖

（小麦具有主茎优势）

一般说，主茎穗比分蘖穗大，但分蘖又有促进主穗的作用，带分蘖的主穗比剪分蘖或不带分蘖的主穗要大。同时，密度间的差异比主茎与分蘖之间的差异要大，低密度时分蘖穗一定比高密度的主穗要大。

由此就产生了三种不同的意见。

但分蘖又有不利的一面。

（原稿第 78 面）

③主茎与分蘖

一般说，小麦具有主茎优势，主茎穗比分蘖穗大，但分蘖又有促进主穗的作用，分蘖多的主穗比少分蘖或不带分蘖的主穗为大。同时，密度间的差异比主茎与分蘖之间的差异为大，低密度的分蘖穗常比高密度的主穗为大。

由此就产生了三种不同的意见。

但分蘖也有不利的一面。

图书在版编目（CIP）数据
袁隆平全集 / 柏连阳主编. -- 长沙 : 湖南科学技术出版社, 2024. 5.
ISBN 978-7-5710-2995-1
Ⅰ. S511.035.1-53
中国国家版本馆 CIP 数据核字第 2024RK9743 号

YUAN LONGPING QUANJI DI-SHI JUAN

袁隆平全集 第十卷

主　　编：柏连阳
执行主编：袁定阳　辛业芸
出 版 人：潘晓山
总 策 划：胡艳红
责任编辑：任　妮　欧阳建文　张蓓羽　胡艳红
责任校对：唐艳辉
责任印制：陈有娥
出版发行：湖南科学技术出版社
社　　址：长沙市芙蓉中路一段 416 号泊富国际金融中心
网　　址：http://www.hnstp.com
湖南科学技术出版社天猫旗舰店网址：
http://hnkjcbs.tmall.com
邮购联系：本社直销科 0731-84375808
印　　刷：长沙玛雅印务有限公司
（印装质量问题请直接与本厂联系）
厂　　址：长沙市雨花区环保中路 188 号国际企业中心 1 栋 C 座 204
邮　　编：410000
版　　次：2024 年 5 月第 1 版
印　　次：2024 年 5 月第 1 次印刷
开　　本：889mm×1194mm　1/16
印　　张：31.25
字　　数：429 千字
书　　号：ISBN 978-7-5710-2995-1
定　　价：3800.00 元（全 12 卷）